混凝土试验与检测实用手册

李志军　李晓峰　李　琳　主编

中国建材工业出版社

图书在版编目（CIP）数据

混凝土试验与检测实用手册/李志军，李晓峰，李琳主编．--北京：中国建材工业出版社，2023.8
　　ISBN 978-7-5160-3818-5

Ⅰ．①混…　Ⅱ．①李…②李…③李…　Ⅲ．①混凝土－技术手册　Ⅳ．①TU528-62

中国国家版本馆 CIP 数据核字（2023）第 154653 号

混凝土试验与检测实用手册
HUNNINGTU SHIYAN YU JIANCE SHIYONG SHOUCE
李志军　李晓峰　李　琳　主编

出版发行：中国建材工业出版社
地　　址：北京市海淀区三里河路 11 号
邮　　编：100831
经　　销：全国各地新华书店
印　　刷：北京印刷集团有限责任公司
开　　本：889mm×1194mm　1/16
印　　张：21.5
字　　数：640 千字
版　　次：2023 年 8 月第 1 版
印　　次：2023 年 8 月第 1 次
定　　价：80.00 元

混凝土高質量利國利民

癸卯夏 幼英

本书编委会

序

混凝土是土木工程建设领域最重要、最大宗的建筑材料之一。据不完全统计，中国混凝土的年产量目前已超过 30 亿 m³，占全球混凝土总产量的一半以上。因此，我国是绝对的"混凝土大国"，而进一步成为"混凝土强国"是我们混凝土人一直以来的追求。

但是，由于我国幅员辽阔、气候多样，混凝土材料面临原材料复杂多样、资源匮乏，生产、施工和应用的环境工况多样，从业人员素质良莠不齐等特殊情况，混凝土质量波动问题时常出现，因此混凝土的质量检测与试验水平提升是控制建筑工程质量的关键环节，进一步实现混凝土检测的规范化、标准化成为行业工作的重中之重。

近期有幸拜读了李志军、李晓峰、李琳等编写的《混凝土试验与检测实用手册》书稿，本书详尽地总结归纳了混凝土各组分的性能以及原材料、混凝土结构的相关检测与试验方法，对相关概念进行了简明扼要的阐述，做到基础理论与科学实践的有机结合。除此之外，该书还涵盖试验检测仪器设备的运维和数据处理等内容，形成混凝土检测流程的完整闭环。书中也对检测依据进行了较全面的汇总和梳理，明确了各项性能指标的标准来源，使混凝土的试验与检测有章可循；本书通过对检测结果的影响因素、检测试验条件要求及检测结果评定的融合概括，解答了相关技术人员在工作中可能遇到的疑问和难题。本书内容深入浅出，初学者和长期从业人员都能从中获益。

李志军、李晓峰、李琳三位作者都有 20 多年从事混凝土科研开发、技术标准、生产施工和试验检测的一线工作经历，理论和实践并重，相信每一位读者都能感受到编者的良苦用心。感谢他们的辛勤付出！希望本书可以为相关技术人员及单位在混凝土质量控制方面提供系统性的参考，同时对混凝土行业相关技术人员的规范上岗培训提供强有力的支撑。

我国的工程建设领域已经从前期爆发式高速增长向高质量发展方向转变，混凝土行业也正在向绿色、低碳、耐久、智能化、标准化和高质量方向发展，技术不断迭代创新，也希望各位同仁共同携手，推动混凝土行业的可持续发展，为建筑耐久性及安全性能提升提供可靠的保障。

黄 靖

2023 年 8 月 16 日于北京中国建筑科学研究院

前　言

　　自预拌混凝土在全国推广以来，大量从业人员从事着混凝土质量试验与检测工作，但是由于他们对试验与检测方法掌握不足、操作熟练度差，导致试验与检测结果不能很好地应用到生产质量控制中。同时由于多数混凝土从业人员只熟悉混凝土材料的知识，对混凝土形成以及混凝土结构的验收、检测认知不足，一旦发生质量问题，他们往往没有透彻分析原因的能力，难以维护自身及企业的利益。从业人员这些知识的欠缺，给预拌混凝土的应用带来不少困惑。

　　为了全面促进预拌混凝土从业检测人员熟悉检测理论，提高技术水平，纾解行业困扰，我们组织编写了《混凝土试验与检测实用手册》一书。本书介绍了混凝土各组分的性能以及原材料、混凝土结构的相关试验与检测方法，详述了涉及混凝土的各项试验与检测设备的使用、校准和维护方法。本书内容丰富，涵盖面广，可以作为预拌混凝土技术人员学习和开展检测试验的参考书，也可作为高职建筑混凝土、水泥制品技术专业课程教学用书。

　　该书的主要目标如下：让学习者理解混凝土及各组分的性能以及混凝土结构的规范要求，全面形成混凝土试验与检测全链条信息系统认知，并能在标准的要求下独立完成检测工作；正确对检测仪表、设备进行调试、操作、检定、校准及维护等；完整地形成各项原始试验与检测记录，准确编写符合标准及行业要求的检测报告。

　　全书分为十一章，分别是：概述；水泥的试验与检测；砂的试验与检测；石的试验与检测；矿物掺和料的试验与检测；混凝土外加剂的试验与检测；混凝土用水的试验与检测；混凝土拌和物的试验与检测；硬化混凝土的试验与检测；混凝土结构实体强度检测；混凝土试验与检测仪器设备。

　　本书在编写过程中得到了山西华建建筑工程检测有限公司、太原市建设工程质量安全站以及山西建筑科学研究院有限公司的大力帮助与支持，在此表示衷心的感谢。

　　由于试验与检测新技术不断涌现，试验与检测标准、检测设备不断更新，行业智能化程度不断提高，同时因编者的水平有限，书中难免存在错漏之处，恳请各位读者批评指正，以便我们在本书再版时进行修正。

编　者
2023 年 5 月

目　录

第一章 概　　述

本章重点介绍混凝土质量试验与检测工作的目的和意义。

第一节　混凝土试验与检测的目的和意义

一、混凝土试验与检测的目的

混凝土是建筑结构的主要材料之一，随着我国大气污染物的综合整治，预拌混凝土生产替代现场搅拌已经凸显了它的社会价值和环保作用，预拌混凝土质量的好坏直接关系到建筑工程的质量、使用寿命以及人民生命、财产的安全。当前，我国仍处于基础设施建设的高峰期。随着预拌混凝土技术的发展，各类新工艺的应用及新的生产、施工方式已取代旧的生产、施工方式。因此，预拌混凝土的质量控制检验是保证预拌混凝土质量不可或缺的重要环节。

预拌混凝土的试验与检测是对混凝土质量的技术验证和重要手段，也是整个建筑施工体系管理的重要组成部分，只有通过全面、细致的质量检验才能有效地体现预拌混凝土生产、施工环节、材料的真实状况，从而为确保全面实现建筑质量安全提供有力支撑。

预拌混凝土试验与检测工作主要目的如下：

第一，通过预拌混凝土试验与检测，确保混凝土生产过程中的原材料、混凝土拌和物性能满足混凝土施工及结构安全要求；

第二，通过检测，用科学定量的方法控制、评定混凝土的质量，为混凝土应用于建筑结构工程中的施工质量控制、偏差纠正、分析缺陷构成原因提供有效的信息和依据；

第三，通过预拌混凝土的试验与检测，一方面为预拌混凝土企业加强质量管控和精细化管理提供决策信息；另一方面使建设行政主管部门及时、全面地掌握混凝土生产、施工的质量信息，使动态化质量管理工作更加具有针对性，从而能够及时、有效地消除建筑工程质量隐患。

二、预拌混凝土试验与检测的意义

随着国民经济的持续发展，民用建筑、工业用房及基础设施建设已进入一个崭新的时期，而混凝土作为一种主要的建筑材料，其质量优劣，不仅会影响结构物的安全，而且会影响企业诚信，因此混凝土的质量关系到每个工程的成败，在施工中我们必须对混凝土的施工质量有足够的重视。

预拌混凝土是时代发展和市场经济下的产物，因其优质、高效、环保等特点而受到施工企业青睐，并大量应用于各项建筑工程之中。但长期以来，由于预拌混凝土需求量过大，企业增长发展速度较快，预拌混凝土企业的专业管理相对滞后，加之近年来，受环保、治超以及疫情影响，混凝土原材料以及辅材价格持续上涨，混凝土市场价格却难以尽如人意，企业垫资现象严重，造成原材料质量难以保证，直接影响混凝土产品质量，最终也将影响建筑结构质量安全。所以，加强预拌混凝土从原材料到生产、施工以及最终结构实体的质量检测，真实反映工程形成过程的质量信息，不仅可以为评定建筑结构质量，监督混凝土生产、施工过程提供可靠依据，同时也是合理使用各项原材料，降低施工成本的有效途径。

对混凝土生产质量进行试验与检测，具有重大的社会价值和经济价值。其一，对混凝土所用材料进行检测，可以进一步明确材料的各种指标以及性能参数，对制定施工方案、优化材料的配比、控制工程项目造价有很大的参考价值，有效地起到节约项目成本的作用；其二，对混凝土材料和性能进行检测，可进一步加强对混凝土质量水平的管理，系统化、定量化地分析混凝土质量，为混凝土施工过程提供数据支撑，在使用和验收方面保证混凝土及各项原材料质量符合相关规范、标准的要求；其三，进行混凝土及原材料的检测，可进一步提高工程的安全性能，防患于未然，可以有效地预防质量安全事故。

三、试验与检测的依据

试验与检测的依据如下：
（1）法律、法规、规章的规定。
（2）国家标准、行业标准。
（3）工程承包合同认定的其他标准和文件。
（4）批准的设计文件。
（5）其他特定的要求。

四、检测机构的管理

为了规范检测单位和个人的行为，维护检测单位和检测从业人员的声誉和合法权益，检测单位应建立统一、全面的管理制度。
（1）检测单位应取得相应的资质，在其资质许可的范围内从事建筑材料检测业务。
（2）检测人员必须经培训合格后方可上岗。
（3）检测单位对应见证取样的试块、试件或材料应检查委托单及试验单上的标识、标志，确认无误后方可进行检测。
（4）检测单位应按照有关规定和技术标准进行检测，出具公正、真实、准确的检测报告，并加盖专用章。
（5）检测单位在接受委托检验见证取样的试块、试件或材料时，需由送检单位填写委托单，见证人员应在检验委托单上签名。
（6）检测单位出具见证取样的试块、试件或材料的检验报告时，应在检验报告单备注栏中注明见证单位和见证人员姓名，发生试样不合格情况时，首先要通知工程监理及质量监督机构和见证单位。

五、影响试验与检测结果的因素

影响试验与检测结果的因素很多，主要有人的因素、检测方法的因素、检测设备的因素和检测环境的因素。

1. 人的因素

此处提到的"人"，是指参与检测试验工作的人员。参与检测的人员并不是掌握了检测技术、具有良好的职业道德就能保证检测结果的准确性。人的因素是最不稳定的因素，这是因为人是最容易受到各种干扰因素的影响的，人在不同的工作状态下，检测的结果会有所不同。

团队协作配合是非常重要的。影响团队协作配合的因素很多，如人们对检测方法、技术标准等认识的不同。因此，调整好人的精神状态，调整好团队之间的配合状态，对保证检测结果的准确性有重要的作用。

2. 检测方法的因素

由于检测对象种类繁多，检测方法会存在许多局限性和难以克服的问题，客观上会造成检测结果出现较大的分散性。

3. 检测设备的因素

相关部门对检测试验单位的计量器具必须进行周期性的检定或校准，这是保证检测结果的准确性维持在规定范围内的基本要求。

4. 检测环境的因素

检测活动是在一定的环境条件下进行的。检测准确性的基本要求规定检测环境的影响应该小于检测误差的影响。但是往往一些环境对检测结果的影响是很大的，如检测方法中的温度条件、电子计量设备附件的电磁干扰、精密天平附近的振动和风的干扰等，都会直接对检测结果产生影响。

第二节 混凝土质量试验与检测

一、混凝土企业内部试验与检测和质量控制

混凝土生产企业内部试验与检测和质量控制主要包括混凝土原材料的试验与检测以及混凝土性能的试验与检测。

混凝土材料检验的主要目的是确保所使用的混凝土材料的质量和性能符合标准的要求，相关的检测操作须严格按照国家的相关质量标准与技术要求等对混凝土材料进行抽样检测，在混凝土材料操作过程中还要严格根据国家检测的相关规范性技术要求，保证检测结果具有准确性与有效性。只有充分做好混凝土材料试验与检测及质量控制工作，并保证配比的科学性，同时利用试验与检测技术对混凝土中的材料指标进行有效控制，才能保证混凝土的使用性能。

混凝土原材料的性能检测应严格按照标准规范要求的批次进行主控项目检验并形成原始记录。在本书后续章节中将一一展开叙述，在此不再赘述。

混凝土质量检验的核心环节是混凝土配合比的试验与检验，要始终把握住这个核心，关注混凝土配合比设计、试配、基准配比确定、生产配合比应用及调整控制以及混凝土配合比配料记录核查等配合比质量检验控制，才能确保配合比的精准、正确应用，从而保证每盘混凝土的质量。

混凝土的性能检测包含混凝土拌和物性能检测、硬化混凝土物理力学性能检测以及长期性能和耐久性检测。

混凝土性能检测关系到混凝土出厂质量控制水平，只有确保混凝土的性能才能保证混凝土施工质量乃至混凝土结构实体的质量。

二、混凝土现场质量试验与检测

混凝土现场质量试验与检测可分为内在质量（抗压强度、抗折强度、抗冻性、抗渗性、抗氯离子渗透性和钢筋保护层厚度等）、表面质量和外形尺寸质量三大方面。混凝土强度的评定应分批进行，同一验收批的混凝土应由强度等级、配合比和生产工艺基本相同的混合混凝土组成；对现浇混凝土，按分项工程划分验收批，对预制混凝土的构件按月划分批次。

1. 混凝土质量基本检测要求

（1）混凝土结构实体检测的方法

目前，混凝土结构实体检测的方法主要有以下几种：①回弹；②拉拔；③钻芯；④超声波。对应标准有《回弹法检测混凝土抗压强度技术规程》JGJ/T 23—2011、《钻芯法检测混凝土强度技术规程》JGJ/T 384—2016以及《超声回弹综合法检测混凝土抗压强度技术规程》T/CECS 02—2020。

（2）混凝土同条件试块留置的依据

同条件养护试块留置数量的确定依据有：①同条件养护试块所对应的结构构件或结构部位，应由监理（建设）、施工等各方共同选定；②对混凝土结构工程中的各混凝土强度等级均应留置"同条件养护试块"；③同一强度等级的"同条件养护试块"，其留置的数量应根据混凝土工程量和重要性确定，不宜少于10组，且不应少于3组。

（3）混凝土观感质量检查的内容

混凝土观感质量检查内容包括混凝土观感和防水观感两部分。其中混凝土观感包括混凝土表面色

泽、结构整体轮廓、错台、跑模现象、大面积蜂窝、麻面、有害裂缝以及施工缝、变形缝。防水观感包括结构防水效果、施工缝防水效果、变形缝防水效果以及二衬背后注浆防水效果。

2. 混凝土质量检查取样

对混凝土质量的验收要分批进行，通常分批的原则是将强度等级、龄期、生产工艺、配合比都相同的混凝土分为同一个批次，而混凝土的强度是由标准试件的强度决定的。而在混凝土实际验收过程中我们还需要注意到，有时可能会因为试件标准不符合验收规范的要求而采用普通混凝土取样方法。两种常用的试件标准如下：

(1) 普通混凝土性能试验试块

在测试抗压强度和抗冻能力时均以正方体为试块，通常为每组 3 块。需要注意的是：如果在对混凝土进行质量检查中采用了非标准试块，即 100mm×100mm×100mm 和 200mm×200mm×200mm 的正方体，当确定混凝土强度时必须在其实际抗压强度的基础上按照《混凝土强度检验评定标准》GB/T 50107—2010 的规定，当混凝土强度等级低于 C60 时，对边长为 100mm 的立方体试块乘以 0.95、对边长为 200mm 的立方体试块乘以 1.05 后折算成标准试块的抗压强度。当混凝土强度等级不低于 C60 时宜采用标准尺寸试块，使用非标准块时，尺寸折算系数应由对组试验确定，其试块数量不应少于 30 对组。

(2) 普通混凝土抗渗性能试验试块

在对普通混凝土进行抗渗性能试验时，通常选用的试块为圆台体或者圆柱体。选择圆台体的要求是：顶面直径 d 为 175mm，底面直径 D 为 185mm，高度 h 为 150mm；选择圆柱体的要求是：直径、高度均为 150mm，试验中每组保证 6 块试块即可。需要注意的是：在试块移入标准养护之前，要用钢丝刷将试块顶面的水泥藻膜清洗干净，防止其影响到混凝土的质量检查结果。

3. 混凝土质量缺陷检查

(1) 制备和浇筑过程中的质量

配合比会直接影响混凝土的质量，因而，对原材料的配合比、坍落度要严格要求，每一个工作班至少检查两次；根据砂和石含量的变化，对配合比应及时进行调整。浇筑过程中，坍落度对混凝土质量影响较大，每一个生产工作班至少要对其进行两次检查。搅拌是混凝土完成的关键时期，搅拌时间对混凝土的质量有重要影响，因此，在混凝土搅拌过程中要对其时间进行随时检查。

(2) 混凝土养护后的质量检查

对养护后的混凝土进行质量检查通常包括对其强度的检查，如果是对质量要求极高的建筑，还需要对混凝土进行其他特定项的检查。要对混凝土进行强度检查就需要制作相应的试块，因而，基本的步骤如下：

① 试块的制作

如果想对混凝土整体强度做全面的检查，就不能选择特定的试块，而是利用抽样调查的方式，随机选取混凝土试块，这样才能代表混凝土整体质量水平。虽然试块的选择是随机的，但是对试块的养护必须是统一的，要对所有选出的试块进行同一标准的养护，进而对养护后的混凝土试块进行强度检查。

② 试块组数的确定

建筑工程施工中，在试块留置问题上要遵循以下基本原则：每拌制 100 盘且不超过 100m³ 的同配合比的混凝土，至少取样一次；同样，每个工作班拌制的同配合比的混凝土少于 100 盘时，也要至少取样一次。如果是现浇混凝土结构，还必须满足以下要求：同配合比混凝土的现浇楼层，至少取样一次；同配合比的混凝土如果由同一个单位验收，至少取样一次，并且每次取样最少预留一组标准试块，一般而言一组由 3 个试块构成。如果是预拌混凝土，在试块预留问题上与同配合比的混凝土一致。

③ 强度的评定

国家为了进一步规范建筑市场，确保混凝土质量符合标准，对不同需求的混凝土强度做出了明确的规定，因此，在建筑施工过程中对混凝土质量要严格按照《混凝土强度检验评定标准》GB/T 50107—2010 的规定来评定。

第二章　水泥的试验与检测

本章主要介绍硅酸盐水泥、普通硅酸盐水泥、矿渣硅酸盐水泥、粉煤灰硅酸盐水泥、火山灰质硅酸盐水泥、复合硅酸盐水泥的常用技术性能、指标及其检测方法。

第一节　概　　述

水泥是一种粉状水硬性无机胶凝材料，加水搅拌后成浆体，能在空气中硬化或者在水中硬化，并能把砂、石等材料牢固地胶结在一起。由于其具备类似火山灰的性质，用它胶结碎石制成的混凝土，硬化后不但强度较高，而且能抵抗淡水或含盐水的侵蚀。长期以来，它作为一种重要的胶凝材料，广泛应用于建筑、水利、国防等工程。

水泥作为混凝土的主要胶凝材料，决定和影响着混凝土的凝结硬化以及强度的各项性能，所以只有充分掌握水泥的各项性能指标，才能搞好混凝土。混凝土常用的水泥为通用硅酸盐水泥，为此，本书后文中将通用硅酸盐水泥统一简称为"水泥"。

一、通用硅酸盐水泥的定义、类别及组成材料

（一）通用硅酸盐水泥的定义

通用硅酸盐水泥是由硅酸盐水泥熟料加适量的石膏以及规定的混合材制成的水硬性胶凝材料。

（二）通用硅酸盐水泥的分类

通用硅酸盐水泥按混合材料的品种和掺量分为硅酸盐水泥、普通硅酸盐水泥、矿渣硅酸盐水泥、火山灰质硅酸盐水泥、粉煤灰硅酸盐水泥和复合硅酸盐水泥。各品种的组分和代号应符合表 2-1 中的规定。

表 2-1　通用硅酸盐水泥的类别、代号及组分规定

品种	代号	组分（质量分数，%）				
		熟料＋石膏	粒化高炉矿渣	火山灰质混合材料	粉煤灰	石灰石
硅酸盐水泥	P·Ⅰ	100	—	—	—	—
	P·Ⅱ	≥95	≤5	—	—	—
		≥95	—	—	—	≤5
普通硅酸盐水泥	P·O	≥80 且＜95	>5 且≤20			—
矿渣硅酸盐水泥	P·S·A	≥50 且＜80	>20 且≤50	—	—	—
	P·S·B	≥30 且＜50	>50 且≤70	—	—	—
火山灰质硅酸盐水泥	P·P	≥60 且＜80	—	>20 且≤40	—	—
粉煤灰硅酸盐水泥	P·F	≥60 且＜80	—	—	>20 且≤40	—
复合硅酸盐水泥	P·C	≥50 且＜80	>20 且≤50			—

注：表中非活性混合材的组分替代活性混合材组分的掺量应符合现行《通用硅酸盐水泥》GB 175 的规定。

（三）水泥的组成材料

水泥的组成材料有硅酸盐水泥熟料、石膏、活性混合材料、非活性混合材料、窑灰以及助磨剂。

（四）水泥的强度等级

1. 硅酸盐水泥的强度等级分为 42.5、42.5R、52.5、52.5R、62.5、62.5R 六个等级。

2. 普通硅酸盐水泥的强度等级分为 42.5、42.5R、52.5、52.5R 四个等级。

3. 矿渣硅酸盐水泥、火山灰质硅酸盐水泥、粉煤灰硅酸盐水泥的强度等级分为 32.5、32.5R、42.5、42.5R、52.5、52.5R 六个等级。

4. 复合硅酸盐水泥的强度等级分为 42.5、42.5R、52.5、52.5R 四个等级。

二、检测项目

1. 水泥质量检测指标包含《通用硅酸盐水泥》GB 175—2007 以及《建筑材料放射性核素限量》GB 6566—2010 和《水泥中水溶性铬（Ⅵ）的限量及测定方法》GB 31893—2015 所规定的指标。

（1）物理指标：凝结时间、安定性、细度、强度。

（2）化学指标：不溶物含量、烧失量、氧化镁含量、三氧化硫含量、氯离子含量和碱含量。

（3）放射性核素限量指标以及水泥中水溶性铬（Ⅵ）的限量指标。

2. 混凝土用水泥质量主控项目

依据现行《混凝土质量控制标准》GB 50164，混凝土用水泥的主要控制项目包括凝结时间、安定性、胶砂强度、氧化镁和氯离子含量以及碱含量低于 0.6% 的水泥的碱含量。中、低热硅酸盐水泥或者低热矿渣硅酸盐水泥的主控项目还包括水化热。

3. 水泥质量检验除应检测上述规定项目外，还应该包括水泥的型式检验报告、出厂检验报告或者合格证等质量证明文件的查验和收存。

三、检测标准依据

1.《水泥的命名原则和术语》GB/T 4131—2014。

2.《通用硅酸盐水泥》GB 175—2007 及《通用硅酸盐水泥》GB 175—2007 国家标准第 1、2、3 号修改单。

3.《水泥取样方法》GB/T 12573—2008。

4.《水泥标准稠度用水量、凝结时间、安定性检验方法》GB/T 1346—2011。

5.《水泥细度检验方法　筛析法》GB/T 1345—2005。

6.《水泥胶砂强度检验方法（ISO 法）》GB/T 17671—2021。

7.《水泥胶砂流动度测定方法》GB/T 2419—2005。

8.《水泥密度测定方法》GB/T 208—2014。

9.《水泥比表面积测定方法　勃氏法》GB/T 8074—2008。

10.《水泥化学分析方法》GB/T 176—2017。

11.《水泥强度快速检验方法》JC/T 738—2004。

12.《水泥压蒸安定性试验方法》GB/T 750—1992。

13.《建筑材料放射性核素限量》GB 6566—2010。

14.《水泥中水溶性铬（Ⅵ）的限量及测定方法》GB 31893—2015。

四、水泥的质量技术性能及指标

混凝土常用水泥的质量技术性能指标见表 2-2～表 2-4。

表 2-2　混凝土常用水泥的化学指标

品种	代号	烧失量（%）	三氧化硫（%）	氧化镁（%）	氯离子含量（%）
硅酸盐水泥	P·Ⅰ	≤3.0	≤3.5	≤5.0	≤0.06
	P·Ⅱ	≤3.5			
普通硅酸盐水泥	P·O	≤5.0			
矿渣硅酸盐水泥	P·S·A	—	≤4.0	≤6.0	
	P·S·B	—		—	
火山灰质硅酸盐水泥	P·P	—	≤3.5	≤6.0	
粉煤灰硅酸盐水泥	P·F	—			
复合硅酸盐水泥	P·C	—			

注：1. 不溶物含量，硅酸盐 P·Ⅰ 型水泥不溶物≤0.75%，P·Ⅱ 型水泥不溶物≤1.50%，其他水泥不做要求。

2. 碱含量（选择性指标），水泥中碱含量按 $Na_2O+0.658K_2O$ 计算值表示，若使用活性骨料，用户要求提供低碱水泥时，水泥中碱含量不得大于 0.60% 或由买卖双方确定。

3. 水泥中水溶性铬（Ⅵ）含量≤10mg/kg。

表 2-3　混凝土常用水泥的物理指标

品种	物理指标		
硅酸盐水泥	凝结时间	初凝时间不小于 45min	终凝时间不大于 390min
普通硅酸盐水泥及其他通用硅酸盐水泥		初凝时间不小于 45min	终凝时间不大于 600min
硅酸盐水泥	细度	比表面积≥300m²/kg	
普通硅酸盐水泥			
其他通用硅酸盐水泥		80μm 方孔筛筛余≤10% 或 45μm 方孔筛≤30%	
通用硅酸盐水泥	安定性	沸煮法合格	
硅酸盐水泥	放射性	内、外照射指数限量不超过 1.0	
普通硅酸盐水泥			

注：表中其他硅酸盐水泥是指矿渣硅酸盐水泥、火山灰质硅酸盐水泥、粉煤灰硅酸盐水泥和复合硅酸盐水泥。

表 2-4　混凝土常用水泥的强度指标

品种	强度等级	抗压强度（MPa）		抗折强度（MPa）	
		3d	28d	3d	28d
硅酸盐水泥	42.5	≥17.0	≥42.5	≥3.5	≥6.5
	42.5R	≥22.0		≥4.0	
	52.5	≥23.0	≥52.5	≥4.0	≥7.0
	52.5R	≥27.0		≥5.0	
普通硅酸盐水泥	42.5	≥17.0	≥42.5	≥3.5	≥6.5
	42.5R	≥22.0		≥4.0	
	52.5	≥23.0	≥52.5	≥4.0	≥7.0
	52.5R	≥27.0		≥5.0	
矿渣硅酸盐水泥 火山灰质硅酸盐水泥 粉煤灰硅酸盐水泥	32.5	≥10.0	≥32.5	≥2.5	≥5.5
	32.5R	≥15.0		≥3.5	
	42.5	≥15.0	≥42.5	≥3.5	≥6.5
	42.5R	≥19.0		≥4.0	
	52.5	≥21.0	≥52.5	≥4.0	≥7.0
	52.5R	≥23.0		≥4.5	

品种	强度等级	抗压强度（MPa）		抗折强度（MPa）	
		3d	28d	3d	28d
复合硅酸盐水泥	42.5	≥15.0	≥42.5	≥3.5	≥6.5
	42.5R	≥19.0		≥4.0	
	52.5	≥21.0	≥52.5	≥4.0	≥7.0
	52.5R	≥23.0		≥4.5	

注：表中强度检验按 GB/T 17671 进行试验。但火山灰质硅酸盐水泥、粉煤灰硅酸盐水泥、复合硅酸盐水泥和掺火山灰质混合材料的普通硅酸盐水泥在进行胶砂强度检验时，其用水量按 0.50 水灰比和胶砂流动度不小于 180mm 来确定。当流动度小于 180mm 时，须以 0.01 的整倍数递增的方法将水灰比调整至胶砂流动度不小于 180mm。胶砂流动度试验按 GB/T 2419 进行，其中胶砂制备按 GB/T 17671 进行。

五、取样方法

水泥试验的取样应按下述规定进行：

1. 取样应在有代表性的部位进行，并且不应在污染严重的环境中取样。一般在以下部位取样：

（1）水泥输送管路中；

（2）袋装水泥堆场；

（3）散装水泥卸料处或水泥运输机具上。

2. 取样方法：

（1）散装水泥：对同一水泥厂生产的同期出厂的同品种、同强度等级的水泥，以一次进厂（场）的同一出厂编号的水泥为一批，但一批的总量不得超过 500t。随机地从不少于 3 个车罐中各采取等量水泥，经混拌均匀后，从中称取不少于 12kg 水泥作为检验试样。取样采用"槽形管状取样器"，通过转动取样器内管控制开关，在适当位置插入水泥一定深度，关闭后小心抽出。将所取样品放入洁净、干燥、不易受污染的容器中。

（2）袋装水泥：对同一水泥厂生产的同期出厂的同品种、同强度等级的水泥，以一次进厂（场）的同一出厂编号的水泥为一批，但一批的总量不得超过 200t。随机地从不少于 20 袋中各采取等量水泥，经混拌均匀后，从中称取不少于 12kg 水泥作为检验试样。取样采用"取样管"，将取样管插入水泥适当深度，用大拇指按住气孔，小心抽出取样管，将所取样品放入洁净、干燥、不易受污染的容器中。

（3）存放期超过三个月的水泥，使用前必须进行复验，并按复验结果使用。

（4）取样后，核对样品是否与送货单填写内容相符，随后编号送入实验室静置 24h 以上方可进行试验。试验前水泥试样必须充分搅匀并通过 0.9mm 方孔筛，记录筛余物情况。取样拌和均匀后分成两等份，一份由实验室按标准进行试验，另一份密封保存备复验用。试验样品应保存三个月，以备复检。

3. 取样单制作

样品取得后，应由负责取样人员填写取样单，取样单应至少包括以下内容：

（1）水泥编号；

（2）水泥品种；

（3）水泥强度等级；

（4）取样日期；

（5）取样地点；

（6）取样人。

六、水泥检测与试验条件和材料

1. 试验条件

（1）试验时实验室环境温度为（20±2）℃，相对湿度不低于 50%；

（2）水泥试样、标准砂、拌和用水及试模温度应为（20±2)℃；

（3）水泥养护箱（恒温养护箱）温度应为（20±1)℃，相对湿度不低于90%；

（4）水泥养护水池温度应为（20±1)℃。

2.试验材料

试验用水必须是洁净饮用水，有争议时应以蒸馏水为准。砂使用ISO标准砂。

试验水泥从取样到试验要在其试验环境中保持24h以上。

七、检测结果评定

凡检测结果符合各项性能指标要求的为合格品，凡检测结果不符合性能指标任何一项的均判定为不合格。水泥的安定性、三氧化硫含量、凝结时间中任何一项指标不符合指标要求的，判定为废品水泥，不得使用。

第二节　常用水泥技术性能试验与检测

一、水泥标准稠度用水量试验与检测

1.试验原理和目的

利用水泥净浆在标准试杆（或试锥）沉入时会对其穿透性产生一定的阻力，不同含水量的水泥净浆穿透性不同的原理，可以了解水泥的需水量。

2.试验仪器设备

（1）水泥净浆搅拌机：用于水泥净浆的搅拌，符合现行《水泥净浆搅拌机》JC/T 729的要求，见图2-1。

（2）维卡仪：用于水泥标准稠度用水量与凝结时间的测定，见图2-2。

（3）量水器：最小刻度为0.1mL，精度1%。

（4）天平：最大称量不小于1000g，分度值不大于1g。

（5）圆模等。

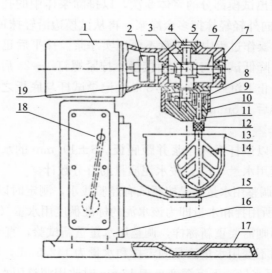

图2-1　水泥净浆搅拌机

1—双速电动机；2—连接法兰；3—涡轮；4，7—轴承盖；5—涡轮轴；6—涡杆轴；8—内齿圈；

9—行星齿轮；10—叶片轴；11—行星定位套；12—调节螺母；13—搅拌锅；14—搅拌叶片；

15—滑板；16—立柱；17—底座；18—手柄（背面）；19—减速箱

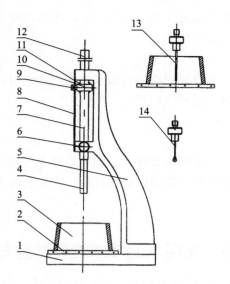

图 2-2　净浆稠度和凝结时间测定仪结构图

1—底座；2—玻璃板；3—圆锥模；4—稠度试杆；5—支架；6—紧定螺栓；7—滑动杆；8—示值板；
9—指针；10—固定圈；11—固定螺栓；12—连接杆；13—初凝试杆；14—初凝试针

3. 试验步骤

（1）试验前需检查维卡仪的滑动杆，确保能自由滑动，调整试杆接触玻璃板时指针对准零点；搅拌机运行正常。

（2）水泥净浆拌制：搅拌锅和搅拌叶片先用湿布擦过，将拌和用水倒入搅拌锅内，然后在 5～10s 内小心将称好的 500g 水泥加入水中，防止水和水泥溅出；然后将搅拌锅放到锅座上，上升至搅拌位置，启动搅拌机低速搅拌 120s，停 15s，此时将粘在叶片和锅壁上的水泥净浆刮入锅中间，接着高速搅拌 120s 停机。

（3）拌和结束后，立即取适量净浆一次性装入已置于玻璃底板上的试模中，浆体超过试模上端，用宽 25mm 直边刀轻轻拍打超出试模部分的浆体 5 次，以排除浆体中的孔隙，然后在试模上表面的约 1/3 处，略倾斜于试模，分别向外轻轻抹掉多余净浆，再从试模边沿轻抹顶部一次，使净浆表面光滑。

在抹掉多余净浆和抹平的操作过程中，注意不要压实净浆。抹平后迅速将试模和底板移到维卡仪上，并将其中心定在试杆下，降低试杆与净浆面接触，拧紧螺钉 1～2s 后，突然放松，使试杆垂直自由沉入水泥净浆中。在试杆停止下沉或释放试杆 30s 时记录试杆与底板之间的距离，升起试杆并立即擦净。整个操作过程应在搅拌后 1.5min 内完成。

4. 数据计算与确定

（1）标准法（试杆法）是以试杆沉入净浆并距底板（6±1）mm 的水泥净浆为标准稠度净浆，其拌和水量为该水泥的标准稠度用水量（P），按水泥质量的百分数计。

（2）代用法（试锥法）的调整用水量法是按照既有经验找水，测定时以试锥下沉深度（30±1）mm 时的净浆为标准稠度净浆，它所用拌和水量即为该水泥的标准稠度用水量（P），按照对应水泥用量的百分数计。如下沉深度超出范围则需要重新称样，调整用水量重新试验，直至达到（30±1）mm 为止。

（3）代用法（试锥法）的不变用水量法是固定拌和水量为 142.5mL，测定试锥下沉深度 S（mm），按照式（2-1）计算标准稠度用水量，下沉深度小于 13mm 时改用调整用水量法测定标准稠度用水量。

$$P = 33.4 - 0.185S \tag{2-1}$$

式中　P——标准稠度用水量（%）；

　　　S——试锥下沉深度（mm）。

二、水泥凝结时间测定试验

1. 试验原理及目的

以试针沉入标准稠度水泥净浆至一定深度所需的时间表示测定水泥凝结的快慢，为施工工艺提供依据。

2. 试验仪器设备

（1）水泥净浆搅拌机：用于水泥净浆的搅拌，符合现行《水泥净浆搅拌机》JC/T 729 的要求，见图 2-1。

（2）维卡仪：用于水泥标准稠度用水量与凝结时间的测定。

（3）量水器：最小刻度为 0.1mL，精度 1%。

（4）天平：最大称量不小于 1000g，分度值不大于 1g。

（5）恒温恒湿养护箱。

（6）圆模等。

3. 试验步骤

（1）试验前，调整凝结时间测定仪，当试针接触玻璃板时指针对准零点。

（2）以标准稠度用水量制成的净浆一次装满试模并振动数次以排除空气，用小刀从模中心分别向相反两边刮去多余净浆，然后一次抹平，立即放入恒温养护箱中养护，记录水泥全部加入水中的时间为凝结时间的起始时间。

（3）试块在养护箱中养护至加水后 30min 时进行第一次测定。测定时取出试模放到试针下，使试针与净浆面接触。拧紧螺钉 1～2s 后突然放松，使试针垂直自由沉入净浆，观察试针停止下沉或释放试针 30s 时指针读数。当试针沉至距底板（4±1）mm 时，为水泥达到初凝状态，记录此时时间，用分钟（min）表示。

（4）完成初凝时间的测定后，立即将试模连同浆体以平移的方式从玻璃板取下，翻转 180°，直径大端向上、小端向下放在玻璃板上，再放入湿气养护箱中继续养护。

（5）终凝时间的测定步骤与初凝时间的测定相同，当终凝试针沉入试体 0.5mm 时，即环形附件在试块上不留下环形痕迹时，为水泥达到终凝状态，记录此时时间。

（6）在整个测试过程中试针沉入位置至少距试模内壁 10mm，每次测定试针不能落入原针孔，每次测试完毕必须将试针擦净并将试模放回标准养护箱中养护。临近初凝时每隔 5min 或更短时间测定一次，临近终凝时每隔 15min 或更短时间测定一次，达到初凝时应立即重复测定一次，当两次结论相同时才能确定达到初凝状态；达到终凝时，需要在试块另外两个不同点测试，结论相同时才能确定达到终凝状态。

（7）测定时应注意，在最初测定的操作时应轻轻扶持金属柱，使其徐徐下降，以防试针撞弯，但结果以自由下落为准，整个测定过程中要防止试模受振。

4. 结果确定

（1）当试针沉至距底板（4±1）mm 时，从水泥加水开始直至初凝状态所经历的时间为初凝时间，用分钟（min）表示。

（2）当终凝试针沉入试块 0.5mm 时，即环形附件在试块上不留下环形痕迹时，由水泥全部加入水中至终凝状态所经历的时间为终凝时间，用分钟（min）表示。

三、水泥安定性测定试验

（一）雷氏夹法

1. 试验原理

雷氏夹法是通过测定水泥标准稠度净浆在雷氏夹中沸煮后两个试针的相对位移来表征标准稠度水

泥净浆体积膨胀的程度，是一种定量试验与检测方法。

2. 试验仪器设备

（1）水泥净浆搅拌机：用于水泥净浆的搅拌，符合现行《水泥净浆搅拌机》JC/T 729 的要求。

（2）沸煮箱（图 2-3）：用于水煮试件。

（3）量水器：最小刻度为 0.1mL，精度为 1%。

（4）天平：最大称量不小于 1000g，分度值不大于 1g。

（5）雷氏夹及雷氏夹膨胀测定仪，见图 2-4、图 2-5。

图 2-3　沸煮箱

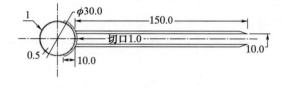

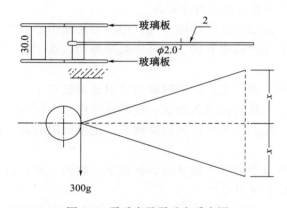

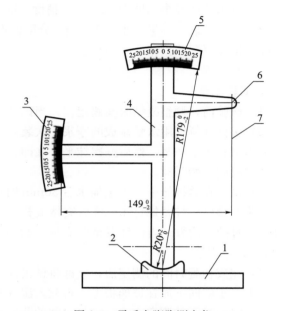

图 2-4　雷氏夹及雷氏夹受力图
1—环模；2—指针

图 2-5　雷氏夹膨胀测定仪
1—底座；2—模子座；3—测弹性标尺；4—立柱；
5—测膨胀值标尺；6—悬臂；7—悬丝

3. 试验步骤

（1）每个试样需成型两个试件，每个雷氏夹需配备边长或直径约 80mm、厚 4～5mm 的玻璃板两块，凡与水泥净浆接触的玻璃板和雷氏夹内表面都要稍涂上一层油。

（2）将雷氏夹放在涂好油的玻璃板上，把已制好的标准稠度水泥净浆一次装满雷氏夹，装浆时，一只手轻轻向下压住雷氏夹两根指针的焊点处保持不动，另一只手用宽约 25mm 的直边刀在浆体表面插捣 3 次，然后抹平，盖上稍涂油的玻璃板放入养护箱内养护（24±2）h。

（3）调整好沸煮箱内的水位，保证在整个沸煮过程中水都没过试件，不需中途添补试验用水，同时又能保证在（30±5）min 内升至沸腾。

（4）脱去玻璃板取下试件，测量雷氏夹指针尖端间的距离（A），精确到 0.5mm，接着将试件放入沸煮箱水中的试块架上，指针朝上，然后在（30±5）min 内加热至沸，并恒沸（180±5）min。

沸煮结束，将沸煮箱中的热水放掉，打开箱盖，待箱体冷却至室温后取出试件进行判别。

4. 结果判定

测量雷氏夹指针尖端的距离（C），准确至 0.5mm，当两个试块煮后增加距离（C－A）的平均值不大于 5.0mm 时，即认为该水泥安定性合格；当两个试块煮后增加距离（C－A）的平均值超过 5.0mm 时，应用同一样品立即重做一次试验，以复检结果为准。若仍如此，则认为该水泥安定性不合格。

（二）试饼法（代用法）

1. 试验原理

试饼法是通过观测水泥标准稠度净浆试饼沸煮后的外形变化情况表征其体积安定性。

2. 试验仪器设备

（1）水泥净浆搅拌机：用于水泥净浆的搅拌，符合现行《水泥净浆搅拌机》JC/T 729 的要求。

（2）沸煮箱：用于水煮试件。

（3）量水器：最小刻度为 0.1mL，精度 1%。

（4）天平：最大称量不小于 1000g，分度值不大于 1g。

（5）维卡仪等。

3. 试验步骤

（1）每个试饼需准备两块约 100mm×100mm、厚 4～5mm 的玻璃板，凡与水泥净浆接触的玻璃板都要稍稍涂上一层油。

（2）将制好的标准稠度净浆取出一部分分成两等份，使之成球状，放在预先准备好的玻璃板上，轻轻振动玻璃板，并用湿布擦过的小刀由边缘向中央抹动，做成直径 70～80mm、中心厚约 10mm、边缘渐薄、表面光滑的试饼，接着将试饼放入湿气养护箱内养护（24±2）h。

（3）调整好沸煮箱内的水位，保证在整个沸煮过程中水都没过试件，不需中途添补试验用水，同时又能保证在（30±5）min 内升至沸腾。

（4）脱去玻璃板取下试饼，先检查试饼是否完整（如已开裂翘曲要检查原因，确证无外因时，该试饼已属不合格，不必沸煮）。在试饼无缺陷的情况下将试饼放在沸煮箱水中的篦板上，然后在（30±5）min 内加热至沸，并恒沸（180±5）min。

（5）沸煮结束，立即放掉箱中的热水，打开箱盖，待箱体冷却至室温，取出试饼进行判别。

4. 结果判别

目测未发现裂缝，用直尺检查也没有弯曲（使钢尺和试饼底部紧靠，以两者间不透光为不弯曲）的试饼为安定性合格，反之为不合格。如试饼出现崩溃、龟裂、松脆等现象，也判定为水泥安定性不合格。但应注意，鉴别试饼时，必须区别收缩裂缝和膨胀裂缝，当是收缩裂缝时，安定性为合格，当安定性恰处于合格与否边缘时，更要细致鉴别。除用钢尺检查外，还应敲击试饼听其声音是否清脆，或者将试饼切开，仔细观察断面情况再做决定。当两个试饼判别结果有矛盾时，该水泥的安定性为不合格。

四、水泥细度检验

（一）水泥细度负压筛析试验

1. 试验原理和目的

采用 45μm 或 80μm 方孔试验筛对水泥试块进行筛析试验，用筛上筛余物的质量百分数来表示水泥样品的细度。

2. 试验仪器设备

（1）负压筛析仪：负压稳定在 4000～6000Pa，外形见图 2-6。

（2）试验筛：筛孔为 45μm 或 80μm，见图 2-6。

（3）天平：量程不小于 50g，最小分度值不大于 0.01g。

3. 试块制备

（1）45μm 筛子筛析试验称取试块 10g。

（2）80μm 筛子筛析试验称取试块 25g。

（3）称量均精确至 0.01g。

图 2-6　负压筛析仪和筛

13

4. 主要操作步骤

(1) 试验前，将负压筛放在筛座上，盖上筛盖，接通电源，检查控制系统，调节负压稳定在 4000～6000Pa 范围内。

(2) 称取试块，置于洁净的负压筛中连续筛析 2min。在筛析过程中，如发现有试块颗粒吸附在筛盖上，可用木槌轻轻地敲击筛盖，使吸附的试块颗粒落下，不允许有颗粒遗落或溅出。筛毕，用天平称量筛余物。

5. 结果计算

水泥筛余百分数应按式（2-2）计算，结果精确至 0.1%。

$$F=\frac{G_1}{G}\times100\%\qquad\qquad(2\text{-}2)$$

式中　　F——水泥筛余百分数（%）；

　　　　G_1——水泥筛余物的质量（g）；

　　　　G——水泥试样的质量（g）。

6. 异常处置

(1) 当工作负压小于 4000Pa 时，应清理吸尘器内水泥，使负压恢复正常。

(2) 平时每次使用后，应用刷子轻轻清刷正反两面的积灰，然后将筛保存在干燥的容器或塑料袋内。

（二）水泥比表面积的试验与检测

1. 试验原理和目的

根据一定量的空气通过具有一定空隙率和固定厚度的水泥层时，所受阻力不同而引起流速的变化来测定水泥的比表面积。在一定空隙率的水泥层中空隙的大小和数量是颗粒尺寸的函数，同时也决定了通过料层的气流速度。采用全自动比表面积测定仪可自动检测水位、自动计时、自动测温、自动计算并显示结果，可避免人为误差。

2. 试验仪器设备

(1) 全自动比表面积测定仪及附件：应符合《勃氏透气仪》JC/T 956—2014 的要求，见图 2-7。

(2) 电热鼓风干燥箱（烘干箱）：控制温度灵敏度±1℃。

(3) 电子天平：分度值为 0.001g，最大称量 200g。

(4) 滤纸：符合《化学分析滤纸》GB/T 1914 的中速定量滤纸。

(5) 汞（水银）：分析纯汞。

(6) 比表面积标准粉：符合《水泥细度和比表面积标准样品》GSB 14-1511。

图 2-7　全自动比表面积测定仪

3. 试样制备

将试样先通过 0.09mm 方孔筛，再在（110 ± 5）℃下烘干 1h，并在干燥器中冷却至室温。

4. 试验步骤

(1) 全自动比表面积的水位调整和漏气检查

① 仪器放平、放稳，接通电源，打开仪器左侧的电源开关，此时如果仪器左侧的四位数码管显示 Errl，表示玻璃压力计内的水位未达到最低刻度线。可用滴管从压力计左侧一滴一滴地滴入清水，滴水过程中应仔细观察仪器左侧显示屏，至显示 good 时立即停止加水，表示水位已正常。如打开仪器左侧的四位数码管显示 good，表示水位正常不用调整。

② 漏气检查：水位保持最低刻度线，用橡皮塞将透气圆筒上口塞紧（图 2-8），将圆筒外部涂上凡士林后插入 U 形压力计锥形磨口，按测量键，抽气装置抽水超过最上刻度线时会根据控制程序自动关

闭阀门。观察压力计内液面，在 3min 内不下降，表明仪器不漏气，为正常。否则应找出漏气点予以密封处理。

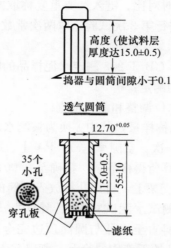

图 2-8　捣器和透气圆筒

（2）圆筒试料层体积的标定（水银排代法）

将穿孔板平放入圆筒中，再放入两片滤纸。将圆筒注满水银，用玻璃片挤压圆筒口上多余的水银，使水银面与圆筒口平齐，倒出水银称量（P_1），然后从圆筒中取出一片滤纸，将约 3.3g 的水泥装入圆筒中，再盖上一片滤纸后用捣器压实至试料层规定高度。将圆筒上部空间注入水银，同样用玻璃板挤压平后，将水银倒出称量（P_2）。按式（2-3）计算试料层体积 V（cm³），要重复测定两遍，取平均值，计算精确至 0.001cm³。

$$V = (P_1 - P_2) / \rho_{水银} \tag{2-3}$$

式中　V——透气圆筒的试料层体积（cm³）；

　　　P_1——未安装试样时，充满圆筒的水银质量（g）；

　　　P_2——安装试样后，充满圆筒的水银质量（g）；

　　　$\rho_{水银}$——试验温度下的水银密度（g/cm³），按照表 2-5 取值。

表 2-5　不同温度下的水银密度 $\rho_{水银}$

温度（℃）	8	10～12	14～16	18～20	22～24	26～28	30～32	34
$\rho_{水银}$（g/cm³）	13.58	13.57	13.56	13.55	13.54	13.53	13.52	13.51

（3）自动比表面积仪常数 K 的标定

① 将比表面积标准粉倒入不小于 50mL 的磨口瓶中摇匀，放置实验室恒温 1h。按式（2-4）确定标定用标准粉量：

$$W = \rho V (1 - \varepsilon) \tag{2-4}$$

式中　W——应称取的标准粉量（g），精确至小数点后三位；

　　　ρ——标准粉的密度（g/cm³），见标准粉瓶上标示；

　　　V——已测定的试料层体积（cm³）；

　　　ε——空隙率，取 0.5。

② 将透气圆筒放在金属支架上，放入穿孔板，取一片滤纸放入并放平，将准确称取的标准粉倒入圆筒中，用手轻摆圆筒使标粉表面平坦，切忌振动圆筒。再放入一片滤纸，用捣器均匀压实标准样直至捣器的支持环紧紧接触圆筒顶边，旋转捣器 1～2 圈，慢慢取出捣器。从金属支架上取下圆筒，在其锥部的下部均匀涂上一薄层凡士林，将圆筒边旋转边压入 U 形压力计的锥口部分，直至旋转不动。

③ 按仪器操作面板上标定［K值］键，［K值］键亮，再按［选择］键，以此将标准粉的比表面积值和密度值键入。然后按测量键，仪器自动启动并进行透气试验。结束后，仪器自动记忆标定的 K 值，但应将 K 值记录下来，以备必要时对比、键入。要重复称取两次标准粉，分别进行测定。当两次试验的常数相对误差超过 0.2％时，进行第 3 次试验；取两次常数相对误差不超过 0.2％的平均数作为标准常数加以确定。

（4）按现行《水泥密度测定方法》GB/T 208 测定水泥样品的密度。

（5）水泥样品比表面积（S 值）的测定：

① 按本条前述（1）款要求进行水位调整和漏气检查。

② 按式（2-3）计算确定被测水泥称样量，其中 ρ 换为被测水泥样品密度，一般同品种、同强度等级的水泥取一定值，一个月测定更新一次。空隙率（ε），P·Ⅰ、P·Ⅱ型水泥取 0.500±0.005，其他水泥和粉料取 0.530±0.005。称取计算所得样品量，精确至 0.001g。

③ 试料层制备。把圆筒放在金属支架上，将穿孔板放入圆筒的凸缘上，用捣器把一片滤纸放到穿孔板上，边缘放平并压紧。将称好的测试水泥试料倒入圆筒中，轻敲圆筒的边，使水泥层表面平坦。再放入一片滤纸，用捣器均匀捣实试料直至捣器与圆筒顶边完全闭合，并旋转 1～2 圈，慢慢取出捣器。从金属支架上取下圆筒，在其锥部的下部均匀涂上一薄层凡士林，把它插入 U 形压力计顶端锥形磨口处，旋转 12 圈，确保不漏气并不振动所制备的试料层。

④ 按照仪器操作说明，将被测水泥密度值逐位调整键入并确认。

⑤ 按测量键，仪器自动完成透气试验过程，结束后显示并记忆被测水泥样品的比表面积值（S）。

5. 结果处理

水泥比表面积应由两次试验结果的平均值确定，两次试验结果相差 2％以上时，应重新试验，计算结果保留至 10cm²/g。

6. 注意事项

（1）第一次装水银前放两片滤纸片；

（2）每次滤纸铺放必须平铺；

（3）每次水银必须充满圆筒；

（4）每次必须清理圆筒外部粘带的水银；

（5）每次水银要称重两次，相差 50mg 以内；

（6）第二次制备水泥料层要坚实，且捣器必须压到位；

（7）装入水泥用量可调整；

（8）捣器下压速度不要过快；

（9）两次单独制备水泥层体积差不得超过 0.005cm³；

（10）每半年周期标定一次试料层体积；

（11）更换新圆筒、捣器、穿孔板时必须测定体积；

（12）水银密度特别大，注意轻拿轻放，以防打破容器。水银挥发对人身体有伤害，注意通风，不要弄洒水银，如洒了可用硫黄吸附；用完及时收装密封，安全保存以备下次使用。

五、水泥密度测定试验

1. 定义

水泥密度表示水泥单位体积的质量。水泥密度的单位是克每立方厘米（g/cm³）。

2. 试验原理

将水泥倒入装有一定量液体介质的李氏瓶内，并使液体介质充分地浸透水泥颗粒。根据阿基米德定律，水泥的体积等于它所排开的液体体积，从而算出水泥单位体积的质量即为密度。为使测定的水泥不产生水化反应，液体介质采用无水煤油或不与水泥发生反应的其他液体。

3. 仪器设备

（1）李氏瓶横截面形状为圆形，外形尺寸如图 2-9 所示，应严格遵守关于公差、符号、长度、间距以及均匀刻度的要求；最高刻度标记与磨口玻璃塞最低点的间距至少为 10mm。李氏瓶的结构材料是优质玻璃，透明无条纹，有抗化学侵蚀性且热滞后性小，要有足够的厚度以确保较好的耐裂性。瓶颈刻度由 0～24mL，且 0～1mL 和 18～24mL 应以 0.1mL 刻度为分度值，任何标明的容量误差都不大于 0.05mL（图 2-10）。

（2）无水煤油符合现行《煤油》GB 253 的要求。

（3）恒温水槽［使水温稳定控制在（20±1）℃］。

（4）电子天平，量程≥100g，分度值≤0.01g。

（5）温度计，量程 0～50℃，分度值≤0.1℃。

（6）定性滤纸、漏斗、漏斗架、烧杯、玻璃棒和小匙。

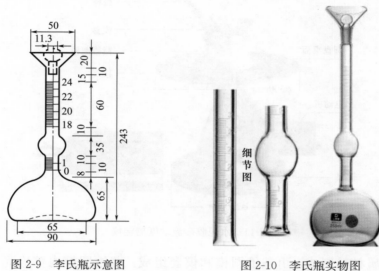

图 2-9　李氏瓶示意图　　　　　图 2-10　李氏瓶实物图

4. 主要测定步骤

（1）水泥试样应预先通过 0.90mm 方孔筛，在（110±5）℃温度下干燥 1h，并在干燥器内冷却至室温（20±1）℃。称取水泥质量 m 为 60g，称准至 0.01g。

（2）将无水煤油注入李氏瓶中到 0～1mL 刻度线（以弯月面下部为准）后，盖上瓶塞，放入恒温水槽内，使刻度部分浸入水中，水温应控制在（20±1）℃，恒温至少 30min，记下初始（第一次）读数 V_1。

（3）从恒温水槽中取出李氏瓶，用滤纸将李氏瓶细长颈内没有煤油的部分仔细擦干净。

（4）用小匙将水泥样品一点点地装入李氏瓶中，反复摇动（亦可用超声波振动或磁力搅拌等），直至没有气泡排出，再次将李氏瓶静置于恒温水槽中，恒温至少 30min，记下第二次读数 V_2。

注：第一次读数和第二次读数时，恒温水槽的温度差不大于 0.2℃。

（5）将李氏瓶内的无水煤油倒入准备好的漏斗中进行过滤，回收过滤后的无水煤油。

5. 结果计算

水泥密度 ρ（g/cm³）按式（2-5）计算，结果精确至 0.01g/cm³，试验结果取两次测定结果的算术平均值，两次测定结果之差不得超过 0.02g/cm³。

$$\rho = \frac{m}{V_2 - V_1} \tag{2-5}$$

式中　ρ——水泥密度（g/cm³）；

　　　m——水泥质量（g）；

V_1——李氏瓶第一次读数（mL）；

V_2——李氏瓶第二次读数（mL）。

六、水泥胶砂流动度测定试验

1. 适用范围及原理

本方法适用于火山灰质硅酸盐水泥、复合硅酸盐水泥和掺有火山灰质混合材料的普通硅酸盐水泥、矿渣硅酸盐水泥及指定采用本方法的其他品种水泥的胶砂流动度测定。

2. 仪器和工具

（1）胶砂搅拌机：符合现行《行星式水泥胶砂搅拌机》JC/T 681 的有关规定。

（2）水泥胶砂流动度测定仪（简称跳桌），如图 2-11 所示。

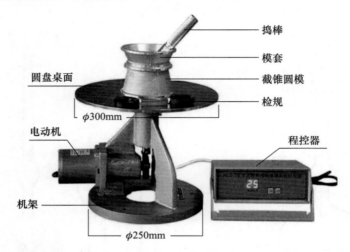

图 2-11　水泥胶砂流动度测定仪

（3）试模：用金属材料制成，由截锥圆模和模套组成。截锥圆模内壁应光滑，尺寸为：高度（60±0.5）mm，上口内径（70±0.5）mm，下口内径（100±0.5）mm，模壁厚大于 5mm，下口外径 120mm。模套与截锥圆模配合使用。

（4）捣棒：用金属材料制成，直径为（20±0.5）mm，长度约 200mm。捣棒底面与侧面成直角，其下部光滑，上部手柄滚花。

（5）卡尺：量程≥300mm，分度值不大于 0.5mm。

（6）小刀：刀口平直，长度大于 80mm。

（7）天平：量程不小于 1000g，分度值不大于 1g。

3. 试验材料及条件

（1）实验室、设备、拌和水、样品需符合《水泥胶砂强度检验方法（ISO 法）》GB/T 17671—2021 的有关规定。

（2）胶砂组成：胶砂材料用量按相应标准要求或试验设计确定。

4. 主要操作步骤

（1）如跳桌在 24h 内未被使用，先空跳一个周期 25 次，以检验各部位是否正常。

（2）胶砂制备按《水泥胶砂强度检验方法（ISO 法）》GB/T 17671—2021 的有关规定进行。在制备胶砂的同时，用潮湿棉布擦拭跳桌台面、试模内壁、捣棒以及与胶砂接触的用具，将试样放在跳桌台面中央并用潮湿棉布覆盖。

（3）将拌好的胶砂分两层迅速装入试模，第一层装至截锥圆模高度约 2/3 处，用小刀在相互垂直两个方向各划 5 次，用捣棒由边缘至中心均匀捣压 15 次；随后装第二层胶砂，装至高出截锥圆模约

20mm，用小刀划 10 次再用捣棒由边缘至中心均匀捣压 10 次。捣压后胶砂应略高于试模。捣压力量应恰好足以使胶砂充满截锥圆模。捣压深度，第一层捣至胶砂高度的 1/2，第二层捣实不超过已捣实底层表面。装胶砂和捣压时，用手扶稳试模，不要使其移动。

（4）捣压完毕，取下模套，将小刀倾斜由中间向边缘分两次以近水平的角度抹去高出截锥圆模的胶砂，擦去落在桌面上的胶砂。将截锥圆模垂直向上轻轻提起，立刻开动跳桌，以每秒钟一次的频率，在（25±1）s 内完成 25 次跳动。

（5）流动度试验，从胶砂加水开始到测量扩散直径结束，应在 6min 内完成。

5. 结果与计算

跳动完毕，用卡尺测量胶砂底面互相垂直的两个方向直径，计算平均值，取整数，用毫米（mm）表示，即为该水泥的水泥胶砂流动度。

6. 意外处理

试验过程中，如果发生设备故障、停电等意外事故，应立即中止试验，查明原因。若水泥胶砂正在搅拌或振实成型，该试样作废；若试样正在进行抗折、抗压强度测定，试验中断时间超过标准规定范围，要在原始记录中记录说明；进行细度检验时，该样作废，重新试验，并做记录。

七、水泥胶砂强度试验与检测

1. 适用范围

本方法适用于通用硅酸盐水泥、火山灰质硅酸盐水泥胶砂抗折和抗压强度检验，其他水泥和材料可参考使用。本方法可能对一些品种水泥胶砂强度检验不适用，例如初凝时间很短的水泥。

2. 试验原理和目的

按照标准规定配制成 40mm×40mm×160mm 棱柱体的水泥胶砂试件，经标准养护一定龄期，检验各龄期的强度以确定水泥抗折、抗压强度是否达标。

3. 试验仪器设备

（1）试验筛（R20 系列）。

（2）行星式水泥胶砂搅拌机，应符合现行《行星式水泥胶砂搅拌机》JC/T 681 的要求，见图 2-12。

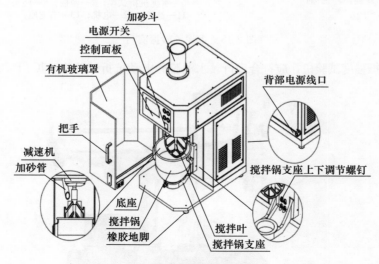

图 2-12　水泥胶砂搅拌机

（3）试模，应符合现行《水泥胶砂电动抗折试验机》JC/T 726 的要求。

（4）金属模套、布料器、刮平金属直边尺，应符合图 2-13、图 2-14 的要求。

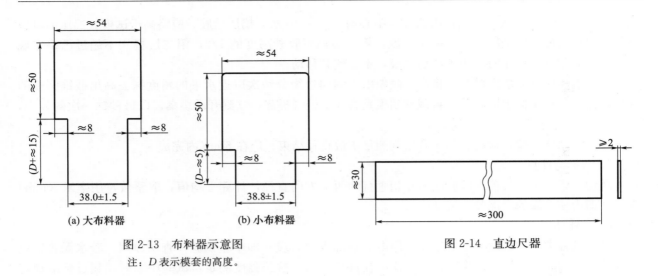

图 2-13　布料器示意图
注：D 表示模套的高度。

(a) 大布料器　　(b) 小布料器

图 2-14　直边尺器

（5）振实台（图 2-15）为基准成型设备，应符合现行《水泥胶砂试体成型振实台》JC/T 682 的要求。振实台应安装在高度约 400mm 的混凝土基座上。混凝土基座体积应大于 0.25m³，质量应大于 600kg。将振实台用地脚螺钉固定在基座上，安装后台盘为水平状态，振实台底座与基座之间要铺一层胶砂以保证它们的完全接触。

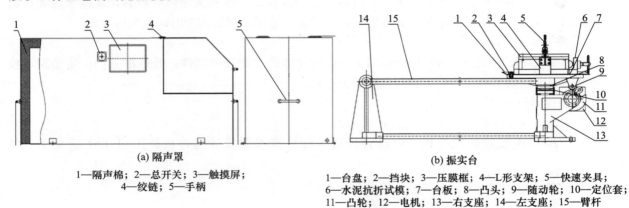

(a) 隔声罩

1—隔声棉；2—总开关；3—触摸屏；
4—绞链；5—手柄

(b) 振实台

1—台盘；2—挡块；3—压膜框；4—L 形支架；5—快速夹具；
6—水泥抗折试模；7—台板；8—凸头；9—随动轮；10—定位套；
11—凸轮；12—电机；13—右支座；14—左支座；15—臂杆

图 2-15　水泥胶砂振实台

（6）5kN 电动抗折强度试验机，应符合现行《水泥胶砂电动抗折试验机》JC/T 724 的要求（图 2-16）。

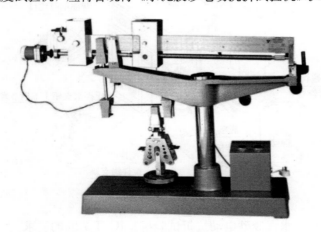

图 2-16　水泥电动抗折试验机

（7）300kN 恒应力抗压强度试验机，应符合现行《水泥胶砂强度自动压力试验机》JC/T 960 的规定。

（8）抗压夹具，应符合现行《40mm×40mm 水泥抗压夹具》JC/T 683 的要求，见图 2-17（b）。

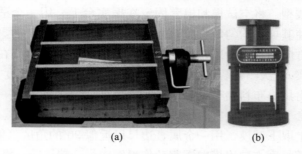

(a)　　　　　　　　(b)

图 2-17　水泥胶砂试模和抗压夹具

（9）恒温恒湿养护箱［温度应保持在（20±1）℃，相对湿度不低于 90%］，应符合现行《水泥胶砂试体养护箱》JC/T 959 的规定，见图 2-18。

图 2-18　恒温恒湿养护箱

（10）养护水池［应保持（20±1）℃温度条件］。

（11）天平，分度值≤±1g。

（12）量筒，分度值≤±1mL。

（13）ISO 标准砂和水。

3. 试验步骤

（1）胶砂制备

称取水泥 450g、标准砂 1350g，量取水 225mL。

将水加入锅里，再加入水泥，把锅放在固定架上，上升至工作位置，将标准砂放入砂漏斗中。

选择自动操作，开动机器，搅拌机即按设定程序完成加砂、搅拌工作。在停止搅拌开始的 15s 内，将搅拌锅放下，用刮刀将叶片和锅壁、锅底上的胶砂刮入锅中间。

注：试验前和更换水泥样时，必须将搅拌机叶片、搅拌锅等工具用湿布擦净，试验过程中还应注意搅拌机工作是否正常。

（2）试样制备

试验前将试模擦净，四周的模板与底座的接触面上应涂上黄干油紧密装配，防止漏浆，内壁均刷一薄层机油。

胶砂制备后立即进行成型。将空试模和模套固定在振实台上，用一个适当勺子将锅壁上的胶砂清理到锅内并翻转搅拌胶砂使其更加均匀后将胶砂分两层装入试模。装第一层时，每个槽里放约 300g 胶砂，先用料勺沿试模长度方向划动胶砂以布满模槽，再用大布料器垂直架在模套顶部沿每个模槽来回一次将料层布平，接着振实 60 次。再装入第二层胶砂，用料勺沿试模长度方向划动胶砂以布满模槽，但不能接触已振实胶砂。再用小布料器布平，振实 60 次。每次振实时可将一块用水湿过拧干、比模套尺寸稍大的棉纱布盖在模套上以防止振实时胶砂飞溅。

移走模套，从振实台上取下试模，用一金属直边尺以近似 90°的角度（但向刮平方向稍斜）架在试模模顶的一端，然后沿试模长度方向以横向锯割动作慢慢向另一端移动，将超过试模部分的胶砂刮去。锯割动作的多少和直尺角度的大小取决于胶砂的稀稠程度，较稠的胶砂需要多次锯割、锯割动作要慢以防止拉动已振实的胶砂。再用同一直边尺以近乎水平的角度将试样表面抹平。抹平的次数要尽量少，总次数不应超过 3 次。最后将试模周边的胶砂擦除干净。

用毛笔或其他方法对试样进行编号。两个龄期以上的试样，在编号时应将同一试模中的 3 条试样分在两个以上龄期内。

试验前和更换水泥样时，必须将模套、布料器、直边尺等工具用湿布擦净，试验过程中注意振实台工作是否正常。

（3）试样养护

成型好的试模上盖一块磨边玻璃板，盖板不应与水泥胶砂接触，盖板与试模之间的距离应控制在 2～3mm 之间。立即将做好标记的试模放入恒温恒湿养护箱的水平架子上，养护到规定的脱模时间取出脱模。注意养护时不能将试模放在其他试模上。

脱模应非常小心，用橡皮槌脱模。对于 24h 龄期的，应在破型试验前 20min 内脱模；对于 24h 以上龄期的，应在成型后 20～24h 之间脱模。如经 24h 养护，因脱模对强度造成损害，可以延迟至 24h 以后脱模，但在试验报告中应予说明。

脱模时，不能直接敲打试样，也不能过分振动，工作台面设胶皮垫，保护试模和工作台。拆模后，应尽快将试模擦净、装好、刷油，以便下次使用。

脱模后，将试样按不同编号和龄期分别放入（20±1）℃养护池中养护。试样采用水平或竖直放置，养护期间试样之间间隔或试样上面的水深不得小于 5mm。每个养护池只养护同类型的水泥试样。养护池随时加水保持适当的水位，在养护期间可以更换不超过 50％的水。

除 24h 龄期或延迟至 48h 脱模的试样外，任何到龄期的试样应在试验（破型）前提前从水中取出。揩去试样表面沉积物，并用湿布覆盖至试验为止。试样龄期从水泥加水搅拌开始试验时算起。不同龄期强度试验在下列时间里进行：24h±15min；48h±30min；72h±45min；7d±2h；28d±8h。

（4）强度快速检验

水泥强度快速检验（按现行《水泥强度快速检验方法》JC/T 738）系按照现行《水泥胶砂强度检验方法（ISO 法）》GB/T 17671 的有关要求制备 40mm×40mm×160mm 胶砂试样，采用 55℃湿热养护条件加速水泥水化 24h 后进行抗压强度试验，从而获得水泥快速强度。借助水泥快速强度，预测标准养护条件下水泥 28d 抗压强度。

试样成型按现行《水泥胶砂强度检验方法（ISO 法）》GB/T 17671 的规定进行。

在试样成型后，应立即连同试模放入恒温恒湿养护箱内预养 4h±15min。取出带模试样放入水泥快速养护箱（图 2-19）内的试样架上，盖好箱盖，从室温开始加热。在 1.5h±10min 内等速升温到 55℃，并在（55±2）℃下恒温 18h±10min，停止加热。

打开箱盖，端出试模，在室温下冷却（50±10）min 后脱模。每次试验从试样养护到脱模的总体时间相差不得超过±30min。

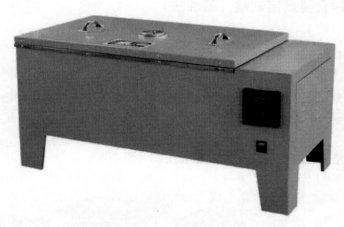

图 2-19 水泥快速养护箱

脱模并立即进行抗压强度试验。试验结果按照经验公式 $R_{28}=AR_k+B$ 或实验室推导的公式计算。其中 R_k 为试件测得抗压强度，R_{28} 为预推 28d 抗压强度，A、B 为待定系数。预测公式的建立方法和 A、B 的确定详见《水泥强度快速检验方法》JC/T 738—2004 附录。

（5）强度试验

抗折强度试验：每龄期取出 3 条试样先做抗折强度试验。试验前先擦去试样表面附着的水分和砂粒，清除夹具上圆柱表面粘着的杂物。试样放入抗折夹具内应使其侧面和夹具圆柱接触，试样放入前应使电动抗折机杠杆处于水平位置。试样放入后调整夹具，使杠杆在试样折断时尽可能接近平衡位置，以（50±10）N/s 的速率均匀加荷直至折断。保持两个半截棱柱体处于潮湿状态直至抗压试验。

抗压强度试验：抗折试验后的试样立即进行抗压试验。抗压试验须用抗压夹具进行。清除试件受压面与加压板间的砂粒杂物，以试样侧面作为受压面，试样底面靠紧夹具定位销，并将夹具置于压力机承压板中央。开动试验机，以（2400±200）N/s 的速率进行加荷，直至试样破坏。

4. 试验结果的计算

（1）采用电动抗折试验机，可直接读取标尺上的 MPa 数值，记录为抗折强度值 R_f，精确至 0.1MPa。

（2）抗压强度按照式（2-6）计算，计算结果精确至 0.1MPa。

$$R_c=F_c/A \tag{2-6}$$

式中 R_c——抗压强度（MPa），精确至 0.1MPa；

F_c——破坏的最大荷载（N）；

A——受压部分面积，即 $40mm×40mm=1600mm^2$。

5. 试验结果的确定

抗折强度：以一组 3 个棱柱体抗折强度的平均值作为试验结果。当 3 个强度值中有一个超出平均值±10％时，应剔除后取平均值作为抗折强度试验；当 3 个强度值中有两个超出平均值±10％时，则以剩余一个作为抗折强度结果。

单个抗折强度结果精确至 0.1MPa，算术平均值精确至 0.1MPa。

抗压强度：以一组 3 个棱柱体上得到的 6 个抗压强度测定值的算术平均值为试验结果。如 6 个测定值中有一个超出平均值的±10％，就应剔除这个结果，而以剩下 5 个的平均数为结果。如果 5 个测定值中再有超过它们平均数±10％的，则此组结果作废。当 6 个测定值中同时有两个或两个以上超出平均值的±10％ 时，则此组结果作废。

单个抗压强度结果计算至 0.1MPa，平均值计算结果精确至 0.1MPa。

八、水泥中氧化镁含量测定试验（基准法）

1. 适用范围

本方法适用于水泥中氧化镁含量的测定试验。

2. 试验原理

以氢氟酸-高氯酸分解或氢氧化钠熔融，或碳酸钠熔融试样的方法制备溶液，分取一定量的溶液，用锶盐消除硅、铝、钛等的干扰，在氧气-乙炔火焰中，于波长285.2nm处测定溶液的吸光度。

3. 试验仪器

（1）原子吸收分光光度计，也称原子吸收光谱仪，见图2-20；

图2-20　原子吸收光谱仪

（2）高温炉；

（3）天平，精度0.0001g；

（4）滤纸、玻璃烧杯、玻璃棒；

（5）铂坩埚、坩埚钳。

4. 化学试剂

（1）氧化镁，基准试剂或是光谱纯；

（2）氯化锶溶液（锶50g/L），将152g氯化锶溶于水，加水稀释至1L，必要时过滤后使用；

（3）氢氧化钠、盐酸（1+1）、盐酸（1+9）；

（4）氢氟酸、高氯酸。

5. 试验步骤

（1）氧化镁标准溶液的配制

称取1.0000g已于（950±25）℃灼烧过1h的氧化镁（MgO，基准试剂或光谱纯），精确至0.0001g，置于300mL烧杯中，加入50mL水，再缓缓加入20mL盐酸（1+1），低温加热至全部溶解，冷却至室温后，移入1000mL容量瓶中，用水稀释至刻度标线，摇匀。制成的此标准溶液每1mL含1mg氧化镁。

吸取25.00mL上述标准溶液放入500mL容量瓶中，用水稀释至刻度，摇匀。制成的标准溶液每毫升含0.05mg氧化镁，备用。

（2）工作曲线的绘制

吸取每毫升含0.05mg氧化镁的标准溶液0mL、2.00mL、4.00mL、6.00mL、8.00mL、10.00mL、12.00mL分别放入500mL容量瓶中，加入30mL盐酸及10mL氯化锶溶液，用水稀释至刻度，摇匀。将原子吸收分光光度计调节至最佳工作状态，在氧气-乙炔火焰中，用镁元素空心阴极灯，于波长

285.2nm 处，以水校零测定溶液的吸光度。用测得的吸光度作为相对应的氧化镁含量的函数，绘制工作曲线备用。

（3）分解试样制备

分解试样制备选用氢氧化钠熔融-盐酸分解试样方法。

称取约 0.1g 水泥试样（m_0），精确至 0.0001g，置于银坩埚中，加入 3～4g 氢氧化钠，盖上坩埚盖，并留有缝隙，放入高温炉中，在 750 ℃下熔融 10min，取出冷却。将坩埚放入已盛有约 100mL 沸水的 300mL 烧杯中，盖上表面皿，待熔块完全浸出后（必要时适当加热），取出坩埚，用水冲洗坩埚和盖。在搅拌下一次加入 35mL 盐酸（1＋1），用热盐酸（1＋9）洗净坩埚和盖。将溶液加热煮沸，冷却后，移入 250mL 容量瓶中，用水稀释至刻度，摇匀。此溶液 D 供原子吸收分光光度法测定氧化镁。

（4）氧化镁的测定

从溶液 D 中吸取 5.00mL 溶液放入 100mL 容量瓶中（试样溶液的分取量及容量瓶的容积视氧化镁的含量而定），加入 12mL 盐酸（1＋1）及 2mL 氯化锶溶液（测定溶液中盐酸的体积分数为 6％，锶的浓度为 1mg/mL），用水稀释至刻度，摇匀。用原子吸收分光光度计，在氧气-乙炔火焰中，用镁元素空心阴极灯，于波长 285.2nm 处，在与绘制工作曲线相同的仪器条件下测定溶液的吸光度，在步骤（2）绘制的工作曲线上求出氧化镁的浓度（c_1）。

6. 结果计算和确定

（1）水泥中氧化镁的含量按照式（2-7）计算：

$$\omega_{MgO} = \frac{c_1 \times 100 \times 50}{m_0 \times 10^6} \times 100 = \frac{c_1 \times 0.5}{m_0} \tag{2-7}$$

式中　ω_{MgO}——氧化镁的质量分数（％）；

　　　　c_1——扣除空白试验值后测定溶液中氧化镁的浓度（$\mu g/mL$）；

　　　　m_0——水泥试样的质量（g）；

　　　　100——测定溶液的体积（mL）；

　　　　50——全部试样溶液与所分取试样溶液的体积比。

（2）以两次试验结果的平均值表示测定结果，其重复性限为 0.15％。

九、水泥氯离子含量测定试验（硫氰酸铵容量法）

1. 适用范围

本试验适用于氯离子含量的测定。

2. 试验原理

通过测定给出总氯加溴的含量，以氯离子（Cl^-）表示结果。试样用硝酸进行分解，同时消除硫化物的干扰。加入已知量的硝酸银标准溶液使氯离子以氯化银的形式沉淀。煮沸、过滤后，将滤液和洗液冷却至 25 ℃ 以下，以铁（Ⅲ）盐为指示剂，用硫氰酸铵标准滴定溶液滴定过量的硝酸银。

3. 试验仪器

（1）天平，精度 0.0001g；

（2）烧杯、慢速滤纸或玻璃砂芯漏斗（直径 50mm，型号 G4）、锥形瓶、玻璃棒等；

（3）电炉。

4. 化学试剂

（1）硝酸（1＋2）。

（2）硝酸银标准溶液 [c（$AgNO_3$）＝0.05mol/L]：称取 8.494g 已于（150±5）℃烘过 2h 的硝酸银，精确至 0.0001g，加水溶解后，移入 1000mL 容量瓶中，加水稀释至标线，摇匀，贮存于棕色瓶中，避光保存。

（3）滤纸浆：将定量滤纸撕成小块，放入烧杯中，加水浸没，在搅拌下加热煮沸 10min 以上，冷却后放入广口瓶中备用。

（4）硝酸（1+1）。

（5）硫酸铁铵指示剂溶液：将 10mL 硝酸（1+2）加入到 100mL 冷的硫酸铁（Ⅲ）铵 $[NH_4Fe(SO_4)_2 \cdot 12H_2O]$ 饱和水溶液中。

（6）硫氰酸铵标准滴定溶液 $[c(NH_4SCN)=0.05mol/L]$：称取（3.8±0.1）g 硫氰酸铵（NH_4SCN）溶于水，稀释至 1L。

5. 试验步骤

（1）称取约 5g 水泥试样（m_0），精确至 0.0001g，置于 400mL 烧杯中，加入 50mL 水，搅拌使试样完全分散，在搅拌下加入 50mL 硝酸（1+2），加热煮沸，微沸 1~2min。取下，加入 5.00mL 硝酸银标准溶液，搅匀，煮沸 1~2min，加入少许滤纸浆，用预先用硝酸（1+100）洗涤过的快速滤纸过滤或玻璃砂芯漏斗抽气过滤，滤液收集于 250mL 锥形瓶中，用硝酸（1+100）洗涤烧杯、玻璃棒和滤纸，直至滤液和洗液总体积达到约 200mL，溶液在弱光线或暗处冷却至 25℃ 以下。

（2）加入 5mL 硫酸铁铵指示剂溶液，用硫氰酸铵标准滴定溶液滴定至产生的红棕色在摇动下不消失为止（V_{14}）。如果 V_{14} 小于 0.5mL，用减少一半的试样质量重新试验。

（3）不加入试样按上述步骤进行空白试验，记录空白滴定所用硫氰酸铵标准滴定溶液的体积（V_{15}）。

6. 结果计算与确定

（1）氯离子的质量分数 W_{Cl^-} 按式（2-8）计算：

$$W_{Cl^-} = \frac{1.773 \times 5.00 \times (V_{15}-V_{14})}{V_{15} \times m_0 \times 1000} \times 100 = 0.8865 \times \frac{V_{15}-V_{14}}{V_{15} \times m_0} \qquad (2-8)$$

式中　　W_{Cl^-}——氯离子的质量分数（%）；

V_{15}——空白试验消耗的硫氰酸铵标准滴定溶液的体积（mL）；

V_{14}——滴定时消耗硫氰酸铵标准滴定溶液的体积（mL）；

m_0——试样的质量（g）；

1.773——硝酸银标准溶液对氯离子的滴定度（mg/mL）。

（2）以两次试验结果的平均值表示测定结果，当氯离子含量≤0.10% 时，其重复性限为 0.003%；当氯离子含量＞0.10% 时，其重复性限为 0.010%。

第三章 砂的试验与检测

本章介绍普通混凝土中砂（天然砂、人工砂）的技术性能、指标及其检测方法。

第一节 概　述

一、砂的概念

砂是用于混凝土的一种细骨料，一般指自然形成或由机械破碎，公称粒径在 5.00mm 以下的岩石颗粒。

砂按照产源分为天然砂、机制砂和混合砂。

天然砂是指在自然条件作用下岩石产生破碎、风化、分选、运移、堆/沉积，形成的粒径小于5.00mm 的岩石颗粒。天然砂包括河砂、湖砂、山砂、净化处理的海砂，但不包括软质、风化的颗粒。

机制砂是指以岩石、卵石、矿山废石和尾矿等为原料，经除土处理，由机械破碎、整形、筛分、粉控等工艺制成的，级配、粒形和石粉含量满足要求且粒径小于 5.00mm 的颗粒。机制砂不包括软质、风化的颗粒。

混合砂是由机制砂和天然砂按一定比例混合而成的砂。

砂作为混凝土的细骨料，对于混凝土各项性能具有深远的影响，所以我们有必要了解掌握砂子的各项性能，才能有效地控制混凝土的质量。尤其今天大量机制砂的应用，对混凝土质量控制提出了新的考验，为此必须从制砂母岩的放射性指标、母岩的种类、母岩的矿物组成、碱-骨料活性全面检验以及对所采用的干法、湿法制砂工艺进行全面掌握了解才能正确地应用机制砂，从而确保混凝土质量。

二、检验项目

一般工业与民用建筑和构筑物中，普通混凝土用砂的检验项目主要包括：砂的筛分析、砂的表观密度、砂的吸水率、砂的堆积密度和紧密密度、砂的含水率、砂中含泥量、人工砂及混合砂中石粉含量、砂中泥块含量、砂中有机物含量、砂中云母含量以及人工砂压碎指标试验和坚固性检测。

三、检验标准依据

1.《建设用砂》GB/T 14684—2022（下文中简称国标）。

2.《普通混凝土用砂、石质量及检验方法标准》JGJ 52—2006（下文中简称行标）。

依据国家标准《混凝土结构工程施工质量验收规范》GB 50204—2015 的规定，混凝土结构工程用砂应采用行业标准对砂进行检验。如果砂用于其他目的，则可以用国标进行检验。

3.《高性能混凝土用骨料》JG/T 568—2019。

四、砂的分类和类别

1. 砂的分类

（1）砂按照产源分为天然砂、机制砂和混合砂。

（2）按照细度模数 μ_f 分为粗砂、中砂、细砂、特细砂四种，其细度模数 μ_f 分别对应为：

粗砂：$\mu_f = 3.7 \sim 3.1$。

中砂：$\mu_f=3.0\sim2.3$。

细砂：$\mu_f=2.2\sim1.6$。

特细砂：$\mu_f=1.5\sim0.7$。

2. 砂的类别

国标规定，建设用砂按照颗粒级配、含泥量（石粉含量）、亚甲蓝（MB）值、泥块含量、有害物质、坚固性、压碎指标、片状颗粒含量技术要求分为Ⅰ类、Ⅱ类、Ⅲ类（行标中没做类别要求）。

五、砂的质量技术要求

1. 颗粒级配

砂筛应采用方孔筛。砂的公称粒径、砂筛筛孔的公称直径和方孔筛筛孔边长应符合表 3-1 中的规定。

行标规定，除特细砂外，砂的颗粒级配可按公称直径 $630\mu m$ 筛孔的累计筛余量（以质量分数计，下同）分成三个级配区（表 3-2），且砂的颗粒级配应处于表 3-2 中的某一区内。

国标规定，除特细砂外，Ⅰ类砂的累计筛余应符合表 3-3 中 2 区的规定，同时分计筛余还应符合表 3-4 的规定，且Ⅰ类砂的细度模数应为 2.3～3.2；Ⅱ类和Ⅲ类砂的累计筛余须符合表 3-3 的规定即可。

砂的实际颗粒级配与表 3-3 中的累计筛余相比，除公称粒径 5.00mm（国标为 4.75mm）和 $630\mu m$（国标为 $600\mu m$）的累计筛余外，其余公称粒径的累计筛余可稍超出分界线，但总超出量不大于 5%。

当天然砂的实际颗粒级配不符合要求时，宜采取相应的技术措施，并经试验证明能确保混凝土质量后，方允许使用。

配制混凝土时宜优先选用Ⅱ区砂。当采用Ⅰ区砂时，应提高砂率，并保持足够的水泥用量，以满足混凝土的和易性；当采用Ⅲ区砂时，宜适当降低砂率；当采用特细砂时，应符合相应的规定。

配制泵送混凝土，宜选用中砂。

表 3-1　砂的公称粒径、砂筛筛孔的公称直径和方孔筛筛孔边长尺寸

砂的公称粒径	砂筛筛孔的公称直径	方孔筛筛孔边长
5.00mm	5.00mm	4.75mm
2.50mm	2.50mm	2.36mm
1.25mm	1.25mm	1.18mm
$630\mu m$	$630\mu m$	$600\mu m$
$315\mu m$	$315\mu m$	$300\mu m$
$160\mu m$	$160\mu m$	$150\mu m$
$80\mu m$	$80\mu m$	$75\mu m$

表 3-2　砂的颗粒级配区（行标）

级配区	Ⅰ区	Ⅱ区	Ⅲ区
公称粒径（方孔筛边长）	累计筛余（%）		
5.00mm（4.75mm）	10～0	10～0	10～0
2.50mm（2.36mm）	35～5	25～0	15～0
1.25mm（1.18mm）	65～35	50～10	25～0
$630\mu m$（$600\mu m$）	85～71	70～41	40～16
$315\mu m$（$300\mu m$）	95～80	92～70	85～55
$160\mu m$（$150\mu m$）	100～90	100～90	100～90

表 3-3 砂颗粒级配累计筛余（国标）

砂的分类	天然砂			机制砂		
级配区	1 区	2 区	3 区	1 区	2 区	3 区
方孔筛边长	累计筛余（%）					
4.75mm	10～0	10～0	10～0	10～0	10～0	10～0
2.36mm	35～5	25～0	15～0	35～5	25～0	15～0
1.18mm	65～35	50～10	25～0	65～35	50～10	25～0
600μm	85～71	70～41	40～16	85～71	70～41	40～16
300μm	95～80	92～70	85～55	95～80	92～70	85～55
150μm	100～90	100～90	100～90	97～85	94～80	94～75

表 3-4 砂颗粒级配分计筛余（国标）

方孔筛尺寸（mm）	4.75[a]	2.36	1.18	0.6	0.3	0.15[b]	筛底[c]
分计筛余（%）	0～10	10～15	10～25	20～31	20～30	5～15	0～20

a 对于机制砂，4.75mm 筛的分计筛余不应大于 5%。
b 对于 MB＞1.4 的机制砂，0.15mm 筛和筛底的分计筛余之和不应大于 25%。
c 对于天然砂，筛底的分计筛余不应大于 10%。

2. 天然砂中含泥量

天然砂中含泥量应符合表 3-5 的规定。

表 3-5 天然砂中含泥量

行业标准	混凝土强度等级	≥C60	C55～C30	≤C25
	含泥量（按质量计，%）	≤2.0	≤3.0	≤5.0
国家标准	类别	I	II	III
	含泥量（按质量计，%）	≤1.0	≤3.0	≤5.0

注：行标规定，对有抗冻、抗渗或其他特殊要求的小于或等于 C25 混凝土用砂，含泥量不应大于 3.0%。

3. 人工砂、机制砂或混合砂中亚甲蓝（MB）值和石粉含量

普通混凝土用砂应符合表 3-6 的规定。建设用砂应符合表 3-7 的规定。

表 3-6 人工砂或混合砂中石粉含量

混凝土强度等级		≥C60	C55～C30	≤C25
MB＜1.4	石粉含量（%）	≤5.0	≤7.0	≤10.0
MB≥1.4		≤2.0	≤3.0	≤5.0

表 3-7 机制砂（混合砂）的亚甲蓝（MB）值和石粉含量

类别	亚甲蓝（MB）值	石粉含量（质量分数，%）
I 类	MB≤0.5	≤15.0
	0.5＜MB≤1.0	≤10.0
	1.0＜MB≤1.4 或快速试验合格	≤5.0
	MB＞1.4 或快速试验不合格	≤1.0[a]

类别	亚甲蓝（MB）值	石粉含量（质量分数,%）
Ⅱ类	MB≤1.0	≤15.0
	1.0＜MB≤1.4 或快速试验合格	≤10.0
	MB＞1.4 或快速试验不合格	≤3.0ᵃ
Ⅲ类	MB≤1.4 或快速试验合格	≤15.0
	MB＞1.4 或快速试验不合格	≤5.0ᵃ

注：砂浆用砂的石粉含量不做限制。

　　a　根据使用环境和用途，经试验验证，由供需双方协商确定，Ⅰ类砂石粉含量可放宽至≤3.0%，Ⅱ类砂石粉含量可放宽至≤5.0%，Ⅲ类砂石粉含量可放宽至≤7.0%。

4. 砂中泥块含量

砂中泥块含量应符合表 3-8 的规定。

表 3-8　砂中泥块含量

行业标准	混凝土强度等级	≥C60	C55～C30	≤C25
	泥块含量（按质量计,%）	≤0.5	≤1.0	≤2.0
国家标准	类别	Ⅰ	Ⅱ	Ⅲ
	泥块含量（按质量计,%）	≤0.2	≤1.0	≤2.0

注：行标规定，对有抗冻、抗渗或其他特殊要求的小于或等于 C25 混凝土用砂，泥块含量不应大于 1.0%。

5. 人工砂、机制砂压碎指标

人工砂、机制砂压碎指标应符合表 3-9 的规定。

表 3-9　人工砂、机制砂压碎指标

行业标准	总压碎指标应＜30%			
国家标准	类别	Ⅰ	Ⅱ	Ⅲ
	单级最大压碎指标（%）	≤20	≤25	≤30

6. 砂的坚固性指标

砂的坚固性应符合表 3-10 的规定。

表 3-10　砂的坚固性指标

行业标准	混凝土所处环境条件及性能要求	在严寒及寒冷地区室外使用并经常处于潮湿或干湿交替状态下的混凝土；对于有抗疲劳、耐磨、抗冲击要求的混凝土；有腐蚀介质作用或经常处于水位变化区的地下结构混凝土		其他条件下使用的混凝土
	5 次循环后的质量损失（%）	≤8		≤10
国家标准	类别	Ⅰ	Ⅱ	Ⅲ
	5 次循环后的质量损失（%）	≤8		≤10

7. 砂中有害物质含量

砂中不应混有草根、树叶、树枝、塑料等杂物，有害物质主要是云母、轻物质、有机物、硫化物及硫酸盐、氯化物、贝壳等。砂中有害物质含量应符合表 3-11 的规定。

表 3-11　砂中有害物质含量

项目	质量指标			
云母含量（按质量计,%）	行业标准	≤2.0		
	国家标准	Ⅰ类	Ⅱ类	Ⅲ类
		≤1.0	≤2.0	
轻物质含量ª（按质量计,%）		≤1.0		
硫化物及硫酸盐含量（按 SO₃ 质量计,%）	行业标准	≤1.0		
	国家标准	≤0.5		
有机物含量	行业标准	比色法试验，颜色不应深于标准色。当颜色深于标准色时，应按水泥胶砂强度试验方法进行强度对比试验，抗压强度比不应低于 0.95		
	国家标准	合格		
氯化物含量（按氯离子质量计,%）	行业标准	预应力混凝土用砂		钢筋混凝土用砂
		≤0.02		≤0.06
	国家标准	Ⅰ类	Ⅱ类	Ⅲ类
		≤0.01	≤0.02	≤0.06ᵇ

注：行标规定，对于有抗冻、抗渗要求的混凝土用砂，其云母含量不应大于 1.0%。当砂中含有颗粒状的硫酸盐或硫化物杂质时，应进行专门检验，确认能满足混凝土耐久性要求后，方可采用。

　a　天然砂中如含有浮石、火山渣等天然轻骨料时，经试验验证后，该指标可不做要求。

　b　对于钢筋混凝土用净化处理的海砂，其氯化物含量应小于或等于 0.02%。

当使用净化处理的海砂时，其中贝壳含量应符合表 3-12 的规定。

表 3-12　海砂中贝壳含量

行业标准	混凝土强度等级	≥C40	C35～C30	C25～C15
	贝壳含量（按质量计,%）	≤3	≤5	≤8
国家标准	类别	Ⅰ	Ⅱ	Ⅲ
	贝壳含量（按质量计,%）	≤3.0	≤5.0	≤8.0

注：行标规定，对于有抗冻、抗渗或其他特殊要求的小于或等于 C25 混凝土用砂，其贝壳含量不应大于 5%。

8. 砂中片状颗粒含量

国标规定，Ⅰ类机制砂的片状颗粒含量不应大于 10%。

9. 砂的表观密度、松散堆积密度和空隙率

国标规定，砂的表观密度不小于 2500kg/m³；松散堆积密度不小于 1400kg/m³；空隙率不大于 44%。

10. 砂的放射性

国标规定，砂的放射性应符合现行《建筑材料放射性核素限量》GB 6566 的规定。

11. 砂的含水率和饱和干吸水率

国标规定，当用户有需要时，应报告其实测值。

12. 砂的碱-骨料反应

行标规定，对于长期处于潮湿环境的重要混凝土结构用砂，应采用砂浆棒法（快速法）或砂浆长度法进行骨料的碱活性检验。经上述检验判断有潜在危害时，应控制混凝土的碱含量不超过 3kg/m³，或采用能有效抑制碱-骨料反应的有效措施。国标规定，经碱-骨料反应试验后，试件应无裂缝、酥裂、胶体外溢等现象，在规定的试验龄期，膨胀率应小于 0.10%。

国标规定，当需方提出要求时，应出示膨胀率实测值及碱活性评定结果。

六、取样方法

1. 取样

（1）在料堆上取样时，取样部位应均匀分布，取样前先将取样部位表面铲除，然后从不同部位抽取大致等量的砂8份，组成一组样品。

（2）从皮带运输机上取样时，应用接料器在皮带运输机机尾的出料处定时抽取大致等量的砂4份，组成一组样品。

（3）从火车、汽车、货船上取样时，从不同部位和深度抽取大致等量的砂8份，组成一组样品。

行标规定，除筛分析外，当其余检验项目存在不合格项时，应加倍取样进行复验。若仍有一项不能满足标准要求，应按不合格品处理。

注：如经观察，认为各节车皮间、汽车、货船间所载的砂质量相差悬殊时，应对质量有怀疑的每节列车、汽车、货船分别进行取样和验收。

（4）每组样品应妥善包装，避免细料散失及防止污染，并附样品卡片，标明样品的编号、取样时间、代表数量、产地、样品量、要求检验项目及取样方式等。

2. 试样数量

为试验结果的准确性和代表性，每次试验都需有一定的取样数量。对每一单项试验，应不少于表3-13所规定的取样数量，须做几项试验时，如能保证试样经一项试验后不致影响另一项试验的结果，可用同一组试样进行几项不同的试验。

表 3-13 每一试验项目所需砂的最少取样数量

检验项目	最少取样数量（g）	检验项目	最少取样数量（g）
筛分析（颗粒级配）	4400	坚固性	分成公称粒级 5.0～2.50mm、2.50～1.25mm、1.25mm～630μm、630～315μm、315～160μm，每个粒级各需100g（国标中天然砂为8.0kg，机制砂为20.0kg）
紧密密度和堆积密度（松散堆积密度和空隙率）	5000		
表观密度	2600		
碱活性（碱-骨料反应）	20000		
含泥量	4400		
亚甲蓝（MB）值与石粉含量	1600（国标为6000）		
泥块含量	20000	人工砂压碎值指标	分成公称粒级 5.0～2.50mm、2.50～1.25mm、1.25mm～630μm、630～315μm、315～160μm，每个粒级各需1000g（国标为20.0kg）
含水率	1000（国标为4400）		
吸水率（饱和面干吸水率）	4000（国标为4400）		
氯离子（氯化物）含量	2000（国标为4400）		
有机物含量	2000		
轻物质含量	3200	片状颗粒含量	4400
贝壳含量	10000（国标为96000）	放射性	6000
硫化物及硫酸盐含量	50（国标为600）	云母含量	600

3. 样品的缩分

样品的缩分可选择下列两种方法之一：

（1）用分料器缩分：将样品在潮湿状态下拌和均匀，然后通过分料器（图3-1），留下两个接料斗中的一份，并将另一份再次通过分料器。重复上述过程，直至将样品缩分至试验所需量为止。

（2）人工四分法缩分：将样品置于平板上，在潮湿状态下拌和均匀，并堆成厚度约为20mm的"圆饼"状，然后沿互相垂直的两条直径把"圆饼"分成大致相等的四份，取其对角的两份重新拌匀，再堆成"圆饼"状。重复上述过程，直至将样品缩分至略多于试验所需量为止。

对于较少的砂样品（如做单项试验时），可采用较干的原砂样，但应经仔细拌匀后缩分。砂的堆积密度和紧密密度及含水率检验所用的试样可不经缩分，在拌匀后直接试验。

七、砂的检测试验条件要求

试验环境，实验室的温度应保持在（20±5）℃。

八、检验结果评定

1. 组批规则

对于混凝土用砂，《混凝土质量控制标准》GB 50164—2011 规定，混凝土原材料的检验批量应符合下列规定：

（1）砂、石骨料应按每 400m³ 或 600t 为一个检验批。

（2）当符合下列条件之一时，可将检验批量扩大一倍：

① 对经产品认证机构认证符合要求的产品。

② 来源稳定且连续三次检验合格。

③ 同一厂家的同批出厂材料，用于同时施工且属于同一工程项目的多个单位工程。

（3）不同批次或非连续供应的不足一个检验批量的混凝土原材料应作为一个检验批。

2. 检验结果判定

凡检测结果符合各项性能指标要求的为合格品，凡检测结果不符合性能指标任何一项的均判定为不合格。

图 3-1　砂样品分料器

第二节　砂的常用技术性能试验与检测

本节内容主要叙述了建筑行业标准《普通混凝土用砂、石质量及检验方法标准》JGJ 52—2006 所规定的检验方法。鉴于国标《建设用砂》GB/T 14684—2022 中规定的检验方法和行标规定的方法基本一致，国标检验方法中称取试样的称量精度、试验数据计算的精确位数以及所用试验筛的孔径等不同于行标的，就不再另行赘述，仅在两者有较大出入时，再说明其区别所在。

一、砂的筛分析（颗粒级配）试验

1. 试验原理及目的

采用不同公称直径的方孔筛，测定普通混凝土用砂的颗粒级配及细度模数。

2. 仪器设备

（1）电子天平：称量 1kg，感量 1g。

（2）电子秤：称量 150kg，感量 10g。

（3）烘箱（电热鼓风干燥箱）：能使温度控制在（105±5）℃，见图 3-2。

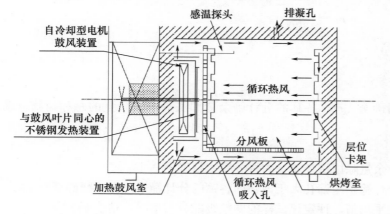

图 3-2　电热鼓风干燥箱示意及实物图

33

（4）浅盘，硬、软毛刷等。

（5）试验筛：包括孔径为 10.0mm、5.00mm、2.50mm、1.25mm、630μm、315μm、160μm 的方孔筛，以及筛底、筛盖各一只，筛框直径 300mm。

（6）摇筛机（振击式振筛机），见图 3-3。

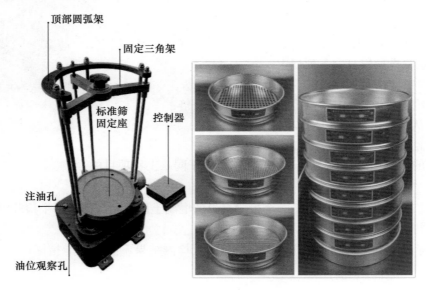

图 3-3　摇筛机和筛分用筛

3. 试验制备

用人工四分法缩分试样，将试样通过 10.0mm 筛，并算出筛余百分率，称取每份不少于 550g 的试样两份，分别倒入两个浅盘中，在（105±5）℃的温度下烘干到恒重，冷却至室温备用。

4. 主要试验步骤

（1）准确称取烘干试样 500g（特细砂可称 250g），置于按筛孔上大下小排列的套筛的最上一只筛（即 5.00mm 方孔筛）上；将套筛装入摇筛机内固紧，筛分 10min；然后取出套筛，再按筛孔从大到小的顺序，在清洁的浅盘上逐一进行手筛，直至每分钟的筛出量不超过试样总量的 0.1% 时为止。通过的颗粒并入下一只筛，并和下一只筛中试样一起进行手筛，按此顺序依次进行，直至每个筛全部筛完为止。

注：当试样为特细砂时，在筛分时增加 80μm 的方孔筛一只；如试样含泥量超过 5%，则应先用水洗，然后烘干至恒重再进行筛分；当无摇筛机时，可用手筛。

（2）试样在各只筛子上的筛余量均不得超过式（3-1）计算得出的剩留量，否则应将该筛的筛余试样分成两份或数份，再次进行筛分，并以其筛余量之和作为该筛的筛余量。

$$m_r = \frac{A\sqrt{d}}{300} \tag{3-1}$$

式中　m_r——在某一筛上的剩留量（g）；

　　　d——筛孔边长（mm）；

　　　A——筛的面积（mm^2）。

（3）称取各筛筛余试样的质量（精确至 1g），各筛的分计筛余量和底盘中剩余量的总和与筛分前试样总量相比，其差不得超过 1%。

5. 数据计算与结果判定

（1）计算分计筛余，即各筛上的筛余量除以试样总量的百分率，精确至 0.1%。

（2）计算累计筛余，即该筛上的分计筛余与筛孔大于该筛的各筛的分计筛余之和，精确至 0.1%。

（3）根据各筛两次试验累计筛余的平均值，评定该试样的颗粒级配分布情况，精确至 1%。

（4）按式（3-2）计算细度模数，精确至 0.01：

$$\mu_f = \frac{(\beta_2 + \beta_3 + \beta_4 + \beta_5 + \beta_6) - 5\beta_1}{100 - \beta_1} \qquad (3-2)$$

式中 β_1、β_2、β_3、β_4、β_5、β_6——试验筛 5.00mm、2.50mm、1.25mm、630μm、315μm、160μm 各筛上的累计筛余；

μ_f——砂的细度模数。

（5）细度模数以两次试验结果的算术平均值作为测定值，精确至 0.1，当两次试验所得的细度模数相差大于 0.20 时，则应重新取样进行试验。

二、砂的表观密度试验（标准法）

1. 试验目的

测定砂的表观密度，为计算空隙率和设计混凝土配合比取用。

2. 仪器设备

（1）容量瓶：500mL，见图 3-4。

（2）天平：称量 1000g，感量 1g。

（3）干燥器（图 3-4）、铝制料勺、温度计、浅盘等。

图 3-4 干燥器和容量瓶

3. 试样制备

将试样缩分至大于 650g，在温度为（105±5）℃的烘箱中烘干至恒重，并在干燥器内冷却至室温。

4. 主要试验步骤

（1）称取烘干的试样 300g（m_0），装入盛有半瓶冷开水的容量瓶中。

（2）摇转容量瓶，使试样在水中充分搅动以排除气泡，塞紧瓶塞，静置 24h。然后用滴管添水，使水面与瓶颈刻度线平齐，再塞紧瓶塞，擦干水分，称其质量（m_1）。

（3）倒出瓶中的水和试样，将瓶的内外表面洗净，再向瓶内注放与前述第（2）款水温相差不超过 2℃的冷开水至瓶颈刻度线。塞紧瓶塞，擦干水分，称其质量（m_2）。

（4）在砂的表观密度试验过程中应控制水温，试验的各项称量可以在 15～25℃的范围内进行。从试样加水静置的最后 2h，直到试验结束，其水温相差不应超过 2℃。

5. 数据计算及结果判定

表观密度 ρ（标准法）按式（3-3）计算（精确至 10kg/m³）：

$$\rho = \left(\frac{m_0}{m_0 + m_2 - m_1} - \alpha_t \right) \times 1000 \qquad (3-3)$$

式中 α_t——水温对砂的表观密度影响的修正系数，可查表 3-14 得。

以两次试验结果的算术平均值作为测定值，如两次结果的差值超过 20kg/m³，应重新取样试验。

表 3-14　不同水温对砂的表观密度影响的修正系数

水温（℃）	15	16	17	18	19	20
α_t	0.002	0.003		0.004		0.005
水温（℃）	21	22	23	24	25	—
α_t	0.005	0.006		0.007	0.008	—

三、砂的堆积密度和紧密密度试验

1. 试验目的

测定砂的堆积密度、紧密密度及空隙率，为设计混凝土配合比取用。

2. 仪器设备

（1）台秤：称量 5kg，感量 5g。

（2）容量筒：金属制，圆柱形，内径 108mm，净高 109mm，筒壁厚 2mm，筒底厚度为 5mm，容积为 1L，见图 3-5。

（3）漏斗（图 3-6）或铝制料勺。

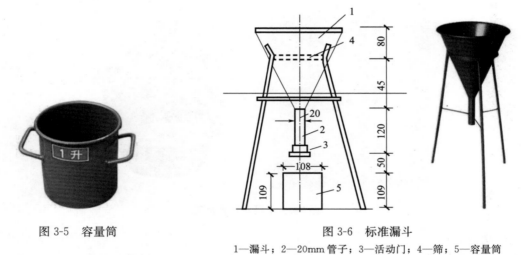

图 3-5　容量筒

图 3-6　标准漏斗

1—漏斗；2—20mm 管子；3—活动门；4—筛；5—容量筒

（4）烘箱：温度控制范围（105±5）℃。

（5）直尺、浅盘等。

3. 试样制备

用浅盘装试样（不少于 3L）在（105±5）℃的烘箱内烘干至恒重，取出并冷却至室温，再用 5.00mm 的筛子过筛，分成大致相等的两份备用。试验样烘干后如有结块，应在试验前先予捏碎。

4. 主要试验步骤

（1）堆积密度试验：取试样一份，用漏斗或铝制料勺将样品徐徐装入容量筒（漏斗出料口或料勺距容量筒筒口不应超过 50mm）直至试样装满并超出容量筒筒口。然后用直尺将多余的试样沿筒口中心线向两个相反方向刮平，称其质量（m_2）。

（2）紧密密度试验：取试样一份，分两层装入容量筒。装完一层后，在筒底垫放一根直径为 10mm 的钢筋，将筒按住，左右交替颠击地面各 25 下，然后装入第二层；第二层装满后用同样方法颠实（但筒底所垫钢筋的方向应与第一层放置方向垂直）；二层装完并颠实后，加料直至试样超出容量筒筒口，然后用直尺将多余的试样沿筒口中心线向两个相反方向刮平，称其质量（m_2）。

5. 数据计算及结果判定

(1) 堆积密度 (ρ_L) 及紧密密度 (ρ_c) 按式 (3-4) 计算 (精确至 10kg/m³):

$$\rho_L\ (\rho_c) = \frac{m_2 - m_1}{V} \times 1000 \tag{3-4}$$

式中　ρ_L (ρ_c)——堆积密度 (紧密密度) (kg/m³);

m_1——容量筒的质量 (kg);

m_2——容量筒和砂总质量 (kg);

V——容量筒的容积 (L)。

以两次试验结果的算术平均值作为测定值。

(2) 堆积密度空隙率 (υ_L) 及紧密密度空隙率 (υ_c) 按式 (3-5)、式 (3-6) 计算 (精确至 1%):

$$\upsilon_L = (1 - \rho_L/\rho) \times 100\% \tag{3-5}$$

$$\upsilon_c = (1 - \rho_c/\rho) \times 100\% \tag{3-6}$$

式中　υ_L——堆积密度空隙率 (%);

υ_c——紧密密度空隙率 (%);

ρ_L——砂的堆积密度 (kg/m³);

ρ——砂的表观密度 (kg/m³);

ρ_c——砂的紧密密度 (kg/m³)。

四、砂中含泥量试验 (标准法)

1. 试验目的

确定砂的含泥量，以确定其适宜配制混凝土的强度等级范围。本方法不适合特细砂。

2. 仪器设备

(1) 天平：称量 1000g，感量 1g。

(2) 筛：筛孔公称直径为 80μm 和 1.25mm 的方孔筛各一只。

(3) 烘箱：温度控制范围 (105±5)℃。

(4) 洗砂用的容器及烘干用的浅盘等。

3. 试样制备

将试样在潮湿状态下用四分法缩分至约 1100g，置于温度为 (105±5)℃的烘箱中烘干至恒重，冷却至室温后，立即称取各为 400g (m_0) 的试样两份备用。

4. 主要试验步骤

(1) 取烘干试样一份置于容器中，并注入饮用水，使水面高出砂面约 150mm。充分拌混均匀后，浸泡 2h，然后用手在水中淘洗试样，使尘屑、淤泥和黏土与砂粒分离，并使之悬浮或溶于水中。缓缓地将浑浊液倒入 1.25mm 及 0.080mm 的套筛 (1.25mm 筛放置上面) 上，滤去小于 0.080mm 的颗粒。试验前筛子的两面应先用水润湿，在整个试验过程应注意避免砂粒丢失。

(2) 再加水于筒中，重复上述过程，直到筒内洗出的水清澈为止。

(3) 用水淋洗剩留在筛上的细粒。将净 0.080mm 筛放在水中 (使水面略高出筛中砂粒的上表面) 来回摇动，以充分洗除小于 0.080mm 的颗粒。然后将两只筛上剩留的颗粒和筒中已经洗净的试样一并装入浅盘，置于温度为 (105±5)℃的烘箱中烘干至砂恒重。取出来冷却至室温后，称试样的质量 (m_1)。

5. 数据计算及结果判定

砂的含泥量 ω_c 按式 (3-7) 计算 (精确至 0.1%):

$$\omega_c = \frac{m_0 - m_1}{m_0} \times 100\% \tag{3-7}$$

式中　ω_c——砂中含泥量 (%);

m_0——试验前烘干的试样质量（g）；

m_1——试验后烘干的试样质量（g）。

以两次试验结果的算术平均值作为测定值，如两次结果的差值超过0.5%，应重新取样试验。

五、砂中泥块含量试验

1. 试验目的

测定泥块含量，为配制混凝土提供参数。

2. 仪器设备

（1）天平：称量1000g，感量1g；称量5000g，感量5g。

（2）试验筛：筛孔公称直径630μm和1.25mm方孔筛各一只。

（3）烘箱：温度控制范围（105±5）℃；

（4）洗砂用的容器及烘干用的浅盘等。

3. 试样制备

将样品在潮湿状态下缩分至约5000g，置于温度为（105±5）℃的烘箱内烘干至恒重，冷却至室温后，用1.25mm的方孔筛筛分，取筛上的砂不少于400g分两份备用。

4. 主要试验步骤

（1）称取试样200g（m_1）置于容器中，并注入饮用水，使水面高出砂面约150mm。充分拌混均匀后，浸泡24h，然后用手在水中碾碎泥块，再把试样放在0.630mm筛上，用水淘洗，直到筒内洗出的水清澈为止。

（2）保留下来的试样应小心地从筛里取出，装入浅盘，置于温度为（105±5）℃的烘箱中烘干至砂恒重，冷却后称重（m_2）。

5. 数据计算及结果判定

砂中泥块含量$\omega_{c,L}$按式（3-8）计算（精确至0.1%）：

$$\omega_{c,L} = \frac{m_1 - m_2}{m_2} \times 100\%$$ （3-8）

式中　$\omega_{c,L}$——泥块含量（%）；

　　　m_1——试验前干燥试样质量（g）；

　　　m_2——试验后干燥试样质量（g）。

取两次试验结果的算术平均值作为测定值。

六、砂的含水率试验（标准法）

1. 试验目的

测量砂的含水率，为调整混凝土的水胶比和用砂量取用。

2. 仪器设备

（1）天平：称量1000g，感量1g。

（2）烘箱：温度控制范围（105±5）℃。

（3）容器：如浅盘等。

3. 试验步骤

由密封的样品中取各重500g的试样两份，分别放入已知质量的容器（m_1）中称重，记下每盘试样与容器的总质量（m_2）。将容器连同试样放入温度为（105±5）℃的烘箱内烘干至恒重，称量烘干后的试样与容器总质量（m_3）。

4. 数据计算及结果判定

砂的含水率ω_{wc}按式（3-9）计算（精确至0.1%）：

$$\omega_{wc}=\frac{m_2-m_3}{m_3-m_1}\times100\%$$

(3-9)

式中　ω_{wc}——砂的含水率（%）；

m_1——容器的质量（g）；

m_2——未烘干的试样与容器的总质量（g）；

m_3——烘干的试样与容器的总质量（g）。

以两次试验结果的算术平均值作为测定值。

七、砂的吸水率试验

1. 试验目的

本办法用于测定砂的吸水率，即测定以烘干质量为基准的饱和面干吸水率。

2. 仪器设备

（1）天平：称量1000g，感量1g。

（2）饱和干试模及质量为（340±15）g的钢制捣棒（图3-7）。

（3）烧杯：500mL。

（4）烘箱：温度控制在（105±5）℃。

（5）干燥器、吹风机（手提式）、浅盘、铝制料勺、玻璃棒、温度计等。

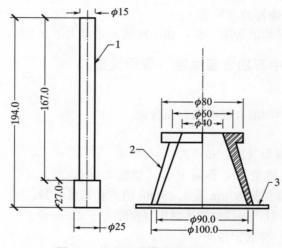

图3-7　饱和干试模及捣棒（mm）

1—捣棒；2—试模；3—玻璃板

3. 试样制备

饱和干试样的制备，是将样品在潮湿环境下用四分法缩分至1000g，拌匀后分成两份，分别装入浅盘或其他适合的容器中。注入清水，使水面高出试样表面20mm左右［水温控制在（20±5）℃］，用玻璃棒连续搅拌5min，以排除气泡。静置24h以后，细心地倒去试样上的水并用吸管吸去余水。再将试样在盘中摊开，用手提吹风机缓缓吹入暖风，并不断翻拌试样，使砂表面的水分在各部分均匀蒸发。然后将试样松散地一次装满饱和面干试模中，捣25次（捣棒端面距试样表面不超过10mm，任其自由落下），捣完后，留下的空隙不用再装满，从垂直方向徐徐提起试模。试样呈图3-8（a）形状时，则说明砂中尚含有表面水，应继续按上述方法用暖风干燥，并按上述方法进行试验，直至试模提起后试样呈图3-8（b）的形状为止。试模提起后，试样呈图3-8（c）的形状时，则说明试样已干燥过分，此时，应将试样洒水5mL，充分拌匀，并静置于加盖容器中30min后再按上述方法进行试验，直至试样达到图3-8（b）的形状为止。

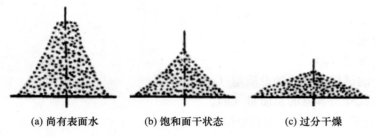

(a) 尚有表面水   (b) 饱和面干状态   (c) 过分干燥

图 3-8 试样的塌陷情况

4. 试验步骤

立即称取饱和面干试样 500g，放入已知质量（m_1）的烧杯中，于温度为（105±5）℃的烘箱中烘干至恒重，并在干燥器内冷却至室温后，称取干试样与烧杯的总质量（m_2）。

5. 数据计算及结果判定

吸水率应按式（3-10）计算，精确至 0.1%：

$$w_{wa} = \frac{500-(m_2-m_1)}{m_2-m_1} \times 100\% \tag{3-10}$$

式中　w_{wa}——吸水率（%）；

　　　m_1——烧杯的质量（g）；

　　　m_2——烘干的试样和烧杯的总质量（g）。

以两次试验结果的算术平均值为测定值，如两次结果之差大于 0.2%，应重新取样进行试验。

八、人工砂及混合砂中石粉含量试验（亚甲蓝法）

1. 试验目的

本方法适用于测定人工砂和混合砂中的石粉含量。

2. 仪器设备

（1）烘箱：温度控制范围为（105±5）℃。

（2）天平：称量 1000g，感量 1g；称量 100g，感量 0.01g。

（3）试验筛：筛孔公称直径为 80μm 及 1.25mm 的方孔筛各一只。

（4）容器：要求淘洗试样时，保持试样不溅出（深度大于 250mm）。

（5）移液管：5mL、2mL 移液管各一个。

（6）三片或四片式叶轮搅拌器：转速可调［最高达（600±60）r/min］，直径（75±10）mm，见图 3-9；

（7）定时装置：精度 1s。

（8）玻璃容量瓶：容量 1L。

（9）温度计：精度 1℃。

（10）玻璃棒：2 支，直径 8mm，长 300mm。

（11）滤纸：快速定量滤纸。

（12）搪瓷盘、毛刷、容量为 1000mL 的烧杯等。

3. 亚甲蓝溶液配制及试样制备

（1）亚甲蓝溶液的配制：将亚甲蓝（$C_{16}H_{18}C1N_3S \cdot 3H_2O$）粉末在（105±5）℃下烘干至恒重，称取烘干亚甲蓝粉末 10g，精确至 0.01g，倒入盛有约 600mL 蒸馏水（水温加热至 35~40℃）的烧杯中，用玻璃棒持续搅拌 40min，直至亚甲蓝粉末完全溶解，冷却至 20℃。

图 3-9 亚甲蓝搅拌器

将溶液倒入 1L 容量瓶中，用蒸馏水淋洗烧杯等，使所有亚甲蓝溶液全部移入容量瓶，容量瓶和溶液的温度应保持在（20±1）℃，加蒸馏水至容量瓶 1L 刻度。振荡容量瓶以保证亚甲蓝粉末完全溶解。将容量瓶中的溶液移入深色储藏瓶中，标明制备日期、失效日期（亚甲蓝溶液保质期应不超过 28d），并置于阴暗处保存。

（2）将试样缩分至 400g，放在烘箱中于（105±5）℃下烘干至恒重，待冷却至室温后，筛除公称直径大于 5.0mm 的颗粒备用。

4. 试验步骤

（1）亚甲蓝（MB）值的测定

① 称取试样 200g，精确至 1g。将试样倒入盛有（500±5）mL 蒸馏水的烧杯中，用叶轮搅拌机以（600±60）r/min 转速搅拌 5min，形成悬浮液，然后以（400±40）r/min 转速持续搅拌，直至试验结束。

② 悬浮液中加入 5mL 亚甲蓝溶液，以（400±40）r/min 转速搅拌至少 1min 后，用玻璃棒蘸取一滴悬浮液（所取悬浮液滴应使沉淀物直径在 8～12mm 内），滴于滤纸（置于空烧杯或其他合适的支撑物上，以使滤纸表面不与任何固体或液体接触）上。若沉淀物周围未出现色晕，加入 5mL 亚甲蓝溶液，继续搅拌 1min，再用玻璃棒蘸取一滴悬浮液滴于滤纸上，若沉淀物周围仍未出现色晕，重复上述步骤，直至沉淀物周围出现约 1mm 宽的稳定浅蓝色色晕。此时，应继续搅拌，不加亚甲蓝溶液，每 1min 进行一次蘸染试验。若色晕在 4min 内消失，再加入 5mL 亚甲蓝溶液。若色晕在第 5min 消失，再加入 2mL 亚甲蓝溶液。两种情况下，均应继续进行搅拌和蘸染试验，直至色晕可持续 5min。

③ 记录色晕持续 5min 时所加入的亚甲蓝溶液总体积量，精确至 1mL。

④ 亚甲蓝（MB）值按式（3-11）计算，精确至 0.01：

$$MB=\frac{V}{G}\times10 \tag{3-11}$$

式中　MB——亚甲蓝值，g/kg，表示每 1kg 0～2.36mm 粒级试样所消耗的亚甲蓝克数，精确至 0.01；
　　　G——试样质量（g）；
　　　V——所加入的亚甲蓝溶液总量（mL）。

注：式中的系数 10 用于将每 1kg 试样消耗的亚甲蓝溶液体积换算成亚甲蓝质量。

⑤ 亚甲蓝试验结果判定：当 MB<1.4 时，则判定是以石粉为主，当 MB≥1.4 时，则判定为以泥粉为主的粉。

（2）亚甲蓝的快速试验

① 按前述第（1）款第①项的办法制样。

② 一次性向烧杯内加入 30mL 亚甲蓝溶液，以（400±40）r/min 的转速持续搅拌 8min，然后用玻璃棒蘸取一滴悬浮液滴于滤纸上，观察沉淀物周围是否出现明显色晕，出现色晕为合格，不出现为不合格。

（3）在前述测定结果的基础上，人工砂及机制砂（混合砂）中的含泥量或石粉含量试验步骤及计算按照本章"砂中含泥量试验"的方法进行。

九、人工砂压碎指标试验

1. 试验目的
本方法适用于测定粒级为 315μm～5.00mm 的人工砂的压碎指标。

2. 仪器设备
（1）压力试验机：荷载 300kN。
（2）受压钢模：由圆筒、底盘和加压块组成，其尺寸如图 3-10 所示。

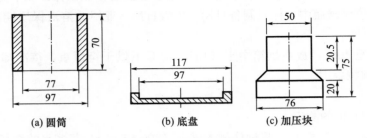

(a) 圆筒　　　　　(b) 底盘　　　　(c) 加压块

图 3-10　受压钢模示意图

（3）天平：称量 10kg 或 1000g，感量为 1g。

（4）试验筛：筛孔公称直径分别为 5.00mm、2.50mm、1.25mm、630μm、315μm、160μm、80μm 的方孔筛各一只。

（5）烘箱：温度控制范围为（105±5）℃。

（6）其他：瓷盘 10 个，小勺 2 把。

3. 试样制备

将缩分后的样品置于（105±5）℃的烘箱内烘干至恒量，待冷却至室温后，筛分成 5.00～2.50mm、2.50～1.25mm、1.25mm～630μm、630～315μm 四个粒级，每级试样质量不得少于 1000g。

4. 试验步骤

（1）置圆筒于底盘上，组成受压模，将一单级砂样约 300g 装入模内，使试样距底盘面的高度约为 50mm。

（2）平整钢模内试样的表面，将加压块放入圆筒内，并转动一周使之与试样均匀接触。

（3）将装好试样的受压钢模置于压力机的支撑板上，对准压板中心后，开动机器，以 500N/s 的速度加荷。加荷至 25kN 时稳荷 5s 后，以同样速度卸荷。

（4）取下受压模，移去加压块，倒出压过的试样并称其质量（m_0），然后用该粒级的下限筛（如砂样为公称粒级 5.0～2.5mm 时，则其下限筛指孔径为 2.50mm 的方孔筛）进行筛分，称出该粒级试样的筛余量（m_1）。

5. 数据计算及结果判定

（1）第 i 单级砂样的压碎指标按式（3-12）计算，精确至 0.1%：

$$\delta_i = \frac{m_0 - m_1}{m_0} \times 100\% \tag{3-12}$$

式中　δ_i——第 i 单级砂样压碎值指标（%）；

　　　m_0——第 i 单级试样的质量（g）；

　　　m_1——第 i 单级试样压碎试验后筛余的试样质量（g）。

以三份试样试验结果的算术平均值作为各单粒级试样的测定值。

（2）四级砂样总的压碎值指标按式（3-13）计算：

$$\delta_{sa} = \frac{a_1 \delta_1 + a_2 \delta_2 + a_3 \delta_3 + a_4 \delta_4}{a_1 + a_2 + a_3 + a_4} \times 100\% \tag{3-13}$$

式中　　　δ_{sa}——总的压碎指标（%），精确至 0.1%；

a_1、a_2、a_3、a_4——公称直径分别为 2.50mm、1.25mm、630μm、315μm 各方孔筛的分计筛余（%）；

δ_1、δ_2、δ_3、δ_4——公称粒级分别为 5.00～2.50mm、2.50～1.25mm、1.25mm～630μm、630～315μm 单级试样压碎指标（%）。

十、砂的坚固性试验（硫酸钠溶液法）

1. 试验目的

本方法适用于通过测定硫酸钠饱和溶液渗入砂中形成结晶的裂胀力对砂的破坏程度，来间接地判断其坚固性。

2. 仪器设备及化学试剂

（1）烘箱：温度控制范围为（105±5）℃。

（2）天平：称量1000g，感量1g。

（3）试验筛：筛孔公称直径为160μm、315μm、630μm、1.25mm、2.50mm、5.00mm的方孔筛各一只。

（4）容器：骨料坚固性测定仪（图3-11）。

（5）三脚网篮：内径及高均为70mm，由铜丝或镀锌铁丝制成，网孔的孔径不应大于所盛试样粒级下限尺寸的一半，见图3-12。

（6）比重计。

（7）试剂：无水硫酸钠。

（8）氯化钡：浓度为10%。

图3-11　坚固性测定仪

图3-12　三脚网篮

3. 硫酸钠溶液制备及砂试样制备

（1）硫酸钠溶液的配制应按下述方法进行：取一定数量的蒸馏水（取决于试样及容器大小，加温至30~50℃），每1000mL蒸馏水加入无水硫酸钠（Na_2SO_4）300~350g，用玻璃棒搅拌，使其溶解并饱和，然后冷却至20~25℃，在此温度下静置48h，其密度应为1151~1174kg/m³。

（2）将缩分后的砂样品用水冲洗干净，在（105±5）℃温度下烘干冷却至室温备用。

4. 试验步骤

（1）称取公称粒级分别为315~630μm、630μm~1.25mm、1.25~2.50mm和2.50~5.00mm的试样各100g。若是特细砂，应筛去公称粒径160μm以下和2.50mm以上的颗粒。称取公称粒级分别为160~315μm、315~630μm、630μm~1.25mm、1.25~2.50mm的试样各100g，分别装入网篮并浸入盛有硫酸钠溶液的容器中，溶液体积应不小于试样总体积的5倍，其温度应保持在20~25℃。三脚网篮浸入溶液时，应先上下升降25次以排除试样中的气泡，然后静置于该容器中。此时，网篮底面应距容器底面约30mm（由网篮脚高控制），网篮之间的距离应不小于30mm，试样表面至少应在液面以下30mm。

（2）浸泡 20h 后，从溶液中提出网篮，放在温度为（105±5）℃的烘箱中烘烤 4h，至此，完成了第一次循环，待试样冷却至 20～25℃后，即开始第二次循环。从第二次循环开始，浸泡及烘烤时间均为 4h。

（3）第五次循环完成后，将试样置于 20～25℃的清水中洗净硫酸钠，再在（105±5）℃的烘箱中烘干至恒重，取出并冷却至室温后，用孔径为试样粒级下限的筛，过筛并称量各粒级试样试验后的筛余量，精确至 0.1g。

5. 数据计算及结果判定

（1）试样中各粒级颗粒的分计质量损失百分率 δ_{ji} 应按式（3-14）计算：

$$\delta_{ji} = (m_i - m_{1i}) / m_i \times 100\% \tag{3-14}$$

式中　δ_{ji}——各粒级颗粒的分计质量损失百分率（%）；

　　　m_i——每一粒级试样试验前的质量（g）；

　　　m_{1i}——经硫酸钠溶液试验后，每一粒级筛余颗粒的烘干质量（g）。

（2）300μm～4.75mm 粒级试样的总质量损失百分率 δ_j 应按式（3-15）计算，精确至 1%：

$$\delta_j = (a_1\delta_{j1} + a_2\delta_{j2} + a_3\delta_{j3} + a_4\delta_{j4}) / (a_1 + a_2 + a_3 + a_4) \times 100\% \tag{3-15}$$

式中　　　　　δ_j——试样的总质量损失百分率（%）；

a_1、a_2、a_3、a_4——315～630μm、630μm～1.25mm、1.25～2.50mm、2.50～5.00mm 各粒级在筛除小于公称粒径 315μm 及大于粒径 5.00mm 颗粒后的原试样中所占的百分率（%）；

δ_{j1}、δ_{j2}、δ_{j3}、δ_{j4}——315～630μm、630μm～1.25mm、1.25～2.50mm、2.50～5.00mm 各粒级的分计质量损失百分率（%）。

（3）特细砂按式（3-16）计算，精确至 1%：

$$\delta_j = \frac{a_0\delta_{j0} + a_1\delta_{j1} + a_2\delta_{j2} + a_3\delta_{j3}}{a_0 + a_1 + a_2 + a_3} \times 100\% \tag{3-16}$$

式中　a_0、a_1、a_2、a_3——160～315μm、315～630μm、630μm～1.25mm、1.25～2.50mm 各粒级在筛除小于公称粒径 160μm 及大于公称粒径 2.50mm 颗粒后的原试样中所占的百分率（%）；

　　　δ_{j0}、δ_{j1}、δ_{j2}、δ_{j3}——160～315μm、315～630μm、630μm～1.25mm、1.25～2.50mm 各粒级的分计质量损失百分率（%）。

十一、砂中氯离子含量试验

1. 试验目的

本方法适用于测定砂中的氯离子含量。

2. 仪器设备和化学试剂

（1）天平：称量 1kg，感量 1g。

（2）带塞磨口瓶：容量 1L，见图 3-13。

（3）三角瓶：容量 300mL，见图 3-14。

图 3-13　带塞磨口瓶　　　　图 3-14　三角瓶

（4）滴定管：容量 10mL 或 25mL，见图 3-15。

（5）容量瓶：容量 500mL。

（6）移液管：容量 50mL、2mL。

（7）5%（*W/V*）铬酸钾指示剂溶液。

（8）0.01mol/L 的氯化钠标准溶液。

（9）0.01mol/L 的硝酸银标准溶液。

3. 试样制备

取经缩分后样品 2kg 先烘至恒重，经四分法缩至 500g（*m*）。

4. 试验步骤

（1）将样品装入带塞磨口瓶中，用容量瓶取 500mL 蒸馏水，注入磨口瓶内，加上塞子，摇动一次后，放置 2h，然后每隔 5min 摇动一次，共摇动 3次，使氯盐充分溶解。将磨口瓶上部已澄清的溶液过滤，然后用移液管吸取 50mL 滤液，注入到三角瓶中，再加入浓度为 5%的（*W/V*）铬酸钾指示剂 1mL，用 0.01mol/L 硝酸银标准溶液滴定至呈现砖红色为终点，记录消耗的硝酸银标准溶液的体积（V_1）。

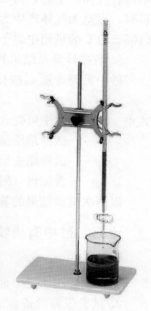

图 3-15　滴定管和台架

（2）空白试验：用移液管准确吸取 50mL 蒸馏水到三角瓶内，加入 5%的铬酸钾指示剂 1mL，并用 0.01mol/L 硝酸银标准溶液滴定至溶液呈现砖红色为终点，记录消耗的硝酸银标准溶液的体积（V_2）。

5. 数据计算及结果判定

砂中氯离子含量应按式（3-17）计算（精确至 0.001%）：

$$\omega_{Cl} = \frac{C_{AgNO_3}(V_1 - V_2) \times 0.0355 \times 10}{m} \times 100\% \quad (3-17)$$

式中　C_{AgNO_3}——硝酸银标准溶液的浓度（mol/L）。

十二、海砂中贝壳含量试验（盐酸清洗法）

1. 试验目的

本办法适用于测定海砂中贝壳含量。

2. 仪器设备及化学试剂

（1）烘箱：温度控制范围（105±5）℃。

（2）天平：称量 1000g、感量 1g 和称量 5000g、感量 5g 的天平各一台。

（3）试验筛：筛孔公称直径为 5.00mm 的方孔筛一只。

（4）量筒：容量 1000mL。

（5）搪瓷盆：直径 200mm 左右。

（6）玻璃棒。

（7）烧杯：容量 2000mL。

（8）（1+5）盐酸溶液：由浓盐酸（相对密度 1.18、浓度 26%～38%）和蒸馏水按 1∶5 的比例配制而成。

3. 试样制备

将样品缩分至不少于 2400g，置于温度为（105±5）℃的烘箱中烘干至恒重，冷却至室温后，过筛孔公称直径为 5.00mm 的方孔筛后，称取 500g（m_1）试样两份，先按标准测出砂的含泥量（ω_c），再将试样放入烧杯中备用。

4. 试样步骤

在盛有试样的烧杯中加入（1+5）盐酸溶液 900mL，不断用玻璃棒搅拌，使反应完全。待溶液中不再有气体产生后，再加少量上述盐酸溶液，若再无气体生成则表明反应已完全。否则，应重复上一步骤，直至无气体产生为止。然后进行五次清洗，清洗过程中要避免砂粒丢失。洗净后，置于温度为 (105 ± 5)℃的烘箱中烘干，取出冷却至室温，称量（m_2）。

5. 数据计算及结果判定

砂中贝壳含量 ω_b 应按式（3-18）计算，精确至 0.1%：

$$\omega_b = (m_1 - m_2)/m_1 \times 100\% - \omega_c \qquad (3-18)$$

式中　ω_b——砂中贝壳含量（%）；

　　　m_1——试样总质量（g）；

　　　m_2——试样除去贝壳后的质量（g）；

　　　ω_c——含泥量（%）。

以两次试验结果的算术平均值作为测定值，当两次结果之差超过 0.5% 时，应重新取样进行试验。

十三、砂中有机物含量试验

1. 适用范围

本方法适用于近似地判断天然砂中有机物含量是否会影响混凝土质量。

2. 试验仪器设备

（1）天平：称量 100g、感量 0.1g 和称量 1000g、感量 1g 的天平各一台。

（2）量筒：容量为 250mL、100mL 和 10mL。

（3）烧杯、玻璃棒和筛孔公称直径为 5.00mm 的方孔筛。

（4）氢氧化钠溶液：氢氧化钠与蒸馏水之质量比为 3：97。

（5）鞣酸、酒精等。

3. 试样制备与标准溶液的配制

（1）筛除样品中的公称粒径 5.00mm 以上的颗粒，用四分法缩分至 500g，风干备用。

（2）称取鞣酸粉 2g，溶解于 98mL 的 10% 酒精溶液中，即配得所需的鞣酸溶液；然后取该溶液 2.5mL，注入 97.5mL 浓度为 3% 的氢氧化钠溶液中，加塞后剧烈摇动，静置 24h，即配得标准溶液。

4. 试验步骤

（1）向 250mL 量筒中倒入试样至 130mL 刻度处，再注入浓度为 3% 的氢氧化钠溶液至 200mL 刻度处，剧烈摇动后静置 24h；

（2）比较试样上部溶液和新配制标准溶液的颜色，盛装标准溶液与盛装试样的量筒容积应一致。

5. 结果评定

（1）当试样上部的溶液颜色浅于标准溶液的颜色时，则试样的有机物含量判定为合格；

（2）当两种溶液的颜色接近时，则应将该试样（包括上部溶液）倒入烧杯中放在温度为 60～70℃ 的水浴锅中加热 2～3h，然后与标准溶液比色；

（3）当溶液颜色深于标准色时，则应按下述方法进一步试验：取试样一份，用 3% 的氢氧化钠溶液洗除有机杂质，再用清水淘洗干净，直至试样上部溶液颜色浅于标准溶液的颜色，然后用洗除有机质和未洗除的试样分别按现行的国家标准《水泥胶砂强度检验方法（ISO 法）》GB/T 17671 配制两种水泥砂浆，测定 28d 的抗压强度，当未经洗除有机杂质的砂的砂浆强度与经洗除有机物后的砂的砂浆强度比不低于 0.95 时，则此砂可以采用，否则不可采用。

十四、砂中云母含量试验

1. 适用范围

本试验方法适用于测定砂中云母的近似百分含量。

2. 试验仪器设备

（1）放大镜（5倍）。

（2）钢针。

（3）试验筛：筛孔公称直径为 5.00mm 和 315μm 的方孔筛各一只。

（4）天平：称量 100g，感量 0.1g。

3. 试样制备

称取经缩分的试样 50g，在温度（105±5）℃的烘箱中烘干至恒重，冷却至室温后备用。

4. 试验步骤

先筛除粒径大于公称粒径 5.00mm 和小于公称粒径 315μm 的颗粒，然后根据砂的粗细不同称取试样 10～20g（m_0），放在放大镜下观察，用钢针将砂中所有云母全部挑出，称取所挑出云母质量（m）。

5. 数据计算

砂中云母含量 ω_m 应按式（3-19）计算，精确至 0.1%：

$$\omega_m = \frac{m}{m_0} \times 100\%$$ （3-19）

式中　ω_m——砂中云母含量（%）；

m_0——烘干试样的质量（g）；

m——云母的质量（g）。

十五、砂中轻物质含量试验

1. 适用范围

本试验方法适用于测定砂中轻物质的近似含量。

2. 试验仪器设备和试剂

（1）烘箱：温度控制范围为（105±5）℃。

（2）天平：称量 1000g，感量 1g。

（3）量具：量杯（容量 1000mL）、量筒（容量 250mL）、烧杯（容量 150mL）各一只。

（4）比重计：测定范围为 1.0～2.0。

（5）网篮：内径和高度均为 70mm，网孔孔径不大于 150μm（可用坚固性检验用的网篮，也可用孔径 150μm 的筛）。

（6）试验筛：筛孔公称直径为 5.00mm 和 315μm 的方孔筛各一只。

（7）氯化锌：化学纯。

3. 试样制备及重液配制

（1）称取经缩分的试样约 800g，在温度为（105±5）℃的烘箱中烘干至恒重，冷却后将粒径大于公称粒径 5.00mm 和小于公称粒径 315μm 的颗粒筛去，然后称取每份为 200g 的试样两份备用；

（2）配制密度为 1950～2000kg/m³ 的重液：向 1000mL 的量杯中加水至 600mL 刻度处，再加入 1500g 氯化锌，用玻璃棒搅拌使氯化锌全部溶解，待冷却至室温后，将部分溶液倒入 250mL 量筒中测其密度；

（3）如溶液密度小于要求值，则将它倒回量杯，再加入氯化锌，溶解并冷却后测其密度，直至溶液密度满足要求为止。

4. 试验步骤

（1）将上述试样一份（m_0）倒入盛有重液（约 500mL）的量杯中，用玻璃棒充分搅拌，使试样中的轻物质与砂分离，静置 5min 后，将浮起的轻物质连同部分重液倒入网篮中，轻物质留在网篮中，而重液通过网篮流入另一容器，倾倒重液时应避免带出砂粒，一般当重液表面与砂表面相距约

20～30mm 时即停止倾倒，流出的重液倒回盛试样的量杯中，重复上述过程，直至无轻物质浮起为止；

（2）用清水洗净留存于网篮中的物质，然后将它倒入烧杯，在（105±5）℃的烘箱中烘干至恒重，称取轻物质与烧杯的总质量（m_1）。

5. 数据计算

砂中轻物质的含量 ω_1 应按式（3-20）计算，精确到 0.1％：

$$\omega_1 = \frac{m_1 - m_2}{m_0} \times 100\% \tag{3-20}$$

式中　ω_1——砂中轻物质含量（％）；

　　　m_1——烘干的轻物质与烧杯的总质量（g）；

　　　m_2——烧杯的质量（g）；

　　　m_0——试验前烘干的试样质量（g）。

以两次试验结果的算术平均值作为测定值。

十六、砂中硫酸盐及硫化物含量试验

1. 适用范围

本试验方法适用于测定砂中的硫酸盐及硫化物含量（按 SO_3 百分含量计算）。

2. 试验仪器设备和试剂

（1）天平和分析天平：天平，称量 1000g、感量 1g；分析天平，称量 100g、感量 0.0001g。

（2）高温炉：最高温度 1000℃。

（3）试验筛：筛孔公称直径为 80μm 的方孔筛一只。

（4）瓷坩埚。

（5）其他仪器：烧瓶、烧杯等。

（6）10％（W/V）氯化钡溶液：10g 氯化钡溶于 100mL 蒸馏水中。

（7）盐酸（1+1）：浓盐酸溶于同体积的蒸馏水中。

（8）1％（W/V）硝酸银溶液：1g 硝酸银溶于 100mL 蒸馏水中，并加入 5～10mL 硝酸，存于棕色瓶中。

3. 试样制备

样品经缩分至不少于 10g，置于温度为（105±5）℃的烘箱中烘干至恒重，冷却至室温后，研磨至全部通过筛孔公称直径为 80μm 的方孔筛，备用。

4. 试验步骤

（1）用分析天平精确称取砂粉试样 1g（m），放入 300mL 的烧杯中，加入 30～40mL 蒸馏水及 10mL 的盐酸（1+1），加热至微沸，并保持微沸 5min，试样充分分解后取下，以中速滤纸过滤，用温水洗涤 10～12 次；

（2）调整滤液体积至 200mL，煮沸，搅拌同时滴加 10mL10％氯化钡溶液，并将溶液煮沸数分钟，然后移至温热处静置至少 4h（此时溶液体积应保持在 200mL），用慢速滤纸过滤，用温水洗到无氯根反应（用硝酸银溶液检验）；

（3）将沉淀及滤纸一并移入已灼烧至恒重的瓷坩埚（m_1）中，灰化后在 800℃的高温炉内灼烧 30min。取出坩埚，置于干燥器中冷却至室温，称量，如此反复灼烧，直至恒重（m_2）。

5. 数据计算

硫化物及硫酸盐含量（以 SO_3 计）应按式（3-21）计算，精确至 0.01％：

$$\omega_{SO_3} = \frac{(m_2 - m_1) \times 0.343}{m} \times 100\% \tag{3-21}$$

式中　ω_{SO_3}——硫酸盐含量（％）；

　　　m——试样的质量（g）；

　　　m_1——瓷坩埚的质量（g）；

　　　m_2——瓷坩埚和试样的总质量（g）；

　0.343——$BaSO_4$换算成SO_3的系数。

以两次试验的算术平均值作为测定值，当两次试验结果之差大于0.15％时，须重做试验。

第四章　石的试验与检测

本章介绍普通混凝土中石（卵石、碎石）的技术性能、指标及其检测方法。

第一节　概　述

一、石子的概念

石子是用于混凝土的一种粗骨料，一般指自然形成或由天然岩石或卵石经破碎、筛分而得的，公称粒径大于 5.00mm 的岩石颗粒。石子按照加工方法来分，有卵石和碎石。

石子作为混凝土的粗骨料，对于混凝土各项性能具有深远的影响，所以我们有必要了解掌握石子的各项性能，才能有效地控制混凝土的质量。

二、检验项目

一般工业与民用建筑和构筑物中，普通混凝土用石的检验项目主要包括：石子的筛分析，石子的表观密度、吸水率，石子的堆积密度和紧密密度，石子的含水率，石中含泥量、泥块含量，石中有机物含量、云母含量、针片状颗粒含量以及石的压碎指标试验和坚固性检测。

三、检验标准依据

1. 《建设用卵石、碎石》GB/T 14685—2022（下文中简称国标）。
2. 《普通混凝土用砂、石质量及检验方法标准》JGJ 52—2006（下文中简称行标）。

依据国家标准《混凝土结构工程施工质量验收规范》GB 50204—2015 的规定，混凝土结构工程用石应采用行业标准对石子进行检验。如果石子用于其他目的，则可以用国标进行检验。

3. 《高性能混凝土用骨料》JG/T 568—2019。

四、取样方法

1. 取样

（1）在料堆上取样时，取样部位应均匀分布，取样前先将取样部位表面铲除，然后从不同部位抽取大致等量的石子 16 份，组成一组样品。

（2）从皮带运输机上取样时，应用接料器在皮带运输机机尾的出料处定时抽取大致等量的石子 8 份，组成一组样品。

（3）火车、汽车、货船上取样时，从不同部位和深度抽取大致等量的石子 16 份，组成一组样品。

除筛分析外，当其余检验项目存在不合格项时，应加倍取样进行复验。若仍有一项不能满足标准要求，应按不合格品处理。

注：如经观察，认为各节车皮间、汽车、货船间所载的石子质量相差悬殊时，应对质量有怀疑的每节列车、汽车、货船分别进行取样和验收。

（4）每组样品应妥善包装，避免细料散失及防止污染，并附样品卡片，标明样品的编号、取样时间、代表数量、产地、样品量、要求检验项目及取样方式等。

2. 取样数量

为试验结果的准确性和代表性，每次试验都需有一定的取样数量。对每一单项试验，应不少于表 4-1 所规定的取样数量，须做几项试验时，如能保证试样经一项试验后不致影响另一项试验的结果，可用同一组试样进行几项不同的试验。

3. 样品的缩分

碎石或卵石样品缩分时，应将样品置于平板上，在自然状态下拌和均匀，并堆成堆体，然后沿互相垂直的两条直径把堆体分成大致相等的 4 份，取其对角的 2 份重新拌匀，再堆成堆体，重复上述过程，直至把样品缩分至试验所必需的量为止。

对于较少的石子样品（如做单项试验时），可采用较干的原石子试样，但应经仔细拌匀后缩分。碎石或卵石的含水率、堆积密度、紧密密度检验所用的试样，可不经缩分，拌匀后直接进行试验（表 4-1）。

表 4-1　每一试验项目所需石子的最少取样数量　　　　　　　　　　　　　　　　　　　g

检验项目	最大粒径							
	10mm	16mm	20mm	25mm	31.5mm	40mm	63mm	80mm
筛分析	8	15	16	20	25	32	50	64
表观密度	8	8	8	8	12	16	24	24
含水率	2	2	2	2	3	3	4	6
吸水率	8	8	16	16	16	24	24	32
堆积密度、紧密密度	40	40	40	40	80	80	120	120
含泥量	8	8	24	24	40	40	80	80
泥块含量	8	8	24	24	40	40	80	80
针、片状颗粒含量	1.2	4	8	12	20	40	—	—
硫化物及硫酸盐含量	1.0							

五、石的质量技术要求

1. 国标将建设用石分为卵石和碎石。按照含泥量、泥块含量、针片状颗粒含量、不规则颗粒含量、硫化物及硫酸盐含量、坚固性、压碎指标、连续级配松散堆积空隙率、吸水率要求分为Ⅰ类、Ⅱ类、Ⅲ类（行标中没做技术要求）。

2. 石筛应采用方孔筛。石的公称粒径、石筛筛孔的公称直径与方孔筛筛孔边长应符合表 4-2 的规定。

碎石或卵石的颗粒级配，依据不同使用范围，应符合表 4-3 或表 4-4 的要求。混凝土用石应采用连续粒级。

单粒级宜用于组合成满足要求级配的连续粒级，也可与连续粒级混合使用，以改善其级配或配成较大粒度的连续粒级。

当卵石的颗粒级配不符合表 4-3 或表 4-4 的要求时，应采取措施并经试验证实能确保工程质量后，方允许使用。

表 4-2　石的公称粒径、石筛筛孔的公称直径和方孔筛筛孔边长尺寸　　　　　　　　mm

石的公称粒径	石筛筛孔的公称直径	方孔筛筛孔边长
2.50	2.50	2.36
5.00	5.00	4.75
10.0	10.0	9.5
16.0	16.0	16.0
20.0	20.0	19.0
25.0	25.0	26.5

石的公称粒径	石筛筛孔的公称直径	方孔筛筛孔边长
31.5	31.5	31.5
40.0	40.0	37.5
50.0	50.0	53.0
63.0	63.0	63.0
80.0	80.0	75.0
100.0	100.0	90.0

表 4-3　石的颗粒级配（行标）

级配情况	公称粒级 (mm)	累计筛余（按质量计,%）											
		方孔筛孔径（mm）											
		2.36	4.75	9.5	16.0	19.0	26.5.	31.5	37.5	53.0	63.0	75.0	90
连续粒级	5～10	95～100	80～100	0～15	0	—	—	—	—	—	—	—	—
	5～16	95～100	85～100	30～60	0～10	0	—	—	—	—	—	—	—
	5～20	95～100	90～100	40～80	—	0～10	0	—	—	—	—	—	—
	5～25	95～100	90～100	—	30～70	—	0～5	0	—	—	—	—	—
	5～31.5	95～100	90～100	70～90	—	15～45	—	0～5	0	—	—	—	—
	5～40	—	95～100	70～90	—	30～65	—	—	0～5	0	—	—	—
单粒级	10～20	—	95～100	85～100	—	0～15	0	—	—	—	—	—	—
	16～31.5	—	95～100	—	85～100	—	—	0～10	0	—	—	—	—
	20～40	—	—	95～100	—	80～100	—	—	0～10	0	—	—	—
	31.5～63	—	—	—	95～100	—	—	75～100	45～75	—	0～10	0	—
	40～80	—	—	—	—	95～100	—	—	70～100	—	30～60	0～10	0

表 4-4　石的颗粒级配（国标）

公称粒级 (mm)	累计筛余（按质量计,%）											
	方孔筛孔径（mm）											
	2.36	4.75	9.5	16.0	19.0	26.5.	31.5	37.5	53.0	63.0	75.0	90
连续级配 5～16	95～100	85～100	30～60	0～10	0	—	—	—	—	—	—	—
5～20	95～100	90～100	40～80	—	0～10	0	—	—	—	—	—	—
5～25	95～100	90～100	—	30～70	—	0～5	0	—	—	—	—	—
5～31.5	95～100	90～100	70～90	—	15～45	—	0～5	0	—	—	—	—
5～40	—	95～100	70～90	—	30～65	—	—	0～5	0	—	—	—
单粒级 5～10	95～100	80～100	0～15	—	—	—	—	—	—	—	—	—
10～16	—	95～100	80～100	0～15	—	—	—	—	—	—	—	—
10～20	—	95～100	85～100	—	0～15	0	—	—	—	—	—	—
16～25	—	—	95～100	55～70	25～40	0～10	—	—	—	—	—	—
16～31.5	—	95～100	—	85～100	—	—	0～10	0	—	—	—	—
20～40	—	—	95～100	—	80～100	—	—	0～10	0	—	—	—
25～31.5	—	—	95～100	—	80～100	—	—	—	0～10	0	—	—
31.5～63	—	—	95～100	—	—	—	75～100	45～75	—	0～10	0	—
40～80	—	—	—	95～100	—	—	—	70～100	—	30～60	0～10	0

3. 碎石或卵石中含泥量应符合表 4-5 的规定。

表 4-5　碎石或卵石中含泥量

混凝土强度等级	≥C60	C55～C30	≤C25
含泥量（按质量计，%）	≤0.5	≤1.0	≤2.0

对于有抗冻、抗渗或其他特殊要求的混凝土，其所用碎石或卵石的含泥量不应大于 1.0%。当碎石或卵石的含泥是非黏土质的石粉时，其含泥量可由表 4-5 的 0.5%、1.0%、2.0%，分别提高到 1.0%、1.5%、3.0%。

4. 碎石或卵石中泥块含量应符合表 4-6 的规定。

表 4-6　碎石或卵石中泥块含量

行业标准	混凝土强度等级	≥C60	C55～C30	≤C25
	泥块含量（按质量计，%）	≤0.2	≤0.5	≤0.7
国家标准	类别	Ⅰ	Ⅱ	Ⅲ
	泥块含量（按质量计，%）	0	≤1.0	≤2.0

注：行标规定，对于有抗冻、抗渗和其他特殊要求的强度等级小于 C30 的混凝土，其所用碎石或卵石的泥块含量应不大于 0.5%。

5. 碎石或卵石中针片状颗粒含量应符合表 4-7 的规定。

表 4-7　碎石或卵石中针片状颗粒含量

混凝土强度等级	≥C60	C55～C30	≤C25
针片状颗粒含量（按质量计，%）	≤8	≤15	≤25

6. 碎石的强度可用岩石的抗压强度和压碎值指标表示。岩石的抗压强度应比所配制的混凝土强度至少高 20%。当混凝土强度等级大于或等于 C60 时，应进行岩石抗压强度检验，岩石强度首先应由生产单位提供，工程中可采用压碎值指标进行质量控制。碎石的压碎值指标宜符合表 4-8 的规定。

表 4-8　碎石的压碎值指标

岩石品种	混凝土强度等级	碎石压碎值指标（%）
沉积岩	C60～C40 ≤C35	≤10 ≤16
变质岩或深成的火成岩	C60～C40 ≤C35	≤12 ≤20
喷出的火成岩	C60～C40 ≤C35	≤13 ≤30

注：沉积岩包括石灰岩、砂岩等。变质岩包括片麻岩、石英岩等。深成的火成岩包括花岗岩、正长岩、闪长岩和橄榄岩等。喷出的火成岩包括玄武岩和辉绿岩等。

卵石的强度用压碎指标值表示。其压碎指标值宜符合表 4-9 的规定。

表 4-9　卵石的压碎指标值

混凝土强度等级	C60～C40	≤C35
压碎指标值（%）	≤12	≤16

7. 碎石或卵石的坚固性应用硫酸钠溶液法检验，试样经 5 次循环后，其质量损失应符合表 4-10 的规定。

表 4-10　碎石或卵石的坚固性指标

行业标准	混凝土所处环境条件及性能要求	在严寒及寒冷地区室外使用并经常处于潮湿或干湿交替状态下的混凝土； 有抗疲劳、耐磨、抗冲击要求的混凝土； 有腐蚀介质作用或经常处于水位变化区的地下结构混凝土		其他条件下使用的混凝土
	5 次循环后的质量损失（%）	≤8		≤12
国家标准	类别	Ⅰ	Ⅱ	Ⅲ
	5 次循环后的质量损失率（%）	≤5	≤8	≤12

8. 碎石或卵石中的硫化物和硫酸盐含量以及卵石中有机物等有害物质含量应符合表 4-11 的规定。

表 4-11　碎石或卵石中有害物质含量

项目		质量指标		
云母含量（按质量计,%）	行业标准	≤2.0		
	国家标准	Ⅰ类	Ⅱ类	Ⅲ类
		≤0.5	≤1.0	≤2.0
硫化物及硫酸盐含量（按 SO_3 质量计,%）		≤1.0		
有机物含量	行业标准	比色法试验，颜色不应深于标准色。当颜色深于标准色时，应配制成混凝土进行强度对比试验，抗压强度比不应低于 0.95		
	国家标准	合格		
氯化物含量（按氯离子质量计,%）	行业标准	预应力混凝土用石子		钢筋混凝土用石子
		≤0.02		≤0.06
	国家标准	Ⅰ类	Ⅱ类	Ⅲ类
		≤0.01	≤0.02	≤0.06

当碎石或卵石中含有颗粒状硫酸盐或硫化物杂质时，应进行专门检验，确认能满足混凝土耐久性要求后，方可采用。

9. 石的表观密度、连续级配松散堆积空隙率。

国标规定，卵石、碎石的表观密度不小于 2600kg/m³；连续级配松散堆积空隙率应符合表 4-12 的规定。

表 4-12　卵石、碎石连续级配松散堆积空隙率

类别	Ⅰ类	Ⅱ类	Ⅲ类
空隙率（%）	≤43	≤45	≤47

10. 石的吸水率、含水率和堆积密度。

国标规定，当需方提出要求时，应出示卵石、碎石的含水率和堆积密度实测值。卵石、碎石的吸水率应符合表 4-13 的规定。

表 4-13　卵石、碎石的吸水率

类别	Ⅰ类	Ⅱ类	Ⅲ类
吸水率（%）	≤1.0	≤2.0	≤2.5

11. 行标规定，对于长期处于潮湿环境的重要结构混凝土，其所使用的碎石或卵石应进行碱活性

检验。

进行碱活性检验时，首先应采用岩相法检验碱活性骨料的品种、类型和数量。当检验出骨料中含有活性二氧化硅时，应采用快速砂浆棒法和砂浆长度法进行碱活性检验；当检验出骨料中含有活性碳酸盐时，应采用岩石柱法进行碱活性检验。

经上述检验，当判定骨料存在潜在碱-碳酸盐反应危害时，不宜用作混凝土骨料；否则，应通过专门的混凝土试验，做最后评定。

当判定骨料存在潜在碱-硅反应危害时，应控制混凝土中的碱含量不超过 3kg/m³，或采用能抑制碱-骨料反应的有效措施。

国标规定，当需方提出要求时，应出示膨胀率实测值及碱活性评定结果。

12. 国标规定，卵石、碎石的放射性应符合现行《建筑材料放射性核素限量》GB 6566 的规定。

13. 使用单位应按石的同产地、同规格分批验收。采用大型工具（如火车、货船、汽车）运输的，以 400m³ 或 600t 为一验收批；采用小型工具（如拖拉机等）运输的，应以 200m³ 或 300t 为一验收批。不足上述数量者，应按一个验收批进行验收。

每验收批碎石或卵石至少应进行颗粒级配、含泥量、泥块含量检验。还应检验针片状颗粒含量。对于重要工程或特殊工程，应根据工程要求增加检测项目。对其他指标的合格性有怀疑时，应予以检验。

当石的质量比较稳定、进料量又较大时，可以 1000t 为一验收批。

当使用新产源的石时，供货单位应按标准的质量要求进行全面的检验。

第二节　碎石或卵石常用技术性能试验与检测

本节内容主要叙述了建筑行业标准《普通混凝土用砂、石质量及检验方法标准》JGJ 52—2006 所规定的检验方法。鉴于国标《建设用卵石、碎石》GB/T 14685—2022 中规定的检验方法和行标规定的方法基本一致，国标检验方法中称取试样的称量精度、试验数据计算的精确位数以及所用试验筛的孔径等不同于行标的，就不再另行赘述，仅在两者有较大出入时，再说明其区别所在。

一、石的筛分析

1. 试验原理及目的

测定碎石和卵石的颗粒级配，为设计混凝土配合比提供参数。

2. 适用范围

本试验适用于石的颗粒级配测定。

3. 主要仪器设备

（1）电子天平：称量 5kg，感量 5g。

（2）电子秤：称量 20kg，感量 20g。

（3）烘箱（鼓风干燥箱）：能使温度控制在（105±5）℃。

（4）浅盘，硬、软毛刷等。

（5）试验筛：包括筛孔公称直径为 100.0mm、80.0mm、63.0mm、50.0mm、40.0mm、31.5mm、25.0mm、20.0mm、16.0mm、10.0mm、5.00mm、2.50mm 的方孔筛以及筛的底盘和盖各一只，其规格和质量要求应符合现行国家标准《试验筛　技术要求和检验 第 2 部分：金属穿孔板试验筛》GB/T 6003.2 的要求，筛框直径 300mm。

（6）摇筛机，见图 4-1。

4. 试样制备

试验前，用四分法将样品缩分至略重于表 4-14 所规定的试样所需

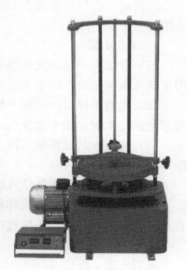

图 4-1　摇筛机

量，烘干或风干后备用。

表 4-14　筛分所需试样的最小质量

最大粒径（mm）	10.0	16.0	20.0	25.0	31.5	40.0	63.0	80.0
试样质量不小于（kg）	2.0	3.2	4.0	5.0	6.3	8.0	12.6	16.0

5. 试验步骤

(1) 按表 4-14 的规定称取试样，将试样按筛孔大小顺序过筛，当每筛上筛余层的厚度大于试样的最大粒径值时，应将该号筛上的筛余分成两份，再次进行筛分，直至各筛每分钟的通过量不超过试样总量的 0.1%。当筛余颗粒的粒径＞20mm 时，在筛分过程中允许用手拨动颗粒。

(2) 称取各筛筛余质量，精确至试样总质量的 0.1%。各筛上的所有分计筛余量和筛底剩余量的总和与筛分前测定的试样总量相比，其相差不得超过 1%。

6. 数据计算及结果判定

(1) 分计筛余百分率：各筛上的筛余量除以试样总质量的百分率（精确至 0.1%）。

(2) 累计筛余百分率：该号筛上的分计筛余百分率与筛孔大于该号筛的各号筛上的分计筛百分率之和（精确至 1%）。

(3) 根据各号筛的累计筛余百分率，评定该试样的颗粒级配。

二、石的表观密度试验（简易法）

1. 试验目的和适用范围

本试验用于测定碎石或卵石的表观密度，为计算空隙率和设计混凝土配合比取用。本方法适用于测定最大公称粒径不大于 40mm 的碎石或卵石的表观密度。

2. 仪器设备

(1) 广口瓶：容量 1000mL，磨口并带玻璃片。

(2) 试验筛：公称直径为 5.00mm 的方孔筛一只。

(3) 毛巾、刷子等。

(4) 电子秤：称量 20kg，感量 20g。

(5) 烘箱：温度控制范围（105±5）℃。

3. 试样制备

试验前，将样品筛去 5.00mm 以下的颗粒，用四分法缩分至不少于 2kg，洗刷干净后，分成两份备用。

4. 试验步骤

(1) 取试样一份，浸水饱和，然后装入广口瓶中。装试样时，广口瓶应倾斜放置，注入饮用水，用玻璃片覆盖瓶口，以上下左右摇晃的方法排除气泡。

(2) 气泡排尽后，向瓶中添加饮用水直至水面凸出瓶口边缘。然后用玻璃片沿瓶口迅速滑行，使其紧贴瓶口水面。擦干水分后，称取试样、水瓶和玻璃片总质量（m_1）。

(3) 将瓶中的试样倒入浅盘中，放在（105±5）℃的烘箱中烘干至恒重。取出，放在带盖的容器中冷却至室温后称重（m_0）。

(4) 将瓶洗净，重新注入饮用水，用玻璃片紧贴瓶口水面，擦干瓶外水分后称重（m_2）。

(5) 注意：试验时各项称重可以在 15～25℃ 的温度范围内进行，但从试样加水静置的最后 2h 起直至试验结束，其温差不应超过 2℃。

5. 数据计算及结果判定

表观密度 ρ 按式（4-1）计算（精确至 10kg/m³）：

$$\rho = \left(\frac{m_0}{m_0 + m_2 - m_1} - \alpha_t \right) \times 1000 \tag{4-1}$$

式中　ρ——表观密度（kg/m³）；

$\quad m_0$——试样的烘干质量（g）；

$\quad m_1$——试样、水、瓶和玻璃片的总质量（g）；

$\quad m_2$——水、瓶和玻璃片的总质量（g）；

$\quad \alpha_t$——水温对表观密度影响的修正系数，见表4-15。

表 4-15　不同水温对碎石和卵石表观密度影响的修正系数

水温（℃）	15	16	17	18	19	20	21	22	23	24	25
α_t	0.002	0.003	0.003	0.004	0.004	0.005	0.005	0.006	0.006	0.007	0.008

以两次试验结果的算术平均值作为测定值。当两次结果之差大于 20kg/m³ 时，应重新取样进行试验。对颗粒材质不均匀的试样，当两次试验结果之差大于 20kg/m³ 时，可取四次测定结果的算术平均值作为测定值。

三、石的含水率试验

1. 试验目的

测定碎石或卵石的含水率，为调整混凝土的水灰比和石子用量取用。

2. 仪器设备

（1）电子秤：称量 20kg，精度 20g。

（2）瓷托盘。

（3）鼓风干燥箱：温度控制范围（105±5）℃。

（4）毛巾等。

3. 试样制备

将试样缩分至略大于表 4-16 所要求的质量，分成两份备用。

表 4-16　石含水率试验所需试样质量

石子最大粒径（mm）	10.0	16.0	20.0	25.0	31.5	40.0	63.0	80.0
最小试样质量（kg）	2	2	2	2	3	3	4	6

4. 试验步骤

（1）将试样置于干净瓷托盘中，称取试样及瓷托盘总质量（m_1），并将瓷托盘连同试样放入温度（105±5）℃的烘箱中烘干至恒重。

（2）取出试样，冷却后称取试样与瓷托盘的总质量（m_2），并称取瓷托盘质量（m_3）。

5. 数据计算及结果判定

石的含水率 w_{wc} 按式（4-2）计算（精确至 0.1%）：

$$w_{wc} = \frac{m_1 - m_2}{m_2 - m_3} \times 100\% \tag{4-2}$$

式中　w_{wc}——含水率（%）；

$\quad m_1$——烘干前试样及瓷托盘的总质量（g）；

$\quad m_2$——烘干后试样和瓷托盘的总质量（g）；

$\quad m_3$——瓷托盘的质量（g）。

以两次试验结果的算术平均值作为测定值。

四、碎石或卵石的吸水率试验

1. 适用范围

本试验适用于测定碎石或卵石的吸水率，即测定以烘干质量为基准的饱和面干吸水率。

2. 仪器设备

(1) 烘箱：温度控制范围为（105±5）℃。

(2) 电子秤：称量 20kg，感量 20g。

(3) 试验筛：筛孔公称直径为 5.00mm 的方孔筛一只。

(4) 容器、浅盘、金属丝刷和毛巾等。

3. 试样制备

试验前，筛除样品中公称粒径 5.00mm 以下的颗粒，然后缩分至两倍于表 4-17 所规定的质量，分成两份，用金属丝刷刷净后备用。

表 4-17 吸水率试验所需的试样最小质量

最大公称粒径（mm）	10.0	16.0	20.0	25.0	31.5	40.0	63.0	80.0
试样最小质量（kg）	2	2	4	4	4	6	6	8

4. 试验步骤

(1) 取试样一份置于盛水的容器中，使水面高出试样表面 5mm 左右，24h 后从水中取出试样，并用拧干的湿毛巾将颗料表面的水分拭干，即成为饱和面干试样。然后，立即将试样放在浅盘中称取质量（m_2）。在整个试验过程中，水温必须保持在（20±5）℃。

(2) 将饱和面干试样连同浅盘置于（105±5）℃的烘箱中烘干至恒重。然后取出，放入带盖的容器中冷却 0.5～1h，称取烘干试样与浅盘的总质量（m_1），称取浅盘的质量（m_3）。

5. 结果计算和确定

吸水率w_{wa}应按式（4-3）计算，精确至 0.01%：

$$w_{wa} = \frac{m_2 - m_1}{m_1 - m_3} \times 100\% \qquad (4\text{-}3)$$

式中　w_{wa}——吸水率（%）；

$\quad m_1$——烘干后试样与浅盘的总质量（g）；

$\quad m_2$——烘干前饱和面干试样与浅盘的总质量（g）；

$\quad m_3$——浅盘的质量（g）。

以两次试验结果的算术平均值作为测定值。

五、碎石或卵石的堆积密度和紧密密度试验

1. 适用范围及试验目的

本试验适用于测定碎石或卵石的松散堆积密度、紧密密度及空隙率，为设计混凝土配合比提供参数。

2. 仪器设备

(1) 烘箱：温度控制范围（105±5）℃。

(2) 电子秤：称量 100kg，感量 100g。

(3) 容量筒：金属材质，规格如表 4-18 所示。

(4) 铁质垫棒：直径 16mm，长 600mm。

(5) 平头铁锹。

表 4-18　容量筒的规格要求

最大公称粒径（mm）	容量筒容积（L）	容量筒规格（mm）		筒壁厚度（mm）
		内径	净高	
≤25.0	10	208	294	2
31.5、40.0	20	294	294	3
63.0、80.0	30	360	294	4

3. 试样制备

用浅盘装试样在（105±5）℃的烘箱内烘干，也可在清洁的地面上风干。

4. 试验步骤

（1）堆积密度试验：取试样一份，置于平整干净的地板上，用平头铁锹铲起试样，使石子自由落入容量筒内。此时，从铁锹的齐口至容量筒上口的距离应保持为 50mm 左右。装满容量筒并除去凸出筒口表面的颗粒，并以合适的颗粒填入凹陷部分，使表面稍凸起部分和凹陷部分的体积大致相等。称取试样和容量筒的总质量（m_2）。

（2）紧密密度试验：取试样一份，分三层装入容量筒。装完一层后，在筒底垫放一根直径为 16mm、长 600mm 的垫棒，将筒按住，左右交替颠击地面各 25 下，然后装入第二层；第二层装满后用同样方法颠实（但筒底所垫钢筋的方向应与第一层放置方向垂直）；然后装入第三层，如法颠实。待第三层试样装填完毕后，加料直至试样超出容量筒筒口，用垫棒沿筒口边缘滚转，刮下高出筒口的颗粒，用合适的颗粒填平凹处，使表面稍凸起部分和凹陷部分的体积大致相等。称取试样和容量筒的总质量（m_2）。

5. 数据计算及结果判定

（1）堆积密度（ρ_L）或紧密密度（ρ_c）按式（4-4）计算（精确至 10kg/m^3）：

$$\rho_L \ (\rho_c) = \frac{m_2 - m_1}{V} \times 1000 \tag{4-4}$$

式中　m_1——容量筒的质量（kg）；

　　　m_2——容量筒和砂试样的总质量（kg）；

　　　V——容量筒的容积（L）。

以两次试验结果的算术平均值作为测定值。

（2）空隙率（υ_L、υ_c）按式（4-5）、式（4-6）计算，精确至 1%：

$$\upsilon_L = (1 - \rho_L/\rho) \times 100\% \tag{4-5}$$

$$\upsilon_c = (1 - \rho_c/\rho) \times 100\% \tag{4-6}$$

式中　υ_L、υ_c——空隙率（%）；

　　　ρ_L——碎石或卵石的堆积密度（kg/m^3）；

　　　ρ_c——碎石或卵石的紧密密度（kg/m^3）；

　　　ρ——碎石或卵石的表观密度（kg/m^3）。

6. 容量筒容积的校正

将（20±5）℃的饮用水装满容量筒，用玻璃板沿筒口滑移，使其紧贴水面，擦干筒外壁水分后称取质量。用式（4-7）计算筒的容积：

$$V = (m'_1 - m'_2) / \rho_T \tag{4-7}$$

式中　V——容量筒的体积（L）；

　　　m'_1——容量筒和玻璃板的质量（kg）；

　　　m'_2——容量筒、玻璃板和水的总质量（kg）；

　　　ρ_T——试验温度 T 时水的密度（g/cm^3），见表 4-19。

表 4-19　不同水温时水的密度

水温（℃）	15	16	17	18	19	20	21	22	23	24	25
ρ_T（g/cm^3）	0.99913	0.99897	0.99880	0.99862	0.99843	0.99822	0.99802	0.99779	0.99756	0.99733	0.99702

六、石的含泥量试验

1. 适用范围

本试验适用于测定碎石或卵石中粒径小于 0.08mm 的尘屑淤泥和黏土的总质量。

2. 仪器设备

（1）电子秤：称量 20kg，感量 20g。

（2）试验筛：公称直径为 1.25mm 及 0.08mm 的方孔筛各一个。

（3）容器：容积约 10L 的瓷盘或其他金属盒。

（4）烘箱：温度控制范围（105±5）℃。

（5）浅盘：瓷质或金属质。

3. 试样制备

试验前，将试样缩分至表 4-20 所规定的量，烘干至恒重后分成两份备用。

表 4-20　含泥量和泥块含量试验的试样的最小质量

最大公称粒径（mm）	10.0	16.0	20.0	25.0	31.5	40.0	63.0	80.0
试样质量不小于（kg）	2	2	6	6	10	10	20	20

4. 试验步骤

（1）称取试样一份（m_0），装入容器中摊平，并注入饮用水，使水面高出石子表面 150mm；浸泡 2h 后，用手在水中淘洗颗粒，使尘屑、淤泥和黏土与较粗颗粒分离，并使之悬浮或溶解于水中；缓缓地将浑浊液倒入公称直径 1.25mm 及 0.080mm 的方孔套筛（1.25mm 筛放置上面）上，滤去小于 0.080mm 的颗粒。试验前筛子的两面应先用水润湿，在整个试验过程中应注意避免大于 0.080mm 的颗粒丢失。

（2）再次加水于容器中，重复上述过程，直到洗出的水清澈为止。

（3）用水冲洗剩留在筛上的细粒，并将公称直径为 0.080mm 的方孔筛放在水中（使水面略高出筛中颗粒的上表面）来回摇动，以充分洗除小于 0.080mm 的颗粒。然后将两只筛上剩留的颗粒和筒中已经洗净的试样一并装入浅盘，置于温度为（105±5）℃的烘箱中烘干至恒重。取出来冷却至室温后，称试样的质量（m_1）。

5. 数据计算及结果判定

碎石或卵石的含泥量 ω_c 按式（4-8）计算（精确至 0.1%）：

$$\omega_c = \frac{m_0 - m_1}{m_0} \times 100\% \qquad (4-8)$$

式中　ω_c——碎石或卵石的含泥量（%）；

m_0——试验前烘干试样的质量（g）；

m_1——试验后烘干试样的质量（g）。

以两次试验结果的算术平均值作为测定值，如两次结果的差值超过 0.2%，应重新取样进行试验。

七、石的泥块含量试验

1. 适用范围及试验目的

本试验适用于测定碎石或卵石中的泥块含量，为配制混凝土提供参数。

2. 仪器设备

（1）电子秤：称量 20kg，感量 20g。

（2）天平：称量 5kg，感量 5g。

（3）试验筛：筛孔公称直径为 2.50mm 及 5.00mm 的方孔筛各一只。

（4）洗石用水筒及浅盘等。

（5）烘箱：温度控制范围（105±5）℃。

3. 试样制备

试验前，将样品用四分法缩分至略大于表 4-20 所示的量。缩分时应注意防止所含黏土块被压碎。将试样在烘箱烘干至恒重并冷却至室温后，分成两份备用。

4. 试验步骤

（1）筛去公称粒径 5.00mm 以下的颗粒，称取质量（m_1）。

（2）将试样在容器中摊平，加入饮用水使水面高出试样表面，放置 24h 后把水放出，用手碾压泥块，然后把试样放在 2.50mm 的方孔筛上摇动淘洗，直至洗出的水清澈为止。

（3）将筛上的试样小心地从筛里取出，置于温度为（105±5）℃的烘箱中烘干至恒重，取出冷却至室温后称取质量（m_2）。

5. 数据计算及结果判定

泥块含量$\omega_{c,L}$按式（4-9）计算（精确至 0.1%）：

$$\omega_{c,L}=\frac{m_1-m_2}{m_1}\times 100\%$$

（4-9）

式中 $\omega_{c,L}$——泥块含量（%）；

m_1——公称直径 5.00mm 筛上的筛余量（g）；

m_2——试验后烘干试样的质量（g）。

取两次试验结果的算术平均值作为测定值。

八、针状和片状颗粒的总含量试验

1. 适用范围及试验目的

本试验适用于测定碎石或卵石中粒径小于或等于 40mm 的针状和片状颗粒的总含量，以确定其使用范围。

2. 仪器设备

（1）针状规准仪和片状规准仪（图 4-2、图 4-3）。

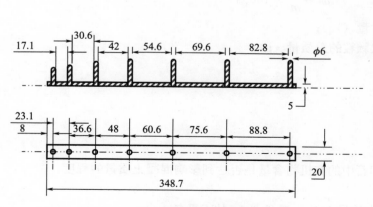

图 4-2 针状规准仪示意图（mm）

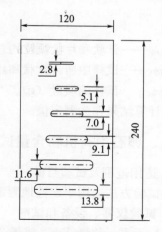

图 4-3 片状规准仪示意图（mm）

（2）天平：称量 2kg，感量 2g。

（3）电子秤：称量 20kg，感量 20g。

（4）试验筛：筛孔公称直径分别为 5.00mm、10.0mm、20.0mm、25.0mm、31.5mm、40.0mm、63.0mm 和 80.0mm 的方孔筛各一只，根据需要选用。

（5）卡尺。

3．试样制备

试验前，将样品在室内风干至表面干燥，并用四分法缩分至表 4-21 规定的数量，称量（m_0），然后筛分成表 4-22 所规定的粒级，备用。

表 4-21　针、片状试验所需的试样最小质量

最大粒径（mm）	10.0	16.0	20.0	25.0	31.5	≥40.0
最小质量（kg）	0.3	1	2	3	5	10

表 4-22　针、片状试验粒级划分及相应的规准仪孔宽或间距

粒径（mm）	5.00~10.0	10.0~16.0	16.0~20.0	20.0~25.0	25.0~31.5	31.5~40.0
片状规准仪上相对应的孔宽（mm）	2.8	5.1	7.0	9.1	11.6	13.8
针状规准仪上相对应的间距（mm）	17.1	30.6	42.0	54.6	69.6	82.8

4．试验步骤

（1）按表 4-22 所规定的粒级用规准仪逐粒对试样进行鉴定。凡颗粒长度大于针状规准仪上相对应间距者，为针状颗粒；厚度小于片状规准仪上相对应孔宽者，为片状颗粒。

（2）粒径大于 40mm 的碎石或卵石可用卡尺鉴定其针片状颗粒，卡尺卡口的设定宽度应符合表 4-23 的规定。

（3）称量由各粒级挑出的针状和片状颗粒的总质量（m_1）。

表 4-23　大于 40mm 粒级颗粒卡尺卡口的设定宽度

粒径（mm）	40.0~63.0	63.0~80.0
鉴定片状颗粒的卡口宽度（mm）	18.1	27.6
鉴定针状颗粒的卡口宽度（mm）	108.6	165.6

5．数据计算及结果判定

碎石或卵石中针、片状颗粒的总含量 ω_P 应按式（4-10）计算，精确至 1%：

$$\omega_P = \frac{m_1}{m_0} \times 100\% \tag{4-10}$$

式中　ω_P——针状和片状颗粒的总含量（%）；

m_1——试样中所含针状和片状颗粒的总质量（g）；

m_0——试样的质量（g）。

以计算结果作为测定值。

九、卵石中有机物含量试验

1．适用范围及试验目的

本试验方法适用于定性地测定卵石中的有机物含量是否达到影响混凝土质量的程度。

2．试验仪器、设备和试剂

（1）天平：称量 2kg，感量 2g 和称量 100g、感量 0.1g 的天平各一台。

（2）量筒：容量为 100mL、250mL 和 1000mL。

（3）烧杯、玻璃棒和筛孔公称直径为 20mm 的试验筛。

（4）浓度为 3%的氢氧化钠溶液：氢氧化钠与蒸馏水之质量比为 3∶97。

（5）鞣酸、酒精等。

3. 试样制备和标准溶液配制

（1）试样制备：筛除样品中公称粒径 20mm 以上的颗粒，缩分至约 1kg，风干后备用。

（2）标准溶液的配制方法：称取 2g 鞣酸粉，溶解于 98mL 的 10%酒精溶液中，即得所需的鞣酸溶液，然后取该溶液 2.5mL，注入 97.5mL 浓度为 3%的氢氧化钠溶液中，加塞后剧烈摇动，静置 24h，即得标准溶液。

4. 试验步骤

（1）向 1000mL 量筒中倒入干试样至 600mL 刻度处，再注入浓度为 3%的氢氧化钠溶液至 800mL 刻度处，剧烈搅动后静置 24h；

（2）比较试样上部溶液和新配制标准溶液的颜色。盛装标准溶液与盛装试样的量筒容积应一致。

5. 结果评定

（1）若试样上部的溶液颜色浅于标准溶液的颜色，则试样有机物含量鉴定合格。

（2）若两种溶液的颜色接近，则应将该试样（包括上部溶液）倒入烧杯中放在温度为 60～70℃ 的水浴锅中加热 2～3h，再与标准溶液比色。

（3）若试样上部溶液的颜色深于标准色，则应配制成混凝土做进一步检验。其方法为：取试样一份，用浓度 3%的氢氧化钠溶液洗除有机物，再用清水淘洗干净，直至试样上部溶液的颜色浅于标准色；然后用洗除有机物的和未经清洗的试样用相同的水泥、砂配成配合比相同、坍落度基本相同的两种混凝土，测其 28d 抗压强度。若未经洗除有机物的卵石混凝土强度与经洗除有机物的混凝土强度之比不低于 0.95，则此卵石可以使用。

十、碎石或卵石的坚固性试验

1. 适用范围及试验目的
本试验方法适用于以硫酸钠饱和溶液法间接地判断碎石或卵石的坚固性。

2. 仪器设备及试剂

（1）烘箱：温度控制范围为（105±5）℃。

（2）台秤：称量 5kg，感量 5g。

（3）试验筛：根据试样粒级，按表 4-24 选用。

表 4-24　坚固性试验所需的各粒级试验量

公称粒级（mm）	5.00～10.0	10.0～20.0	20.0～40.0	40.0～63.0	63.0～80.0
试样质量（g）	500	1000	1500	3000	3000

注：1. 公称粒级为 10.0～20.0mm 试样中，应含有 40%的 10.0～16.0mm 粒级颗粒、60%的 16.0～20.0mm 粒级颗粒；
　　2. 公称粒级为 20.0～40.0mm 的试样中，应含有 40%的 20.0～31.5mm 粒级颗粒、60%的 31.5～40.0mm 粒级颗粒。

（4）容器：搪瓷盆或瓷盆，容积不小于 50L。

（5）三脚网篮：网篮的外径为 100mm、高为 150mm，采用网孔公称直径不大于 2.50mm 的网，由铜丝制成；检验公称粒径为 40.0～80.0mm 的颗粒时，应采用外径和高度均为 150mm 的网篮。

（6）试剂：无水硫酸钠。

3. 硫酸钠溶液的配制

取一定数量的蒸馏水（取决于试样及容器的大小），加温至 30～50℃，每 1000mL 蒸馏水加入无水硫酸钠（Na_2SO_4）300～350g，用玻璃棒搅拌，使其溶解至饱和，然后冷却至 20～25℃，在此温度下静置两昼夜。其密度保持在 1151～1174kg/m³ 范围内。

4. 试样制备

将样品按表 4-24 的规定分级，并分别擦洗干净，放入 105～110℃烘箱内烘 24h，取出并冷却至室温，然后按表 4-24 对各粒级规定的量称取试样（m_i）。

5. 试验步骤

（1）将所称取的不同粒级的试样分别装入三脚网篮并浸入盛有硫酸钠溶液的容器中。溶液体积应不小于试样总体积的 5 倍，其温度保持在 20～25℃的范围内。三脚网篮浸入溶液时应先上下升降 25 次以排除试样中的气泡，然后静置于该容器中。此时，网篮底面应距容器底面约 30mm（由网篮脚控制），网篮之间的距离应不小于 30mm，试样表面至少应在液面以下 30mm。

（2）浸泡 20h 后，从溶液中提出网篮，放在（105±5）℃的烘箱中烘 4h。至此，完成了第一个试验循环。待试样冷却至 20～25℃后，即开始第二次循环。从第二次循环开始，浸泡及烘烤时间均可为 4h。

（3）第五次循环完后，将试样置于 25～30℃的清水中洗净硫酸钠，再在（105±5）℃的烘箱中烘至恒重。取出冷却至室温后，用筛孔孔径为试样粒级下限的筛过筛，并称取各粒级试样试验后的筛余量（m'_i）。

注：试样中硫酸钠是否洗净，可按下述方法检验：取洗试样的水数毫升，滴入少量氯化钡（$BaCl_2$）溶液，如无白色沉淀，即说明硫酸钠已被洗净。

（4）对公称粒径大于 20.0mm 的试样部分，应在试验前后记录其颗粒数量，并做外观检查，描述颗粒的裂缝、开裂、剥落、掉边和掉角等情况所占颗粒数量，以作为分析其坚固性时的补充依据。

6. 数据计算及结果判定

（1）试样中各粒级颗粒的分计质量损失百分率 δ_{ji} 应按式（4-11）计算：

$$\delta_{ji}=\frac{m_i-m'_i}{m_i}\times100\% \tag{4-11}$$

式中　δ_{ji}——各粒级颗粒的分计质量损失百分率（%）；

m_i——各粒级试样试验前的烘干质量（g）；

m'_i——经硫酸钠溶液法试验后，各粒级筛余颗粒的烘干质量（g）。

（2）试样的总质量损失百分率 δ_j 应按式（4-12）计算，精确至 1%：

$$\delta_j=\frac{\alpha_1\delta_{j1}+\alpha_2\delta_{j2}+\alpha_3\delta_{j3}+\alpha_4\delta_{j4}+\alpha_5\delta_{j5}}{\alpha_1+\alpha_2+\alpha_3+\alpha_4+\alpha_5}\times100\% \tag{4-12}$$

式中　　　　δ_j——总质量损失百分率（%）；

α_1、α_2、α_3、α_4、α_5——试样中 5.00～10.0mm、10.0～20.0mm、20.0～40.0mm、40.0～63.0mm、63.0～80.0mm 各公称粒级的分计百分含量（%）；

δ_{j1}、δ_{j2}、δ_{j3}、δ_{j4}、δ_{j5}——各粒级的分计质量损失百分率（%）。

十一、岩石的抗压强度试验

1. 适用范围及试验目的

本试验方法适用于测定碎石的原始岩石在水饱和状态下的抗压强度。

2. 试验设备

（1）压力试验机：荷载 1000kN。

（2）石材切割机或钻石机。

（3）岩石磨光机。

（4）游标卡尺、角尺等。

3. 试样制备

（1）试验时，取有代表性的岩石样品用石材切割机切割成边长为 50mm 的立方体，或用钻石机钻取直径与高度均为 50mm 的圆柱体，然后用磨光机把试样与压力机压板接触的两个面磨光并保持平行。

试样形状须用角尺检查。

（2）至少应制作 6 个试块。对有显著层理的岩石，应取两组试样（12 块）分别测定其垂直和平行于层理的强度值。

4. 试验步骤

（1）用游标卡尺量取试样的尺寸（精确至 0.1mm）。对于立方体试样，在顶面和底面上各量取其边长，以各个面上相互平行的两个边长的算术平均值作为宽或高，由此计算面积。对于圆柱体试样，在顶面和底面上各量取相互垂直的两个直径，以其算术平均值计算面积。取顶面和底面面积的算术平均值作为计算抗压强度所用的截面积。

（2）将试样置于水中浸泡 48h，水面应至少高出试样顶面 20mm。

（3）取出试样，擦干表面，放在有防护网的压力机上进行强度试验，防止岩石碎片伤人。试验时加压速度应为 0.5～1.0MPa/s。

5. 数据计算

岩石的抗压强度 f 应按式（4-13）计算，精确至 1MPa：

$$f = \frac{F}{A} \tag{4-13}$$

式中　f——岩石的抗压强度（MPa）；

　　　F——破坏荷载（N）；

　　　A——试样的截面面积（mm²）。

6. 结果评定

以 6 个试样试验结果的算术平均值作为抗压强度测定值；当其中 2 个试样的抗压强度与其他 4 个试样抗压强度的算术平均值相差 3 倍以上时，应以试验结果相接近的 4 个试样的抗压强度算术平均值作为抗压强度测定值。

对具有显著层理的岩石，应以垂直于层理及平行于层理的抗压强度的平均值作为其抗压强度。

十二、碎石或卵石的压碎值指标试验

1. 适用范围及试验目的

本试验适用于测定碎石或卵石抵抗压碎的能力，以间接地推测其相应强度和使用范围。

2. 试验仪器

（1）压力试验机：荷载 300kN。

（2）压碎指标值测定仪（图 4-4）。

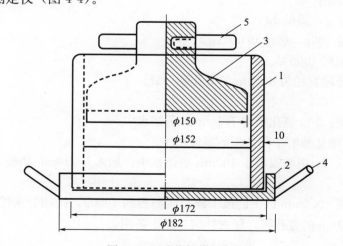

图 4-4　压碎指标值测定仪

1—圆筒；2—底盘；3—加压头；4—手把；5—把手

(3) 秤：称量 5kg，感量 5g。

(4) 试验筛：筛孔公称直径为 10.0mm 和 20.0mm 的方孔筛各一只。

(5) 垫棒：直径 10mm、长 500mm 的圆钢。

3. 试样制备

(1) 标准试样一律采用公称粒级为 10.0～20.0mm 的颗粒，并在风干状态下进行试验。

(2) 对由多种岩石组成的卵石，当其公称粒径大于 20.0mm 的岩石矿物成分与 10.0～20.0mm 粒级有显著差异时，应将大于 20.0mm 的颗粒经人工破碎后，筛取 10.0～20.0mm 标准粒级另外进行压碎值指标试验。

(3) 将缩分后的样品先筛除试样中公称粒径 10.0mm 以下及粒径 20.0mm 以上的颗粒，再用针状和片状规准仪剔除其针状和片状颗粒，然后称取每份 3kg 的试样 3 份备用。

4. 试验步骤

(1) 置圆筒于底盘上，取试样一份，分两层装入筒内。每装完一层试样后，在底盘下面垫放圆钢垫棒，将筒按住，左右交替颠击地面各 25 下。第二层颠实后，试样表面距盘底的高度应控制为 100mm 左右。

(2) 整平筒内试样表面，把加压头装好（注意应使加压头保持平正），放到试验机上，在 160～300s 内均匀地加荷到 200kN，稳定 5s，然后卸荷，取出测定筒。倒出筒中的试样并称其质量 (m_0)，用公称直径为 2.50mm 的筛筛除被压碎的细粒，称量剩留在筛上的试样质量 (m_1)。

5. 数据计算及结果判定

碎石或卵石的压碎指标值 δ_a 应按式（4-14）计算（精确至 0.1%）：

$$\delta_a = \frac{m_0 - m_1}{m_0} \times 100\% \tag{4-14}$$

式中 δ_a——压碎指标值（%）；

m_0——试样的质量（g）；

m_1——压碎试验后筛余的试样质量（g）。

以三次试验结果的算术平均值作为压碎指标测定值。

十三、碎石或卵石中硫化物及硫酸盐含量试验

1. 适用范围及试验目的

本方法适用于测定碎石或卵石中硫化物及硫酸盐含量（按 SO_3 百分含量计）。

2. 试验仪器设备及试剂

(1) 天平：称量 1000g，感量 1g。

(2) 分析天平：称量 100g，感量 0.0001g。

(3) 高温炉：最高温度 1000℃。

(4) 试验筛：筛孔公称直径为 630μm 的方孔筛一只。

(5) 烧瓶、烧杯等。

(6) 10%氯化钡溶液：10g 氯化钡溶于 100mL 蒸馏水中。

(7) 盐酸（1+1）：浓盐酸溶于同体积的蒸馏水中。

(8) 1%硝酸银溶液：1g 硝酸银溶于 100mL 蒸馏水中，加入 5～10mL 硝酸，存于棕色瓶中。

3. 试样制备

试验前，取公称粒径 40.0mm 以下的风干碎石或卵石约 1000g，按四分法缩分至约 200g，磨细使全部通过公称直径为 630μm 的方孔筛，仔细拌匀，烘干备用。

4. 试验步骤

(1) 精确称取石粉试样约 1g (m) 放入 300mL 的烧杯中，加入 30～40mL 蒸馏水及 10mL 的盐酸

（1+1），加热至微沸，并保持微沸 5min，使试样充分分解后取下，以中速滤纸过滤，用温水洗涤 10～12 次；

（2）调整滤液体积至 200mL，煮沸，边搅拌边滴加 10mL 氯化钡溶液（10％），并将溶液煮沸数分钟，然后移至温热处至少静置 4h（此时溶液体积应保持在 200mL），用慢速滤纸过滤，用温水洗至无氯根反应（用硝酸银溶液检验）；

（3）将沉淀及滤纸一并移入已灼烧至恒重（m_1）的瓷坩埚中，灰化后在 800℃的高温炉内灼烧 30min。取出坩埚，置于干燥器中冷却至室温，称重。如此反复灼烧，直至恒重（m_2）。

5. 数据计算

水溶性硫化物及硫酸盐含量（以 SO_3 计）（ω_{SO_3}）应按式（4-15）计算，精确至 0.01％：

$$\omega_{SO_3} = \frac{(m_2-m_1) \times 0.343}{m} \times 100\% \tag{4-15}$$

式中　ω_{SO_3}——硫化物及硫酸盐含量（以 SO_3 计）（％）；

$\quad\quad m$——试样质量（g）；

$\quad\quad m_2$——沉淀物与坩埚共重（g）；

$\quad\quad m_1$——坩埚的质量（g）；

0.343——$BaSO_4$ 换算成 SO_3 的系数。

以两次试验的算术平均值作为评定指标，当两次试验结果的差值大于 0.15％时，应重做试验。

十四、碎石或卵石的碱活性试验（岩相法）

1. 适用范围及试验目的

本方法适用于鉴定碎石、卵石的岩石种类、成分，检验骨料中活性成分的品种和含量。

2. 仪器设备

（1）试验筛：筛孔公称直径为 80.0mm、40.0mm、20.0mm、5.00mm 的方孔筛以及筛的底盘和盖各一只。

（2）秤：称量 100kg，感量 100g。

（3）天平：称量 2000g，感量 2g。

（4）切片机、磨片机。

（5）实体显微镜、偏光显微镜。

3. 试样制备

经缩分后将样品风干，并按表 4-25 的规定筛分、称取试样。

表 4-25　岩相试验样品最小质量

公称粒级（mm）	40.0～80.0	20.0～40.0	5.00～20.0
试验最小质量（kg）	150	50	10

注：1. 大于 80.0mm 的颗粒，按照 40.0～80.0mm 一级进行试验。
　　2. 试样最少数量也可以以颗粒计，每级至少 300 颗。

4. 试验步骤

（1）用肉眼逐粒观察试样，必要时将试样放在砧板上用地质锤击碎（应使岩石碎片损失最小），观察颗粒新鲜断面。将试样按岩石品种分类。

（2）每类岩石先确定其品种及外观品质，包括矿物质成分、风化程度、有无裂缝、坚硬性、有无包裹体及断口形状等。

（3）每类岩石均应制成若干薄片，在显微镜下鉴定矿物质组成、结构等，特别应测定其隐晶质、玻璃质成分的含量。测定结果填入表 4-26 中。

表 4-26 骨料活性成分测定表

委托单位			样品编号	
样品产地和名称			检测条件	
公称粒级（mm）	40.00～80.00	20.00～40.00		5.00～20.00
质量分数（%）				
岩石名称及外观品质				
碱活性矿物 品种及占本级配试样的质量分数（%）				
碱活性矿物 占试样总质量的百分数（%）				
合计				
结论			备注	

注：1. 硅酸盐类活性硬度物质包括蛋白石、火山玻璃体、玉髓、玛瑙、蠕英石、磷石英、方石英、微晶石英、燧石、具有严重波状消光的石英。
2. 碳酸盐类活性矿物为具有细小菱形的白云石晶体。

5. 结果判定

根据岩相鉴定结果，对于不含活性矿物的岩石，可评定为非碱活性骨料。

十五、碎石或卵石的碱活性试验（快速法）

1. 试验目的及适用范围

本方法适用于检验硅质骨料与混凝土中的碱产生潜在反应的危害性，不适用于碳酸盐骨料检验。

2. 仪器设备

（1）烘箱：温度控制范围为（105±5）℃。

（2）台秤：称量 5000g，感量 5g。

（3）试验筛：筛孔公称直径为 5.00mm、2.50mm、1.25mm、630μm、315μm、160μm 的方孔筛各一只。

（4）测长仪：测量范围为 280～300mm，精度为 0.01mm。

（5）水泥胶砂搅拌机：应符合现行国家标准《行星式水泥胶砂搅拌机》JC/T 681 的要求。

（6）恒温养护箱或水浴：温度控制范围为（80±2）℃。

（7）养护筒：由耐碱耐高温的材料制成，不漏水，密封，防止容器内温度下降，筒的容积可以保证试样全部浸没在水中；筒内设有试样架，试样垂直于试架放置。

（8）试模：金属试模尺寸为 25mm×25mm×280mm，试模两端正中有小孔，可装入不锈钢测头。

（9）镘刀、捣棒、量筒、干燥器等。

（10）破碎机。

3. 试样制备

（1）将试样缩分成约 5kg，把试样破碎后筛分成按表 4-27 中所示级配及比例组合成试验用料，并将试样洗净烘干或晾干备用；

表 4-27 砂级配表

公称粒径	5.00～2.50mm	2.50～1.25mm	1.25mm～630μm	630～315μm	315～160μm
分级质量（%）	10	25	25	25	15

（2）水泥采用符合现行国家标准《通用硅酸盐水泥》GB 175 要求的普通硅酸盐水泥，水泥与砂的质量比为 1：2.25，水灰比为 0.47；每组试样称取水泥 440g、石料 990g；

（3）将称好的水泥与砂倒入搅拌锅，应按现行国家标准《水泥胶砂强度检验方法（ISO 法）》GB/T 17671 规定的方法进行；

（4）搅拌完成后，将砂浆分两层装入试模内，每层捣 40 次，测头周围应填实，浇捣完毕后用镘刀刮除多余砂浆，抹平表面，并标明测定方向。

4．试验步骤

（1）将试样成型完毕后，带模放入标准养护室，养护（24±4）h 后脱模。

（2）脱模后，将试样浸泡在装有自来水的养护筒中，并将养护筒放入温度为（80±2）℃的恒温养护箱或水浴箱中，养护 24h，同种骨料制成的试样放在同一个养护筒中。

（3）将养护筒逐个取出，每次从养护筒中取出一个试样，用抹布擦干表面，立即用测长仪测试样的基长（L_0）。测长应在（20±2）℃恒温室中进行，每个试样至少重复测试两次，取差值在仪器精度范围内的两个读数的平均值作为长度测定值（精确至 0.02mm）。每次每个试样的测量方向应一致，待测的试样须用湿布覆盖，以防止水分蒸发；从取出试样擦干到读数完成应在（15±5）s 内结束，读完数后的试样用湿布覆盖。全部试样测完基长后，将试样放入装有浓度 1mol/L 氢氧化钠溶液的养护筒中，确保试样被完全浸泡，且溶液温度应保持在（80±2）℃，将养护筒放回恒温养护箱或水浴箱中。

注：用测长仪测定任一组试样的长度时，均应先调整测长仪的零点。

（4）自测定基长之日起，第 3 天、7 天、14 天再分别测长（L_t），测长方法与测基长方法一致。测量完毕后，应将试样调头放入原养护筒中，盖好筒盖放回（80±2）℃的恒温养护箱或水浴箱中，继续养护至下一测试龄期。操作时应防止氢氧化钠溶液溢溅烧伤皮肤。

（5）在测量时应观察试样的变形、裂缝和渗出物等，特别应观察有无胶体物质，并做详细记录。

5．数据计算

试样的膨胀率按式（4-16）计算，精确至 0.01%：

$$\varepsilon_t = (L_t - L_0) / (L_0 - 2\Delta) \times 100\% \tag{4-16}$$

式中　ε_t——试样在 t 天龄期的膨胀率（%）；

L_0——试样的基长（mm）；

L_t——试样在 t 天龄期的长度（mm）；

Δ——测头长度（mm）。

以三个试样膨胀率的平均值作为某一龄期膨胀率的测定值。

任一试样的膨胀率与平均值应符合下列规定：

（1）当平均值小于或等于 0.05% 时，单个测值与平均值的差值均应小于 0.01%；

（2）当平均值大于 0.05% 时，单个测值与平均值的差值均应小于平均值的 0.20%；

（3）当三个试样的膨胀率均大于 0.10% 时，无精度要求；

（4）当不符合上述要求时，去掉膨胀率最小的，用其余两个试样膨胀率的平均值作为该龄期的膨胀率。

6．结果评定

（1）当 14d 的膨胀率小于 0.10% 时，可判定为无潜在危害；

（2）当 14d 的膨胀率大于 0.20% 时，可判定为有潜在危害；

（3）当 14d 的膨胀率在 0.10%～0.20% 之间时，需按碎石或卵石的碱活性试验（砂浆长度法）的方法再进行试验判定。

十六、碎石或卵石的碱活性试验（砂浆长度法）

1．适用范围

本方法适用于鉴定硅质骨料与水泥（混凝土）中的碱产生潜在反应的危险性，不适用于碱-碳酸盐反应活性骨料检验。

2. 仪器设备

(1) 试验筛：筛孔公称直径为 $160\mu m$、$315\mu m$、$630\mu m$、1.25mm、2.50mm、5.00mm 的方孔筛各一只。

(2) 胶砂搅拌机：应符合现行行业标准《行星式水泥胶砂搅拌机》JC/T 681 的规定。

(3) 镘刀及截面为 14mm×13mm、长 130～150mm 的钢制捣棒。

(4) 量筒、秒表。

(5) 试模和测头（埋钉）：金属试模，规格为 25mm×25mm×280mm，试模两端板正中有小洞，测头以耐锈蚀金属制成。

(6) 养护筒：用耐腐材料（如塑料）制成，应不漏水、不透气，加盖后在养护室能确保筒内空气相对湿度为 95% 以上，筒内设有试样架，架下盛有水，试样垂直立于架上并不与水接触。

(7) 测长仪：测量范围 160～185mm，精度 0.01mm。

(8) 恒温箱（室）：温度为（40±2）℃。

(9) 台秤：称量 5kg，感量 5g。

(10) 跳桌：应符合现行行业标准《水泥胶砂流动度测定仪（跳桌）》JC/T 958 的要求。

3. 试样制备

(1) 制备试样的材料要求：

① 水泥：水泥含碱量应为 1.2%，低于此值时，可掺浓度 10% 的氢氧化钠溶液，将碱含量调至水泥量的 1.2%。当具体工程所用水泥含碱量高于此值时，则应采用工程所使用的水泥。

注：水泥含碱量以氧化钠（Na_2O）计，氧化钾（K_2O）换算为氧化钠时乘以换算系数 0.658。

② 石料：将试样缩分至约 5kg，破碎筛分后，各粒级都应在筛上用水冲净黏附在骨料上的淤泥和细粉，然后烘干备用。石料按表 4-28 的级配配成试验用料。

表 4-28 石料级配表

公称粒级（mm）	5.00～2.50	2.50～1.25	1.25～0.63	0.63～0.315	0.315～0.160
分级质量（%）	10	25	25	25	15

(2) 制作试样用的砂浆配合比要求：水泥与石料的质量比为 1∶2.25。每组 3 个试样，共需水泥 440g、石料 990g。砂浆用水量按现行国家标准《水泥胶砂流动度测定方法》GB/T 2419 确定，跳桌跳动次数应为 6s 跳动 10 次，流动度应为 105～120mm。

(3) 砂浆长度法试验用试样的制作：

① 成型前 24h，将试验所用材料（水泥、骨料、拌和用水等）放入（20±2）℃的恒温室中。

② 石料水泥浆制备：先将称好的水泥、石料倒入搅拌锅内，开动搅拌机。拌和 5s 后，徐徐加水，20～30s 加完，自开动机器起搅拌 120s。将粘在叶片上的料刮下，取下搅拌锅。

③ 砂浆分两层装入试模内，每层捣 40 次，测头周围应捣实，浇捣完毕后用镘刀刮除多余砂浆，抹平表面，并标明测定方向及编号。

4. 试验步骤

(1) 试样成型完毕后，带模放入标准养护室，养护 24h 后，脱模（当试样强度较低时，可延至 48h 脱模）。脱模后立即测量试样的基长（L_0），测长应在（20±2）℃的恒温室中进行，每个试样至少重复测试两次，取差值在仪器精度范围内的两个读数的平均值作为测定值。待测的试样须用湿布覆盖，防止水分蒸发。

(2) 测量后将试样放入养护筒中，盖严筒盖，放入（40±2）℃的养护室里养护（同一筒内的试样品种应相同）。

(3) 自测量基长起，第 14 天、1 个月、2 个月、3 个月、6 个月再分别测长（L_t），需要时可以适当延长。在测长前一天，应把养护筒从（40±2）℃的养护室取出，放入（20±2）℃的恒温室。试样的测长方法与测基长相同。测量完毕后，应将试样调头放入养护筒中。盖好筒盖，放回（40±2）℃的养护室继续养护至下一测试龄期。

（4）测量时应观察试样的变形、裂缝和渗出物等，特别应观察有无胶体物质，并做详细记录。

5. 数据计算

试样的膨胀率应按式（4-17）计算，精确至 0.001%：

$$\varepsilon_t = (L_t - L_0) / (L_0 - 2\Delta) \times 100\% \tag{4-17}$$

式中　ε_t——试样在 t 天龄期的膨胀率（%）；

L_0——试样的基长（mm）；

L_t——试样在 t 天龄期的长度（mm）；

Δ——测头长度（mm）。

以三个试样膨胀率的平均值作为某一龄期膨胀率的测定值。

任一试样的膨胀率与平均值应符合下列规定：

（1）当平均值小于或等于 0.05% 时，单个测值与平均值的差值均应小于 0.01%；

（2）当平均值大于 0.05% 时，单个测值与平均值的差值均应小于平均值的 0.20%；

（3）当三个试样的膨胀率均超过 0.10% 时，无精度要求；

（4）当不符合上述要求时，去掉膨胀率最小的，用其余两个试样膨胀率的平均值作为该龄期的膨胀率。

6. 结果评定

结果评定应符合下列规定：当砂浆半年膨胀率低于 0.10% 或 3 个月膨胀率低于 0.05% 时（只有在缺半年膨胀率资料时才有效），可判定为无潜在危害；否则，应判定为具有潜在危害。

十七、碳酸盐骨料的碱活性试验（岩石柱法）

1. 适用范围

本方法适用于检验碳酸盐岩石是否具有碱活性。

2. 仪器设备和试剂

（1）钻机：配有小圆筒钻头。

（2）锯石机、磨片机。

（3）试样养护瓶：由耐碱材料制成，能盖严以避免溶液变质和浓度改变。

（4）测长仪：量程 25～50mm，精度 0.01mm。

（5）1mol/L 的氢氧化钠溶液：（40±1）g 氢氧化钠（化学纯）溶于 1L 蒸馏水中。

3. 试样制备

（1）应在同块岩石的不同岩性方向取样；岩石层理不清时，应在三个相互垂直的方向上各取一个试样。

（2）钻取的圆柱体试样直径为（9±1）mm、长度为（35±5）mm，试样两端面应磨光，互相平行且与试样的主轴线垂直。试样加工时应避免表面变质而影响碱溶液渗入岩样的速度。

4. 试验步骤

（1）将试样编号后，放入盛有蒸馏水的瓶中，置于（20±2）℃的恒温室内，每隔 24h 取出擦干表面水分，进行测长，直至试样前后两次测得的长度变化不超过 0.02% 为止。以最后一次测得的试样长度为基长（L_0）。

（2）将测完基长的试样浸入盛有浓度 1mol/L 氢氧化钠溶液的瓶中，液面应超过试样顶面至少 10mm，每个试样的平均液量至少应为 50mL。同一瓶中不得浸泡不同品种的试样，盖严瓶盖，置于（20±2）℃的恒温室中。溶液每六个月更换一次。

（3）在（20±2）℃的恒温室中进行测长（L_t）。每个试样测长方向应始终保持一致。测量时，试样从瓶中取出，先用蒸馏水洗涤，将表面水擦干后再测量。测长龄期从试样泡入碱液时算起，在 7d、14d、21d、28d、56d、84d 时进行测量，如有需要，以后每 1 个月一次，一年后每 3 个月一次。

（4）试样在浸泡期间，应观测其形态的变化，如开裂、弯曲、断裂等，并做记录。

5. 结果计算

试样长度变化应按式（4-18）计算，精确至 0.001%：

$$\varepsilon_{st} = (L_t - L_0)/L_0 \times 100\% \tag{4-18}$$

式中　ε_{st}——试样浸泡 t 天后的长度变化率（%）；

L_t——试样浸泡 t 天后的长度（mm）；

L_0——试样的基长（mm）。

注：测量精度要求为同一试验人员、同一仪器测量同一试样，其误差不应超过±0.02%；不同试验人员、同一仪器测量同一试样，其误差不应超过±0.03%。

6. 结果评定

（1）同块岩石所取的试样中以其膨胀率最大的一个测值作为分析该岩石碱活性的依据；

（2）如试样浸泡 84d 的膨胀率超过 0.10%，应判定为具有潜在碱活性危害。

第五章　矿物掺和料的试验与检测

本章主要包括混凝土矿物掺和料的技术性能、指标及其试验与检测方法。

第一节　概　　述

矿物掺和料已经成为现代混凝土中除水泥、砂、石子、水和外加剂以外的第六组分，对改善混凝土工作性能、力学性能以及耐久性能有着突出的作用，是现代混凝土不可或缺的重要组成材料。

一、矿物掺和料的概念及种类

矿物掺和料是指以硅、铝、钙等的一种或多种氧化物为主要成分，具有规定细度，掺入混凝土中能改善混凝土性能的粉体材料。

矿物掺和料是混凝土的主要组成材料，它起着改变传统混凝土性能的作用。在高性能混凝土中加入一定量的磨细矿物掺和料，可以起到降低温升、改善工作性、增进后期强度、改善混凝土内部结构、提高耐久性、节约资源等作用。其中某些矿物细掺和料还能起到抑制碱-骨料反应的作用，可以将这种磨细矿物掺和料作为胶凝材料的一部分。高性能混凝土中的水胶比是指水与水泥加矿物细掺和料之比。

矿物掺和料不同于传统的水泥混合材，虽然两者同为粉煤灰、矿渣等工业废渣及沸石粉、石灰粉等天然矿粉，但两者的细度有所不同，由于组成高性能混凝土的矿物细掺和料细度更细、颗粒级配更合理，具有更高的表面活性能，能充分发挥细掺和料的粉体效应，其掺量也远远高过水泥混合材。

不同的矿物掺和料对改善混凝土的物理、力学性能与耐久性具有不同的效果，应根据混凝土的设计要求与结构的工作环境加以选择。使用矿物细掺和料与使用高效减水剂同样重要，必须认真试验选择。

矿物掺和料可分为两大类：活性矿物掺和料和非活性矿物掺和料。

（一）活性矿物掺和料

活性矿物掺和料是指具有火山灰性或潜在水硬性，或兼有火山灰性和水硬性的矿物质材料，包括符合国家标准的粒化高炉矿渣、火山灰、优质粉煤灰、烧页岩、天然沸石岩、硅灰等。这类材料中含有一定的活性组分，这些活性组分在有水分供应的条件下，能与碱性激发剂或酸性激发剂发生反应，生成具有胶凝性质的稳定化合物，如 C-S-H 凝胶和铝酸盐水化物。

1. 粒化高炉矿渣粉（简称矿粉）

高炉冶炼生铁时，所得以硅铝酸盐为主要成分的熔融物，经淬冷成粒后具有潜在水硬性的材料，即为粒化高炉矿渣。将粒化高炉矿渣干燥后，磨细到规定细度（一般比表面积为 $400\sim600\text{m}^2/\text{kg}$），即为矿粉。粒化高炉矿渣的活性成分主要是活性 SiO_2 和活性 Al_2O_3，在常温下能与 $Ca(OH)_2$ 起化学反应并产生强度。矿渣的活性不仅取决于化学组分，而且很大程度上取决于内部结构。矿渣熔体经水淬急冷成粒径为 $0.5\sim5\text{mm}$ 的粒化矿渣时，阻止了熔体向结晶结构的转变，所形成的玻璃体（其含量一般在 80% 以上）储有较高的潜在化学能，也具有了较高的潜在水化活性。在含 CaO 较高的碱性矿渣中，由于还含有硅酸二钙等成分，使其也具有较弱的水硬性。

一般用化学成分分析来评定矿渣的质量。我国国家标准规定粒化高炉矿渣质量系数按下式计算：

$$K=\frac{CaO+MgO+Al_2O_3}{SiO_2+MnO+TiO_2}$$

式中，各氧化物表示其质量百分数含量。

K 应等于大于 1.2。质量系数 K 反映了矿渣中活性组分与低活性、非活性组分之间的比例关系，质量系数 K 值越大，矿渣活性越高。

矿渣本身水化活性较差，与水仅能发生微弱的化学反应，但与水泥中的硅酸盐矿物水化时，产生 CaOH，可提高矿渣的水化活性。通过人为的物理、化学方法提高矿渣活性的方法称为激活（又叫激发）。

物理激发（机械活化）是将矿渣通过粉磨至一定比表面积可增加水化反应发生的接触面积，减小水化反应时传质过程的扩散距离，从而提高水化活性。粉磨比表面积越高，水化活性越高，但矿渣本身易磨性较差，通过粉磨提高比表面积增加矿渣活性的方法能耗较高，特别是在比表面积≥420m²/kg时。

化学激发包括碱激发和硫酸盐激发，主要手段是石灰激发和石膏激发。但这两种组分在水化硬化过程中均有负面影响，在用于水泥和混凝土中的矿粉中时作用有限。

2. 火山灰质矿物掺和料

凡天然的和人工的以氧化硅、氧化铝为主要成分的矿物质材料，经磨细加水拌和本身并不硬化，但与气硬性石灰混合后，再加水拌和，不但能在空气中硬化，而且能在水中继续硬化，称为火山灰质矿物掺和料。

火山灰质矿物掺和料按其成因分为天然的和人工的两类。天然的灰质矿物掺和料主要有火山灰、凝灰岩、沸石岩、浮石、硅藻土和硅藻石。人工的火山灰质矿物掺和料主要有煤矸石、烧页岩、烧黏土、煤渣、硅质渣等。

3. 粉煤灰

粉煤灰又称飞灰，是由电厂燃烧煤粉的锅炉烟道气体中收集到的粉末。它的颗粒多呈球形，表面光滑，大部分由直径以微米（μm）计的实心和（或）中空玻璃微珠以及玻璃渣所组成，颗粒大小一般在 20μm 以下。

粉煤灰的矿物组成主要是硅铝玻璃体，含量一般在 50%～80%，是粉煤灰具有火山灰活性的主要组分，它的含量越多，活性越高。此外，还含有少量的莫来石、石英等结晶矿物质和未燃尽的碳颗粒，这些矿物质含量多时，会导致粉煤灰活性下降。

粉煤灰有高钙粉煤灰和低钙粉煤灰之分。由褐煤燃烧形成的粉煤灰，其氧化钙含量较高（一般 CaO>10%），呈褐黄色，称为高钙粉煤灰（C 类粉煤灰），具有一定的水硬性；由烟煤和无烟煤燃烧形成的粉煤灰，其氧化钙含量很低（一般 CaO<10%），呈灰色或深灰色，称为低钙粉煤灰（F 类粉煤灰），一般具有火山灰活性。

4. 硅灰

硅灰又称硅微粉，是指从冶炼硅铁合金或工业硅时，通过烟道排除的粉尘，经除尘器收集所得到的以二氧化硅为主要成分的粉体材料。

硅灰颜色在浅灰色与深灰色之间，密度在 2.2g/cm³ 左右，比水泥（3.1g/cm³）要轻，与粉煤灰相似，堆积密度一般在 200～350kg/m³。硅灰颗粒非常微小，大多数颗粒的粒径小于 1μm，平均粒径 0.1μm 左右，仅是水泥颗粒平均直径的 1/100。硅灰的比表面积为 15000～25000m²/kg（采用氮吸附法即 BET 法测定）。硅灰的物理性质决定了硅灰的微小颗粒具有高度的分散性，可以充分地填充在水泥颗粒之间，提高浆体硬化后的密实度。

硅灰中无定形二氧化硅含量高（>80%），具有很高的化学活性。与水泥水化产物氢氧化钙反应生成胶凝产物（水化硅酸钙），提高强度，使微观结构致密、渗透性降低；同时，与各种碱性物质反应，使水化体系碱度降低，掺硅灰混凝土的许多方面的耐久性因而提高。

硅灰颗粒比表面积大，吸附水量大，浆体中容易形成絮凝结构，降低浆体流动性。为保证工作性，掺量大于 5%时需与高效减水剂配合使用，使颗粒分散，分散后的颗粒悬浮体系的流动性比没掺硅灰的高，这主要是硅灰球形颗粒的"滚珠效应"所致。

（二）非活性矿物掺和料

非活性矿物掺和料是指掺入水泥中主要发挥填充作用，而又不有损水泥性能的矿物掺和料。非活性掺和料基本上不与水泥的矿物组分起反应或反应很小，其掺入混凝土中仅能够改善混凝土工作性或稀释水泥降低水化热，如石灰石粉、复合矿物掺和料等材料。

1. 石灰石粉

石灰石粉是指将一定纯度的石灰石粉磨至一定细度的粉体或石灰石机制砂生产过程中产生的收尘粉。石灰石粉中 $CaCO_3$ 含量不得小于 75％，其粉磨过程中可适量掺入符合现行《水泥助磨剂》GB/T 26748 规定的水泥助磨剂，且加入量不超过石灰石质量的 0.5％。

2. 复合矿物掺和料

复合矿物掺和料是指将两种或两种以上矿物掺和料按照一定比例混合均匀的粉体材料（两种或两种以上）的矿物原料，按一定比例混合后，必要时可掺加适量石膏和助磨剂，再粉磨至规定细度的粉体材料。

复合矿物掺和料中每种矿物掺和料的质量分数应不小于 10％，加入的助磨剂应不超过复合矿物掺和料总质量的 0.5％，复合矿物掺和料中不应掺入除石膏、助磨剂以外的其他化学外加剂。

二、检验项目

各种混凝土常用矿物掺和料的检测项目见表 5-1。

表 5-1　各种混凝土常用矿物掺和料的检测项目

矿物掺和料类别	矿物掺和料名称	检测项目
活性矿物掺和料	粉煤灰	细度、需水量比、烧失量、安定性（C 类粉煤灰）
	粒化高炉矿渣粉	比表面积、流动度比、活性指数
	硅灰	需水量比、烧失量
非活性矿物掺和料	石灰石粉	细度、流动度比、安定性、活性指数、碳酸钙含量、MB 值
	复合矿物掺和料	细度（比表面积或筛余量）、流动度比、活性指数

三、检验标准依据

1.《用于水泥和混凝土中的粉煤灰》GB/T 1596—2017。

2.《用于水泥、砂浆和混凝土中的粒化高炉矿渣粉》GB/T 18046—2017。

3.《高强高性能混凝土用矿物外加剂》GB/T 18736—2017。

4.《矿物掺合料应用技术规范》GB/T 51003—2014。

5.《砂浆和混凝土用硅灰》GB/T 27690—2011。

6.《用于水泥、砂浆和混凝土中的石灰石粉》GB 35164—2017。

7.《通用硅酸盐水泥》GB 175—2007。

8.《水泥胶砂强度检验方法》GB/T 17671—2021。

9.《水泥细度检验方法　筛析法》GB/T 1345—2005。

10.《水泥比表面积测定方法　勃氏法》GB/T 8074。

11.《水泥胶砂流动度测定方法》GB/T 2419—2005。

12.《水泥密度测定方法》GB/T 208—2014。

13.《水泥化学分析方法》GB/T 176—2017。

14.《建筑材料放射性核素限量》GB 6566—2010。

15.《石灰石粉在混凝土中应用技术规程》JGJ/T 318—2014。

16.《石灰石粉混凝土》GB/T 30190—2013。

17.《混凝土用复合掺合料》JG/T 486—2015。

18.《高性能混凝土技术条件》GB/T 41054—2021。

四、主要质量性能指标

1. 粒化高炉矿渣粉技术质量指标

用于混凝土的粒化高炉矿渣粉技术质量指标要求见表 5-2。

表 5-2　用于混凝土的粒化高炉矿渣粉技术质量指标

项目			技术质量指标		
			S105	S95	S75
密度（g/cm³）	≥		2.8		
比表面积（m²/kg）	≥		500	400	300
活性指数（%）	≥	7d	95	70	55
		28d	105	95	75
流动度比（%）	≥		95		
初凝时间比（%）	≤		200		
含水量（%）	≤		1.0		
三氧化硫（%）	≤		4.0		
氯离子含量（%）	≤		0.06		
烧失量（%）	≤		1.0		
不溶物（%）	≤		3.0		
玻璃体含量（%）	≥		85		
放射性	—		$I_{Ra} \leqslant 1.0$ 且 $I_r \leqslant 1.0$		

2. 粉煤灰技术质量指标

用于混凝土中的粉煤灰应符合表 5-3 的要求。

表 5-3　用于混凝土的粉煤灰技术质量指标

项目		技术要求		
		Ⅰ级	Ⅱ级	Ⅲ级
细度（45μm 方孔筛筛余）（%）	F 类粉煤灰	≤12.0	≤30.0	≤45.0
	C 类粉煤灰			
需水量比（%）	F 类粉煤灰	≤95	≤105	≤115
	C 类粉煤灰			
烧失量（%）	F 类粉煤灰	≤5.0	≤8.0	≤15.0
	C 类粉煤灰			
含水量（%）	F 类粉煤灰	≤1.0		
	C 类粉煤灰			
三氧化硫质量分数（%）	F 类粉煤灰	≤3.0		
	C 类粉煤灰			
游离氧化钙质量分数（%）	F 类粉煤灰	≤1.0		
	C 类粉煤灰	≤4.0		

项目		技术要求		
		Ⅰ级	Ⅱ级	Ⅲ级
二氧化硅、三氧化二铝和三氧化二铁总质量分数（%）	F类粉煤灰	≥70.0		
	C类粉煤灰	≥50.0		
密度（g/cm³）	F类粉煤灰	≤2.6		
	C类粉煤灰			
安定性雷氏夹沸煮后增加距离不大于（mm）	C类粉煤灰	≤5.0		
强度活性指数（%）	F类粉煤灰	≥70.0		
	C类粉煤灰			

3. 用于混凝土的硅灰技术质量指标应符合表 5-4 的要求。

表 5-4　用于混凝土的硅灰技术质量指标（GB/T 27690—2011）

项目	指标
固含量（液料）	按生产厂控制值的±2%
总碱量	≤1.5%
SiO_2含量	≥85.0%
氯含量	≤0.1%
含水率（粉体）	≤3.0%
烧失量	≤4.0%
需水量比	≤125%
比表面积（BET 法）	≥15m²/g
活性指数（7d 快速法）	≥105%
放射性	I_{Ra}≤1.0 和 I_r≤1.0
抑制碱-骨料反应性	14d 膨胀率降低值≥35%
抗氯离子渗透性	28d 电通量之比≤40%

注：1. 硅灰浆折算为固体含量按此表进行检验。
　　2. 抑制碱-骨料反应性和抗氯离子渗透性为选择性试验项目，由供需双方协商决定。

4. 用于混凝土的石灰石粉技术质量要求应符合表 5-5。

表 5-5　用于混凝土的石灰石粉技术质量要求（GB/T 51003—2014）

项目		指标
$CaCO_3$含量（%）		≥75
细度（45μm 方孔筛筛余）（%）		≤15
活性指数	7d	≥60
	28d	≥60
流动度比（%）		≥100
含水量（%）		≤1.0
亚甲蓝值		≤1.4

注：当石灰石粉用于有碱活性骨料配制的混凝土时，可由供需双方协商确定碱含量。

5. 用于混凝土的复合掺和料的技术质量要求应符合表5-6。

表 5-6　用于混凝土的复合掺和料的技术质量指标（GB/T 51003—2014）

项目		指标
细度	45μm 方孔筛筛余（%）	≤12
	比表面积（m²/kg）	≥350
活性指数（%）	7d	≥50
	28d	≥75
流动度比（%）		≥100
含水量（%）		≤1.0
三氧化硫含量（%）		≤3.5
烧失量（%）		≤5.0
氯离子含量（%）		≤0.06

注：比表面积测定法和筛析法，宜根据不同的复合品种选定。

五、矿物掺和料应用一般规定

1. 配制掺矿物掺和料的混凝土时要同时掺加外加剂，以使矿物掺和料的颗粒效应、填充效应以及叠加效应得以充分发挥。选用的外加剂不仅要和水泥有良好的相容性，同时还应和所掺矿物掺和料有很好的相容性，其掺入量应通过试验确定。

2. 硅酸盐水泥、普通硅酸盐水泥在生产过程中加入混合材较少，配制掺加矿物掺和料混凝土时宜优先使用这两种水泥。矿物掺和料的掺入量要符合表5-7的规定；选用其他水泥时，应充分了解所用水泥中混合材料的品种和掺量。混凝土中矿物掺和料的掺量一般宜少，并经过试验确定。

3. 矿物掺和料的品种和掺入量，应根据掺和料本身的品质特点，结合混凝土其他参数、工程性质、所处环境等因素来确定：

（1）混凝土的水胶比较小、浇筑温度与气温较高、混凝土强度验收龄期较长时，矿物掺和料宜采用较大掺量；

（2）对混凝土构件最小截面尺寸较大的大体积混凝土、水下工程混凝土以及有抗腐蚀要求的混凝土等，可在表5-7的基础上，根据需要适当增加矿物掺和料的掺量；

（3）对于最小截面尺寸小于150mm的构件混凝土，宜采用较小坍落度，矿物掺和料宜采用较小掺量；

（4）对早期强度要求较高或环境温度较低条件下施工的混凝土，矿物掺和料宜采用较小掺量。

表 5-7　矿物掺和料占胶凝材料总量的百分比限值

矿物掺和料种类	水胶比	水泥品种	
		硅酸盐水泥	普通硅酸盐水泥
粉煤灰（F类Ⅰ、Ⅱ级）	≤0.40	≤45	≤35
	>0.40	≤40	≤30
粒化高炉矿渣粉	≤0.40	≤65	≤55
	>0.40	≤55	≤45
硅灰	—	≤10	≤10
石灰石粉	≤0.40	≤35	≤25
	>0.40	≤30	≤20
钢渣粉	—	≤30	≤20

矿物掺和料种类	水胶比	水泥品种	
		硅酸盐水泥	普通硅酸盐水泥
磷渣粉	—	≤30	≤20
沸石粉	—	≤15	≤15
复合掺和料	≤0.40	≤65	≤55
	>0.40	≤55	≤45

注：1. C 类粉煤灰应用于结构混凝土时，其安定性应合格，其掺量应通过试验确定，但不应超过本表中 F 类粉煤灰的规定限量；硫酸盐侵蚀环境下的混凝土中不得掺用 C 类粉煤灰。

2. 混凝土强度等级不大于 C15 时，粉煤灰的级别和最大掺量可不受表中规定的限制。

3. 复合掺和料中各组分的掺量不宜超过任一组分单掺时的上限掺量。

4. 采用其他通用硅酸盐水泥时，宜将水泥混合材掺量 20% 以上的混合材量计入矿物掺和料。

六、矿物掺和料应用应注意事项

1. 矿物掺和料不能取代水泥的作用。矿物掺和料在混凝土中的使用，不能等同于水泥熟料，仅仅是掺和后与水泥的水化产物发生"二次水化反应"，提高混凝土的质量效率，达到强化水泥强度的效果。在具体的生产中不能过分依靠矿物掺和料，掺和料的本质相当于增大水泥熟料胶凝材料的体积，一定程度上改善混凝土的性能而不能改变混凝土整体性能。因此，在混凝土中掺加掺和料时，需要结合具体情况掺加。

2. 掺入矿物掺和料混凝土的养护：

（1）混凝土浇筑后，应及时覆盖混凝土表面；在高温季节、大风、日照较强等环境中或采用水胶比小于 0.40 的混凝土施工时，浇筑后应立即覆盖混凝土表面，并进行保湿养护。初凝后，应对混凝土表面进行持续的加湿、保湿和保温养护。

（2）对已浇筑成型的混凝土，可单独或组合使用下列养护方法：

① 延长拆模时间；

② 在混凝土表面覆盖防水分蒸发薄膜；

③ 使用保水保温覆盖物（湿麻袋或吸水性毛毡等），持续保湿、保温；

④ 在混凝土表面喷雾、喷水或蓄水；

⑤ 大体积混凝土采用蓄水养护时，蓄水厚度不宜小于 150mm；

⑥ 经使用验证的其他养护方法。

3. 混凝土湿养护时间不宜少于 7d；对于大掺量矿物掺和料混凝土和有补偿收缩、抗渗或缓凝要求的混凝土保湿养护时间不宜少于 14d；当气温较低或在干燥环境下应适当延长养护时间。

4. 混凝土蒸养时应符合下列要求：

（1）成型后预养温度不宜高于 45℃，静停预养时间不得少于 1h。

（2）蒸养时升、降温速度不宜超过 25℃/h，最高和恒温温度不宜超过 65℃。

七、矿物掺和料取样方法

（一）取样

1. 点样和混合样

点样是指在一次生产产品时所取的一个试样。混合样是三个或更多点样等量均匀混合后所得到的试样。

2. 均化

在试验前对所采集的混合样必须充分均化。粉体材料的均化，经常使用的方法是将各堆材料平摊并叠加起来，然后垂直切取又拢成数堆，再将各堆平摊平叠加，反复数次，直至均匀。

3. 缩分

当取得的试样数量较多而试验所需的数量较少时，需要对取得的样品进行缩分。松散材料的缩分有两种方法，可根据条件选择使用。

用分料器：将样品混合均匀后通过分料器。留下接料斗中的其中一份，用另一份再次通过分料器。重复上述过程，直至把试样缩分到试验所需数量为止。

人工四分法缩分：将试样拌和均匀后在平板上摊成"圆饼"，然后沿互相垂直的两条直径把"圆饼"分成大致相同的四份，取对角线的两份重新拌匀，再摊成"圆饼"。重复上述过程，直至把试样缩分到试验所需数量为止。

（二）取样数量及批量

各种混凝土常用矿物掺和料的取样数量及批量见表5-8。

表5-8　各种矿物掺和料取样数量及批量

矿物掺和料种类	批量	取样数量
粒化高炉矿渣粉	同厂家、同编号、同出厂日期的产品每500t为一批，不足500t按一批计	取样方法按现行《水泥取样方法》GB/T 12573进行。取样应有代表性，可连续取，也可从20个以上不同部位取等量样品，总量至少20kg。试样应混合均匀，按照四分法缩分取出比试验所需量大一倍的试样（称平均样）
粉煤灰	同厂家、同编号、同出厂日期的产品每200t为一批，不足200t按一批计	取样方法按GB/T 12573进行。取样应有代表性，可连续取，也可从10个以上不同部位取等量样品，总量至少3kg。试样应混合均匀，按照四分法缩分取出比试验所需量大一倍的试样（称平均样）
硅灰	同厂家、同编号、同出厂日期的产品每30t为一批，不足30t按一批计	取样方法按GB/T 12573进行。取样应有代表性，可连续取，也可从10个以上不同部位取等量样品，总量至少5kg，硅灰浆至少15kg。试样应混合均匀，按照四分法缩分取出比试验所需量大一倍的试样（称平均样）
石灰石粉	同厂家、同编号、同出厂日期的产品每200t为一批，不足200t按一批计	取样方法按GB/T 12573进行。取样应有代表性，可连续取，也可从20个以上不同部位取等量样品，总量至少12kg。试样应混合均匀，按照四分法缩分取出3kg的试样进行试验

（三）试样处理及留样

每一批号取样应充分混合均匀，分为两等份，其中一份按照规定项目进行试验，另一份密封保存半年，以备质量有疑问时，提交国家规定的检验机关复验或仲裁。

八、检测试验结果评定

1. 检测试验分类

产品标准里把混凝土矿物掺和料的检测试验类型分为型式检验（例行检验）和出厂检验（交收货检验）两类。产品标准中均规定了掺和料出厂检验的规则和检测项目，对型式检验则是明确了进行检验的条件、规则和项目。型式检验是对产品全部质量技术指标的全面检验，用以评定产品质量是否全项符合标准规定，是否达到满足全部设计的质量要求。一般由国家质量监督机构或第三方来完成检测。出厂检验是对已经正式生产的产品在出厂交货时进行的检验，用以检验交货时的产品质量是否符合具有型式检验中确认的质量。产品检验合格才能交付使用。出厂检验是生产企业对自己生产的产品的部分技术要求指标进行的检验。型式检验只需要每半年或一年进行一次，而出厂检验需要每批产品出厂前都进行检验，检验合格后方可出厂。

2. 检测试验结果评定要求（表 5-9）

表 5-9　用于混凝土的矿物掺和料检测试验结果评定规则

材料名称	判定规则	
	型式检验	出厂检验
粉煤灰	拌制混凝土用粉煤灰检验结果均符合 GB/T 1596—2017 中的 6.1 表 1、6.2 和 6.4 技术要求时，判为该批粉煤灰型式检验合格。若其中任何一项不符合要求，允许在本批留样中取样进行复检，以复检结果判定	拌制混凝土用粉煤灰出厂检验项目均符合 GB/T 1596—2017 中的 6.1 表 1 和 6.4 技术要求时，判为该批粉煤灰出厂检验合格。若其中任何一项不符合要求，允许在同一编号中重新取样进行全部项目的复检，以复检结果判定
粒化高炉矿渣粉	经检验，产品检验结果全部符合 GB/T 18046—2017 第 5 章中技术要求的为合格品。检验结果中不符合 GB/T 18046—2017 标准第 5 章中任何一项技术要求的为不合格品	经检验，产品的密度、比表面积、活性指数、流动度比、初凝时间比、含水量、三氧化硫、烧失量、不溶物技术要求检验结果均符合 GB/T 18046—2017 第 5 章中规定的为合格品。检验结果中任何一项技术要求不符合标准规定的为不合格品
硅灰	经检验，产品的 SiO_2 含量、含水率（固含量）、需水量比和烧失量的检验结果均符合 GB/T 27690—2011 标准第 5 章的要求，判定该批硅灰为合格品，若有一项的检验结果不符合要求，为不合格品，不能出厂	经检验，产品所检验的项目均符合 GB/T 27690—2011 第 5 章规定的，判为合格品；若有一项指标不符合标准要求，则判为不合格品
石灰石粉	经检验，产品的亚甲蓝值、45μm 方孔筛筛余、流动度比、碳酸钙含量、抗压强度比、含水量检验结果符合 GB/T 35164—2017 标准 5.1、5.2、5.3、5.4、5.5 和 5.6 技术要求的为合格品。不符合其中任何一项技术要求的为不合格品	经检验，产品的亚甲蓝值、45μm 方孔筛筛余、流动度比、碳酸钙含量、抗压强度比、含水量、总有机碳含量（TOC）检验结果符合 GB/T 35164—2017 中 5.1、5.2、5.3、5.4、5.5、5.6 和 5.7 技术要求的为合格品。检验结果不符合其中任何一项技术要求的为不合格品

第二节　常用混凝土矿物掺和料技术性能试验与检测

一、矿物掺和料细度试验方法（气流筛法）

1. 适用范围

适用于矿物掺和料（除粒化高炉矿渣粉和硅灰外）的细度检验。

2. 试验原理

主要是利用气流作为筛分的动力和介质，通过旋转的喷嘴喷出的气流作用，使筛网里的待测粉状物料呈流态化，并在整个系统负压的作用下，将细颗粒通过筛网抽走，从而达到筛分的目的。

3. 仪器设备

（1）负压筛析仪：由 45μm 或 80μm 方孔筛、筛座（图 5-1）、真空源和收尘器等组成，其中方孔筛内径应为 ϕ150mm，高度应为 25mm。

（2）电子天平：量程大于等于 50g，最小分度值不大于 0.01g。

（3）电热鼓风干燥箱。

（4）托盘、小铲等。

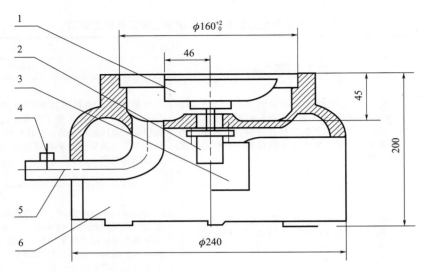

图 5-1　筛座示意图

1—喷气嘴；2—微电机；3—控制板开口；4—负压表接口；5—负压源及吸尘器接口；6—壳体

4. 试验步骤

（1）矿物掺和料样品应置于温度为 105～110℃ 的烘干箱内烘至恒重，取出放在干燥器中冷却至室温。

（2）从制备好的样品中应称取约 10g 试样，精确至 0.01g，倒入 45μm 或 80μm 方孔筛筛网上，将筛子置于筛座上，盖上筛盖。

（3）接通电源，应将定时开关固定在 3min 开始筛析。

（4）开始工作后，应观察负压表，使负压稳定在 4000～6000Pa；若负压小于 4000Pa，则应停机，清理收尘器的积灰后再进行筛析。

（5）在筛析过程中，如发现有细灰吸附在筛盖上，可用木槌轻轻敲打筛盖，使吸附在筛盖的灰落下。

（6）在筛析 3min 后自动停止工作，停机后应观察筛余物，当出现颗粒成球、粘筛或有细颗粒沉积在筛框边缘时，用毛刷将细颗粒轻轻刷开，将定时开关固定在手动位置，再筛析 1～3min，至筛分彻底为止。

（7）筛析仪自动停机后，将筛网内的筛余物收集并称量，准确至 0.01g。

5. 结果计算

对于 45μm 或 80μm 方孔筛筛余，应按式（5-1）计算：

$$F = (G_1/G) \times 100\% \tag{5-1}$$

式中　F——45μm 或 80μm 方孔筛筛余，计算至 0.1%；

　　　G_1——筛余物的质量（g）；

　　　G——称取试样的质量（g）。

6. 筛网的校正

（1）筛网的校正采用粉煤灰细度标准样品或其他同等级标准样品，按上述的步骤测定标准样品的细度，筛网校正系数应按式（5-2）计算：

$$K = m_0/m \tag{5-2}$$

式中　K——筛网校正系数，计算至 0.1；

　　　m_0——标准样品筛余标准值（%）；

　　　m——标准样品筛余实测值（%）。

注：①筛网校正系数范围为 0.8～1.2，超出该范围筛网不得用于试验；

　②筛析 150 个样品后进行筛网的校正。

（2）最终的筛余量结果应为筛网校正系数和方孔筛筛余的乘积。

二、粒化高炉矿渣粉和石灰石粉比表面积检测试验

粒化高炉矿渣粉和石灰石粉的比表面积按现行国家标准《水泥比表面积测定方法　勃氏法》GB/T 8074 的有关规定进行测定，空隙率取 0.53。

三、硅灰比表面积试验（BET 氮吸附法）

硅灰的比表面积按照《气体吸附 BET 法测定固态物质比表面积》GB/T 19587—2017 的有关规定进行测定。

四、矿物掺和料的密度试验

矿物掺和料的密度按照现行国家标准《水泥密度测定方法》GB/T 208 的有关规定进行测定。

五、矿物掺和料胶砂需水量比、流动度比及活性指数试验方法

1. 适用范围

本方法适用于粉煤灰、粒化高炉矿渣粉、硅灰、石灰石粉、钢渣粉、磷渣粉、沸石粉及其复合矿物掺和料胶砂需水量比、流动度比及活性指数的测试。

2. 试验原理

（1）通过分别测定试验样品和对比样品的抗压强度，计算两种样品同龄期的抗压强度之比即为活性指数。

（2）通过分别测定试验样品和对比样品的流动度，计算二者之比即为流动度比。

3. 仪器设备

（1）电子天平：量程 0～3000g，精度 0.1g。

（2）水泥胶砂搅拌机。

（3）水泥胶砂流动度测定仪。

（4）游标卡尺：量程 0～300mm，精度 0.02mm。

（5）ISO 水泥胶砂振实台。

（6）胶砂试模：40mm×40mm×160mm。

（7）自动控制养护箱：温度（20±1）℃，相对湿度不低于 90%。

（8）全自动水泥强度试验机：量程 0～300kN，精度 1.0。

4. 试验用材料和条件

（1）对比水泥：可采用基准水泥或合同约定的符合 GB 175 规定的强度等级为 42.5 的硅酸盐水泥或普通硅酸盐水泥，其 3d 抗压强度 25～35MPa、7d 抗压强度 35～45MPa、28d 抗压强度 50～60MPa，比表面积 350～400m²/kg，SO_3 含量（质量分数）2.3%～2.8%，碱含量（$Na_2O+0.658K_2O$）（质量分数）0.5%～0.9%。

（2）试验用砂，符合现行国家标准《水泥胶砂强度检验方法（ISO 法）》GB/T 17671 规定的标准砂。注意，进行粉煤灰和沸石粉的需水量比试验用砂要采用 GB/T 17671 规定的 0.5～1.0 的中级砂。

（3）试验应采用自来水或蒸馏水。

（4）实验室的温度应保持在（20±2）℃，相对湿度不应低于 50%。水泥养护池水温度（20±1）℃。

（5）试验用各种材料和用具应预先放在实验室内，使其达到实验室相同温度。

5. 胶砂配比

（1）进行需水量比试验时，其胶砂配合比试验应按表 5-10 选用。硅灰、沸石粉需水量比试验胶砂配合比见表 5-11。

表 5-10 粉煤灰需水量比试验胶砂配合比

材料	对比胶砂	受检胶砂种类
		粉煤灰
水泥（g）	250	175
矿物掺和料（g）	—	75
ISO 砂（g）	750	750
水（g）	对比胶砂流动度（L_0）在 145～155mm 内时的用水量	使受检胶砂流动度达到对比胶砂流动度值±2mm 的用水量

表 5-11 硅灰、沸石粉需水量比试验胶砂配合比

材料	对比胶砂	受检胶砂种类	
		硅灰	沸石粉
水泥（g）	450±2	405±1	405±1
矿物掺和料（g）	—	45±1	45±1
ISO 砂（g）	1350±5	1350±5	1350±5
水（g）	225±1	使受检胶砂流动度达到对比胶砂流动度值±5mm 的用水量	

注：表中所示均为一次搅拌量。

（2）进行流动度比及活性指数试验时，其胶砂配合比应按表 5-12 选用。

表 5-12 流动度比和活性指数试验胶砂配合比

材料	对比胶砂	受检胶砂种类		
		复合矿物掺和料 粒化高炉矿渣粉	粉煤灰 钢渣粉 磷渣粉 石灰石粉	沸石粉 硅灰
水泥（g）	450±2	225±1	315±1	405±1
矿物掺和料（g）	—	225±1	135±1	45±1
ISO 砂（g）	1350±5	1350±5	1350±5	1350±5
水（g）	225±1			

注：1. 在此表中的沸石粉和硅灰只进行活性指数检验。
2. 硅灰受检胶砂应加入减水率大于 18％的萘系高效减水剂，使受检胶砂流动度达到对比胶砂流动度的±5mm。
3. 表中所示均为一次搅拌量。

6. 试验步骤

（1）胶砂搅拌

① 对比砂浆的搅拌

先使搅拌机处于待工作状态，把水加入锅里，再加入水泥，把锅放在固定架上，上升至固定位置。立即启动搅拌机，低速搅拌 30s 后，在第二个 30s 开始的同时均匀地将砂加入。把机器转至高速再搅拌 30s。停拌 90s，在第一个 15s 内用一胶皮刮具将叶片和锅壁上的胶砂刮入锅中间。在高速下继续搅拌 60s。各个搅拌阶段，时间误差应在±1s 以内。

② 试验砂浆的搅拌

先使搅拌机处于待工作状态，先把水加入锅里，再加入预先混匀的水泥和矿物掺和料，把锅放在固定架上，上升至固定位置。立即启动搅拌机，低速搅拌 30s 后，在第二个 30s 开始的同时均匀地将

砂加入。把机器转至高速再搅拌 30s。停拌 90s，在第一个 15s 内用一胶皮刮具将叶片和锅壁上的胶砂刮入锅中间。在高速下继续搅拌 60s。各个搅拌阶段，时间误差应在 ±1s 以内。

（2）胶砂流动度试验按下述步骤进行，分别测定试验样品和对比样品的流动度 L 和 L_0。

① 水泥胶砂流动度测定仪在试验前先进行空转，以检验各部位是否正常。

② 在制备胶砂的同时，用潮湿棉布擦拭水泥胶砂流动度测定仪台面、试模内壁、捣棒以及与胶砂接触的用具，将试模放在水泥胶砂流动度测定仪台面中央并用潮湿棉布覆盖。

③ 将拌好的胶砂分两层迅速装入流动度试模，第一层装至截锥圆模高度约 2/3 处，用小刀在相互垂直两个方向各划 5 次，用捣棒由边缘至中心均匀捣压 15 次；随后，装第二层胶砂，装至高出截锥圆模约 20mm，用小刀划 10 次再用捣棒由边缘至中心均匀捣压 10 次。捣压力量应恰好足以使胶砂充满截锥圆模。捣压深度，第一层捣至胶砂高度的 1/2，第二层捣实不超过已捣实底层表面。装胶砂和捣压时，用手扶稳试模，不要使其移动。

④ 捣压完毕，取下模套，用小刀由中间向边缘分两次将高出截锥圆模的胶砂刮去并抹平，擦去落在桌面上的胶砂。将截锥圆模垂直向上轻轻提起。立刻启动水泥胶砂流动度测定仪，约每秒钟一次，在（30±1）s 内完成 30 次跳动。

⑤ 跳动完毕，用卡尺测量胶砂底面最大扩散直径及与其垂直的直径，计算平均值，取整数，用 mm 表示，即为该水量的胶砂流动度。

流动度试验，从胶砂拌和开始到测量扩散直径结束，应在 5min 内完成。

（3）胶砂强度试验，按《水泥胶砂强度检验方法（ISO 法）》GB/T 17671 进行对比胶砂和试验胶砂的 7d、28d 水泥胶砂抗压强度试验。

① 试件应按国家标准《水泥胶砂强度检验方法（ISO 法）》GB/T 17671 的有关规定进行制备。

② 试件脱模前的处理和养护、脱模、水中养护应按国家标准《水泥胶砂强度检验方法（ISO 法）》GB/T 17671 中的有关规定进行。

7. 结果与计算

（1）矿物掺和料需水量比计算，根据表 5-10、表 5-11 的胶砂配合比，测得受检砂浆在基准砂浆流动度时的用水量，应按式（5-3）计算相应矿物掺和料的需水量比，计算结果取整数。

$$R_w = \frac{W_t}{225(125)} \times 100\% \tag{5-3}$$

式中　R_w——矿物掺和料需水量比（%）；

　　　W_t——受检胶砂的用水量（g）；

225（125）——对比胶砂的用水量（g）。

注：矿物掺和料为粉煤灰时采用 125 的用水量。

（2）矿物掺和料流动度比计算，根据表 5-11 的胶砂配合比，按现行国家标准《水泥胶砂流动度测定方法》GB/T 2419 进行试验，分别测定对比胶砂流动度 L_0 和受检胶砂的流动度 L，按式（5-4）计算受检胶砂的流动度比，计算结果取整数。

$$F = \frac{L}{L_0} \times 100\% \tag{5-4}$$

式中　F——矿物掺和料流动度比（%）；

　　　L_0——对比胶砂流动度（mm）；

　　　L——试验胶砂流动度（mm）。

（3）矿物掺和料活性指数计算，按照表 5-12 胶砂配合比，依照本方法 6 条中（3）款规定测得相应龄期对比胶砂和受检胶砂抗压强度后，按式（5-5）计算矿物掺和料相应龄期的活性指数，计算结果取整数。

$$A = \frac{R_t}{R_0} \times 100\% \tag{5-5}$$

式中　A——矿物掺和料的活性指数（%）；

　　　R_t——受检胶砂相应龄期的强度（MPa）；

　　　R_0——对比胶砂相应龄期的强度（MPa）。

六、C类粉煤灰的安定性试验

C类粉煤灰的安定性应按现行国家标准《水泥标准稠度用水量、凝结时间、安定性检验方法》GB/T 1346 的有关规定进行测定，粉煤灰以30%等量取代水泥量。

七、粉煤灰中三氧化硫含量测定试验

1. 适用范围

本试验适用于粉煤灰中 SO_3 含量的测定。

2. 检测依据

《水泥化学分析方法》GB/T 176—2017 中 6.5 硫酸盐三氧化硫的测定——硫酸钡重量法（基准法）。

3. 试验原理

用盐酸分解试样生成硫酸根离子，在煮沸下用氯化钡溶液沉淀，生成硫酸钡沉淀，经过滤、灼烧后称量。测定结果以三氧化硫计。

4. 试样制备

采用四分法将试样缩分至约100g，经150μm方孔筛筛析后，除去杂物，将筛余物经过研磨后使其全部通过孔径为150μm的方孔筛，充分混匀，装入干净、干燥的试样瓶中，密封，进一步混匀供测试用。

如果试样制备过程中带入的金属铁可能影响相关化学特性的测定，用磁铁吸去筛余物中的金属铁。

提示：尽可能快地进行试样制备，以防吸潮。

5. 试验仪器

（1）电子天平：精度0.0001g。

（2）瓷坩埚、坩埚钳、干燥器（带变色硅胶）。

（3）高温炉：可控制温度（700±25）℃、（800±25）℃、（950±25）℃或（1175±25）℃。

（4）烧杯、玻璃棒、滤纸。

6. 试剂制备

（1）盐酸（1+1）：将50mL的水加入洁净的适量容积的烧杯中，然后加入50mL的市售盐酸（浓度36%），边加边搅拌，然后转移入试剂瓶中。

（2）氯化钡溶液（100g/L）：将100g氯化钡（$BaCl_2 \cdot 2H_2O$）溶于水中，加水稀释至1L，必要时过滤后使用。

（3）硝酸银溶液（5g/L）：将5g硝酸银（$AgNO_3$）溶于水中，加入1mL硝酸，加水稀释至100mL，贮存于棕色瓶中。

7. 试验步骤

（1）称取约0.5g试样（m_1），精确至0.0001g，置于200mL的烧杯中，加入40mL的水搅拌试样使其完全分散。

（2）在搅拌下加入10mL的盐酸（1+1），用平头玻璃棒压碎块状物，慢慢地加热溶液。

（3）将溶液加热微沸5～10min，用中速滤纸过滤，用热水洗涤10～12次，滤液及洗液收集于400mL烧杯中。加水稀释至250mL，玻璃棒底部压一小片定量滤纸，盖上表面皿，加热煮沸，在微沸下从杯口缓慢逐滴加入约10mL热的氯化钡溶液，继续微沸数分钟使沉淀良好地形成，然后在常温下静置12～24h，溶液的体积应保持在约200mL。

（4）将静置过的溶液用慢速滤纸过滤，用热水洗涤，用胶头擦棒和定量滤纸片擦洗烧杯及玻璃棒，

洗涤至检验无氯离子为止（用水冲洗一下漏斗的下端，继续用水洗涤滤纸和沉淀，将滤液收集于试管中，加几滴硝酸银溶液，观察试管中的溶液是否浑浊。如果浑浊，继续洗涤并检验，直至用硝酸银检验不再浑浊为止）。

（5）将沉淀及滤纸一并移入灼烧恒量的瓷坩埚中，灰化完全后，放入 800～950℃的高温炉内灼烧30min 以上。取出坩埚，置于干燥器中冷却至室温，称量。反复灼烧，直至恒量后置于干燥器中冷却至室温后称量（m_2）。

8. 数据计算

三氧化硫的质量百分数按照式（5-6）计算：

$$\omega_{SO_3} = \frac{(m_2 - m_{02}) \times 0.343}{m_1} \times 100\%$$ （5-6）

式中　ω_{SO_3}——硫酸盐三氧化硫的质量分数（%）；

　　　m_2——灼烧后沉淀和坩埚的质量（g）；

　　　m_{02}——空白试验灼烧后坩埚的质量（g）；

　　　m_1——试样的质量（g）；

0.343——硫酸钡对三氧化硫的换算系数。

9. 注意事项

（1）试验前必须检查所有仪器设备，确保设备功能使用正常。

（2）电子天平必须正确安放在水平、坚固、稳定、无振动的工作台面上；调节天平平衡，使水平仪内的水平泡位于圆环的中央。

（3）注意称量纸是否干燥。

（4）恒量：经第一次灼烧、冷却、称量后，通过连续对每次 15min 的灼烧，然后冷却、称量的方法来检查恒定质量，当连续两次称量之差小于 0.0005g 时，即达到恒量。

（5）接触高温物品时必须戴好干燥的隔热手套。

（6）试验结束后应关闭电源，清洁仪器。

八、矿物掺和料含水量试验

1. 适用范围

适用于矿物掺和料的含水量检测试验。

2. 试验原理

将矿物掺和料放在规定温度的烘干箱中烘至恒重，用烘干前和烘干后的质量差与烘干前的质量之比确定矿物掺和料的含水量。

3. 仪器设备

（1）电子天平：精度 0.01g。

（2）干燥器、蒸发皿。

（3）坩埚、坩埚钳。

（4）电热恒温鼓风干燥箱：温度不低于 110C°，最小分度值不大于 2C°。

4. 试验步骤

（1）用天平准确称取试样 50g，精确至 0.01g，置于已知质量的瓷坩埚中。

（2）放入 105～110℃恒温控制的烘干箱中烘 2h，取出坩埚，置于干燥器中冷却至室温，称量精确至 0.01g。

5. 结果计算

含水量按式（5-7）计算，试验结果计算至 0.1%。

$$X = (G - G_1)/G \times 100\%$$ （5-7）

式中　X——矿渣粉的含水量（%）；

　　　G——烘干前试样的质量（g）；

　　　G_1——烘干后试样的质量（g）。

九、石灰石粉的碳酸钙含量测定试验

1. 适用范围

本试验方法适用于测定石灰石粉中氧化钙的含量，然后按照氧化钙含量的 1.785 倍折算石灰石粉的碳酸钙含量。

2. 试验依据

《水泥化学分析方法》GB/T 176—2017 中 6.25 氧化钙的测定——氢氧化钠熔样-EDTA 滴定法（代用法）。

3. 试验原理

在酸性溶液中加入适量的氟化钾，以抑制硅酸的干扰。然后在 pH 13 以上的强碱性溶液中，以三乙醇胺为掩蔽剂，用钙黄绿素-甲基百里香酚蓝-酚酞混合指示剂，用 EDTA 标准滴定溶液滴定。

4. 试样制备

采用四分法将试样缩分至约 100g，经 150μm 方孔筛筛析后，除去杂物，将筛余物经过研磨后使其全部通过孔径为 150μm 的方孔筛，充分混匀，装入干净、干燥的试样瓶中，密封，进一步混匀供测试用。

如果试样制备过程中带入的金属铁可能影响相关化学特性的测定，用磁铁吸去筛余物中的金属铁。

提示：尽可能快地进行试样制备，以防吸潮。

5. 仪器设备及化学试剂

（1）天平：精度 0.0001g。

（2）烧杯：300mL，容量瓶：250mL。

（3）银坩埚、表面皿。

（4）电炉、高温炉。

（5）氢氧化钠、盐酸、硝酸。

（6）热盐酸（1+5）。

（7）氟化钾溶液：将 20g 氟化钾溶于水中，加水稀释至 1L，贮存于塑料瓶中。

（8）三乙醇胺（1+2）。

（9）CMP 混合指示剂：称取 1.00g 钙黄绿素、1.00g 甲基百里香酚蓝、0.20g 酚酞与 50g 已在 105～110℃烘干过的硝酸钾，混合研细，保存在磨口瓶中。

（10）氢氧化钾溶液：将 200g 氢氧化钾溶于水中，加水稀释至 1L，贮存于塑料瓶中。

（11）EDTA 标准溶液。

6. 分析步骤

（1）称取约 0.6g 试样（m_9），精确至 0.0001g，置于银坩埚中，加入 6～7g 氢氧化钠，盖上坩埚盖（留有缝隙），放入高温炉中，从低温升起，在 650～700℃的高温下熔融 20min，期间取出摇动 1 次。取出冷却，将坩埚放入已盛有约 100mL 沸水的 300mL 烧杯中，盖上表面皿，在电炉上适当加热，待熔块完全浸出后，取出坩埚，用水冲洗坩埚和盖。在搅拌下一次加入 25～30mL 盐酸，再加入 1mL 硝酸，用热盐酸（1+5）洗净坩埚和盖。将溶液加热煮沸，冷却至室温后，移入 250mL 容量瓶中，用水稀释至标线，摇匀。此溶液 B 供以下测定氧化钙用。

（2）从前述制成的溶液 B 中吸取 25.00mL 溶液放入 300mL 烧杯中，加入 7mL 氟化钾溶液，搅匀并放置 2min 以上，然后加水稀释至约 200mL。

（3）加入 5mL 三乙醇胺溶液（1+2）及少许的 CMP 混合指示剂，在搅拌下加入氢氧化钾溶液至

出现绿色荧光后再过量 5～8mL，用 EDTA 标准滴定溶液滴定至绿色荧光完全消失并呈现红色(V_{24})。

7. 结果的计算与表示

（1）氧化钙的质量分数 W_{CaO} 按式（5-8）计算：

$$W_{CaO} = \frac{T_{CaO} \times (V_{24} - V_{024}) \times 10}{m_9 \times 1000} \times 100 = \frac{T_{CaO} \times (V_{24} - V_{024})}{m_9} \qquad (5-8)$$

式中 W_{CaO}——氧化钙的质量分数（%）；

T_{CaO}——EDTA 标准滴定溶液对氧化钙的滴定度（mg/mL）；

V_{24}——滴定时消耗 EDTA 标准滴定溶液的体积（mL）；

V_{024}——空白试验消耗 EDTA 标准滴定溶液的体积（mL）；

m_9——溶液 B 中试料的质量（g）；

10——全部试样溶液与所分取试样溶液的体积比。

（2）碳酸钙含量按照 1.785 倍所测 CaO 含量折算即得出。

十、石灰石粉亚甲蓝值测试方法

1. 适用范围

本测试方法适用于石灰石粉亚甲蓝值的测试。

2. 试验仪器

（1）烘箱：温度控制范围为（105±5）℃。

（2）电子天平：2 台，其称量应分别为 1000g 和 100g，感量分别为 0.1g 和 0.01g。

（3）移液管：2 个，容量分别为 5mL 和 2mL。

（4）搅拌器：三片或四片式转速可调的叶轮搅拌器，最高转速（600±60）r/min，直径（75±10）mm。

（5）定时装置：精度 1s。

（6）玻璃容量瓶：玻璃容量瓶的容量 1L。

（7）温度计：精度 1℃。

（8）玻璃棒：2 支，直径 8mm、长 300mm。

（9）滤纸：快速定量滤纸。

（10）烧杯：容量为 1000mL。

（11）标准砂：粒径为 0.5～1.0mm 的标准砂。

3. 试样制备

（1）石灰石粉的样品缩分至 200g，并在烘箱中于（105±5）℃下烘干至恒重，冷却至室温。

（2）分别称取 50g 石灰石粉和 150g 标准砂，称量精确至 0.1g。将石灰石粉和标准砂混合均匀备用。

4. 亚甲蓝溶液的配制

（1）亚甲蓝的含量不应小于 95%，样品粉末在（105±5）℃下烘干至恒重，称取烘干亚甲蓝粉末 10g，称量精确至 0.01g。

（2）在烧杯中注入 600mL 蒸馏水，加温到 35～40℃。将亚甲蓝粉末倒入烧杯中，用搅拌器持续搅拌 40min，直至亚甲蓝粉末完全溶解，并冷却至 20℃。

（3）将溶液倒入 1L 容量瓶中，用蒸馏水淋洗烧杯等，使所有亚甲蓝溶液全部移入容量瓶，容量瓶和溶液的温度应保持在（20±1）℃，加蒸馏水至容量瓶 1L 刻度。振荡容量瓶以保证亚甲蓝粉末完全溶解。

（4）将容量瓶中的溶液移入深色储藏瓶中，置于阴暗处保存。应在瓶上标明制备日期、失效日期。

5. 试验步骤

（1）将称好的石灰石粉和标准砂混合试样倒入盛有（500±5）mL 蒸馏水的烧杯中，用叶轮搅拌机以（600±60）r/min 转速搅拌 5min，形成悬浮液，然后以（400±40）r/min 转速持续搅拌，直至试验结束。

（2）在悬浮液中加入 5mL 亚甲蓝溶液，用叶轮搅拌机以（400±40）r/min 转速搅拌至少 1min 后，用玻璃棒蘸取一滴悬浮液，滴于滤纸上。所取悬浮液滴在滤纸上形成的沉淀物直径应为 8～12mm。滤纸应置于空烧杯或其他合适的支撑物上，滤纸表面不得与任何固体或液体接触。当滤纸上的沉淀物周围未出现色晕时，应再加入 5mL 亚甲蓝溶液，继续搅拌 1min，再用玻璃棒蘸取一滴悬浮液，滴于滤纸上。如沉淀物周围仍未出现色晕，应重复上述步骤，直至沉淀物周围出现约 1mm 宽的稳定浅蓝色晕。

（3）继续搅拌，不再加入亚甲蓝溶液，每 1min 进行一次蘸染试验。当色晕在 4min 内消失，再加入 5mL 亚甲蓝溶液；当色晕在第 5min 消失，再加入 2mL 亚甲蓝溶液。在上述两种情况下，均应继续进行搅拌和蘸染试验，直至色晕可持续 5min。

（4）当色晕可以持续 5min 时，应记录所加入亚甲蓝溶液的总体积，数值应精确至 1mL。

（5）石灰石粉的亚甲蓝值应按式（5-9）计算：

$$MB = \frac{V}{G} \times 10 \tag{5-9}$$

式中　MB——石灰石粉的亚甲蓝值（g/kg），精确至 0.01g/kg；

　　　G——试样质量（g）；

　　　V——所加入的亚甲蓝溶液的总量（mL）；

　　　10——用于将 1kg 试样消耗的亚甲蓝溶液体积换算成亚甲蓝质量的系数。

十一、粒化高炉矿渣粉烧失量试验

1. 适用范围

适用于粒化高炉矿渣粉的烧失量检测试验。

2. 仪器设备

（1）0.08mm 金属筛。

（2）天平：精度 0.0001g。

（3）坩埚及坩埚钳。

（4）干燥器。

（5）马弗炉，见图 5-2。

3. 试验步骤

（1）将来样采用四分法缩分至约 100g，经 0.08mm 方孔筛筛析，用

图 5-2　马弗炉实物图

磁铁吸去筛余物中金属铁，将筛余物经过研磨后使其全部通过 0.08mm 方孔筛。将样品充分混匀后，装入带有磨口塞的瓶中并密封。

（2）称取约 1g 试样（m_1），精确至 0.0001g，置于已灼烧恒量的瓷坩埚中，将盖斜置于坩埚上，放在马弗炉内从低温开始逐渐升高温度，在（950±25）℃下灼烧 15～20min，取出坩埚置于干燥器中冷却至室温，称量（m_2）。反复灼烧，直至恒重。

4. 结果计算

烧失量的质量百分数 X_{LOI} 按式（5-10）计算，计算至 0.01%：

$$X_{LOI} = (m_1 - m_2)/m_1 \times 100\% \tag{5-10}$$

式中　X_{LOI}——烧失量的质量分数（%）；

　　　m_1——试样的质量（g）；

　　　m_2——灼烧后试样的质量（g）。

试验次数为两次，用两次试验的平均值表示测定结果，计算至 0.01%。同一实验室的允许差为绝对偏差 0.15%。

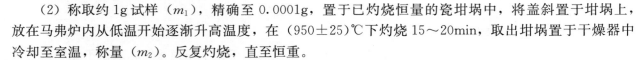

5. 烧失量校准

粒化高炉矿渣粉在灼烧过程中由于硫化物的氧化引起的误差，可通过式（5-11）、式（5-12）进行校正：

$$\omega_{O_2} = 0.8 \times (\omega_{灼烧SO_3} - \omega_{未灼烧SO_3}) \tag{5-11}$$

$$X_{校正} = X_{测} + \omega_{O_2} \tag{5-12}$$

式中　ω_{O_2}——矿渣粉灼烧过程中吸收空气中氧的质量分数（%）；

$\omega_{灼烧SO_3}$——矿渣灼烧后测得的 SO_3 质量分数（%）；

$\omega_{未灼烧SO_3}$——矿渣未灼烧时的 SO_3 质量分数（%）；

$X_{校正}$——矿渣粉校正后的烧失量（%）；

$X_{测}$——矿渣粉试验测得的烧失量（%）。

其中烧失量的灼烧温度为（700±50）℃，加热时间为每次 15min，烧至恒量。

十二、粉煤灰烧失量试验

1. 适用范围

本试验方法适用于粉煤灰烧失量的测定。

2. 仪器设备

（1）天平：精度 0.0001g。

（2）马弗炉。

（3）干燥器。

（4）坩埚及坩埚钳。

3. 试验原理

试样在（950±25）℃的马弗炉中灼烧，驱除水分和二氧化碳，同时将存在的易氧化元素氧化。由硫化物的氧化引起的烧失量误差必须进行校正，而其他元素存在引起的误差一般可以不计。

4. 试验步骤

称取约 1g 试样（m_1），精确至 0.0001g，置于已灼烧恒量的瓷坩埚中，将盖斜盖置坩埚上，放在马弗炉内从低温开始逐渐升高温度，在（950±25）℃下灼烧 15～20min，取出坩埚置于干燥器中冷却至室温，称量，反复灼烧，直至恒重（m_2）。

5. 试验结果计算

烧失量 X_{LOI} 按照式（5-13）计算：

$$X_{LOI} = (m_1 - m_2) / m_1 \times 100\% \tag{5-13}$$

式中　X_{LOI}——粉煤灰烧失量的质量分数（%）；

m_1——试样的质量（g）；

m_2——灼烧后试验的质量（g）。

十三、硅灰中二氧化硅含量的测定试验（氟硅酸钾容量法）

1. 适用范围

本方法适用于硅灰中二氧化硅含量的测定。

2. 试验原理

在有过量的氟离子、钾离子存在的强酸性溶液中，使硅酸形成氟硅酸钾（K_2SiF_6）沉淀。经过滤、洗涤及中和残余酸后，加入沸水使氟硅酸钾沉淀水解生成等物质的量的氢氟酸。然后以酚酞为指示剂，用氢氧化钠标准滴定溶液进行滴定。

3. 仪器试剂

（1）天平：精确至 0.0001g。

(2) 瓷坩埚：带盖，容量 20～30mL；铂、银坩埚：带盖，容量 30mL；坩埚钳。

(3) 铂皿：容量 100～150mL；瓷蒸发皿：容量 150～200mL；干燥器（内装变色硅胶）。

(4) 高温炉：可控制温度 (700±25)℃、(800±25)℃、(950±25)℃、(1175±25)℃。

(5) 干燥箱：可控制温度 (105±5)℃、(150±5)℃、(250±10)℃。

(6) 滤纸：快速、中速、慢速三种型号的定量滤纸。

(7) 玻璃容量器皿：滴定管、容量瓶、移液管。

(8) 磁力搅拌器：具有调速和加热功能，带有包着惰性材料的搅拌棒，例如聚四氟乙烯材料。

(9) 试剂：盐酸、硝酸、固体氢氧化钠、固体氯化钾、氟化钾溶液（150g/L）、氯化钾溶液（50g/L）、氯化钾-乙醇溶液（50g/L）、氢氧化钠标准滴定溶液 $[c(NaOH)=0.15mol/L]$、酚酞指示剂溶液（10g/L）。

4. 硅灰试样的制备

按现行《水泥取样方法》GB/T 12573 方法取样，送往实验室的样品应是具有代表性的均匀样品。采用四分法或缩分器将试样缩分至约 100g，经 150μm 方孔筛筛析后，除去杂物，将筛余物经过研磨后使其全部通过孔径为 150μm 的方孔筛，充分混匀，装入干净、干燥的试样瓶中，密封，进一步混匀供测定用。

5. 硅灰试样溶液的制备

称取约 0.5g 硅灰试样（m_1），精确至 0.0001g，置于银坩埚中，加入 6～7g 氢氧化钠，盖上坩埚盖（留有缝隙），放入高温炉中，从低温升起，在 650～700℃的高温下熔融 20min，期间取出充分摇动 1 次。取出冷却，将坩埚放入已盛有约 100mL 沸水的 300mL 烧杯中，盖上表面皿，在电炉上适当加热，待熔块完全浸出后，取出坩埚，用水冲洗坩埚和盖。在搅拌下一次加入 25～30mL 盐酸，再加入 1mL 硝酸，用热盐酸（1+5）洗净坩埚和盖。将溶液加热微沸约 1min，冷却至室温后，移入 250mL 容量瓶中，用水稀释至刻度，摇匀，制成测定二氧化硅用溶液 B。

6. 试验步骤

从制备好的硅灰溶液 B 中吸取 50.00mL 溶液，放入 300mL 塑料杯中，加入 15mL 硝酸，搅拌，冷却至 30℃以下。加入氯化钾，仔细搅拌、压碎大颗粒氯化钾至饱和并有少量氯化钾析出，然后加入约 2g 氯化钾和 10mL 氟化钾溶液，仔细搅拌、压碎大颗粒氯化钾，使其完全饱和，并有少量氯化钾析出（此时搅拌，溶液应该比较浑浊，如氯化钾析出量不够，应再补充加入氯化钾，但氯化钾的析出量不宜过多），在 10～26℃下放置 15～20min，期间搅拌 1 次。用中速滤纸过滤，先过滤溶液，固体氯化钾和沉淀留在杯底，溶液滤完后用氯化钾溶液洗涤塑料杯及沉淀，洗涤过程中使固体氯化钾溶解，洗液总量不超过 25mL。将滤纸连同沉淀取下，置于原塑料杯中，沿杯壁加入 10mL 氯化钾-乙醇溶液及 1mL 酚酞指示剂溶液，将滤纸展开，用氢氧化钠标准滴定溶液中和未洗尽的酸，仔细搅动、挤压滤纸并随之擦洗杯壁直至溶液呈红色（过滤、洗涤、中和残余酸的操作应迅速，以防止氟硅酸钾沉淀的水解）。向杯中加入约 200mL 沸水（煮沸后用氢氧化钠标准滴定溶液中和至酚酞呈微红色的沸水），用氢氧化钠标准滴定溶液滴定至微红色（V_1）。

7. 结果计算

二氧化硅的质量分数 W_{SiO_2} 按式（5-14）计算，结果精确至二位小数：

$$W_{SiO_2} = \frac{T_{SiO_2} \times (V_1 - V_0) \times 5}{m_1 \times 1000} \times 100 = \frac{T_{SiO_2} \times (V_1 - V_0) \times 0.5}{m_1} \times 100\% \quad (5\text{-}14)$$

式中　W_{SiO_2}——二氧化硅的质量分数（%）；

　　　T_{SiO_2}——氢氧化钠标准滴定溶液对二氧化硅的滴定度（mg/mL）；

　　　V_1——滴定时消耗氢氧化钠标准滴定溶液的体积（mL）；

　　　V_0——空白试验消耗氢氧化钠标准滴定溶液的体积（mL）；

　　　m_1——硅灰试样的质量（g）；

5——全部试样溶液与所分取试样溶液的体积比。

十四、矿物掺和料放射性测定试验

矿物掺和料放射性按现行国家标准《建筑材料放射性核素限量》GB 6566 的有关规定进行测定；其中粒化高炉矿渣粉应将符合现行国家标准《通用硅酸盐水泥》GB 175 要求的硅酸盐水泥按质量比 1：1 混合均匀后，再按现行国家标准《建筑材料放射性核素限量》GB 6566 进行测定。

第六章　混凝土外加剂的试验与检测

本章主要包括混凝土外加剂的技术性能、指标及其试验与检测方法。

第一节　概　述

混凝土外加剂已经成为现代化混凝土中除水泥、砂、石子、水以外的重要组分，外加剂对改善新拌混凝土和硬化混凝土性能具有重要作用。正是由于有了外加剂以及外加剂的研究和应用技术，混凝土施工技术才得到了长足的发展；化学外加剂的分散作用和矿物外加剂的物理密实作用，强度效应使高性能混凝土的性能大大优于常规混凝土。换言之，没有混凝土外加剂，就没有高性能混凝土的今天。

在建筑材料中掺加化学物质的历史可以追溯到很久以前。据历史记载，公元前 258 年曹操就曾将植物油加入灰土中建造了铜雀台；宋代将糯米汁加入石灰中修造了古城墙；明代《天工开物》中记载用石灰 1 份加河砂 2 份，外加糯米、杨桃藤汁搅拌均匀制贮水池；清朝乾隆年间曾用糯米汁、石灰和牛血建造了永定河堤。糯米汁、植物油、牛血这些有机物就是古代的化学外加剂。

混凝土外加剂的工业产品始见于 1910 年，主要是疏水剂和塑化剂。到 20 世纪 30 年代，美国开发北美洲时，混凝土路面由于气候严寒受到破坏，为提高路面混凝土质量而使用了"文沙树脂"（引气剂），来提高混凝土的耐久性。1935 年美国 E·W·Scripture 获得了用亚硫酸盐纸浆废液改善混凝土和易性、提高混凝土强度和耐久性的专利，从此拉开了现代混凝土外加剂的帷幕。20 世纪 50 年代，苏联专家将松香皂化物引气剂引入我国。在天津塘沽新洪、武汉长江大桥及佛子岭水工混凝土工程中应用，取得了一定成效。1962 年，日本的服部健一等发明萘磺酸盐甲醛缩合物（萘系高效减水剂）。1963 年，联邦德国研制成功三聚氰胺甲醛缩聚物（密胺系减水剂），使用这种外加剂减水率达到 25% 以上，并成功配制出了坍落度达 200mm 以上的流态混凝土。

我国混凝土外加剂的起步比国外稍晚，20 世纪 50 年代才开始研究和应用木质素磺酸盐类引气剂，到 70 年代以后取得了重大进展。1973 年，我国采用染料工业的 NNO（扩散剂 N）作为高效减水剂，取得良好的效果。1976 年，中国建筑材料科学研究院、上海染料涂料研究所和北京建筑工程研究所以提炼煤焦油过程中的工业副产品甲基萘作为主要原料联合研制出 MF 超塑化剂，减水率达到 15% 以上。2000 年前后逐渐开始对高性能减水剂展开研究，以聚羧酸系减水剂为代表的高性能减水剂在近 20 年的时间里用量持续增长。在商品混凝土飞速发展的带动下，混凝土外加剂蓬勃发展，已形成了较为完整的混凝土外加剂体系，除减水剂外，泵送剂、引气剂、早强剂、防冻剂、速凝剂、缓凝剂、抗裂剂及膨胀剂等外加剂得到大量实践应用。各种类型的混凝土外加剂，极大地满足了土木工程的不同需求，为现代混凝土技术进步和工程质量的提高做出了巨大贡献。

一、混凝土外加剂的概念及种类

混凝土外加剂是混凝土中除胶凝材料、骨料、水和纤维组分以外，在混凝土拌制之前或拌制过程中加入的，用以改善新拌混凝土和（或）硬化混凝土性能，对人、生物及环境安全无有害影响的材料（以下简称外加剂）。外加剂的掺量一般不超过胶凝材料质量的 5%。混凝土外加剂产品的质量必须符合国家标准《混凝土外加剂》GB 8076 的相关规定。

1. 混凝土外加剂的种类

混凝土外加剂是在混凝土拌制过程中掺入并能改善混凝土性能的，一般掺量不大于胶凝材料总质量 5% 的物质。

混凝土外加剂在拌制混凝土过程中，一般是和拌和水一起掺入混凝土拌和物中，也可以在拌和水掺入后掺入其中。而且根据需要，还可在混凝土搅拌到浇筑过程中分几次掺入，以解决混凝土拌和物坍落度的经时损失。

混凝土外加剂可用于水泥砂浆或水泥净浆，其主要作用与掺入混凝土中所起的作用相同。但混凝土外加剂不包括在水泥生产过程中添加的助磨剂等物质。

按照《混凝土外加剂术语》GB 8075 规定，主要混凝土外加剂的名称和定义如下：

（1）减水剂

① 普通减水剂

在混凝土坍落度基本相同的条件下，减水率不小于 8％的外加剂。

② 高效减水剂

在混凝土坍落度基本相同的条件下，减水率不小于 14％的减水剂。

③ 高性能减水剂

在混凝土坍落度基本相同的条件下，减水率不小于 25％，与高效减水剂相比坍落度保持性能好、干燥收缩小且具有一定引气性能的减水剂。

（2）防冻剂

能使混凝土在负温下硬化，并在规定养护条件下达到预期性能的外加剂。

（3）泵送剂

能改善混凝土拌和物泵送性能的外加剂。

（4）调凝剂

能调节混凝土凝结时间的外加剂。

（5）减缩剂

通过改变孔溶液离子特征及降低孔溶液表面张力等作用来减少砂浆或混凝土收缩的外加剂。

（6）早强剂

能加速混凝土早期强度发展的外加剂。

（7）引气剂

能通过物理作用引入均匀分布、稳定而封闭的微小气泡，且能将气泡保留在硬化混凝土中的外加剂。

（8）加气剂

或称发泡剂，是在混凝土制备过程中因发生化学反应，生成气体，使硬化混凝土中有大量均匀分布气孔的外加剂。

（9）泡沫剂

通过搅拌工艺产生大量均匀而稳定的泡沫，用于制备泡沫混凝土的外加剂。

（10）消泡剂

能抑制气泡产生或消除已产生气泡的外加剂。

（11）防水剂

能降低砂浆、混凝土在静水压力下透水性的外加剂。

（12）着色剂

能稳定改变混凝土颜色的外加剂。

（13）保水剂

能减少混凝土或砂浆拌和物失水的外加剂。

（14）黏度改性剂

能改善混凝土拌和物黏聚性，减少混凝土离析的外加剂。

（15）保塑剂

在一定时间内，能保持新拌混凝土塑性状态的外加剂。

（16）膨胀剂

在混凝土硬化过程中因化学作用能使混凝土产生一定体积膨胀的外加剂。

（17）抗硫酸盐侵蚀剂

用以抵抗硫酸盐类物质侵蚀，提高混凝土耐久性的外加剂。

（18）阻锈剂

能抑制或减轻混凝土或砂浆中钢筋或其他金属预埋件锈蚀的外加剂。

（19）碱-骨料反应抑制剂

能抑制或减轻碱-骨料反应发生的外加剂。

（20）管道压浆剂、预应力孔道灌浆剂

由减水剂、膨胀剂、矿物掺和料及其他功能性材料等干拌而成的，用以制备预应力结构管道压浆料的外加剂。

（21）多功能外加剂

能改善新拌和（或）硬化混凝土两种或两种以上性能的外加剂。

2. 混凝土外加剂的分类

（1）按其主要使用功能分类

《混凝土外加剂术语》GB 8075—2017 中按照其主要使用功能划分为四种：

① 改善混凝土拌和物流变性能的外加剂，如各种减水剂和泵送剂等；

② 调节混凝土凝结时间、硬化过程的外加剂，如缓凝剂、早强剂、促凝剂和速凝剂等；

③ 改善混凝土耐久性的外加剂，如引气剂、防水剂和阻锈剂等；

④ 改善混凝土其他性能的外加剂，如膨胀剂、防冻剂和着色剂等。

（2）按其化学成分分类

① 无机物外加剂

无机物外加剂包括各种无机盐类、一些金属单质和少量氢氧化物等。如早强剂中的氯化钙、硫酸钠，加气剂中的铝粉，防水剂中的氢氧化铝等。

② 有机物外加剂

这类外加剂占混凝土外加剂的绝大部分，种类极多，大部分属于表面活性剂。其中以阴离子表面活性剂应用最多。除此之外，还有阳离子型、非离子型表面活性剂，如减水剂中的木质素磺酸盐和萘磺酸盐甲醛聚合物等。

③ 复合外加剂

这类外加剂由适当的无机物和有机物合制而成，兼具有多种功能或能够突出改善混凝土某项性能。具有这种协同效应是未来外加剂技术发展方向之一。

3. 外加剂的主要成分和功效（表6-1）

表6-1 常用混凝土外加剂的主要成分及功效

外加剂品种	主要成分	主要功效
减水剂 调凝剂	①木质素磺酸盐； ②木质素磺酸盐的改性或衍生物； ③羟基羧酸和其盐类； ④羟基羧酸和其盐类的改性和衍生物； ⑤其他物质： a. 无机盐：锌盐、硼酸盐、磷酸盐、氯化物； b. 铵盐及其衍生物； c. 碳水化合物、多聚糖酸及糖酚； d. 水溶性聚合物，如纤维素醚、蜜胺衍生物、萘衍生物、聚硅氧烷及磺化碳氢化合物	减水、缓凝、早强；缓凝减水、早强减水；高效缓凝减水、高效减水

续表

外加剂品种	主要成分	主要功效
高效减水剂	①萘磺酸盐甲醛缩合物； ②多环芳烃磺酸盐甲醛缩合物； ③三聚氰胺磺酸盐甲醛缩合物	高效减水，提高混凝土和易性便于施工，加强混凝土的致密性，提高混凝土的耐久性
早强剂	①可溶性有机物包含三乙醇胺、甲酸钙、乙酸钙、丙酸钙、丁酸钙、尿素、草酸、胺甲醛缩合物； ②可溶性无机物：氯化物、溴化物、氟化物、碳酸盐、硝酸盐、硫代硫酸盐、硅酸盐、铝酸盐及碱性氢氧化物	①缩短养护周期，拆模提前； ②能部分抵消低温对强度发展的影响，使混凝土不受冻； ③可以提前抹面时间； ④可以减少侧模受力； ⑤用于堵漏
引气剂	松香热聚物、合成洗洁剂、木质素磺酸盐、蛋白质盐、脂肪酸以及其盐	引入一定量的均匀气泡，改善提高混凝土的流动性和黏聚性，不泌水不离析，从而提高混凝土的抗冻和耐久性能
泵送剂	①高效减水剂、普通减水剂、缓凝剂、引气剂。 ②合成或天然水溶性聚合物。 ③高比表面积无机材料：有膨润土、二氧化硅、石棉粉和石棉短纤维。 ④混凝土矿物掺和料：粉煤灰、水硬石灰、石粉	确保和提高混凝土可泵性能，降低混凝土黏聚性，防离析、泌水，不堵泵
膨胀剂	细铁粉或粒状铁粉和氧化促进剂、石灰系、硫铝酸盐系、铝酸盐系	减少混凝土的干燥收缩，提高混凝土体积稳定性
絮凝剂	聚合物电解质	加快泌水速度，降低泌水能力，流动性减小，增加混凝土黏度，早期强度增长快
加气剂	过氧化氢、铝粉、能吸附空气的某些活性炭	配制发泡混凝土或砂浆，使混凝土拌和物在浇筑或凝结前产生气泡，减少混凝土的沉缩和泌水，保持混凝土成型后的体积更接近浇筑时的体积
着色剂	①灰到黑色：氧化铁黑、矿物黑、炭黑。 ②蓝色：氢氧化铜、酞菁蓝。 ③浅红到深红色：氧化铁。 ④棕色：氧化铁棕、富锰棕土。 ⑤乳白、奶白、米色：氧化铁黄。 ⑥绿色：氧化铬绿、酞菁绿。 ⑦白色：二氧化钛	配制彩色混凝土
粘结剂	合成乳胶、天然橡胶乳胶	增加混凝土的粘结

4. 工程中常用的混凝土外加剂

（1）混凝土减水剂

混凝土减水剂是指在混凝土坍落度基本相同时，加入能显著减少混凝土用水量的外加剂。

① 减水剂的作用机理

混凝土减水剂均为表面活性物质，其分子结构由亲水基团和疏水基团两部分组成。水泥和水拌和成为水泥浆，水泥浆表现为絮凝结构，将一部分水包裹其中从而降低了水泥浆的流动性。在加入外加剂后，表现出以下三个方面的变化和作用：

a. 吸附-分散作用。其疏水基团定向吸附在水泥颗粒表面，如图 6-1（a）所示。亲水基团指向水，使水泥颗粒表面带有相同电荷，同性相斥的斥力作用将絮凝的水泥颗粒分开，如图 6-1（b）所示。从而放出絮凝结构中所包含的游离水，使水泥浆流动性增加。

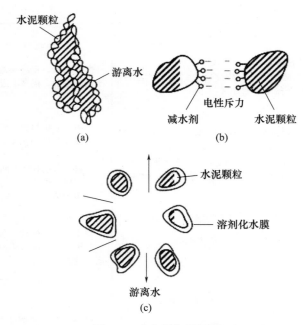

图 6-1　减水剂作用机理

b. 润滑作用。亲水基团吸附大量极性水，增加水泥颗粒表面溶剂化水膜厚度，如图 6-1（c）所示，能够起到润滑作用，也会改善水泥浆的工作性。

c. 湿润作用。减水剂在水泥表面定向排列，使水泥颗粒分散，增大水泥和水的水化面积，水泥颗粒更能润湿充分，显著提高水泥水化程度，从而提高混凝土的强度。

② 采用减水剂的经济效果

a. 减少混凝土单方用水量，可以用较小的水胶比实现高强度；

b. 可以提高混凝土拌和物的流动性，便于施工，提高工效；

c. 节约水泥和胶凝材料，降低成本；

d. 减少水泥和胶凝材料，提高混凝土体积稳定性。

③ 常用的减水剂

目前，混凝土减水剂主要是木质素系、萘系、聚羧酸系、树脂系、糖蜜系及腐殖酸等几个种类。根据其减水效果和功能的不同，可以分为普通减水剂、高效减水剂、早强减水剂、缓凝减水剂、缓凝高效减水剂和引气减水剂等。

a. 木质素系减水剂。木质素系减水剂包括木钙（木质素磺酸钙）、木钠（木质素磺酸钠）、木镁（木质素磺酸镁）等。其中木钙减水剂应用较多些。

木钙减水剂是用生产纸浆或纤维素浆所剩的亚硫酸废浆为原料，用石灰乳进行中和，经过生物发酵除糖、蒸发浓缩、雾化干燥所制得的棕黄色粉末。

木钙减水剂的适宜掺量一般是胶凝材料的 2‰～3‰ 之间，减水率为 10%～15%，若保持用水量不变，可以增大混凝土坍落度 80～100mm；如果保持混凝土强度和坍落度不变，可以少用胶凝材料 10% 左右。木钙对混凝土具有一定的缓凝作用，在掺量过多或低温条件下缓凝效果明显，同时还会降低混凝土强度，使用时尤为注意。

木钙可用于一般混凝土工程结构，尤其适合用于大体积混凝土、滑模施工混凝土、泵送混凝土和夏期施工用混凝土等。木钙减水剂不宜单独用于冬期施工混凝土，应与早强剂或防冻剂复合一起使用。木钙也不宜单独用于高温蒸养混凝土和预应力混凝土。

b. 萘磺酸盐系减水剂。萘系减水剂是使用萘或萘的同系物经过磺化与甲醛缩合而成，通常由工业萘或煤焦油中萘、蒽、甲基萘等分馏，经过磺化、水碱、中和、过滤、干燥而成，一般呈棕色粉末。

萘系减水剂的适宜掺量为胶凝材料的 5‰～10‰之间，减水率为 10％～25％，其减水效果好，与各种水泥适应性较强，可用于配制早强、高强、流态蒸养混凝土，也可用于最低气温 0℃以上混凝土的施工，低于 0℃时应和早强剂复合使用。

c. 水溶性树脂减水剂。水溶性树脂减水剂是用一些水溶性树脂为主要原材料所制成，主要有三聚氰胺树脂（SM）、古玛隆树脂（CRS）等。其减水效果显著，是高效减水剂。我国目前的产品有 SM 树脂减水剂等。

SM 减水剂的掺量一般为 5‰～20‰之间，减水率为 15％～27％，掺入混凝土 3d 强度可以提高 30％～100％，28d 强度可以提高 20％～30％，而且混凝土耐久性显著提高。

（2）混凝土引气剂

在混凝土搅拌过程中引入大量均匀分布、稳定而封闭的微小气泡（直径 10～100μm），改善混凝土和易性、提高混凝土抗冻性和耐久性的外加剂，称为引气剂。

引气剂是憎水性表面活性物质，由于它具备能降低水泥-水-空气的界面能，而且其分子总是定向排列，形成了单分子吸附膜，能提高气泡膜的强度，且使气泡排开水分而吸在固相粒子表面，从而使搅拌过程中带入的空气形成微小（直径 0.01～0.02mm）且稳定的气泡，均布于混凝土拌和物中。

目前应用较多的引气剂有松香类引气剂、木质素磺酸盐类引气剂等。松香类引气剂包括松香热聚物、松香酸钠、松香皂、烷基磺酸钠及烷基苯碳酸钠等阴离子表面活性剂。其中松香热聚物最常使用，应用效果较好，其适宜掺量为胶材质量的 0.5‰～1‰，混凝土中含气量为 3％～6％，对于混凝土拌和物，有了这些气泡的存在，可以改善拌和物的和易性、减少拌和物的泌水和离析。混凝土硬化以后，由于气泡分散，彼此隔离，有效地切断了毛细孔通道，使外界水分难以渗入，可以缓冲水分结冰膨胀所产生的应力，也就提高了混凝土的抗冻、抗渗和抗侵蚀性。但是气泡的存在，对混凝土强度和耐磨性有明显降低的影响，一般为含气量每增加 1％，混凝土强度降低 3％～5％，这一点在使用中要尤其注意。

引气剂的掺入使用方法：由于最常用的松香热聚物不能直接溶于水中，所以在使用时要将其先溶解到加热的氢氧化钠溶液中，然后再加入水配制成一定浓度的溶液投入混凝土中搅拌。当引气剂与其他外加剂复合使用时，配制液体应注意它的相溶性。

（3）混凝土缓凝剂

混凝土缓凝剂是能够延缓混凝土凝结时间但对混凝土硬化后的力学性能没有不利影响的外加剂。

缓凝剂可以延缓水泥水化反应，延长混凝土凝结时间，使混凝土拌和物能够保持较长时间的塑性，便于混凝土浇筑，提高工程施工效率。

一般认为缓凝剂的缓凝作用是由于其具有表面活性，所以它在水泥浆固-液界面上产生吸附作用，改变了水泥颗粒的表面性质或者其在水泥颗粒表面形成屏障或形成不溶物，从而使水泥悬浮体的稳定程度提高并能够抵制水泥颗粒的凝聚，由此延缓水泥的水化和凝结。

常用缓凝剂按照缓凝时间可分为普通缓凝剂和超缓凝剂。按照其化学成分可以分为有机缓凝剂和无机缓凝剂两类。有机缓凝剂有糖类（含糖碳水化合物）、多元醇及其衍生物、羟基羧酸及其盐等。无机缓凝剂主要有磷酸盐、锌盐、硫酸铁、硫酸铜、氟硅酸盐等。常用混凝土缓凝剂见表 6-2。

表 6-2　常用混凝土缓凝剂

类别		品种	性状	适宜掺量 （占胶材质量分数，％）	可缓凝时间（h）
有机缓凝剂	糖类	葡萄糖、蔗糖和其衍生物，糖蜜及其改性物	白色颗粒	0.1～0.3	2～10
	羟基羧酸、氨基羧酸和其盐	葡萄糖酸、柠檬酸、酒石酸、水杨酸及其盐	淡色溶液	0.05～0.2	4～10
		多元醇及其衍生物	淡色溶液	0.05～0.2	4～8（对温度不敏感）

续表

类别		品种	性状	适宜掺量 （占胶材质量分数,%）	可缓凝时间（h）
无机缓凝剂	无机盐（锌盐等）类	硼砂	白色粉末，易溶于水和甘油，水溶液呈弱碱性	0.1～0.2	4～8
		氟硅酸钠	白色物质，有腐蚀性	0.1～0.2	4～10
		三聚磷酸钠	白色粒状粉末，无毒不燃、易溶于水	0.1～0.3	4～8
		磷酸钠	无色透明或白色结晶体、水溶液呈碱性	0.1～1.0	4～8

注：其他无机缓凝剂如氯化锌、碳酸锌以及锌、铁、铜、镉的硫酸盐也具有一定的缓凝作用，但其作用不稳定，所以不常用。

（4）混凝土早强剂

早强剂是指可以加速混凝土早期强度发展，对混凝土硬化后力学性能没有不利影响的外加剂。早强剂能够在常温、低温和负温（≥−5℃）条件下加速混凝土的凝结和硬化，主要用于冬期施工和工程结构抢修施工。

早强剂分为无机盐（氯盐和硫酸盐）系、有机胺系和有机-无机复合系三个大类。最初应用主要是单独使用无机盐系早强剂，后来应用中采用有机和无机复合使用，现在已经发展成为与减水剂复合使用，这样既保证了混凝土减水、增强、密实的作用，又发挥了早强剂的各项优势，一举多得。

① 早强剂的作用机理

a. 无机盐系

（a）氯化盐类。以氯化钙为例，氯化钙对混凝土的早强作用机理主要有：一是氯化钙对水泥水化起催化作用，促使氢氧化钙溶液浓度降低，因此加速了铝酸三钙的水化；二是氯化钙的钙离子吸附在水化硅酸钙表面生成了复合水化硅酸钙。同时，氯化钙在石膏富余的情况下，与水泥中的铝酸三钙共同作用生成水化氯铝酸盐。而且氯化钙还增强水化硅酸钙缩聚过程。

（b）硫酸盐类。硫酸钠在水泥水化过程中，其较快地与氢氧化钙化合反应生成石膏和碱，新生成的细颗粒石膏比粉磨时加入的石膏对水泥的反应要快得多，很快反应生成硫铝酸钙晶体，而同时如下反应的发生也会导致硅酸三钙的水化速度加快。

$$Na_2SO_4+Ca(OH)_2+2H_2O \longrightarrow CaSO_4 \cdot 2H_2O+2NaOH$$
$$CaSO_4 \cdot 2H_2O+C_3A+12H_2O \longrightarrow 3CaO \cdot Al_2O_3 \cdot CaSO_4 \cdot 12H_2O$$

b. 有机物类。三乙醇胺的早强作用机理就是能够促进铝酸三钙的水化。在铝酸三钙-硫酸钙-水体系中，三乙醇胺能够加快钙矾石的形成，由此三乙醇胺对混凝土早期强度的发展是有利的。

② 常用混凝土早强剂的种类

a. 氯化盐类早强剂。氯化盐类早强剂主要有氯化钙、氯化钾、氯化铝和三氯化铁等，其中氯化钙应用最广泛。氯化钙呈白色粉末状，其掺量一般为胶凝材料总质量的0.5%～1.0%，能使混凝土3d强度提高5%～10%，7d强度可以提高20%～40%，同时能够减低混凝土的冰点，防止混凝土早期受冻。

用氯化钙作早强剂，它最大的缺点就是含有氯离子，用在钢筋混凝土中会腐蚀钢筋，并能使混凝土开裂。为了抑制氯化钙对混凝土中钢筋的锈蚀，总是采用将阻锈剂亚硝酸钠和氯化钙一起复合使用。《混凝土外加剂应用技术规范》GB 50119—2013规定：含有氯盐的早强型普通减水剂、早强剂、防水剂和氯盐类防冻剂，严禁用于预应力混凝土、钢筋混凝土和钢纤维混凝土结构。在素混凝土中，氯化钙掺量不得超过3%。

b. 硫酸盐类早强剂。硫酸盐早强剂主要有硫酸钠（元明粉）、硫代硫酸钙、硫酸铝、硫酸铝钾等，其中硫酸钠用得较多。硫酸钠呈白色粉状，其一般掺量为胶凝材料总质量的0.5%～2.0%，当掺量达到 1％～1.5％时，混凝土强度达到设计值的 70％所需时间是正常时间的一半左右。

硫酸钠对钢筋没有锈蚀作用，可用于不允许掺氯化盐类早强剂的混凝土。但是硫酸钠与氢氧化钙发生反应能够生成强碱 NaOH，在条件具备时会产生碱-骨料反应，所以其严禁用于含有碱活性骨料的混凝土。而且要注意不能超掺，以免导致混凝土后期产生膨胀开裂，同时防止混凝土表面泛"白霜"。

c. 有机胺类早强剂。有机胺类早强剂主要有三乙醇胺、三异丙醇胺等，其中应用效果以三乙醇胺最佳。三乙醇胺为无色或淡黄色油状液体，呈碱性，易溶于水。其一般掺量为胶凝材料总质量的万分之二到万分之五之间，能够使得混凝土早期强度明显提高。它对混凝土稍有缓凝作用，超掺会使混凝土严重缓凝和强度下降，所以必须严格控制它的掺量。

d. 三乙醇胺复合早强剂。该早强剂由三乙醇胺和无机盐复合而成，其中的无机盐常采用氯化钙、亚硝酸钠、二水石膏、硫酸硫代硫酸钠等。有试验表明，用 0.05％三乙醇胺、0.1％亚硝酸钠、2％二水石膏所制成的复合早强剂，应用效果良好。其早强作用是由于微量三乙醇胺能够加快水泥的水化，所以它在水化过程中起到催化作用。亚硝酸钠或硝酸盐与铝酸三钙生成络盐（亚硝酸盐和硝酸盐、铝酸盐），可以提高混凝土的早期强度和防止钢筋锈蚀。而二水石膏则提供了不少的硫酸根离子，为较快较多地生成钙矾石具备了基础条件，对水泥早期强度的发展起到有利的作用。在此综合作用之下，三乙醇胺复合早强剂在 2d 强度可达设计值的 40％，达到 28d 强度设计值仅需 14d 左右，并且对混凝土后期强度也有一定的提高。该早强剂常被应用于混凝土快速低温施工中。

（5）混凝土防冻剂

混凝土防冻剂是指能够使混凝土在负温下硬化，并在规定养护条件下达到混凝土预期强度性能的外加剂。防冻剂能够降低混凝土冰点，在低温下可以防止混凝土中水分结冰。掺加防冻剂后的混凝土可以在负温下不需要加热继续硬化，可以确保最终混凝土强度性能的正常实现。

防冻剂在我国的发展从其成分上经过了含氯盐型、氯盐阻锈型、无氯高碱型和无氯低碱型等不同的阶段。防冻剂是典型的复合型外加剂，由防冻组分、早强组分、减水组分、引气组分及活化组分复合制成。按照它的化学成分可以分为强电解质无机盐类（氯化盐类、氯化盐阻锈类、无氯化盐类）、可溶性有机化合物类、有机物与无机盐复合类、复合型防冻剂。其中，氯化盐阻锈类的主要成分是阻锈成分和氯盐，无氯化盐类的主要成分是亚硝酸盐或者硝酸盐，可溶性有机化合物类的主要成分是醇类等有机化合物，复合型防冻剂的主要成分则是引气剂、减水剂和早强剂。

① 防冻剂的作用机理

当混凝土中的温度降到 $-5℃$ 之下时，混凝土内部未水化的游离水和毛细孔中的吸附水就开始结冰，这些水分结冰之后，水化反应就不再进行。为此，防冻剂的防冻组分就发挥降低混凝土中液相冰点的作用，保持液相存在，使得水泥水化继续进行；减水组分可以减少混凝土拌和用水量，降低混凝土中的成冰量，并使得冰晶颗粒细小均匀分散，对混凝土的破坏应力减小；引气组分引入一定量的微小封闭气泡，可以减缓冻胀应力；而早强组分则能够适当加快混凝土胶材的水化速度，提高混凝土早期强度，使混凝土强度在结冰前达到临界强度以上，增强混凝土抵抗冰冻的破坏能力。

② 防冻剂在混凝土中发挥的作用

a. 与水混合后具有很低的共溶温度，具备能够降低水的冰点使混凝土在负温下继续水化的作用，如亚硝酸钠、氯化钠等。但是一旦用量不足或者温度太低而造成混凝土冻结，则形成冻害，降低混凝土最终强度。

b. 既能够降低水的冰点，也能够使含有该物质的冰的晶格构造严重变形，从而不能形成冰胀应力，避免破坏水化矿物质的构造，防止混凝土强度损害，如尿素、甲醇等。这些防冻物质用量不足时，混凝土在负温条件下强度不再增长，当温度提高转为正温时强度会继续增长不影响最终强度。

c. 其水溶液有很低的共溶温度，但是不能明显降低水的冰点。而它却具备直接与水泥发生水化反应而加快混凝土凝结硬化速度的作用，也可以促进混凝土强度的发展。此类如氯化钙、碳酸钾等。

③ 常用混凝土防冻剂及适用范围（表 6-3）

表 6-3　常用混凝土防冻剂及适用范围

防冻剂类别	使用目的或要求	适用的混凝土工程	备注
氯化盐类	要求混凝土在负温条件下能够继续水化、硬化、增强，防止冰冻损坏	负温下施工的无钢筋混凝土	
氯化盐阻锈类		负温下施工的钢筋混凝土	如含强电解质，应符合《混凝土外加剂应用技术规范》GB 50119—2013 的相关规定
无氯化盐类		负温下施工的钢筋混凝土和预应力钢筋混凝土	如含硝酸盐、亚硝酸盐、磺酸盐，不得用于预应力混凝土；如含六价铬盐、亚硝酸盐等有毒防冻剂，严禁用于饮水工程及与食品接触部位

注：GB 50119—2013 规定含有强电解质无机盐的防冻剂，严禁用于下列混凝土结构：
1　与镀锌钢材或铝铁相接触部位的混凝土结构；
2　有外露钢筋预埋铁件而无防护措施的混凝土结构；
3　使用直流电源的混凝土结构；
4　距高压直流电源 100m 以内的混凝土结构。

④ 防冻剂应用的注意事项：

a. 混凝土用各项原材料应符合冬期施工要求。掺防冻剂混凝土选用水泥优先使用硅酸盐水泥或者普通硅酸盐水泥，且水泥强度等级不低于 42.5 级，不得使用高铝水泥。

b. 防冻剂掺入方法要注意。对于含有不溶物或溶解度小的盐类防冻剂，须先磨成粉状，然后与水泥一起掺入混凝土中使用。以粉状掺入的混凝土防冻剂，如有结块，要磨细至通过 0.63mm 方孔筛才能使用；对于配成溶液使用的防冻剂，掺入使用前要溶解充分、搅拌均匀，严控浓度和掺量，如采用复合型防冻剂溶液，还要考虑各组分的共溶性，如果不能共溶，应分别配成溶液后再掺入混凝土中。为了快速溶解，可以直接采用 40~60℃ 的热水溶解防冻剂制成溶液。

c. 要严格控制防冻剂的掺量和计量精度，否则超掺会造成混凝土凝结太快，施工困难，构件表面析盐，也会导致混凝土强度降低，转入正温后强度不能继续增长；而少掺则直接导致混凝土结构冻坏。

d. 掺加防冻剂的混凝土要控制好搅拌和施工。搅拌时间应比正常混凝土延长 50%，确保防冻剂在混凝土中均匀分布。防冻剂掺入后有一定的早强效应，所以应尽可能缩短运输和浇筑时长。为确保混凝土早期强度提高，要适当提高混凝土搅拌出机温度，保证混凝土浇筑入模温度不得低于 -5℃。采用含有引气组分的防冻剂时，应使用负温法养护混凝土，不得蒸汽养护。掺防冻剂混凝土浇筑完毕，应立即覆盖，应注意不能浇水。

e. 目前，国内防冻剂主要适用 -20~0℃ 的低温下混凝土施工应用。如在更低气温下施工，则要增加其他混凝土冬期施工措施，如综合蓄热法、暖棚法、原材料（骨料、水）预热法等。

（6）混凝土膨胀剂

混凝土膨胀剂是指掺入混凝土中，与水泥、水发生水化反应生成钙矾石、氢氧化钙或钙矾石和氢氧化钙而使混凝土体积产生一定膨胀的外加剂。其掺入混凝土可以制成补偿收缩混凝土和自应力混凝土。混凝土膨胀剂按水化产物分为硫铝酸钙类混凝土膨胀剂（代号 A）、氧化钙类混凝土膨胀剂（代号 C）和硫铝酸钙-氧化钙类混凝土膨胀剂（代号 AC）三类。

① 混凝土膨胀剂的基本性能

a. 化学指标：氧化镁含量应不大于 5%；碱含量按 $Na_2O+0.658K_2O$ 计算值表示，若使用活性骨料，用户要求提供低碱混凝土膨胀剂时，混凝土膨胀剂中的碱含量应不大于 0.75%，或由供需双方协商确定。

b. 物理性能：混凝土膨胀剂的物理性能指标应符合表 6-4 的规定。

表 6-4　混凝土膨胀剂的物理性能指标

项目			指标值	
			Ⅰ型	Ⅱ型
细度	比表面积（m²/kg）	≥	200	
	1.18mm 筛筛余（%）	≤	0.5	
凝结时间	初凝（min）	≥	45	
	终凝（min）	≤	600	
限制膨胀率（%）	水中 7d	≥	0.035	0.050
	空气中 21d	≥	−0.015	−0.010
抗压强度（MPa）	7d	≥	22.5	
	28d	≥	42.5	

② 混凝土膨胀剂的作用机理

混凝土膨胀剂由于其成分不同而作用机理也各不相同。硫铝酸钙系的膨胀剂掺入混凝土中后，其自身中的无水硫铝酸钙即参与水泥的水化反应中或直接同水化生成产物进行反应，生成钙矾石（高硫型硫铝酸钙），该产物的生成导致固相体积增加而引起混凝土体积的膨胀；氧化钙系的膨胀剂其膨胀作用主要是由于氧化钙晶体遇水反应生成了氢氧化钙晶体，体积变大引起膨胀；硫铝酸钙-氧化钙系复合型膨胀剂则是二者共同作用的结果。

③ 混凝土膨胀剂的应用

a. 膨胀剂的适用工程应用范围见表 6-5。

表 6-5　混凝土膨胀剂应用范围

应用混凝土品种	应用范围
补偿收缩混凝土	地下、淡水中、海中隧道等各类构筑物，大体积混凝土（不含水库大坝），配筋路面，配筋屋面，厕浴室防水，构件补强，渗透修补，预应力混凝土等
自防水混凝土	地铁、地下防水工程，地下室、地下建筑物等，储水池、游泳池、屋面刚性防水等
自应力混凝土	有压容器、自应力管道、水池、预应力钢筋混凝土以及需要预应力的各种混凝土结构

b. 膨胀剂应用注意事项：

硫铝酸钙系和硫铝酸钙-氧化钙复合型膨胀剂不得用于长期处于环境温度≥80℃的工程。

掺用氧化钙系膨胀剂配制的混凝土不得用于海中或处于侵蚀性水中的工程。

掺有膨胀剂的大体积混凝土，应确保其混凝土内部最高温度符合相关规定，且混凝土内外温差≤25℃。

掺有膨胀剂的混凝土必须加强混凝土的覆盖、养护，养护不得少于 14d。

（7）阻锈剂

阻锈剂也称钢筋阻锈剂，是指一种加入混凝土中能阻止或减缓钢筋腐蚀，且对混凝土的其他性能无不良影响的外加剂。阻锈剂主要产品形态有粉剂，国产居多，大多可溶于水中；水剂为固含量 30% 左右的液体，多为国外产品。

① 钢筋阻锈剂的基本性能

a. 对钢筋有钝化作用（阳极型阻锈剂）或抑制锈蚀的产生与发展（阴极型或混合型）；

b. 不改变混凝土的基本性能（如强度、密实性等）或能改善与提高混凝土的性能；

c. 在碱性或中性条件下，能保持长期有效；

d. 对人与环境基本无害。

② 阻锈剂的分类

a. 按其化学成分分为：

无机型：成分主要由无机化学物质组成，无机钢筋阻锈剂主要包括亚硝酸盐、硝酸盐、铬酸盐、重铬酸盐、磷酸盐、多磷酸盐、硅酸盐、钼酸盐、硼酸盐等。其中亚硝酸盐类是研究应用最早的钢筋阻锈剂。

有机型：成分主要由有机化学物质组成，通常有胺类、醛类、炔醇类、有机磷化合物、有机硫化合物、羧酸及其盐类、磺酸及其盐类等。目前比较成熟的有机阻锈剂有胺基醇和脂肪酸酯阻锈剂。

混合型：将几种不同的钢筋阻锈剂一起使用，希望能够达到它们的协同作用。

b. 按其作用方式可分为：

掺入型阻锈剂：掺加至混凝土中，直接作用于钢筋发挥阻锈作用。主要用于新建工程。

渗入型阻锈剂：它是一种低黏液体，可涂在混凝土表面利用毛细孔的张力作用吸入混凝土内，使钢筋表面形成保护膜，同时将钢筋表面已有的氯离子置换出来，使钢筋再次钝化。此类阻锈剂可在混凝土表面喷涂，也可以在混凝土搅拌过程中添入。

c. 按照作用原理可以分为阳极型阻锈剂、阴极型阻锈剂以及混合型阻锈剂。

③ 阻锈剂的作用机理

a. 阳极型阻锈剂的作用机理：作用于"阳极区"，通过阻止和减缓电化学反应的阳极过程，从而达到保护钢筋不被锈蚀的目的。这类物质一般有氧化性，如硝酸盐、铬酸盐、硼酸盐、氯化亚锡、苯甲酸钠等。阳极阻锈剂又称为"危险型"阻锈剂，用量不足会加剧腐蚀，通常需要和其他的阻锈剂联合使用。如亚硝酸盐，在阳极作用表达式为：

$$Fe^{2+} + OH^- + NO_2^- = NO + \gamma FeOOH（钝化膜）$$

$NO_2^-/Cl^- > 1$ 时，钝化膜封闭了 Cl^- 深入的锈蚀作用，抑制锈蚀；

$NO_2^-/Cl^- \leq 1$ 时，不能阻止锈蚀作用，相反还会加深局部的腐蚀（深孔腐蚀）。

b. 阴极型阻锈剂的作用机理：这类物质大都是表面活性物质，它们选择吸收在阴极区，形成吸附膜，从而阻止或缓解电化学反应。表面活性剂类阻锈物质有高级脂肪酸铵盐、磷酸酯等。

④ 阻锈剂的应用

阻锈剂在混凝土中的作用，并不是简单直接阻止环境中的有害物质进入混凝土，而是在有害离子无法避免地侵入混凝土后，利用其阻锈功能作用，使有害物质丧失或减弱腐蚀钢筋的能力，从而抑制钢筋锈蚀的电化学过程发展，延缓腐蚀进程，达到延长混凝土使用寿命的目的。

阻锈剂应用广泛，可适用于各种类工业建筑、立交桥、公路桥涵、海水和水工工程、盐碱地建设工程等。

阻锈剂不宜在酸性环境中使用。使用效果与混凝土本身的质量有关。掺入优质混凝土中能更好地发挥阻锈功能，质量差的混凝土中即使加入阻锈剂也很难耐久。此外，亚硝酸盐阻锈剂不适合在饮用水系统的钢筋混凝土工程中使用。阳极型阻锈剂多为氧化剂，在高温时易氧化自燃，且不易灭火，存放时应注意防火。

（8）混凝土速凝剂

速凝剂是指能够加快水泥水化使混凝土迅速凝结硬化的外加剂。其主要用于喷射混凝土，也可用于其他需要速凝的混凝土中。

① 混凝土速凝剂的技术指标

混凝土速凝剂须具备以下基本技术指标：

a. 细度（%）小于 12.6。

b. 凝结时间：初凝 2～3min；终凝 8～10min。

c. 含水量（%）小于 2。

d. 1d 抗压强度（MPa）≥8。

e. 28d 抗压强度比（%）≥75。

② 速凝剂的分类

按照它的主要成分分为三类：铝氧熟料-碳酸盐系、硫铝酸盐系、水玻璃系。

a. 铝氧熟料-碳酸盐系速凝剂。它的主要成分为铝氧熟料、碳酸钠以及生石灰，其碱含量较高，掺入后混凝土强度损失较大，如果添加无水石膏可以在一定程度上降低碱度并改善混凝土强度的损失降低程度。

b. 硫铝酸盐系速凝剂。其主要成分为铝矾土、芒硝，经过煅烧成为硫铝酸盐熟料后，再与一定比例的生石灰、氧化锌共同研磨制成速凝剂。这类速凝剂的含碱量较低，而且加入了氧化锌可以提高混凝土的后期强度，但是其对混凝土早期强度发展的延缓又是不利的。

c. 水玻璃（硅酸钠）系速凝剂。它的主要成分为水玻璃，为降低黏度需要加入重铬酸钾，或者加入亚硝酸钠、三乙醇胺等。其凝结硬化速度极快，早强高、抗渗好，且能在低温下施工，但有收缩大的缺点。它的掺用量低于前两类速凝剂，尤其抗渗性能卓著，常被用作止水和堵漏。

③ 速凝剂的作用机理

速凝剂可使水泥在数分钟内凝结，其作用机理复杂，主要是由于速凝剂各组分之间以及这些组分与水泥中的石膏、矿物成分之间发生一系列的化学反应所致。

a. 铝氧熟料-碳酸盐系速凝剂的作用机理

主要反应如下：

$$Na_2CO_3 + CaO + H_2O \longrightarrow CaCO_3 + 2NaOH$$
$$NaAlO_2 + 2H_2O \longrightarrow Al(OH)_3 + NaOH$$
$$2NaAlO_2 + 3CaO + 7H_2O \longrightarrow 3CaO \cdot Al_2O_3 \cdot 6H_2O + 2NaOH$$
$$2NaOH + CaSO_4（石膏）\longrightarrow Na_2SO_4 + Ca(OH)_2$$

碳酸钠、铝酸钠与水作用生成氢氧化钠，氢氧化钠与水泥中的石膏反应生成过渡性的产物——硫酸钠，使水泥浆中起缓凝作用的可溶性的浓度明显降低。此时水泥矿物组分 C_3A 就迅速溶解进入溶液中，水化生成六角板状的 C_3AH_6，将加速水泥浆体的凝固。上述反应所产生的大量水化热也会促进反应进程和强度发展。此外在水化初期，溶液中生成氢氧化钙、硫酸根、三氧化二铝等组分，结合而生成高硫型水化硫铝酸钙，不仅对早期强度发展产生有利影响，也会使水泥浆体中的氢氧化钙浓度降低，从而促进 C_3S 的水化，生成水化硅酸钙凝胶相互交织搭接形成网络结构的晶体而促进凝结。

b. 硫铝酸盐系速凝剂的作用机理

$Al_2(SO_4)_3$ 和石膏的迅速溶解使水化初期溶液中的 SO_4^{2-} 浓度突增，其与溶液中的 Al_2O_3 和 $Ca(OH)_2$ 等组分急速反应，迅速生成微针柱状的钙矾石及中间次生成物石膏，这些新生晶体的生长、发展，在水泥颗粒间交叉连生成网络状结构而速凝。同时速凝剂中的铝氧熟料及石灰，提供了有利的放热反应，为整个水化体系提供 $40℃$ 左右的反应温度，促进了水化产物的形成和发展，从而达到速凝的效果。

c. 水玻璃（硅酸钠）系速凝剂的作用机理

以硅酸钠为主要成分的水玻璃系速凝剂，主要是硅酸钠与水泥水化产物氢氧化钙反应：

$$Na_2O \cdot nSiO_2 + Ca(OH)_2 \longrightarrow (n-1)SiO_2 + CaSiO_3 + 2NaOH$$

反应中生成大量氢氧化钠，如前所述促进了水泥水化，从而迅速凝结硬化。

d. 液体速凝剂一般都是烧碱和铝矾土反应生成主要成分为偏铝酸钠的水溶液，从而起到速凝作用。

④ 混凝土常用的速凝剂（表 6-6）

表 6-6　混凝土常用速凝剂

种类	铝氧熟料系	硫铝酸盐系	水玻璃系
主要成分	铝酸钠＋碳酸钠＋生石灰	铝矾土＋芒硝＋氧化锌	水玻璃
掺量（占胶材质量分数,%）	2.5～4.0	2.5～5.5	10～15
初凝（min）	≤5		
终凝（min）	≤10		
强度影响	1h就可产生强度，1d强度提高2～3倍，但后期强度会下降，28d强度损失10%～20%。	1h就可产生强度，1d强度提高2～3倍，但后期强度会下降，28d强度损失20%～25%	1h就可产生强度，1d强度提高2～3倍，但后期强度会下降，28d强度损失小于30%

⑤ 速凝剂在混凝土中的应用

a. 速凝剂主要应用于喷射混凝土、灌浆止水混凝土以及抢修补强混凝土工程中，在基础护坡、隧道涵洞、矿山井巷、地铁工程等中用量很大。

b. 速凝剂的使用方法。喷射混凝土施工分为干、湿两种工艺。采用干法喷射时，是将速凝剂粉料按照一定比例与水泥、砂石一起干拌匀后，利用压缩空气通过胶管将混合料送到喷砂机的喷嘴中。在喷嘴里引入高压水，与干混料混合形成混凝土然后喷出喷到建筑或构筑物上。这种方法简便适用，得到了广泛应用。采用湿法喷射时，是将速凝剂和水泥、砂石以及水按照一定比例在搅拌机中拌和好后，经由喷射机通过胶管从喷嘴中喷出。

速凝剂和早强剂的不同是速凝剂能够更快地促进混凝土凝结硬化，缩短凝结时间就可以提早进行表面处理从而减轻对模板的压力，也能更加有效地堵塞在液化下发生的渗漏。对于不同的水泥，速凝剂的作用效果也不同。一般情况下，掺入速凝剂的净浆须具有良好的流动性，且在搅拌时不得出现快速变稠、失去塑性的急凝现象。

（9）混凝土泵送剂

泵送剂是指能够改善混凝土泵送性能的外加剂。泵送剂主要由减水剂复合引气组分、缓凝组分、保水增稠组分制成。

泵送混凝土要求具有较大的流动性、坍落度损失小、黏聚性好、不离析、不泌水。要兼顾这些性能，只靠调整混凝土配合比难以实现，必须依靠混凝土外加剂，特别是泵送剂。

泵送剂的技术性能应能够满足：减水率为10%～25%；坍落度可由50～70mm提高到150～220mm，且黏聚性、保水性良好，坍损小；混凝土凝结时间可按施工需求调整；混凝土3d、7d、28d强度可提高30%～50%。

泵送剂主要应用于泵送混凝土、大体积混凝土、高流态混凝土、商品混凝土和夏季高温施工、滑模施工、大模板施工等。使用中应注意以下事项：

① 泵送剂掺量应根据实际使用时混凝土的等级和应用范围经试配后确定，粉体常用掺量为0.3%～0.8%，液体泵送剂应按照其固含量折算掺量或通过试验确定合适掺量。

② 泵送剂粉剂可直接使用或者配成溶液使用。粉剂使用时应筛除粗颗粒和结块，同时延长搅拌时间。

③ 泵送剂（粉剂和液体）的运输和保管过程中应采取产品不能变质的措施。

④ 混凝土搅拌过程中要严格控制泵送剂掺入数量和精度，选择适当的搅拌时间、搅拌方式等。

二、检验项目

混凝土外加剂的检测项目如下。

1. 受检混凝土性能指标

掺外加剂混凝土的性能应符合表 6-7 的要求。

表 6-7　受检混凝土性能指标

项目		外加剂品种												
		高性能减水剂 HPWR			高效减水剂 HWR		普通减水剂 WR			引气减水剂 AEWR	泵送剂 PA	早强剂 Ac	缓凝剂 Re	引气剂 AE
		早强剂 HPWR-A	标准型 HPWR-S	缓凝型 HPWR-R	标准型 HWR-S	缓凝型 HWR-R	早强剂 WR-A	标准型 WR-S	缓凝型 WR-R					
减水率（%）		≥25			≥14		≥8			≥10	≥12	—	—	≥6
泌水率（%）		≤50	≤60	≤70	≤90	≤100	≤95	≤100	≤70	≤70	≤100	≤70		
含气量（%）		≤6.0	≤6.0	≤6.0	≤3.0	≤4.5	≤4.0	≤4.0	≤5.5	≥3.0	≤5.5			
凝结时间差（min）	初凝	−90~+90	−90~+120	>+90	−90~+120	>+90	−90~+90	−90~+120	>+90	−90~+120	—	−90~+90	>+90	−90~+120
	终凝			—		—			—		—		—	—
1h 经时变化量	坍落度（mm）	—	≤80	≤60										
	含气量（%）	—	—	—					−1.5~+1.5				−1.5~+1.5	
抗压强度比（%，不小于）	1d	180	170	—	140	—	135	—	—	—	—	135	—	—
	3d	170	160	—	130	—	130	115	—	115	—	130	—	95
	7d	145	150	140	125	125	110	115	110	110	115	110	100	95
	28d	130	140	130	120	120	110	110	110	100	100	100	100	90
收缩率比（%，不大于）	28d	110	110	110	135	135	135	135	135	135	135	135	135	135
相对耐久性（200 次）（%，不小于）		—	—	—	—	—	—	—	—	80	—	—	—	80

注：1. 表中抗压强度比、收缩率比、相对耐久性为强制性指标，其余为推荐性指标。
　　2. 除含气量和相对耐久性外，表中所列数据为掺外加剂混凝土与基准混凝土的差值或比值。
　　3. 凝结时间之差性能指标中的"—"号表示提前，"＋"号表示延缓。
　　4. 相对耐久性（200 次）性能指标中的"≥80"表示将 28d 龄期的受检混凝土试件快速冻融循环 200 次后，动弹性模量保留值≥80%。
　　5. 1h 含气量经时变化量指标中的"—"号表示含气量增加，"＋"号表示含气量减少。
　　6. 其他品种的外加剂是否需要测定相对耐久性指标，由供、需双方协商确定。
　　7. 当用户对泵送剂等产品有特殊要求时，需要进行的补充试验项目、试验方法及指标，由供需双方协商决定。

2. 混凝土外加剂匀质性指标

混凝土外加剂匀质性指标应符合表 6-8 的要求。

表 6-8　混凝土外加剂匀质性指标

项目	指标
氯离子含量（%）	不超过生产厂控制值
总碱量（%）	不超过生产厂控制值
含固量 S（%）	$S>25\%$ 时，应控制在 $0.95S \sim 1.05S$； $S \leq 25\%$ 时，应控制在 $0.90S \sim 1.10S$

项目	指标
含水率 W（%）	$W>5\%$时，应控制在 $0.90W\sim1.10W$； $W\leqslant5\%$时，应控制在 $0.80W\sim1.20W$
密度 D（g/cm³）	$D>1.1$时，应控制在 $D\pm0.03$； $D\leqslant1.1$时，应控制在 $D\pm0.02$
细度	应在生产厂控制范围内
pH	应在生产厂控制范围内
硫酸钠含量（%）	不超过生产厂控制值

注：1. 生产厂应在相关的技术资料中明示产品匀质性指标的控制值；

2. 对相同和不同批次之间的匀质性和等效性的其他要求，可由供需双方商定；

3. 表中的 S、W 和 D 分别为含固量、含水率和密度的生产厂控制值。

三、检验标准依据

1.《混凝土外加剂术语》GB/T 8075—2017。

2.《混凝土外加剂》GB 8076—2008。

3.《混凝土外加剂匀质性试验方法》GB/T 8077—2012。

4.《混凝土外加剂应用技术规范》GB 50119—2013。

5.《通用硅酸盐水泥》GB 175—2007。

6.《普通混凝土配合比设计规程》JGJ 55—2011。

7.《水泥比表面积测定方法 勃氏法》GB/T 8074—2008。

8.《水泥化学分析方法》GB/T 176—2017。

9.《数值修约规则与极限数值的表示和判定》GB/T 8170。

10.《建设用砂》GB/T 14684—2022。

11.《建设用卵石、碎石》GB/T 14685—2022。

12.《普通混凝土拌合物性能试验方法标准》GB/T 50080—2016。

13.《混凝土物理力学性能试验方法标准》GB/T 50081—2019。

14.《普通混凝土长期性能和耐久性能试验方法标准》GB/T 50082—2009。

15.《混凝土试验用搅拌机》JG 244—2009。

16.《混凝土用水标准》JGJ 63。

17.《建筑工程冬期施工规程》JGJ/T 104。

18.《补偿收缩混凝土应用技术规程》JGJ/T 178—2009。

19.《钢筋阻锈剂应用技术规程》JGJ/T 192。

20.《砂浆、混凝土防水剂》JC/T 474。

21.《混凝土防冻剂》JC/T 475。

22.《喷射混凝土用速凝剂》JC/T 477。

23.《混凝土膨胀剂》GB/T 23439。

24.《钢筋混凝土阻锈剂》JT/T 537—2018。

四、检验规则

1. 取样及批号

(1) 点样和混合样

点样是在一次生产产品时所取得的一个试样。混合样是三个或更多的点样等量均匀混合而取得的试样。

(2) 批号

生产厂应根据产量和生产设备条件，将产品分批编号。掺量大于1％（含1％）同品种的外加剂每一批号为100t，掺量小于1％的外加剂每一批号为50t。不足100t或50t的也应按一个批量计，同一批号的产品必须混合均匀。

(3) 取样数量

每一批号取样量不少于0.2t水泥所需用的外加剂量。

2. 试样及留样

每一批号取样应充分混匀，分为两等份，其中一份按表6-8和表6-9规定的项目进行试验，另一份密封保存半年，以备有疑问时，提交国家指定的检验机关进行复验或仲裁。

3. 检验分类

(1) 出厂检验

每批号外加剂的出厂检验项目，根据其品种不同按表6-9规定的项目进行检验。

(2) 型式检验

型式检验项目包括本节"二、检验项目"全部性能指标。有下列情况之一者，应进行型式检验：

① 新产品或老产品转厂生产的试制定型鉴定；

② 正式生产后，如材料、工艺有较大改变，可能影响产品性能时；

③ 正常生产时，一年至少进行一次检验；

④ 产品长期停产后，恢复生产时；

⑤ 出厂检验结果与上次型式检验结果有较大差异时；

⑥ 国家质量监督机构提出进行型式检验要求时。

表6-9 混凝土外加剂测定项目

测定项目	外加剂品种													备注
	高性能减水剂 HPWR			高效减水剂 HWR		普通减水剂 WR			引气减水剂 AEWR	泵泵送剂 PA	早强剂 Ac	缓凝剂 Re	引气剂 AE	
	早强型 HPWR-A	标准型 HPWR-S	缓凝剂 HPWR-R	标准型 HWR-S	缓凝型 HWR-R	早强型 WR-A	标准型 WR-S	缓凝型 WR-R						
含固量														液体外加剂必测
含水率														粉状外加剂必测
密度														液体外加剂必测
细度														粉状外加剂必测
pH	√	√	√	√	√	√	√	√	√		√	√	√	

测定项目	外加剂品种													备注
	高性能减水剂 HPWR			高效减水剂 HWR		普通减水剂 WR			引气减水剂 AEWR	泵泵送剂 PA	早强剂 Ac	缓凝剂 Re	引气剂 AE	
	早强型 HPWR-A	标准型 HPWR-S	缓凝剂 HPWR-R	标准型 HWR-S	缓凝型 HWR-R	早强型 WR-A	标准型 WR-S	缓凝型 WR-R						
氯离子含量	√	√	√	√	√	√	√	√	√	√	√	√	√	每3个月至少一次
硫酸钠含量				√	√	√					√			每3个月至少一次
总碱量	√	√	√	√	√	√	√	√	√	√	√	√	√	每年至少一次

4. 判定规则

(1) 出厂检验判定

型式检验报告在有效期内，且出厂检验结果符合表 6-8 的要求，可判定为该批产品检验合格。

(2) 型式检验判定

产品经检验，匀质性检验结果符合表 6-8 的要求；各种类型外加剂受检混凝土性能指标中，高性能减水剂及泵送剂的减水率和坍落度的经时变化量、其他减水剂的减水率、缓凝型外加剂的凝结时间差、引气型外加剂的含气量及其经时变化量、硬化混凝土的各项性能符合表 6-7 的要求，则判定该批号外加剂合格。如不符合上述要求，则判该批号外加剂不合格。其余项目可作为参考指标。

5. 复验

复验以封存样进行。如使用单位要求现场取样，应事先在供货合同中规定，并在生产和使用单位人员在场的情况下于现场取混合样。复验按照型式检验项目检验。

五、混凝土外加剂应用一般规定

1. 外加剂的选择

(1) 外加剂种类应根据设计和施工要求及外加剂的主要作用选择。

(2) 当不同供方、不同品种的外加剂同时使用时，应经试验验证，并应确保混凝土性能满足设计和施工要求后再使用。

(3) 含有六价铬盐、亚硝酸盐和硫氰酸盐成分的混凝土外加剂，严禁用于饮水工程中建成后与饮用水直接接触的混凝土。

(4) 含有强电解质无机盐的早强型普通减水剂、早强剂、防冻剂和防水剂，严禁用于下列混凝土结构：

① 与镀锌钢材或铝铁相接触部位的混凝土结构；

② 有外露钢筋预埋铁件而无防护措施的混凝土结构；

③ 使用直流电源的混凝土结构；

④ 距高压直流电源 100m 以内的混凝土结构。

(5) 含有氯盐的早强型普通减水剂、早强剂、防水剂和氯盐类防冻剂，严禁用于预应力混凝土、钢筋混凝土和钢纤维混凝土结构。

(6) 含有硝酸铵、碳酸铵的早强型普通减水剂、早强剂和含有硝酸铵、碳酸铵、尿素的防冻剂，严禁用于办公、居住等有人员活动的建筑工程。

(7) 含有亚硝酸盐、碳酸盐的早强型普通减水剂、早强剂、防冻剂和含亚硝酸盐的阻锈剂，严禁用于预应力混凝土结构。

（8）掺外加剂混凝土所用水泥，应符合现行国家标准《通用硅酸盐水泥》GB 175 和《中热硅酸盐水泥、低热硅酸盐水泥》GB 200 的规定；掺外加剂混凝土所用砂、石应符合现行行业标准《普通混凝土用砂、石质量及检验方法标准》JGJ 52 的规定；所用粉煤灰和粒化高炉矿渣粉等矿物掺和料，应符合现行国家标准《用于水泥和混凝土中的粉煤灰》GB/T 1596 和《用于水泥、砂浆和混凝土中的粒化高炉矿渣粉》GB/T 18046 的规定，并应检验外加剂与混凝土原材料的相容性，应符合要求后再使用。掺外加剂混凝土用水包括拌和用水和养护用水，应符合现行行业标准《混凝土用水标准》JGJ 63 的规定。硅灰应符合现行国家标准《高强高性能混凝土用矿物外加剂》GB/T 18736 的规定。

（9）试配掺外加剂的混凝土应采用工程实际使用的原材料，检测项目应根据设计和施工要求确定，检测条件应与施工条件相同，当工程所用原材料或混凝土性能要求发生变化时，应重新试配。

2. 外加剂的掺量

（1）外加剂掺量应以外加剂质量占混凝土中胶凝材料总质量的百分数表示。

（2）外加剂掺量宜按供方的推荐掺量确定，应采用工程实际使用的原材料和配合比，经试验确定。当混凝土其他原材料或使用环境发生变化时，混凝土配合比、外加剂掺量可进行调整。

3. 外加剂的质量控制

（1）外加剂进场时，供方应向需方提供下列质量证明文件：

① 型式检验报告；

② 出厂检验报告与合格证；

③ 产品说明书。

（2）外加剂进场时，同一供方、同一品种的外加剂应按规范对各外加剂种类规定的检验项目与检验批量进行检验与验收，检验样品应随机抽取。外加剂进场检验方法应符合现行国家标准《混凝土外加剂》GB 8076 的规定；膨胀剂应符合现行国家标准《混凝土膨胀剂》GB/T 23439 的规定；防冻剂、速凝剂、防水剂和阻锈剂应分别符合现行行业标准《混凝土防冻剂》JC/T 475、《喷射混凝土用速凝剂》JC/T 477、《砂浆、混凝土防水剂》JC/T 474 和《钢筋阻锈剂应用技术规程》JGJ/T 192 的规定。外加剂批量进货应与留样一致，应经检验合格后再使用。

（3）经进场检验合格的外加剂应按不同供方、不同品种和不同牌号分别存放，标识应清楚。

（4）当同一品种外加剂的供方、批次、产地和等级等发生变化时，需方应对外加剂进行复检，应合格并满足设计和施工要求后再使用。

（5）粉状外加剂应防止受潮结块，有结块时，应进行检验，合格者应经粉碎至全部通过公称直径为 $630\mu m$ 的方孔筛后再使用；液体外加剂应贮存在密闭容器内，并应防晒和防冻，有沉淀、异味、漂浮等现象时，应经检验合格后再使用。

（6）外加剂计量系统在投入使用前，应经标定合格后再使用，标识应清楚、计量应准确，计量允许偏差应为 $\pm 1\%$。

（7）外加剂在贮存、运输和使用过程中应根据不同种类和品种分别采取安全防护措施。

4. 混凝土外加剂的掺加方法

混凝土外加剂在混凝土中掺量很小，这就要求其必须均匀分散才能发挥最大作用，一般不采用直接投入搅拌机中的方式。对于可溶于水的外加剂，一般制成一定浓度的液体，以便于搅拌过程中的计量和输送。对于不溶于水的外加剂可采用与水泥或砂提前搅拌均匀混合后，再加入其他原材料一起搅拌的方式。另外，按照外加剂的掺入时间不同，分为同掺法、后掺法以及分掺法三种。大量实践表明，后掺法相对于其他两种办法更能发挥外加剂的效能。

外加剂配料控制系统标识应清楚、计量应准确，计量误差不应大于外加剂用量的 2%。

第二节　混凝土外加剂技术性能试验与检测

一、试验的基本要求

1. 试验次数与要求

每项测定的试验次数规定为两次。用两次试验结果的平均值表示测定结果。

2. 试验用水

应为蒸馏水或同等纯度的水（水泥净浆流动度、水泥砂浆减水率除外）。

3. 化学试剂

所用的化学试剂除特别注明外，均为分析纯化学试剂。

4. 空白试验

使用相同量的试剂，不加入试样，按照相同的测定步骤进行试验，对得到的测定结果进行校正。

5. 灼烧

将滤纸和沉淀放入预先已灼烧并恒量的坩埚中，为避免产生火焰，在氧化性气氛中缓慢干燥、灰化，灰化至无黑色炭颗粒后，放入高温炉中，在规定的温度下灼烧。在干燥器中冷却至室温，称量。

6. 恒量

经第一次灼烧、冷却、称量后，通过连续对每次 15min 的灼烧，然后用冷却、称量的方法来检查恒定质量，当连续两次称量之差小于 0.0005g 时，即达到恒量。

7. 检查氯离子（Cl^-）（硝酸银检验）

按规定洗涤沉淀数次后，用数滴水淋洗漏斗的下端，用数毫升水洗涤滤纸和沉淀，将滤液收集在试管中，加几滴硝酸银溶液（5g/L），观察试管中溶液是否浑浊。如果浑浊，继续洗涤并检验，直至用硝酸银检验不再浑浊为止。

二、外加剂含固量检测与试验

1. 适用范围

本试验适用于各种液体的混凝土外加剂含固量检测。

2. 试验原理

将已恒量的称量瓶内放入被测液体试样于一定的温度下烘至恒量。

3. 试验仪器

（1）天平：分度值 0.0001g。

（2）鼓风电热恒温干燥箱：温度范围 0～200℃。

（3）带盖称量瓶（图 6-2）：60mm×30mm。

（2）干燥器：内盛变色硅胶。

图 6-2　称量瓶

4. 试验步骤

（1）将洁净带盖的称量瓶放入烘箱内，于 100～105℃烘 30min，取出置于干燥器内，冷却 30min 后称量，重复上述步骤直至恒量，其质量为 m_0。

（2）将被测液体试样装入已经恒量的称量瓶内，盖上盖，称出液体试样及称量瓶的总质量为 m_1。液体试样称量：3.0000～5.0000g。

（3）将盛有液体试样的称量瓶放入烘箱内，开启瓶盖，升温至 100～105℃（特殊品种除外）烘干，盖上盖，置于干燥器内冷却 30min 后称量，重复上述步骤直至恒量，其质量为 m_2。

5. 数据计算

含固量 $X_{固}$ 按式（6-1）计算：

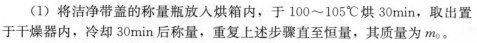

$$X_固 = \frac{m_2 - m_0}{m_1 - m_0} \times 100\%$$ 　　　　(6-1)

式中　$X_固$——含固量（%）；

　　　m_0——称量瓶的质量（g）；

　　　m_1——称量瓶加液体试样的质量（g）；

　　　m_2——称量瓶加液体试样烘干后的质量（g）。

6. 重复性限和再现性限要求

重复性限为 0.30%；

再现性限为 0.50%。

三、外加剂含水率检测与试验

1. 适用范围

本试验方法适用于各种类粉状外加剂含水率的测定。

2. 试验原理

将已恒量的称量瓶内放入被测粉状试样于一定的温度下烘至恒量。

3. 试验仪器

（1）天平：分度值 0.0001g；

（2）鼓风电热恒温干燥箱：温度范围 0～200℃；

（3）带盖称量瓶：65mm×30mm；

（4）干燥器：内盛变色硅胶。

4. 试验步骤

（1）将洁净带盖称量瓶放入烘箱内，于 100～105℃烘 30min，取出置于干燥器内，冷却 30min 后称量，重复上述步骤直至恒量，其质量为 m_0。

（2）将被测粉状试样装入已经恒量的称量瓶内，盖上盖，称出粉状试样及称量瓶的总质量为 m_1。粉状试样称量：1.0000～2.0000g。

（3）将盛有粉状试样的称量瓶放入烘箱内，开启瓶盖，升温至 100～105℃（特殊品种除外）烘干，盖上盖，置于干燥器内冷却 30min 后称量，重复上述步骤直至恒量，其质量为 m_2。

5. 结果计算

粉体外加剂的含水率 $X_水$ 按式（6-2）计算：

$$X_水 = \frac{m_1 - m_2}{m_1 - m_0} \times 100\%$$ 　　　　(6-2)

式中　$X_水$——含水率（%）；

　　　m_0——称量瓶的质量（g）；

　　　m_1——称量瓶加粉状试样的质量（g）；

　　　m_2——称量瓶加粉状试样烘干后的质量（g）。

6. 重复性限和再现性限要求

重复性限为 0.30%；

再现性限为 0.50%。

四、外加剂的密度检测与试验

（一）比重瓶法

1. 适用范围

本试验方法适用于外加剂密度的测定。

2. 试验原理

将已校正容积（V 值）的比重瓶灌满被测溶液，在（20±1）℃恒温，在天平上称出其质量。

3. 试验条件

（1）被测溶液的温度为（20±1）℃；

（2）如有沉淀应滤去。

4. 试验仪器

（1）比重瓶（图 6-3）：25mL 或 50mL。

（2）天平：分度值 0.0001g。

（3）干燥器：内盛变色硅胶。

（4）超级恒温器或同等条件的恒温设备。

图 6-3　比重瓶

5. 试验步骤

（1）比重瓶容积的校正

比重瓶依次用水、乙醇、丙酮和乙醚洗涤并吹干，塞子连瓶一起放入干燥器内，取出，称量比重瓶之质量为 m_0，直至恒量。然后将预先煮沸并经冷却的水装入瓶内，塞上塞子，使多余的水分从塞子毛细管流出，用吸水纸吸干瓶外的水。注意不能让吸水纸吸出塞子毛细管里的水，水要保持与毛细管上口相平，立即在天平称出比重瓶装满水后的质量 m_1。

（2）比重瓶在 20℃时的容积 V 按式（6-3）计算：

$$V=\frac{m_1-m_0}{0.9982} \tag{6-3}$$

式中　V——比重瓶在 20℃时容积（mL）；

　　　m_0——干燥的比重瓶质量（g）；

　　　m_1——比重瓶盛满 20℃水的质量（g）；

　0.9982——20℃时纯水的密度（g/mL）。

（3）外加剂溶液密度 ρ 的测定

将已校正 V 值的比重瓶洗净、干燥，灌满被测溶液，塞上塞子后浸入（20±1）℃超级恒温器内，恒温 20min 后取出，用吸水纸吸干瓶外的水及由毛细管溢出的溶液后，在天平上称出比重瓶装满外加剂溶液后的质量 m_2。

6. 结果计算

外加剂溶液的密度 ρ 按式（6-4）计算：

$$\rho=\frac{m_2-m_0}{V}=\frac{m_2-m_0}{m_1-m_0}\times 0.9982 \tag{6-4}$$

式中　ρ——20℃时外加剂溶液密度（g/mL）；

　　　V——比重瓶在 20℃时的容积（mL）；

　　　m_0——干燥的比重瓶质量（g）；

　　　m_1——比重瓶盛满 20℃水的质量（g）；

　　　m_2——比重瓶装满 20℃外加剂溶液后的质量（g）；

　0.9982——20℃时纯水的密度（g/mL）。

7. 重复性限和再现性限要求

重复性限为 0.001g/mL；

再现性限为 0.002g/mL。

（二）液体比重天平法

1. 适用范围

本试验方法适用于外加剂密度的测定。

2.试验原理

在液体比重天平的一端挂有一标准体积与质量之测锤，浸没于液体之中获得浮力而使横梁失去平衡，然后在横梁的 V 形槽里放置各种定量砝码使横梁恢复平衡，所加砝码之读数 d，再乘以 0.9982g/mL 即为被测溶液的密度 ρ 值。

3.试验条件

（1）被测溶液的温度为（20±1）℃；

（2）如有沉淀应滤去。

4.试验仪器

（1）液体比重天平（构造示意见图 6-4）；

（2）超级恒温器或同等条件的恒温设备。

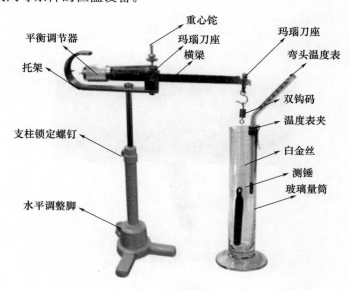

图 6-4　液体比重天平

5.试验步骤

（1）液体比重天平的调试

将液体比重天平安装在平稳不受振动的水泥台上，其周围不得有强力磁源及腐蚀性气体，在横梁的末端钩子上挂上等重砝码，调节底座上的水平调节螺钉，使横梁上的指针与托架指针成水平线相对，天平即调成水平位置。如无法调节平衡时，可将平衡调节器的定位小螺钉松开，然后略微轻动平衡调节，直至平衡为止。仍将中间定位螺钉旋紧，防止松动。将等重砝码取下，换上整套测锤，此时天平应保持平衡，允许有±0.0005 的误差存在。如果天平灵敏度过高，可将灵敏度调节旋低，反之旋高。

（2）外加剂溶液密度 ρ 的测定

将已恒温的被测溶液倒入量筒内，将液体比重天平的测锤浸没在量筒中被测溶液的中央，这时横梁失去平衡，在横梁 V 形槽与小钩上加放各种砝码后使之恢复平衡，所加砝码之读数 d，再乘以 0.9982g/mL，即为被测溶液的密度 ρ 值。

6.结果计算

将测得的数值 d 代入式（6-5）计算出密度 ρ：

$$\rho = 0.9982 \times d \qquad (6-5)$$

式中　d——20℃时被测溶液所加砝码的数值。

7.重复性限和再现性限要求

重复性限为 0.001g/mL；

再现性限为 0.002g/mL。

（三）精密密度计法

1. 适用范围

本试验方法适用于外加剂密度的测定。

2. 试验原理

先以波美比重计测出溶液的密度，再参考波美比重计所测的数据，以精密密度计准确测出试样的密度 ρ 值。

3. 试验条件

（1）被测溶液的温度为（20±1）℃；

（2）如有沉淀应滤去。

4. 试验仪器

（1）波美比重计，见图 6-5；

图 6-5　波美比重计

（2）精密密度计；

（3）超级恒温器或同等条件的恒温设备。

5. 试验步骤

将已恒温的外加剂倒入 500mL 玻璃量筒内，以波美比重计插入溶液中测出该溶液的密度。参考波美比重计所测溶液的数据，选择这一刻度范围的精密密度计插入溶液中，精确读出溶液凹液面与精密密度计相齐的刻度即为该溶液的密度 ρ。

6. 结果表示

测得的数据即为 20℃时外加剂溶液的密度。

7. 重复性限和再现性限要求

重复性限为 0.001g/mL；

再现性限为 0.002g/mL。

五、混凝土外加剂粉剂细度检测与试验

1. 适用范围

本试验方法适用于混凝土外加剂粉剂细度测定。

2. 试验原理

采用孔径为 0.315mm 的试验筛，称取烘干试样倒入筛内，用人工筛样，称量筛余物质量，按式（6-6）计算出筛余物的百分含量。

3. 试验仪器

（1）天平：分度值 0.001g；

（2）试验筛：采用孔径为 0.315mm 的铜丝网筛布。筛框有效直径 150mm、高 50mm。筛布应紧绷在筛框上，接缝应严密，并附有筛盖。

4. 试验步骤

外加剂试样应充分拌匀并经 100～105℃（特殊品种除外）烘干，称取烘干试样 10g，称准至 0.001g，倒入筛内，用人工筛样，将近筛完时，应一手执筛往复摇动，一手拍打，摇动速度约 120 次/min。其间，筛子应向一定方向旋转数次，使试样分散在筛布上，直至每分钟通过质量不超过 0.005g 时为止。称量筛余物，称准至 0.001g。

5. 结果计算

外加剂粉剂细度用筛余（％）表示，按式（6-6）计算：

$$筛余 = \frac{m_1}{m_0} \times 100\% \tag{6-6}$$

式中　m_1——筛余物质量（g）；

　　　m_0——试样质量（g）。

6. 重复性限和再现性限要求

重复性限为 0.40％；

再现性限为 0.60％。

六、混凝土外加剂 pH 测定试验

1. 适用范围

本试验方法适用于混凝土外加剂 pH 的测定。

2. 试验原理

根据奈斯特（Nernst）方程 $E = E_0 + 0.05915 \lg [H^+]$，$E = E_0 - 0.05915 pH$，利用一对电极在不同 pH 溶液中能产生不同电位差，这一对电极由测试电极（玻璃电极）和参比电极（饱和甘汞电极）组成，在 25℃时每相差一个单位 pH 时产生 59.15mV 的电位差，pH 可在仪器的刻度表上直接读出。

3. 试验仪器

（1）数显酸度计，见图 6-6。

（2）甘汞电极。

（3）玻璃电极。

（4）复合电极。

（5）天平：分度值 0.0001g。

4. 试验测试条件

（1）液体试样直接测试。

（2）粉体试样制成溶液，其浓度为 10g/L。

（3）被测溶液的温度为（20±3）℃。

5. 试验步骤

（1）酸度计校正：按仪器的出厂说明书校正仪器。

（2）pH 测量：当仪器校正好后，先用水，再用测试溶液冲洗电极，然后将电极浸入被测溶液中轻轻摇动试杯，使溶液均匀。待到酸度计的读数稳定 1min，记录读数。测量结束后，用水冲洗电极，以待下次测量。

图 6-6　数显酸度计

6. 结果表示

酸度计测出的结果即为溶液的 pH。

7. 重复性限和再现性限要求

重复性限为 0.2；

再现性限为 0.5。

七、混凝土外加剂氯离子含量检测与试验

（一）电位滴定法

1. 试验原理

用电位滴定法，以银电极或氯电极为指示电极，其电势随 Ag^+ 浓度而变化。以甘汞电极为参比电极，用电位计或酸度计测定两电极在溶液中组成原电池的电势，银离子与氯离子反应生成溶解度很小的氯化银白色沉淀。在等当点前滴入硝酸银生成氯化银沉淀，两电极间电势变化缓慢，等当点时氯离子全部生成氯化银沉淀，这时滴入少量硝酸银即引起电势急剧变化，指示出滴定终点。

2. 试剂要求

（1）硝酸（1+1）。

（2）硝酸银溶液（17g/L）：准确称取约 17g 硝酸银（$AgNO_3$），用水溶解，放入 1L 棕色容量瓶中稀释至刻度，摇匀，用 0.1000mol/L 氯化钠标准溶液对硝酸银溶液进行标定。

（3）氯化钠标准溶液（0.1000mol/L）：称取约 10g 氯化钠（基准试剂），盛在称量瓶中，于 130～150℃烘干 2h，在干燥器内冷却后精确称取 5.8443g，用水溶解并稀释至 1L，摇匀。

（4）标定硝酸银溶液（17g/L）：用移液管吸取 10mL 氯化钠标准溶液于烧杯中，加水稀释至 200mL，加 4mL 硝酸（1+1），在电磁搅拌下，用硝酸银溶液以电位滴定法测定终点，过等当点后，在同一溶液中再加入氯化钠标准溶液 10mL，继续用硝酸银溶液滴定至第二个终点，用二次微商法计算出硝酸银溶液消耗的体积 V_{01}、V_{02}，见《混凝土外加剂匀质性试验方法》GB/T 8077—2012 附录 A。

（5）10mL 氯化钠标准溶液消耗硝酸银溶液的体积 V_0，按式（6-7）计算：

$$V_0 = V_{02} - V_{01} \tag{6-7}$$

式中 V_0——10mL 氯化钠标准溶液消耗硝酸银溶液的体积（mL）；

V_{01}——空白试验中 200mL 水，加 4mL 硝酸（1+1），加 10mL 氯化钠标准溶液所消耗硝酸银溶液的体积（mL）；

V_{02}——空白试验中 200mL 水，加 4mL 硝酸（1+1），加 20mL 氯化钠标准溶液所消耗硝酸银溶液的体积（mL）。

（6）硝酸银溶液的浓度 c 按式（6-8）计算：

$$c = \frac{c'V'}{V_0} \tag{6-8}$$

式中 c——硝酸银溶液的浓度（mol/L）；

c'——氯化钠标准溶液的浓度（mol/L）；

V'——氯化钠标准溶液的体积（mL）。

3. 试验仪器

（1）电位测定仪或酸度仪。

（2）银电极或氯电极。

（3）甘汞电极。

（4）电磁搅拌器。

（5）滴定管（25mL）。

（6）移液管（10mL）。

（7）天平：分度值 0.0001g。

4. 试验步骤

(1) 准确称取外加剂试样 0.5000~5.0000g，放入烧杯中，加 200mL 水和 4mL 硝酸（1+1），使溶液呈酸性，搅拌至完全溶解，如不能完全溶解，可用快速定性滤纸过滤，并用蒸馏水洗涤残渣至无氯离子为止。

(2) 用移液管加入 10mL 的氯化钠标准溶液（0.1000mol/L），烧杯内加入电磁搅拌子，将烧杯放在电磁搅拌器上，开动搅拌器并插入银电极（或氯电极）及甘汞电极，两电极与电位计或酸度计相连接，用硝酸银溶液缓慢滴定，记录电势和对应的滴定管读数。

由于接近等当点时，电势增加很快，此时要缓慢滴加硝酸银溶液，每次定量加入 0.1mL，当电势发生突变时，表示等当点已过，此时继续滴入硝酸银溶液，直至电势趋向变化平缓，得到第一个终点时硝酸银溶液消耗的体积 V_1。

(3) 在同一溶液中，用移液管再加入 10mL 氯化钠标准溶液（此时溶液电势降低），继续用硝酸银溶液滴定，直至第二个等当点出现，记录电势和对应的 0.1mol/L 硝酸银溶液消耗的体积 V_2。

(4) 空白试验在干净的烧杯中加入 200mL 水和 4mL 硝酸（1+1）。用移液管加入 10mL 氯化钠标准溶液，在不加入试样的情况下，在电磁搅拌下，缓慢滴加硝酸银溶液，记录电势和对应的滴定管读数，直至第一个终点出现。过等当点后，在同一溶液中，再用移液管加入氯化钠标准溶液 10mL，继续用硝酸银溶液滴定至第二个终点，用二次微商法计算出硝酸银溶液消耗的体积 V_{01} 及 V_{02}。

5. 结果表示

用二次微商法计算结果，见《混凝土外加剂匀质性试验方法》GB/T 8077—2012 附录 A。通过电压对体积二次导数（即 $\Delta^2 E/\Delta V^2$）变成零的办法来求出滴定终点。假如在临近等当点时，每次加入的硝酸银溶液是相等的，此函数（$\Delta^2 E/\Delta V^2$）必定会在正负两个符号发生变化的体积之间的某一点变成零，对应这一点的体积即为终点体积，可用内插法求得。

(1) 外加剂中氯离子所消耗的硝酸银体积 V 按式（6-9）计算：

$$V = \frac{(V_1 - V_{01}) + (V_2 - V_{02})}{2} \tag{6-9}$$

式中　V_1——试样溶液加 10mL 氯化钠标准溶液所消耗的硝酸银溶液体积（mL）；

　　　V_2——试样溶液加 20mL 氯化钠标准溶液所消耗的硝酸银溶液体积（mL）。

(2) 外加剂中氯离子含量 X_{Cl^-} 按式（6-10）计算：

$$X_{Cl^-} = \frac{c \times V \times 35.45}{m \times 1000} \times 100\% \tag{6-10}$$

式中　X_{Cl^-}——外加剂中氯离子含量（%）；

　　　V——外加剂中氯离子所消耗硝酸银溶液体积（mL）；

　　　m——外加剂样品质量（g）。

6. 重复性限和再现性限要求

重复性限为 0.05%；

再现性限为 0.08%。

（二）离子色谱法

1. 试验原理

离子色谱法是液相色谱分析方法的一种，样品溶液经阴离子色谱柱分离，溶液中的阴离子 F^-、Cl^-、SO_4^{2-}、NO_3^- 被分离，同时被电导池检测。测定溶液中氯离子峰面积或峰高。

2. 试剂和材料

(1) 氮气：纯度不小于 99.8%。

(2) 硝酸：优级纯。

(3) 实验室用水：一级水（电导率小于 18MΩ·cm，0.2μm 超滤膜过滤）。

（4）氯离子标准溶液（1mg/mL）：准确称取预先在 550～600℃加热 40～50min 后，并在干燥器中冷却至室温的氯化钠（标准试剂）1.648g，用水溶解，移入 1000mL 容量瓶中，用水稀释至刻度。

（5）氯离子标准溶液（100μg/mL）：准确移取上述标准溶液 100mL 至 1000mL 容量瓶中，用水稀释至刻度。

（6）氯离子标准溶液系列：准确移取 1mL、5mL、10mL、15mL、20mL、25mL（100μg/mL 的氯离子的标准溶液）至 100mL 容量瓶中，稀释至刻度。此标准溶液系列浓度分别为：1μg/mL、5μg/mL、10μg/mL、15μg/mL、20μg/mL、25μg/mL。

3. 试验仪器

（1）离子色谱仪：包括电导检测器、抑制器、阴离子分离柱、进样定量环（25μL、50μL、100μL）。

（2）0.22μm 水性针头微孔滤器。

（3）On Guard Rp 柱：功能基为聚二乙烯基苯。

（4）注射器：1.0mL、2.5mL。

（5）淋洗液体系：

① 碳酸盐淋洗液体系：阴离子柱填料为聚苯乙烯、有机硅、聚乙烯醇或聚丙烯酸酯阴离子交换树脂。

② 氢氧化钾淋洗液体系：阴离子色谱柱 IonPacAs18 型分离柱（250mm×4mm）和 IonPacAG18 型保护柱（50mm×4mm）；或性能相当的离子色谱柱。

（6）抑制器：连续自动再生膜阴离子抑制器或微填充床抑制器。

（7）检出限：0.01μg/mL。

4. 试验步骤

（1）称量和溶解：准确称取 1g 外加剂试样，精确至 0.1mg，放入 100mL 烧杯中，加 50mL 水和 5 滴硝酸溶解试样。试样能被水溶解时，直接移入 100mL 容量瓶，稀释至刻度；当试样不能被水溶解时，采用超声和加热的方法溶解试样，再用快速滤纸过滤，滤液用 100mL 容量瓶承接，用水稀释至刻度。

（2）去除样品中的有机物：混凝土外加剂中的可溶性有机物可以用 On Guard RP 柱去除。

（3）测定色谱图：将上述处理好的溶液注入离子色谱中分离，得到色谱图，测定所得色谱峰的峰面积或峰高。

（4）氯离子含量标准曲线的绘制：在重复性条件下进行空白试验，将氯离子标准溶液系列分别在离子色谱中分离，得到色谱图，测定所得色谱峰的峰面积或峰高。以氯离子浓度为横坐标、峰面积或峰高为纵坐标绘制标准曲线。

5. 结果表示

将样品的氯离子峰面积或峰高对照标准曲线，求出样品溶液的氯离子浓度 c_1，并按照式（6-11）计算出试样中的氯离子含量。

$$X_{Cl^-} = \frac{c_1 \times V_1 \times 10^{-6}}{m} \times 100\% \tag{6-11}$$

式中　X_{Cl^-}——样品中氯离子含量（%）；

c_1——由标准曲线求得的试样溶液中氯离子的浓度（μg/mL）；

V_1——样品溶液的体积（100mL）；

m——外加剂样品质量（g）。

6. 重复性限要求（表 6-10）

表 6-10　重复性限要求

Cl⁻含量范围（%）	<0.01	0.01～0.1	0.1～1	1～10	>10
重复性限（%）	0.001	0.02	0.10	0.20	0.25

八、混凝土外加剂硫酸钠含量测定试验

（一）质量法

1. 试验原理

氯化钡溶液与外加剂试样中的硫酸盐生成溶解度极小的硫酸钡沉淀，称量经高温灼烧后的沉淀来计算硫酸钠的含量。

2. 化学试剂

（1）盐酸（1+1）；

（2）氯化铵溶液（50g/L）；

（3）氯化钡溶液（100g/L）；

（4）硝酸银溶液（1g/L）。

3. 试验仪器

（1）电阻高温炉：最高使用温度≥900℃。

（2）天平：分度值0.0001g。

（3）电磁电热式搅拌器。

（4）瓷坩埚：18~30mL。

（5）烧杯：400mL。

（6）长颈漏斗。

（7）慢速定量滤纸、快速定性滤纸。

4. 试验步骤

（1）准确称取试样约0.5g，于400mL烧杯中加入200mL水搅拌溶解，再加入氯化铵溶液50mL，加热煮沸后，用快速定性滤纸过滤，用水洗涤数次后，将滤液浓缩至200mL左右，滴加盐酸（1+1）至浓缩滤液显示酸性，再多加5~10滴盐酸，煮沸后在不断搅拌下趁热滴加氯化钡溶液10mL，继续煮沸15min，取下烧杯，置于加热板上，保持50~60℃静置2~4h或常温静置8h。

（2）用两张慢速定量滤纸过滤，烧杯中的沉淀用70℃水洗净，使沉淀全部转移到滤纸上，用温热水洗涤沉淀至无氯根为止（用硝酸银溶液检验）。

（3）将沉淀与滤纸移入预先灼烧恒重的坩埚中，小火烘干，灰化。

（4）在800℃电阻高温炉中灼烧30min，然后在干燥器里冷却至室温（约30min），取出称量，再将坩埚放回高温炉中，灼烧20min，取出冷却至室温，称量，如此反复直至恒量。

5. 结果计算

混凝土外加剂中硫酸钠含量按式（6-12）计算：

$$X_{Na_2SO_4} = \frac{m_2 - m_1 \times 0.6086}{m} \times 100\% \tag{6-12}$$

式中　$X_{Na_2SO_4}$——外加剂中硫酸钠含量（%）；

　　　　m——试样的质量（g）；

　　　　m_1——空坩埚的质量（g）；

　　　　m_2——灼烧后滤渣加坩埚的质量（g）；

　　　　0.6086——硫酸钡换算成硫酸钠的系数。

6. 重复性限和再现性限要求

重复性限为0.50%；

再现性限为0.80%。

（二）离子交换重量法

1. 试验原理

氯化钡溶液与外加剂试样中的硫酸盐生成溶解度极小的硫酸钡沉淀，称量经高温灼烧后的沉淀来计算硫酸钠的含量。

2. 化学试剂

（1）盐酸（1+1）；

（2）氯化铵溶液（50g/L）；

（3）氯化钡溶液（100g/L）；

（4）硝酸银溶液（1g/L）；

（5）预先经活化处理过的 717-OH 型阴离子交换树脂。

3. 试验仪器

（1）电阻高温炉：最高使用温度≥900℃。

（2）天平：分度值 0.0001g。

（3）电磁电热式搅拌器。

（4）瓷坩埚：18～30mL。

（5）烧杯：400mL。

（6）长颈漏斗。

（7）慢速定量滤纸、快速定性滤纸。

4. 试验步骤

（1）采用质量法测定，试样加入氯化铵溶液沉淀处理过程中，发现絮凝物而不易过滤时改用离子交换质量法。准确称取外加剂样品 0.2000～0.5000g，置于盛有 6g717-OH 型阴离子交换树脂的 100mL 烧杯中，加入 60mL 水和电磁搅拌棒，在电磁电热式搅拌器上加热至 60～65℃，搅拌 10min，进行离子交换。

（2）将烧杯取下，用快速定性滤纸于三角漏斗上过滤，弃去滤液。

（3）然后用 50～60℃氯化铵溶液洗涤树脂 5 次，再用温水洗涤 5 次，将洗液收集于另一干净的 300mL 烧杯中，滴加盐酸（1+1）至溶液显示酸性，再多加 5～10 滴盐酸，煮沸后在不断搅拌下趁热滴加氯化钡溶液 10mL，继续煮沸 15min，取下烧杯，置于加热板上，保持 50～60℃静置 2～4h 或常温静置 8h。

（4）用两张慢速定量滤纸过滤，烧杯中的沉淀用 70℃水洗净，使沉淀全部转移到滤纸上，用温热水洗涤沉淀至无氯根为止（用硝酸银溶液检验）。

（5）将沉淀与滤纸移入预先灼烧恒重的坩埚中，小火烘干，灰化。

（6）在 800℃电阻高温炉中灼烧 30min，然后在干燥器里冷却至室温（约 30min），取出称量，再将坩埚放回高温炉中，灼烧 20min，取出冷却至室温，称量，如此反复直至恒量。

5. 结果计算

混凝土外加剂中硫酸钠含量按式（6-13）计算：

$$X_{Na_2SO_4} = \frac{m_2 - m_1 \times 0.6086}{m} \times 100\% \tag{6-13}$$

式中　$X_{Na_2SO_4}$——外加剂中硫酸钠含量（%）；

　　　m——试样的质量（g）；

　　　m_1——空坩埚的质量（g）；

　　　m_2——灼烧后滤渣加坩埚的质量（g）；

　　0.6086——硫酸钡换算成硫酸钠的系数。

6. 重复性限和再现性限要求

重复性限为 0.50%；

再现性限为 0.80%。

九、混凝土外加剂净浆流动度试验

1. 适用范围

本方法适用于测定外加剂对水泥净浆的分散效果，用水泥净浆在玻璃平面上自由流淌的最大直径表示。

2. 试验仪器

（1）水泥净浆搅拌机。

（2）截锥圆模：上口直径 36mm、下口直径 60mm、高度 60mm、内壁光滑无接缝的金属制品。

（3）玻璃板（400mm×400mm，厚 5mm）。

（4）秒表。

（5）钢直尺：300mm。

（6）刮刀。

（7）电子秤：量程 200g，分度值 0.01g。

3. 试验步骤

（1）将玻璃板放置在水平位置，用湿布将玻璃板、截锥圆模、搅拌机及搅拌锅均匀擦过，使表面湿而不带水渍。

（2）将截锥圆模放在玻璃板的中央，并用湿布覆盖待用。

（3）称取水泥 300g 倒入搅拌锅内。

（4）加入推荐掺量的外加剂及 87g 或 105g 水，搅拌 4min（慢搅拌 2min，停 15s，再快搅拌 2min）。

① 生产使用中外加剂掺量由实验室确定。

② 非正在生产使用的外加剂，掺量由供方提供。

（5）将拌好的净浆迅速注入截锥圆模内，用刮刀刮平，将截锥圆模按垂直方向提起，同时开启秒表计时，任水泥净浆在玻璃板上流动至 30s，用直尺量取流淌部分互相垂直的两个方向的最大直径，取平均值作为水泥净浆流动度。

（6）每 30min 测量一次，重复（5）步骤，直至流动度在（140±5）mm。若 180min 内流动度仍大于 140mm，可停止试验，并做好记录。

4. 评定标准

水泥净浆初始流动度应大于 210mm，流动度损失 70mm 应大于 120min。

5. 说明

（1）试验仅供生产控制参考。

（2）同一品种、同一生产厂家连续供料时，以每车为一试验批。

十、混凝土外加剂水泥胶砂减水率试验

1. 试验原理

通过先测定基准胶砂流动度的用水量，再测定掺外加剂胶砂流动度的用水量，经计算得出水泥胶砂减水率。

2. 试验仪器

（1）胶砂搅拌机：符合 JC/T 681 的要求。

（2）跳桌、截锥圆模及模套、圆柱捣棒、卡尺：均应符合《水泥胶砂流动度测定方法》GB/T

2419 的规定。

（3）抹刀。

（4）天平：分度值 0.01g。

（5）天平：分度值 1g。

3. 试验材料

（1）水泥；

（2）水泥强度检验用 ISO 标准砂；

（3）外加剂。

4. 试验步骤

（1）基准胶砂流动度用水量的测定

① 先使搅拌机处于待工作状态，然后按以下程序进行操作：把水加入锅里，再加入水泥 450g，把锅放在固定架上，上升至固定位置，然后立即开动机器，低速搅拌 30s 后，在第二个 30s 开始的同时均匀地将砂子加入，机器转至高速再拌 30s。停拌 90s，在第一个 15s 内用一抹刀将叶片和锅壁上的胶砂刮入锅中，在高速下继续搅拌 60s。各个阶段搅拌时间误差应在 ±1s 以内。

② 在拌和胶砂的同时，用湿布抹擦跳桌的玻璃台面、捣棒、截锥圆模及模套内壁，并把它们置于玻璃台面中心，盖上湿布，备用。

③ 将拌好的胶砂迅速地分两次装入模内，第一次装至截锥圆模的 2/3 处，用抹刀在相互垂直的两个方向各划 5 次，并用捣棒自边缘向中心均匀捣 15 次，接着装第二层胶砂，装至高出截锥圆模约 20mm，用抹刀划 10 次，同样用捣棒捣 10 次。在装胶砂与捣实时，用手将截锥圆模按住，不要使其产生移动。

④ 捣好后取下模套，用抹刀将高出截锥圆模的胶砂刮去并抹平，随即将截锥圆模垂直向上提起置于台上，立即开动跳桌，以每秒一次的频率使跳桌连续跳动 25 次。

⑤ 跳动完毕用卡尺量出胶砂底部流动直径，取互相垂直的两个直径的平均值为该用水量时的胶砂流动度，用毫米（mm）表示。

⑥ 重复上述步骤，直至流动度达到（180±5）mm。胶砂流动度为（180±5）mm 时的用水量即为基准胶砂流动度的用水量 M_0。

（2）掺外加剂胶砂流动度用水量的测定

将水和外加剂加入锅里搅拌均匀，按操作步骤测出掺外加剂胶砂流动度达（180±5）mm 时的用水量 M_1。

5. 结果表示

（1）胶砂减水率（%）按式（6-14）计算：

$$胶砂减水率 = \frac{M_0 - M_1}{M_0} \times 100\% \tag{6-14}$$

式中　M_0——基准胶砂流动度为（180±5）mm 时的用水量（g）；

M_1——掺外加剂的胶砂流动度为（180±5）mm 时的用水量（g）。

（2）要注明试验所用水泥的强度等级、名称、型号及生产厂。

6. 重复性限和再现性限要求

重复性限为 1.0%；

再现性限为 1.5%。

十一、混凝土外加剂拌和物减水率试验方法

1. 试验用材料

（1）水泥：基准水泥是检验混凝土外加剂性能的专用水泥，是由符合表 6-11 所列品质指标的硅酸

盐水泥熟料与二水石膏共同粉磨而成的 42.5 强度等级的 P·I 型硅酸盐水泥。基准水泥必须由经中国建材联合会混凝土外加剂分会与有关单位共同确认具备生产条件的工厂供给。

硅酸盐熟料和水泥品质指标，除满足 42.5 强度等级硅酸盐水泥技术要求外，还应符合表 6-11 的要求。

表 6-11　硅酸盐熟料和水泥品质指标

项目	熟料中			水泥中	
品质指标	铝酸三钙 (C_3A) 含量	硅酸三钙 (C_3S) 含量	游离氧化钙 (f-CaO) 含量	碱（$Na_2O +$ $0.658K_2O$) 含量	比表面积
	6%～8%	55%～60%	≤1.2%	≤1.0%	(350±10) m²/kg

（2）砂：符合现行《建设用砂》GB/T 14684 中 II 区要求的中砂，但细度模数为 2.6～2.9，含泥量小于 1%。

（3）石子：符合现行《建设用卵石、碎石》GB/T 14685 要求的公称粒径为 5～20mm 的碎石或卵石，采用二级配，其中 5～10mm 占 40%，10～20mm 占 60%，满足连续级配要求，针片状物质含量小于 10%，空隙率小于 47%，含泥量小于 0.5%。如有争议，以碎石结果为准。

（4）水：符合现行《混凝土用水标准》JGJ 63 的技术要求。

（5）外加剂：需要检测的外加剂。

2. 配合比

基准混凝土配合比按现行行业标准《普通混凝土配合比设计规程》JGJ 55 进行设计。掺非引气型外加剂的受检混凝土和其对应的基准混凝土的水泥、砂、石的比例相同。配合比设计应符合以下规定：

（1）水泥用量：掺高性能减水剂或泵送剂的基准混凝土和受检混凝土的单位水泥用量为 360kg/m³；掺其他外加剂的基准混凝土和受检混凝土的单位水泥用量为 330kg/m³。

（2）砂率：掺高性能减水剂或泵送剂的基准混凝土和受检混凝土的砂率均为 43%～47%；掺其他外加剂的基准混凝土和受检混凝土的砂率为 36%～40%；但掺引气减水剂或引气剂的受检混凝土的砂率应比基准混凝土的砂率低 1%～3%。

（3）外加剂掺量：按生产厂家指定掺量。

（4）用水量：掺高性能减水剂或泵送剂的基准混凝土和受检混凝土的坍落度控制在（210±10）mm，用水量为坍落度在（210±10）mm 时的最小用水量；掺其他外加剂的基准混凝土和受检混凝土的坍落度控制在（80±10）mm。

用水量包括液体外加剂、砂、石材料中所含的水量。

3. 混凝土搅拌

采用符合现行《混凝土试验用搅拌机》JG/T 244 要求的公称容量为 60L 的单卧轴式强制搅拌机。搅拌机的拌和量应不少于 20L，不宜大于 45L。

外加剂为粉状时，将水泥、砂、石、外加剂一次投入搅拌机，干拌均匀，再加入拌和水，一起搅拌 2min。外加剂为液体时，将水泥、砂、石一次投入搅拌机，干拌均匀，再加入掺有外加剂的拌和水一起搅拌 2min。

出料后，在铁板上用人工翻拌至均匀，再行试验。各种混凝土试验材料及环境温度均应保持在（20±3）℃。

4. 试样制作及试验所需试件数量

（1）试样制作：混凝土试样制作及养护按现行《普通混凝土拌合物试验方法标准》GB/T 50080 进行，但混凝土预养温度为（20±3）℃。

（2）试验项目及数量详见表 6-12。

表 6-12　试验项目及所需数量

试验项目		外加剂类别	试验类别	试验所需数量			
				混凝土拌和批数	每批取样数目	基准混凝土总取样数目	受检混凝土总取样数目
减水率		除早强剂、缓凝剂外的各种外加剂	混凝土拌和物	3	1次	3次	3次
泌水率比		各种外加剂		3	1个	3个	3个
含气量				3	1个	3个	3个
凝结时间差				3	1个	3个	3个
1h经时变化量	坍落度	高性能减水剂、泵送剂		3	1个	3个	3个
	含气量	引气剂、引气减水剂		3	1个	3个	3个
抗压强度比		各种外加剂	硬化混凝土	3	6、9或12块	18、27或36块	
收缩率比				3	1条	3条	3条
相对耐久性		引气减水剂、引气剂		3	1条	3条	3条

注：1. 试验时，检验同一种外加剂的三批混凝土的制作宜在开始试验一周内的不同日期完成，对比的基准混凝土和受检混凝土应同时成型。

2. 试验龄期参考《混凝土外加剂》GB 8076—2008 中表 1 试验项目栏。

3. 试验前后应仔细观察试样，对有明显缺陷的试样和试验结果都应舍除。

5. 混凝土拌和物性能试验方法

(1) 坍落度和坍落度 1h 经时变化量测定

每批混凝土取一个试样。坍落度和坍落度 1h 经时变化量均以三次试验结果的平均值表示。三次试验结果的最大值和最小值与中间值之差有一个超过 10mm 时，将最大值和最小值一并舍去，取中间值作为该批的试验结果；最大值和最小值与中间值之差均超过 10mm 时，则应重做。

坍落度及坍落度 1h 经时变化量测定值以 mm 表示，结果表达修约到 5mm。

① 坍落度测定：混凝土坍落度按照 GB/T 50080 测定；但坍落度为 (210±10) mm 的混凝土，分两层装料，每层装入高度为筒高的一半，每层用插捣棒插捣 15 次。

② 坍落度 1h 经时变化量测定：当要求测定此项时，应将按照本节前述 "3. 混凝土搅拌" 中搅拌的混凝土留下足够一次混凝土坍落度的试验数量，并装入用湿布擦过的试样筒内，容器加盖，静置至 1h (从加水搅拌时开始计算)，然后倒出，在铁板上用铁锹翻拌至均匀后，再按照坍落度测定方法测定坍落度。计算出机时和 1h 之后的坍落度之差值，即得到坍落度的经时变化量。

③ 坍落度 1h 经时变化量按式 (6-15) 计算：

$$\Delta Sl = Sl_0 - Sl_{1h} \tag{6-15}$$

式中　ΔSl——坍落度经时变化量 (mm)；

Sl_0——出机时测得的坍落度 (mm)；

Sl_{1h}——1h 后测得的坍落度 (mm)。

(2) 减水率测定

减水率为坍落度基本相同时，基准混凝土和受检混凝土单位用水量之差与基准混凝土单位用水量之比。减水率按式 (6-16) 计算，应精确到 0.1%：

$$W_R = \frac{W_0 - W_1}{W_0} \times 100\% \tag{6-16}$$

式中　W_R——减水率 (%)；

W_0——基准混凝土单位用水量 (kg/m³)；

W_1——受检混凝土单位用水量 (kg/m³)。

W_R以三批试验的算术平均值计，精确到1%。若三批试验结果的最大值或最小值中有一个与中间值之差超过中间值的15%，则把最大值与最小值一并舍去，取中间值作为该组试验的减水率。若有两个测值与中间值之差均超过15%，则该批试验结果无效，应该重做。

（3）泌水率比测定

泌水率比按式（6-17）计算，应精确到1%：

$$R_B = \frac{B_t}{B_c} \times 100\%$$ (6-17)

式中　R_B——泌水率比（%）；

B_t——受检混凝土泌水率（%）；

B_c——基准混凝土泌水率（%）。

泌水率的测定和计算方法：先用湿布润湿容积为5L的带盖筒（内径为185mm、高200mm），将混凝土拌和物一次装入，在振动台上振动20s，然后用抹刀轻轻抹平，加盖以防水分蒸发。试样表面应比筒口边低约20mm。自抹面开始计算时间，在前60min，每隔10min用吸液管吸出泌水一次，以后每隔20min吸水一次，直至连续三次无泌水为止。每次吸水前5min，应将筒底一侧垫高约20mm，使筒倾斜，以便于吸水。吸水后，将筒轻轻放平盖好。将每次吸出的水都注入带塞量筒，最后计算出总的泌水量，精确至1g，并按式（6-18）、式（6-19）计算泌水率：

$$B = \frac{V_w}{(W/G)\ G_w} \times 100\%$$ (6-18)

$$G_w = G_1 - G_0$$ (6-19)

式中　B——泌水率（%）；

V_w——泌水总质量（g）；

W——混凝土拌和物的用水量（g）；

G——混凝土拌和物的总质量（g）；

G_w——试样的质量（g）；

G_1——筒及试样的质量（g）；

G_0——筒的质量（g）。

试验时，从每批混凝土拌和物中取一个试样，泌水率取三个试样的算术平均值，精确到0.1%。若三个试样的最大值或最小值中有一个与中间值之差大于中间值的15%，则把最大值与最小值一并舍去，取中间值作为该组试验的泌水率；如果最大值和最小值与中间值之差均大于中间值的15%，则应重做。

（4）含气量和含气量1h经时变化量的测定

试验时，从每批混凝土拌和物取一个试样，含气量以三个试样测值的算术平均值来表示。若三个试样中的最大值或最小值中有一个与中间值之差超过0.5%，将最大值与最小值一并舍去，取中间值作为该批的试验结果；如果最大值与最小值与中间值之差均超过0.5%，则应重做。含气量和1h经时变化量测定值精确到0.1%。

① 含气量测定：按GB/T 50080用气水混合式含气量测定仪，并按仪器说明进行操作，但混凝土拌和物应一次装满并稍高于容器，用振动台振实15～20s。

② 含气量1h经时变化量测定：当要求测定此项时，需将按照本节前述"3.混凝土搅拌"中搅拌的混凝土留下足够一次含气量试验的数量，并装入用湿布擦过的试样筒内，容器加盖，静置至1h（从加水搅拌时开始计算），然后倒出，在铁板上用铁锹翻拌均匀后，再按照含气量测定方法测定含气量。计算出机时和1h之后的含气量之差值，即得到含气量的经时变化量。

③ 含气量1h经时变化量按式（6-20）计算：

$$\Delta A = A_0 - A_{1h}$$ (6-20)

式中　ΔA——含气量经时变化量（%）；

A_0——出机后测得的含气量（%）；

A_{1h}——1h 后测得的含气量（%）。

（5）凝结时间差测定

① 凝结时间差按式（6-21）计算：

$$\Delta T = T_t - T_c \tag{6-21}$$

式中　ΔT——凝结时间之差（min）；

T_t——受检混凝土的初凝或终凝时间（min）；

T_c——基准混凝土的初凝或终凝时间（min）。

② 凝结时间采用贯入阻力仪测定，仪器精度为 10N。

凝结时间测定方法：将混凝土拌和物用 5mm（圆孔筛）振动筛筛出砂浆，拌匀后装入上口内径为 160mm、下口内径为 150mm、净高 150mm 的刚性不渗水的金属圆筒，试样表面应略低于筒口约 10mm，用振动台振实，约 3～5s，置于（20±2）℃的环境中，容器加盖。一般基准混凝土在成型后 3～4h，掺早强剂的在成型后 1～2h，掺缓凝剂的在成型后 4～6h 开始测定，以后每 0.5h 或 1h 测定一次，但在临近初、终凝时，可以缩短测定间隔时间。每次测点应避开前一次测孔，其净距为试针直径的 2 倍，但至少不小于 15mm，试针与容器边缘之距离不小于 25mm。测定初凝时间用截面积为 100mm² 的试针，测定终凝时间用 20mm² 的试针。

测试时，将砂浆试样筒置于贯入阻力仪上，测针端部与砂浆表面接触，然后在（10±2）s 内均匀地使测针贯入砂浆（25±2）mm 深度。记录贯入阻力，精确至 10N，记录测量时间，精确至 1min。贯入阻力按式（6-22）计算，精确到 0.1MPa：

$$R = \frac{P}{A} \tag{6-22}$$

式中　R——贯入阻力值（MPa）；

P——贯入深度达 25mm 时所需的净压力（N）；

A——贯入阻力仪试针的截面面积（mm²）。

根据计算结果，以贯入阻力值为纵坐标、测试时间为横坐标，绘制贯入阻力值与时间-关系曲线，求出贯入阻力值达 3.5MPa 时，对应的时间作为初凝时间；贯入阻力值达 28MPa 时，对应的时间作为终凝时间。从水泥与水接触时开始计算凝结时间。

试验时，每批混凝土拌和物取一个试样，凝结时间取三个试样的平均值。若三批试验的最大值或最小值之中有一个与中间值之差超过 30min，把最大值与最小值一并舍去，取中间值作为该组试验的凝结时间。若两测值与中间值之差均超过 30min，试验结果无效，则应重做。凝结时间以 min 表示，并修约到 5min。

6. 硬化混凝土性能试验方法

（1）抗压强度比测定

抗压强度比以掺外加剂混凝土与基准混凝土同龄期抗压强度之比表示，按式（6-23）计算，精确到 1%：

$$R = \frac{f_t}{f_c} \times 100\% \tag{6-23}$$

式中　R——抗压强度比（%）；

f_t——受检混凝土的抗压强度（MPa）；

f_c——基准混凝土的抗压强度（MPa）。

受检混凝土与基准混凝土的抗压强度按现行《混凝土物理力学性能试验方法标准》GB/T 50081 进行试验和计算。试件制作时，用振动台振动 15～20s。试样预养温度为（20±3）℃。试验结果以三批试验测值的平均值表示，若三批试验中有一批的最大值或最小值与中间值的差值超过中间值的 15%，则把最大值与最小值一并舍去，取中间值作为该批的试验结果；如有两批测值与中间值的差均超过中间值的 15%，则试验结果无效，应该重做。

（2）收缩率比的测定

收缩率比以 28d 龄期时受检混凝土与基准混凝土的收缩率的比值表示，按（6-24）式计算：

$$R_\varepsilon = \frac{\varepsilon_t}{\varepsilon_c} \times 100\% \tag{6-24}$$

式中　R_ε——收缩率比（%）；

　　　ε_t——受检混凝土的收缩率（%）；

　　　ε_c——基准混凝土的收缩率（%）。

受检混凝土及基准混凝土的收缩率按《普通混凝土长期性能和耐久性能试验方法标准》GB/T 50082 测定和计算。试样用振动台成型，振动 15～20s。每批混凝土拌和物取一个试样，以三个试样收缩率比的算术平均值表示，计算精确至 1%。

（3）相对耐久性试验

按现行《普通混凝土长期性能和耐久性能试验方法标准》GB/T 50082 进行，试样采用振动台成型，振动 15～20s，标准养护 28d 后进行冻融循环试验（快冻法）。

相对耐久性指标是以掺外加剂混凝土冻融 200 次后的动弹性模量是否不小于 80% 来评定外加剂的质量。每批混凝土拌和物取一个试样，相对动弹性模量以三个试样测值的算术平均值表示。

第七章　混凝土用水的试验与检测

本章主要包括混凝土拌和用水的技术性能、指标及其试验与检测方法。

第一节　概　　述

水是混凝土中不可或缺的组分，水的存在对混凝土的各项性能影响重大，所以要了解和掌握混凝土，必须对混凝土用水给予高度关注和重视，也很有必要掌握混凝土用水的各项性能。

一、混凝土用水的概念

混凝土用水是混凝土拌和用水和混凝土养护用水的总称，包括饮用水、地表水、地下水、再生水、混凝土企业设备洗刷水和海水等。在我国，通常所说的地表水并不包括海洋水，属于狭义的地表水的概念，主要包括河流水、湖泊水、冰用水和沼泽水，并把大气降水视为地表水体的主要补给源。日常习惯中混凝土用水是指混凝土拌和用水。

二、混凝土拌和用水

1. 混凝土拌和用水的种类

（1）地表水，是指存在于江、河、湖、塘、沼泽和冰川等中的水。

（2）地下水，存在于岩石缝隙或土壤孔隙中可以流动的水。

（3）工业再生水，指污水经适当再生工艺处理后具有使用功能的水。

2. 混凝土拌和用水质量性能要求

（1）混凝土拌和用水水质要求应符合表 7-1 的规定。对于设计使用年限为 100 年的结构混凝土，氯离子含量不得超过 500mg/L；对使用钢丝或经热处理钢筋的预应力混凝土，氯离子含量不得超过 350mg/L。

表 7-1　混凝土拌和用水水质要求

项目	预应力混凝土	钢筋混凝土	素混凝土
pH	≥5.0	≥4.5	≥4.5
不溶物（mg/L）	≤2000	≤2000	≤5000
可溶物（mg/L）	≤2000	≤5000	≤10000
Cl^-（mg/L）	≤500	≤1000	≤3500
$SO_4{}^{2-}$（mg/L）	≤600	≤2000	≤2700
碱含量（mg/L）	≤1500	≤1500	≤1500

注：碱含量按照 $Na_2O+0.658K_2O$ 计算值来表示。采用非碱活性骨料时，可不检验碱含量。

（2）地表水、地下水、再生水的放射性应符合现行国家标准《生活饮用水卫生标准》GB 5749 的规定。

（3）被检验水样应与饮用水样进行水泥凝结时间对比试验。对比试验的水泥初凝时间差及终凝时间差均不应大于 30min；同时，初凝和终凝时间应符合现行国家标准《通用硅酸盐水泥》GB 175 的规定。

（4）被检验水样应与饮用水样进行水泥胶砂强度对比试验，被检验水样配制的水泥胶砂 3d 和 28d 强度不应低于饮用水配制的水泥胶砂 3d 和 28d 强度的 90%。

（5）混凝土拌和用水不应有漂浮明显的油脂和泡沫，不应有明显的颜色和异味。

（6）混凝土企业设备洗刷水不宜用于预应力混凝土、装饰混凝土、加气混凝土和暴露于腐蚀环境的混凝土；不得用于使用碱活性或潜在碱活性骨料的混凝土。

（7）未经处理的海水严禁用于钢筋混凝土和预应力混凝土。

（8）在无法获得水源的情况下，海水可用于素混凝土，但不宜用于装饰混凝土。

3. 混凝土拌和用水的作用

拌和用水是混凝土组成中必不可少的组分，在混凝土中的作用有两个方面：一是水化作用，提供胶凝材料水化反应所需水，这部分水在混凝土总用水量中所占比例较少，一般为水泥用量的17％左右；二是润滑作用，是混凝土形成可施工性的关键，该部分水量的多少与所要求的坍落度等施工性能有直接关系，而且，各种原材料的种类、用量、需水性大小以及外加剂、纤维掺加与否关系较大。起润滑作用的水在混凝土浇筑振捣完成后逐步向混凝土表面渗透蒸发掉，而在混凝土结构中形成大大小小的渗水通道，这些渗水通道是混凝土在工作状态中遭受环境介质侵害的根本性原因，它的状况直接关系到混凝土的强度与耐久性。

三、混凝土养护用水

1. 混凝土养护用水可不检验不溶物和可溶物，其他检验项目应符合本节"二"中"2. 混凝土拌和用水质量性能要求"中（1）、（2）的规定。

2. 混凝土养护用水可不检验水泥凝结时间和水泥胶砂强度。

3. 混凝土养护水的主要作用是作为混凝土的补充用水。混凝土是水硬性材料，在凝结硬化过程中要进行水化作用，不补充水分，就不能继续进行水化作用。在混凝土强度增长期，为避免表面蒸发和其他原因造成的水分损失，使混凝土水化作用得到充分的进行，保证混凝土的强度、耐久性等技术指标，同时为防止由于干燥而产生裂缝，必须对其进行养护。

四、检测规则

1. 取样

（1）水质检验水样不应少于5L；用于测定水泥凝结时间和胶砂强度的水样不应少于3L。

（2）采集水样的容器应无污染；容器应用待采集水样冲洗三次再灌装，并应密封待用。

（3）地表水宜在水域中心部位、距水面100mm以下采集，并应记载季节、气候、雨量和周边环境的情况。

（4）地下水应在放水冲洗管道后接取，或直接用容器采集；不得将地下水积存于地表后再从中采集。

（5）再生水应在取水管道终端接取。

（6）混凝土企业设备洗刷水应沉淀后，在池中距水面100mm以下采集。

2. 检验期限和频率

（1）水样检验期限应符合下列要求：

① 水质全部项目检验宜在取样后7d内完成；

② 放射性检验、水泥凝结时间检验和水泥胶砂强度成型宜在取样后10d内完成。

（2）地表水、地下水和再生水的放射性应在使用前检验；当有可靠资料证明无放射性污染时，可不检验。

（3）地表水、地下水、再生水和混凝土企业设备洗刷水在使用前应进行检验。在使用期间，检验频率宜符合下列要求：

① 地表水每6个月检验一次。

② 地下水每年检验一次。

③ 再生水每3个月检验一次；在质量稳定一年后，可每6个月检验一次。

④ 混凝土企业设备洗刷水每3个月检验一次；在质量稳定一年后，可一年检验一次。

⑤ 当发现水受到污染和对混凝土性能有影响时，应立即检验。

五、检测依据标准

1. 《混凝土用水标准》JGJ 63—2006。
2. 《生活饮用水卫生标准》GB 5749—2022。
3. 《水质　悬浮物的测定　重量法》GB 11901—1989。
4. 《生活饮用水标准检验方法　感官性状和物理指标》GB/T 5750.4—2006。
5. 《水质　氯化物的测定　硝酸银滴定法》GB 11896—1989。
6. 《水质　硫酸盐的测定　重量法》GB 11899—1989。
7. 《水泥化学分析方法》GB/T 176—2017。
8. 《水泥标准稠度用水量、凝结时间、安定性检验方法》GB/T 1346—2011。
9. 《水泥胶砂强度检验方法（ISO 法）》GB/T 17671—2021。

六、检测结果判定

1. 符合现行国家标准《生活饮用水卫生标准》GB 5749 要求的饮用水，可不经检验作为混凝土用水。
2. 符合本节"二"中要求的水，可作为混凝土用水；符合本节"三"中要求的水，可作为混凝土养护用水。
3. 当水泥凝结时间和水泥胶砂强度的检验不满足要求时，应重新加倍抽样复检一次。

第二节　混凝土拌和用水技术性能试验与检测

一、水质 pH 的测定玻璃电极法

1. 试验原理

pH 由测量电池的电动势而得。该电池通常由饱和甘汞电极为参比电极、玻璃电极为指示电极所组成。在 25℃，溶液中每变化 1 个 pH 单位，电位差改变为 59.16mV，据此在仪器上直接以 pH 的读数表示。温度差异在仪器上有补偿装置。

2. 化学试剂

（1）标准缓冲溶液（简称标准溶液）的配制方法

① 试剂和蒸馏水的质量

在分析中，除非另作说明，均要求使用分析纯或优级纯试剂，购买经中国计量科学研究院检定合格的袋装 pH 标准物质时，可参照说明书使用。

配制标准溶液所用的蒸馏水应符合下列要求：煮沸并冷却，电导率小于 2×10^{-6} s/cm，其 pH 以 6.7～7.3 之间为宜。

② 测量 pH 时，按水样呈酸性、中性和碱性三种可能，常配制以下三种标准溶液：

a. pH 标准溶液甲（pH4.008，25℃）：称取先在 110～130℃ 干燥 2～3h 的邻苯二甲酸氢钾（$KHC_8H_4O_4$）10.12g，溶于水并在容量瓶中稀释至 1L。

b. pH 标准溶液乙（pH6.865，25℃）：分别称取先在 110～130℃ 干燥 2～3h 的磷酸二氢钾（KH_2PO_4）3.388g 和磷酸氢二钠（Na_2HPO_4）3.533g，溶于水并在容量瓶中稀释至 1L。

c. pH 标准溶液丙（pH9.180，25℃）：为了使晶体具有一定的组成，应称取与饱和溴化钠或氯化钠加蔗糖溶液（室温）共同放置在干燥器中平衡两昼夜的硼砂（$Na_2B_4O_7 \cdot 10H_2O$）3.80g，溶于水并在容量瓶中稀释 1L。

（2）当被测样品 pH 过高或过低时，应参考表 7-2 配制与其 pH 相近似的标准溶液校正仪器。

（3）标准溶液的保存

① 标准溶液要在聚乙烯瓶中密闭保存。

② 在室温条件下标准溶液一般以保存 1～2 个月为宜，当发现有浑浊、发霉或沉淀现象时，不能继续使用。

③ 在 4℃冰箱内存放，且用过的标准溶液不允许再倒回去，这样可延长使用期限。

表 7-2 pH 标准溶液的制备

标准溶液（溶质的质量物质的量浓度，mol/kg）	25℃的 pH	每 1000mL 25℃水溶液所需药品质量
基本标准		
酒石酸氢钾（25℃饱和）	3.557	6.4g KHC$_4$H$_4$O$_8$①
0.05m 柠檬酸二氢钾	3.776	11.4g KH$_2$C$_6$H$_5$O$_7$
0.05m 邻苯二甲酸氢钾	4.028	10.1g KHC$_8$H$_4$O$_4$
0.025m 磷酸二氢钾＋0.025m 磷酸氢二钠	6.865	3.388g KH$_2$PO$_4$＋3.533g Na$_2$HPO$_4$②③
0.008695m 磷酸二氢钾＋0.03043m 磷酸氢二钠	7.413	1.179g KH$_2$PO$_4$＋4.302g Na$_2$HPO$_4$②③
0.01m 硼砂	9.180	3.80g Na$_2$B$_4$O$_7$ · 10H$_2$O③
0.025m 碳酸氢钠＋0.025m 碳酸钠	10.012	2.092g NaHCO$_3$＋2.640g Na$_3$CO$_3$
辅助标准		
0.05m 四草酸钾	1.679	12.61g KH$_2$C$_4$O$_8$2H$_2$O④
氢氧化钙（25℃饱和）	12.454	1.5g Ca(OH)$_2$①

① 大约溶解度。

② 在 110～130℃烘 2～3h。

③ 必须用新煮沸并冷却的蒸馏水（不含 CO$_2$）配制。

④ 别名草酸三氢钾，使用前在（54±3）℃干燥 4～5h

（4）标准溶液的 pH 随温度变化。一些常用标准溶液的 pH（s）值见表 7-3。

表 7-3 五种标准溶液的 pH（s）值

T/C	A	B	C	D	E
0		4.003	6.984		9.464
5		3.999	6.951		9.395
10		3.998	6.923		9.332
15		3.999	6.900	7.534	9.276
20		4.002	6.881	7.500	9.225
25	3.557	4.008	6.865	7.472	9.180
30	3.552	4.015	6.853	7.448	9.139
35	3.548	4.024	6.844	7.429	9.102
38	3.548	4.030	6.840	7.413	9.081
40	3.547	4.035	6.838	7.400	9.068
45	3.547	4.047	6.834	7.389	9.038
50	3.542	4.060	6.833	7.384	9.011
55	3.554	4.075	6.834	7.380	8.985
60	3.560	4.091	6.836	7.373	8.962
70	3.580	4.126	6.845	7.367	8.921
80	3.609	4.164	6.859		8.885
90	3.650	4.205	6.877		8.850
95	3.674	4.227	6.886		8.833

表 7-3 中，标准溶液的组成如下：

A：酒石酸氢钾（25℃饱和）。

B：邻苯二甲酸氢钾，$m=0.05$mol/kg。

C：磷酸二氢钾，$m=0.025$mol/kg。

D：磷酸氢二钠，$m=0.025$mol/kg。

磷酸二氢钾，$m=0.008695\text{mol/kg}$。

磷酸氢二钠，$m=0.03043\text{mol/kg}$。

E：硼砂，$m=0.01\text{mol/kg}$。

这里 m 表示溶质的质量物质的量浓度，溶剂是水。

3. 试验仪器

（1）酸度计或离子浓度计：常规检验使用的仪器，至少应当精确到 0.1pH 单位，pH 范围从 0 至 14。如有特殊需要，应使用精度更高的仪器。

（2）玻璃电极与甘汞电极。

4. 样品的采集及处理

最好现场测定。否则，应在采样后把样品保持在 0～4℃，并在采样后 6h 之内进行测定。

5. 试验步骤

（1）仪器校准：操作程序按仪器使用说明书进行。先将水样与标准溶液调到同一温度，记录测定温度，并将仪器温度补偿旋钮调至该温度上。

用标准溶液校正仪器，该标准溶液与水样的 pH 相差不超过 2 个 pH 单位。从标准溶液中取出电极，彻底冲洗并用滤纸吸干。再将电极浸入第二个标准溶液中，其 pH 大约与第一个标准溶液相差 3 个 pH 单位，如果仪器响应的示值与第二个标准溶液的 pH（s）值之差大于 0.1pH 单位，就要检查仪器、电极或标准溶液是否存在问题。当三者均正常时，方可用于测定样品。

（2）样品测定：测定样品时，先用蒸馏水认真冲洗电极，再用水样冲洗，然后将电极浸入样品中，小心摇动或进行搅拌使其均匀，静置，待读数稳定时记下 pH。

6. 注意事项

（1）玻璃电极在使用前先放入蒸馏水中浸泡 24h 以上。

（2）测定 pH 时，玻璃电极的球泡应全部浸入溶液中，并使其稍高于甘汞电极的陶瓷芯端，以免搅拌时碰坏。

（3）必须注意玻璃电极的内电极与球泡之间、甘汞电极的内电极和陶瓷芯之间不得有气泡，以防断路。

（4）甘汞电极中的饱和氯化钾溶液的液面必须高出汞体，在室温下应有少许氯化钾晶体存在，以保证氯化钾溶液的饱和，但需注意氯化钾晶体不可过多，以防止堵塞与被测溶液的通路。

（5）测定 pH 时，为减少空气和水样中二氧化碳的溶入或挥发，在测水样之前，不应提前打开水样瓶。

（6）玻璃电极表面受到污染时，需进行处理。如果系附着无机盐结垢，可用温稀盐酸溶解；对钙镁等难溶性结垢，可用 EDTA 二钠溶液溶解；沾有油污时，可用丙酮清洗。电极按上述方法处理后，应在蒸馏水中浸泡一昼夜再使用。注意忌用无水乙醇、脱水性洗涤剂处理电极。

二、水质氯化物的测定试验（硝酸银滴定法）

1. 试验原理

在中性至弱碱性范围内（pH6.5～10.5），以铬酸钾为指示剂，用硝酸银滴定氯化物时，由于氯化银的溶解度小于铬酸银的溶解度，氯离子首先被完全沉淀出来，然后铬酸盐以铬酸银的形式被沉淀，产生砖红色，指示滴定终点到达。该沉淀滴定的反应如下：

$$Ag^+ + Cl^- \longrightarrow AgCl\downarrow$$
$$2Ag^+ + CrO_4^{2-} \longrightarrow Ag_2CrO_4\downarrow$$

2. 化学药品

分析中仅使用分析纯试剂及蒸馏水或去离子水。

（1）高锰酸钾：$c(1/5KMnO_4)=0.01\text{mol/L}$。

（2）过氧化氢（H_2O_2）：30%。

（3）乙醇：95%。

（4）硫酸溶液：$c(1/2H_2SO_4)=0.05mol/L$。

（5）氢氧化钠溶液：$c(NaOH)=0.05mol/L$。

（6）氢氧化铝悬浮液：溶解125g硫酸铝钾于1L蒸馏水中，加热至60℃，然后边搅拌边缓缓加入55mL浓氨水放置约1h后，移至大瓶中，用倾泻法反复洗涤沉淀物，直到洗出液不含氯离子为止。用水稀释至约为300mL。

（7）氯化钠标准溶液，$c(NaCl)=0.0141mol/L$，相当于500mg/L氯化物含量：将氯化钠置于瓷坩埚内，在500~600℃下灼烧40~50min。在干燥器中冷却后称取8.2400g，溶于蒸馏水中，在容量瓶中稀释至1000mL。用吸管吸取10.0mL，在容量瓶中准确稀释至100mL。1.00mL此标准溶液含0.50mg氯化物（Cl^-）。

（8）硝酸银标准溶液，$c(AgNO_3)=0.0141mol/L$：称取2.3950g于105℃烘半小时的硝酸银，溶于蒸馏水中，在容量瓶中稀释至1000mL，贮于棕色瓶中。

用氯化钠标准溶液标定其浓度：用吸管准确吸取25.00mL氯化钠标准溶液于250mL锥形瓶中，加蒸馏水25mL。另取一锥形瓶，量取蒸馏水50mL作空白样。各加入1mL铬酸钾溶液，在不断地摇动下用硝酸银标准溶液滴定至砖红色沉淀刚刚出现为终点。计算每1mL硝酸银溶液所相当的氯化物量，然后校正其浓度，再做最后标定。1.00mL此标准溶液相当于0.50mg氯化物（Cl^-）。

（9）铬酸钾溶液（50g/L）：称取5g铬酸钾（K_2CrO_4）溶于少量蒸馏水中，滴加硝酸银溶液至有红色沉淀生成。摇匀，静置12h，然后过滤并用蒸馏水将滤液稀释至100mL。

（10）酚酞指示剂溶液：称取0.5g酚酞溶于50mL95％乙醇中。加入50mL蒸馏水，再滴加0.05mol/L氢氧化钠溶液使呈微红色。

3. 试验仪器

锥形瓶，250mL；棕色滴定管，25mL；吸管，50mL和25mL。

4. 样品的采集及处理

采集代表性水样，放在干净且化学性质稳定的玻璃瓶或聚乙烯瓶内。保存时不必加入特别的防腐剂。

5. 分析步骤

（1）干扰的排除：若无以下各种干扰，此节可省去。

① 如水样浑浊及带有颜色，则取150mL或取适量水样稀释至150mL，置于250mL锥形瓶中，加入2mL氢氧化铝悬浮液，振荡过滤，弃去最初滤下的20mL，用干的清洁锥形瓶接取滤液备用。

② 如果有机物含量高或色度高，可用茂福炉灰化法预先处理水样。取适量废水样于瓷蒸发皿中，调节pH至8~9，置水浴上蒸干，然后放入茂福炉中在600℃下灼烧1h，取出冷却后，加10mL蒸馏水，移入250mL锥形瓶中，并用蒸馏水清洗三次，一并转入锥形瓶中，调节pH到7左右，稀释至50mL。

③ 由有机质而产生的较轻色度。可以加入0.01mol/L高锰酸钾2mL，煮沸。再滴加乙醇以除去多余的高锰酸钾至水样退色，过滤，滤液贮于锥形瓶中备用。

④ 如果水样中含有硫化物、亚硫酸盐或硫代硫酸盐，则加氢氧化钠溶液将水样调至中性或弱碱性，加入1mL30％过氧化氢摇匀。一分钟后加热至70~80℃，以除去过量的过氧化氢。

（2）测定步骤

① 用吸管吸取50mL水样或经过预处理的水样（若氯化物含量高，可取适量水样用蒸馏水稀释至50mL），置于锥形瓶中。另取一锥形瓶加入50mL蒸馏水做空白试验。

② 如水样pH在6.5~10.5范围内，可直接滴定，超过此范围的水样应以酚酞作指示剂，用稀硫酸或氢氧化钠溶液调节至红色刚刚退去。

③ 加入1mL铬酸钾溶液，用硝酸银标准溶液滴定至砖红色沉淀刚刚出现即为滴定终点。同样方法做空白滴定。

注：铬酸钾在水样中的浓度，会影响终点到达的迟早，在50~100mL滴定液中加入1mL5％铬酸钾溶液，使CrO_4浓度为2.6×10^{-3}~$5.2\times10^{-3}mol/L$。在滴定终点时，硝酸银加入量略过终点，可用空白测定值消除。

6. 结果表示

氯化物含量 $c(\text{mg/L})$ 按式（7-1）计算：

$$c = \frac{(V_2 - V_1) \times M \times 35.45 \times 1000}{V} \tag{7-1}$$

式中　V_1——蒸馏水消耗硝酸银标准溶液量（mL）；

　　　V_2——试样消耗硝酸银标准溶液量（mL）；

　　　M——硝酸银标准溶液的浓度（mol/L）；

　　　V——试样的体积（mL）。

三、水质硫酸盐的测定试验（质量法）

1. 试验原理

在盐酸溶液中，硫酸盐与加入的氯化钡反应形成硫酸钡沉淀。沉淀反应在接近沸腾的温度下进行，并在陈化一段时间之后过滤，用水洗到无氯离子，烘干或灼烧沉淀，称硫酸钡的质量。

2. 化学试剂

所用试剂除另有说明外，均为认可的分析纯试剂，所用水为去离子水或相当纯度的水。

（1）盐酸（1+1）。

（2）二水合氯化钡溶液（100g/L）：将 100g 二水合氯化钡（$BaCl_2 \cdot 2H_2O$）溶于约 800mL 水中，加热有助于溶解，冷却溶液并稀释至 1L，贮存在玻璃或聚乙烯瓶中。此溶液能长期保持稳定。此溶液 1mL 可沉淀约 40mgSO_4^{2-}。注意：氯化钡有毒，谨防入口。

（3）氨水（1+1）。注意：氨水能导致烧伤、刺激眼睛、呼吸系统和皮肤。

（4）甲基红指示剂溶液（1g/L）：将 0.1g 甲基红钠盐溶解在水中，并稀释到 100mL。

（5）硝酸银溶液（约 0.1mol/L）：将 1.7g 硝酸银溶解于 80mL 水中，加 0.1mL 浓硝酸，稀释至 100mL，贮存于棕色玻璃瓶中，避光保存长期稳定。

（6）碳酸钠：无水。

3. 试验仪器

（1）蒸汽浴。

（2）烘箱：带恒温控制器。

（3）马弗炉：带有加热指示器。

（4）干燥器。

（5）分析天平：可称准至 0.1mg。

（6）滤纸：酸洗过、无灰分、经硬化处理过能阻留微细沉淀的致密滤纸，即慢速定量滤纸及中速定量滤纸。

（7）滤膜：孔径为 0.45μm。

（8）熔结玻璃坩埚：G4，约 30mL。

（9）瓷坩埚：约 30mL。

（10）铂蒸发皿：250mL（可用 30～50mL 代替 250mL 铂蒸发皿，水样体积大时，可分次加入）。

4. 采样和样品

（1）样品可以采集在硬质玻璃或聚乙烯瓶中。为了不使水样中可能存在的硫化物或亚硫酸盐被空气氧化，容器必须用水样完全充满。不必加保护剂，可以冷藏较长时间。

（2）试料的制备取决于样品的性质和分析的目的。为了分析可过滤态的硫酸盐，水样应在采样后立即在现场（或尽可能快地）用 0.45μm 的微孔滤膜过滤，滤液留待分析。需要测定硫酸盐的总量时，应将水样摇匀后取试料，适当处理后进行分析。

5. 分析步骤

（1）预处理

① 将量取的适量可滤态试料（例如含 50mgSO$_4^{2-}$）置于 500mL 烧杯中，加两滴甲基红指示剂用适量的盐酸或者氨水调至显橙黄色，再加 2mL 盐酸，加水使烧杯中溶液的总体积至 200mL，加热煮沸至少 5min。

② 如果试料中二氧化硅的浓度超过 25mg/L，则应将所取试料置于铂蒸发皿中，在蒸气浴上蒸发到近干。加 1mL 盐酸，将皿倾斜并转动使酸和残渣完全接触，继续蒸发到干，放在 180℃的烘箱内完全烘干。如果试料中含有机物质，就在燃烧器的火焰上炭化，然后用 2mL 水和 1mL 盐酸把残渣浸湿，再在蒸气浴上蒸干。加入 2mL 盐酸，用热水溶解可溶性残渣后过滤。用少量热水多次反复洗涤不溶解的二氧化硅，将滤液和洗液合并，按"4. 采样和样品"中的（1）调节酸度。

③ 如果需要测总量而试料中又含有不溶解的硫酸盐，则将试料用中速定量滤纸过滤，并用少量热水洗涤滤纸，将洗涤液和滤液合并，将滤纸转移到铂蒸发皿中，在低温燃烧器上加热灰化滤纸。将 4g 无水碳酸钠同皿中残渣混合，并在 900℃加热使混合物熔融，放冷，用 50mL 水将熔融混合物转移到 500mL 烧杯中，使其溶解，并与滤液和洗液合并，按"4. 采样和样品"中的（2）调节酸度。

（2）沉淀

将上述（1）中处理所得的溶液加热至沸，在不断搅拌下缓慢加入（10±5）mL 热氯化钡溶液直到不再出现沉淀，然后多加 2mL，在 80～90℃下保持不少于 2h，或在室温至少放置 6h，最好过夜以陈化沉淀。

注：缓慢加入氯化钡溶液、煮沸均为促使沉淀凝聚减少其沉淀的可能性。

（3）过滤、沉淀灼烧或烘干

① 灼烧沉淀法

用少量无灰过滤纸纸浆与硫酸钡沉淀混合，用定量致密滤纸过滤，用热水转移并洗涤沉淀，用几份少量温水反复洗涤沉淀物，直至洗涤液不含氯化物为止。滤纸和沉淀一起，置于事先在 800℃灼烧恒重后的瓷坩埚里烘干，小心灰化滤纸后（不要让滤纸烧出火焰），将坩埚移入高温炉里，在 800℃灼烧 1h，放在干燥器内冷却，称重，直至灼烧至恒重。

② 烘干沉淀法

用在 105℃干燥并已恒重的熔结玻璃坩埚（G_4）过滤沉淀，用带橡皮头的玻璃棒及温水将沉淀定量转移到坩埚中去，用几份少量的温水反复洗涤沉淀，直至洗涤液不含氯化物。取下坩埚，并在烘箱内于（105±2）℃干燥 1～2h，放在干燥器内冷却，称重，直至干燥至恒重。

洗涤过程中氯化物的检验：在含约 5mL 硝酸银溶液的小烧杯中收集约 5mL 的洗涤水，如果没有沉淀生成或者不显浑浊，即表明沉淀中已不含氯离子。

6. 结果表示

硫酸根（SO$_4^{2-}$）的含量 S（mg/L）按式（7-2）进行计算：

$$S=\frac{(m_2-m_1)\times411.6\times1000}{V} \tag{7-2}$$

式中　m_1——坩埚质量（g）；

　　　m_2——坩埚质量＋沉淀硫酸钡质量（g）；

　　　V——试料的体积，mL；

411.6——BaSO$_4$ 质量换算为 SO$_4^{2-}$ 的因数。

7. 注意事项

（1）使用过的熔结玻璃坩埚的清洗可用每升含 5g2Na-EDTA 和 25mL 乙醇胺〔CH$_2$（OH）CH$_2$NH$_2$〕的水溶液将坩埚浸泡一夜，然后将坩埚在抽吸情况下用水充分洗涤。

（2）用少量无灰滤纸的纸浆与硫酸钡混合，能改善过滤并防止沉淀产生蠕升现象，纸浆与过滤硫酸钡的滤纸可一起灰化。

（3）将 $BaSO_4$ 沉淀陈化好并定量转移是至关重要的，否则结果会偏低。

（4）当采用灼烧法时，硫酸钡沉淀的灰化应保证空气供应充分，否则沉淀易被滤纸烧成的炭还原（$BaSO_4 + 4C \longrightarrow BaS + 4CO\downarrow$），灼烧后的沉淀将呈灰色或黑色。这时可在冷后的沉淀中加入 2～3 滴浓硫酸，然后小心加热至 SO_3 白烟不再发生为止，再在 800℃灼烧至恒重。

四、水质悬浮物的测定试验（质量法）

1. 悬浮物的定义

水质中的悬浮物是指水样通过孔径为 $0.45\mu m$ 的滤膜，截留在滤膜上并于 103～105℃烘干至恒重的固体物质。

2. 化学试剂及仪器

（1）蒸馏水或同等纯度的水。

（2）全玻璃微孔滤膜过滤器。

（3）GN-CA 滤膜：孔径 $0.45\mu m$、直径 60mm。

（4）吸滤瓶、真空泵。

（5）无齿扁嘴镊子。

3. 采样及样品贮存

（1）采样

所用聚乙烯瓶或硬质玻璃瓶要用洗涤剂洗净，再依次用自来水和蒸馏水冲洗干净。在采样之前，再用即将采集的水样清洗三次。然后，采集具有代表性的水样 500～1000mL，盖严瓶塞。

注：漂浮或浸没的不均匀固体物质不属于悬浮物质，应从水样中除去。

（2）样品贮存

采集的水样应尽快分析测定。如需放置，应贮存在 4℃冷藏箱中，但最长不得超过 7d。

注：不能加入任何保护剂，以防破坏物质在固、液间的分配平衡。

4. 分析步骤

（1）滤膜准备

用扁嘴无齿镊子夹取微孔滤膜放于事先恒重的称量瓶里，移入烘箱中于 103～105℃烘干半小时后取出，置干燥器内冷却至室温，称其质量。反复烘干、冷却、称量，直至两次称量的质量差≤0.2mg。将恒重的微孔滤膜正确地放在滤膜过滤器的滤膜托盘上，加盖配套的漏斗，并用夹子固定好。以蒸馏水湿润滤膜，并不断吸滤。

（2）测定

量取充分混合均匀的试样 100mL 抽吸过滤，使水分全部通过滤膜。再以每次 10mL 蒸馏水连续洗涤三次，继续吸滤以除去痕量水分。停止吸滤后，仔细取出载有悬浮物的滤膜放在原恒重的称量瓶里，移入烘箱中于 103～105℃下烘干 1h 后移入干燥器中，使冷却到室温，称其质量。反复烘干、冷却、称量，直至两次称量的质量差≤0.4mg 为止。

注：滤膜上截留过多的悬浮物可能夹带过多的水分，除延长干燥时间外，还可能造成过滤困难，遇此情况，可酌情少取试样。滤膜上悬浮物过少，则会增大称量误差，影响测定精度，必要时，可增大试样体积。一般以 5～100mg 悬浮物量作为量取试样体积的适用范围。

5. 结果表示

悬浮物含量 I（mg/L）按式（7-3）计算：

$$I = \frac{(A - B) \times 10^6}{V} \qquad (7\text{-}3)$$

式中　I——水中悬浮物的浓度（mg/L）；

　　　A——悬浮物+滤膜+称量瓶的质量（g）；

B——滤膜＋称量瓶的质量（g）；

V——试样的体积（mL）。

五、水质溶解性总固体含量检测

1. 试验原理

（1）水样经过滤后，在一定温度下烘干，所得的固体残渣称为溶解性总固体，包括不易挥发的可溶性盐类、有机物及能通过滤器的不溶性微粒等。

（2）烘干温度一般采用（105±3）℃。但105℃的烘干温度不能彻底除去高矿化水样中盐类所含的结晶水。采用（180±3）℃的烘干温度，可得到较为准确的结果。

（3）当水样的溶解性总固体中含有多量氯化钙、硝酸钙、氯化镁、硝酸镁时，由于这些化合物具有强烈的吸湿性，使称量不能恒定质量，此时可在水样中加入适量碳酸钠溶液而得到改进。

2. 试验仪器与化学试剂

（1）试验仪器

分析天平，感量0.1mg；水浴锅；电恒温干燥箱；瓷蒸发皿，100mL；干燥器：硅胶干燥剂；中速定量滤纸或滤膜（孔径0.45μm）及相应滤器。

（2）化学试剂

碳酸钠溶液（10g/L）：称取10g无水碳酸钠（Na_2CO_3），溶于纯水中，稀释至1000mL。

3. 分析步骤

（1）溶解性总固体（在105℃±3℃烘干）

① 将蒸发皿洗净，放在（105±3）℃的烘箱内30min，取出，于干燥器内冷却30min。

② 在分析天平上称量，再次烘烤、称量，直至恒定质量（两次称量相差不超过0.0004g）。

③ 将水样上清液用滤器过滤。用无分度吸管吸取过滤水样100mL于蒸发皿中，当水样的溶解性总固体过少时可增加水样体积。

④ 将蒸发皿置于水浴上蒸干（水浴液面不要接触皿底）。将蒸发皿移入（105±3）℃的烘箱内，1h后取出，干燥器内冷却30min，称量。

⑤ 将称过质量的蒸发皿再放入（105±3）℃的烘箱内30min，干燥器内冷却30min，称量，直至恒定质量。

（2）溶解性总固体［在（180±3）℃烘干］

① 将蒸发皿在（180±3）℃烘干并称量至恒定质量。

② 吸取100mL水样于蒸发皿中，精确加入25.0mL碳酸钠溶液于蒸发皿内，混匀。同时做一个只加25.0mL碳酸钠溶液的空白。计算水样结果时应减去碳酸钠空白的质量。

4. 数据计算

水样中溶解性总固体的质量浓度按照式（7-4）计算：

$$\rho_{(TDS)}=\frac{m_1-m_0\times1000\times1000}{V}\tag{7-4}$$

式中 $\rho_{(TDS)}$——水样中溶解性总固体的质量浓度（mg/L,）；

m_0——蒸发皿的质量（g）；

m_1——蒸发皿和溶解性总固体的质量（g）；

V——水样的体积（mL）。

六、水质碱含量检测与试验

1. 试验原理

试样经氢氟酸-硫酸蒸发处理除去硅，用热水浸取残渣，以氨水和碳酸铵分离铁、铝、钙、镁。滤液中的钾、钠用火焰光度计进行测定。

2. 试验仪器和化学试剂

(1) 试验仪器

天平（精确至 0.0001g）；铂皿（容量 50～100mL）；干燥箱；容量瓶；移液管；火焰光度计；瓷蒸发皿。

(2) 化学试剂

硫酸（1.84g/cm³，质量分数为 95%～98%）；氯化钾；氯化钠；氢氟酸（1.15～1.18g/cm³，质量分数 40%）；甲基红指示剂溶液；氨水（1+1）；盐酸（1+1）；碳酸铵溶液（10g/L）。

3. 分析步骤

(1) 以 mg/mL 为单位的氧化钾、氧化钠标准溶液的配制

母液配制：

① 0.5mg/mL 氧化钾标准液：将 KCl 固体试剂放入称量皿置于烘箱中，在 130～150℃下烘 2h，取出后置于干燥器中冷却至室温，在分析天平上精确称取 792mg，在烧杯中溶解，置于 1000mL 容量瓶中，以少量的水洗烧杯三次，洗液并入容量瓶中，然后用水稀释到刻度。

② 0.5mg/mL 氧化钠标准溶液：制备方法同上，NaCl 称取量为 943mg，最终定量于 1000mL 容量瓶。

工作液配制：

将上述母液（钠离子＋钾离子）配制成以下浓度：ⓐ0mg/100mL，即蒸馏水；ⓑ0.5mg/100mL；ⓒ1.0mg/100mL；ⓓ2.0mg/100mL；ⓔ3.0mg/100mL；ⓕ4.0mg/100mL。

(2) 火焰光度法的工作曲线的绘制

① 蒸馏水用低标旋钮调"零"。

② 4.0mg/100mL 溶液用高标旋钮调 100（也可以调更大，为小于等于 999 的任意数），反复调节直到读数稳定为止。

③ 标准溶液按ⓑ～ⓕ进样，记下读数。

④ 以读数为纵坐标、以溶液浓度为横坐标绘制标准曲线。

(3) 吸取 25mL 或 50mL 的水样置于 150mL 的蒸发皿中煮沸 5min，取下冷却，滴加 1 滴甲基红（10g/L）指示剂，加入氨水（1+1），使溶液呈黄色，加入 10mL 碳酸铵溶液（10g/L），搅匀，再次加热并保持微沸 10min，取下冷却，过滤，定容于 100mL 容量瓶中，在火焰光度计上测定碱含量。

4. 数据计算与表示

水中碱含量（A）按照式（7-5）计算表示：

$$A = C_1 + 0.658 C_2 \tag{7-5}$$

式中　C_1——氧化钠含量（%）；

　　　C_2——氧化钾含量（%）。

5. 试验要求

(1) 试验次数与要求

每一项测定的试验次数规定为两次，用两次试验结果的平均值表示测定结果。应同时进行空白试验，并对所测定结果加以校正。

(2) 分析结果以%表示，精确至小数点后两位。

七、混凝土拌和用水的胶砂强度比和水泥凝结时间差试验

1. 试验方法

将待检用水和饮用水分别进行胶砂强度试验和凝结时间试验，然后分别对应对比试验结果。

2. 试验仪器及步骤

依据现行《水泥胶砂强度检验方法（ISO 法）》GB/T 17671 和现行《水泥标准稠度用水量、凝结

时间、安定性检验方法》GB/T 1346 标准的要求，配置仪器并进行试验。

3. 结果计算

（1）水泥凝结时间差按照式（7-6）、式（7-7）计算：

$$T_c = T_{tc} - T_{cc} \tag{7-6}$$

$$T_z = T_{tz} - T_{cz} \tag{7-7}$$

式中　T_c——初凝时间差（min）；

　　　T_{tc}——被检水样初凝时间（min）；

　　　T_{cc}——饮用水初凝时间（min）；

　　　T_z——终凝时间差（min）；

　　　T_{tz}——被检水样终凝时间（min）；

　　　T_{cz}——饮用水终凝时间（min）。

（2）水泥胶砂强度比按照式（7-8）、式（7-9）计算：

$$R_3 = \frac{R_{ct3}}{R_{cc3}} \times 100\% \tag{7-8}$$

$$R_{28} = \frac{R_{ct28}}{R_{cc28}} \times 100\% \tag{7-9}$$

式中　R_3——3d 时的抗压强度比（%）；

　　　R_{28}——28d 时的抗压强度比（%）；

　　　R_{ct3}——被检水样 3d 时的抗压强度（MPa）；

　　　R_{cc3}——应用水 3d 时的抗压强度（MPa）；

　　　R_{ct28}——被检水样 3d 时的抗压强度（MPa）；

　　　R_{cc28}——应用水 3d 时的抗压强度（MPa）。

第八章　混凝土拌和物的试验与检测

本章主要包括混凝土拌和物的技术性能、指标及其试验与检测方法。

第一节　概　　述

混凝土在未凝结硬化之前，称为混凝土拌和物。它必须具有良好的和易性，便于施工，以保证能获得良好的灌注质量。混凝土拌和物凝结硬化以后，应具有足够的强度，以保证建筑物能安全地承受设计荷载；并应具有必要的耐久性。因此混凝土质量检验十分重要，质量检验不仅能够判定混凝土是否合格、能否使用，同时也是对原材料质量、混凝土配合比设计和生产过程质量的全面检查。混凝土拌和物不同的施工环境和施工条件下表现出不同的特征，而混凝土施工过程对硬化后的混凝土具有重大的影响，因此必须找出评价混凝土施工过程中的性质，才能保证混凝土的质量。

一、混凝土拌和物的基本概念

1. 混凝土拌和物

混凝土各组成材料按一定比例配合，拌制而成的尚未凝结硬化的塑性状态拌和物，称为混凝土拌和物，也称为新拌混凝土。也就是说，组成混凝土的材料——石子、砂、水泥、水等拌和料搅拌在一起，还没终凝，就是混凝土拌和物。

2. 混凝土工作性（和易性）

混凝土拌和物工作性是指混凝土拌和物满足施工操作要求及保证混凝土均匀密实应具备的特性，是一项综合的技术性质，包括有流动性、黏聚性和保水性三个方面的含义，简称混凝土工作性。

（1）流动性是指混凝土拌和物在本身自重或施工机械振捣的作用下，能产生流动，并均匀密实地填满模板的性能。

（2）黏聚性是指混凝土拌和物在施工过程中其组成材料之间有一定的黏聚力，不致产生分层和离析的现象。

（3）保水性是指混凝土拌和物在施工过程中具有一定的保水能力，不致产生严重的泌水现象。发生泌水现象的混凝土拌和物，由于水分泌出来会形成容易透水的孔隙，而影响混凝土的密实性，降低质量。

3. 混凝土配合比

混凝土配合比是指混凝土中各组成材料之间的比例关系。

4. 混凝土的坍落度

坍落度是指混凝土拌和物在自重作用下坍落的高度。坍落度是混凝土稠度、黏聚性和保水性的综合性指标，是混凝土是否易于施工操作和均匀密实的重要性能指标。

5. 混凝土的扩展度

扩展度也指坍落扩展度，是指混凝土拌和物坍落后扩展的直径。

6. 间隙通过性

间隙通过性是指混凝土拌和物均匀通过间隙的性能。

7. 泌水和压力泌水

泌水是指混凝土拌和物析出水分的现象。压力泌水是指混凝土拌和物在压力作用下的泌水现象。

二、检验项目

1. 混凝土拌和物检验基本要求

（1）试验环境，相对湿度不宜小于 50％，温度应保持在（20±5）℃；所用材料、试验设备、容器及辅助设备的温度宜与实验室温度保持一致。

（2）现场试验时，应避免混凝土拌和物试样受到风、雨雪及阳光直射的影响。

（3）制作混凝土拌和物性能试验用试样时，所采用的搅拌机应符合现行行业标准《混凝土试验用搅拌机》JG 244 的规定。

（4）试验设备使用前应经过校准。

2. 混凝土拌和物性能检验项目

混凝土拌和物性能检验包括混凝土工作性（和易性）的检验和评定、混凝土的凝结时间、混凝土拌和物中氯离子含量以及混凝土拌和物含气量的检验。

三、检验标准依据

1. 《普通混凝土配合比设计规程》JGJ 55—2011。

2. 《普通混凝土拌合物性能试验方法标准》GB/T 50080。

3. 《混凝土质量控制标准》GB 50164—2011。

四、混凝土拌和物的取样与试样制备

1. 同一组混凝土拌和物，应在同一盘混凝土或同一车混凝土中取样。取样量应多于试验所需量的 1.5 倍，且不宜少于 20L。

2. 混凝土拌和物的取样应具有代表性，宜采用多次采样的方法。宜在同一盘混凝土或同一车混凝土中的 1/4 处、1/2 处和 3/4 处分别取样，并搅拌均匀；第一次取样和最后一次取样的时间间隔不宜超过 15min。

3. 宜在取样后 5min 内开始各项性能试验。

4. 实验室制备混凝土拌和物的搅拌应符合下列规定：

（1）混凝土拌和物应采用搅拌机搅拌，搅拌前应将搅拌机冲洗干净，并预拌少量同种混凝土拌和物或水胶比相同的砂浆，搅拌机内壁挂浆后将剩余料卸出；

（2）称好的粗骨料、胶凝材料、细骨料和水应依次加入搅拌机，难溶和不溶的粉状外加剂宜与胶凝材料同时加入搅拌机，液体和可溶外加剂宜与拌和水同时加入搅拌机；

（3）混凝土拌和物宜搅拌 2min 以上，直至搅拌均匀；

（4）混凝土拌和物一次搅拌量不宜少于搅拌机公称容量的 1/4，不应大于搅拌机公称容量，且不应少于 20L。

5. 实验室搅拌混凝土时，材料用量应以质量计。骨料的称量精度应为 ±0.5％；水泥、掺和料、水、外加剂的称量精度均应为 ±0.2％。

6. 取样应记录下列内容并写入试验或检测报告：

（1）取样日期、时间和取样人；

（2）工程名称、结构部位；

（3）混凝土加水时间和搅拌时间；

（4）混凝土标记；

（5）取样方法；

（6）试样编号；

（7）试样数量；

（8）环境温度及取样的天气情况；

（9）取样混凝土的温度。

7. 在实验室制备混凝土拌和物时，除《普通混凝土拌合物性能试验方法标准》GB/T 50080—2016
第3.2.6条规定的内容外，尚应记录下列内容并写入试验或检测报告：

（1）试验环境温度；

（2）试验环境湿度；

（3）各种原材料品种、规格、产地及性能指标；

（4）混凝土配合比和每盘混凝土的材料用量。

五、主要质量性能指标

1. 混凝土拌和物性能应满足设计和施工要求。

2. 混凝土拌和物的稠度可采用坍落度、维勃稠度或扩展度表示。坍落度检验适用于坍落度不小于
10mm 的混凝土拌和物，维勃稠度检验适用于维勃稠度 5～30s 的混凝土拌和物，扩展度适用于泵送高
强混凝土和自密实混凝土。坍落度、维勃稠度和扩展度的等级划分及其稠度允许偏差应分别符合表 8-1～
表 8-4 的规定。

表 8-1　混凝土拌和物的坍落度等级划分

等级	坍落度（mm）
S1	10～40
S2	50～90
S3	100～150
S4	160～210
S5	≥220

表 8-2　混凝土拌和物的维勃稠度等级划分

等级	维勃稠度（s）
V0	≥31
V1	30～21
V2	20～11
V3	10～6
V4	5～3

表 8-3　混凝土拌和物的扩展度等级划分

等级	扩展度（mm）	等级	扩展度（mm）
F1	≤340	F4	490～550
F2	350～410	F5	560～620
F3	420～480	F6	≥630

表 8-4　混凝土拌和物稠度允许偏差

拌和物性能		允许偏差		
坍落度（mm）	设计值	≤40	50～90	≥100
	允许偏差	±10	±20	±30
维勃稠度（s）	设计值	≥11	10～6	≤5
	允许偏差	±3	±2	±1
扩展度（mm）	设计值	≥350		
	允许偏差	±30		

1. 坍落度和坍落度经时损失

混凝土坍落度实测值与控制目标值的允许偏差应符合表 8-5 的规定。常规品的泵送混凝土坍落度控制目标值不宜大于 180mm，并应满足施工要求，坍落度经时损失不宜大于 30mm/h；特制品混凝土坍落度应满足相关标准规定和施工要求。

表 8-5 混凝土拌和物稠度允许偏差   mm

项目	控制目标值	允许偏差
坍落度	≤40	±10
	50~90	±20
	≥100	±30
扩展度	≥350	±30

2. 扩展度

扩展度实测值与控制目标值的允许偏差宜符合表 8-5 的规定。自密实混凝土扩展度控制目标值不宜小于 550mm，并应满足施工要求。

（1）混凝土拌和物应在满足施工要求的前提下，尽可能采用较小的坍落度；泵送混凝土拌和物坍落度设计值不宜大于 180mm。

（2）泵送高强混凝土的扩展度不宜小于 500mm；自密实混凝土的扩展度不宜小于 600mm。

（3）混凝土拌和物的坍落度经时损失不应影响混凝土的正常施工。泵送混凝土拌和物的坍落度经时损失不宜大于 30mm/h。

（4）混凝土拌和物应具有良好的和易性，并不得离析或泌水。

（5）混凝土拌和物的凝结时间应满足施工要求和混凝土性能要求。

3. 含气量

掺用引气剂或引气型外加剂混凝土拌和物的含气量宜符合表 8-6 的规定。

表 8-6 混凝土含气量

粗骨料最大公称粒径（mm）	混凝土含气量（%）
20	≤5.5
25	≤5.0
40	≤4.5

混凝土含气量实测值不宜大于 7%。

4. 水溶性氯离子含量

混凝土拌和物中水溶性氯离子最大含量实测值应符合表 8-7 的规定。

表 8-7 混凝土拌和物中水溶性氯离子最大含量

环境条件	水溶性氯离子最大含量（质量分数，%）		
	钢筋混凝土	预应力混凝土	素混凝土
干燥环境	0.3		
潮湿但不含氯离子环境	0.2	0.06	1.0
潮湿而含有氯离子的环境、盐渍土环境	0.1		
除冰盐等侵蚀性物质的腐蚀环境	0.06		

六、混凝土拌和物性能检验

1. 在生产施工过程中，应在搅拌地点和浇筑地点分别对混凝土拌和物进行抽样检验。

2. 混凝土拌和物的检验频率应符合下列规定：

（1）混凝土坍落度取样检验频率应符合现行国家标准《混凝土强度检验评定标准》GB/T 50107 的有关规定。

（2）同一工程、同一配合比、采用同一批次水泥和外加剂的混凝土的凝结时间应至少检验 1 次。

（3）同一工程、同一配合比的混凝土的氯离子含量应至少检验 1 次；同一工程、同一配合比和采用同一批次海砂的混凝土的氯离子含量应至少检验 1 次。

3. 混凝土拌和物性能应符合本节"五"中的规定。

第二节　混凝土配合比设计试验

一、普通混凝土配合比设计试验

1. 适用范围

本试验适用于普通混凝土配合比设计、试配以及基准配合比的确定。

2. 作业条件

（1）实验室环境条件：温度为（20±5）℃。

（2）养护室的环境条件：温度为（20±2）℃，相对湿度大于 95%。

3. 仪器设备

（1）单卧轴强制式试验搅拌机：应符合《混凝土试验用搅拌机》JG 244—2009 相关技术性能规定。

（2）坍落度仪：应符合现行行业标准《混凝土坍落度仪》JG/T 248 的规定。

（3）振动台：应符合《混凝土试验用振动台》JG/T 245—2009 中的技术规定。

（4）试模：应符合《混凝土试模》JG 237—2008 的技术规定，并应定期对试模进行自检，自检周期为三个月。

（5）电子台秤和案秤：台秤最大量程 100kg，精度 10g。

（6）压力机：2000kN 压力机。

（7）计算器、铁锹、抹刀等。

4. 试验依据

（1）《普通混凝土配合比设计规程》JGJ 55—2011；

（2）《矿物掺合料应用技术规范》GB/T 51003—2014；

（3）《粉煤灰混凝土应用技术规范》GB/T 50146—2014；

（4）《混凝土外加剂》GB 8076—2008；

（5）《普通混凝土拌合物性能试验方法标准》GB/T 50080—2016；

（6）《混凝土物理力学性能试验方法标准》GB/T 50081—2019。

5. 试验步骤（确定初步配合比）

普通混凝土初步配合比通过计算确定，步骤如下：依据设计强度计算出要求的试配强度 $f_{cu,0}$，并计算确定所需水胶比；然后依次选取每立方米混凝土用水量，并由此计算出每立方米混凝土的胶凝材料总用量；选取合理的砂率，计算出每立方米混凝土所需粗、细骨料用量，以计算形成初步配合比。

（1）混凝土配制强度的确定

① 当混凝土的设计强度等级＜C60 时，混凝土的配制强度应按式（8-1）确定：

$$f_{cu,0} \geqslant f_{cu,k} + 1.645 \times \sigma \qquad (8-1)$$

式中　$f_{cu,0}$——混凝土的配制强度（MPa）；

　　　　$f_{cu,k}$——混凝土的设计强度等级值（MPa）；

σ——施工单位或混凝土公司的混凝土强度控制标准差（MPa）。

② 当混凝土的设计强度等级≥C60时，配制强度应按式（8-2）确定：

$$f_{cu,0} \geq 1.15 \times f_{cu,k} \tag{8-2}$$

式中　$f_{cu,0}$——混凝土配制强度（MPa）；

$f_{cu,k}$——混凝土的设计强度等级值（MPa）。

对于式（8-1）中混凝土强度标准差 σ 的取值，按下列规定确定：

当委托施工单位或混凝土公司具有近1个月~3个月的同一品种、同一强度等级混凝土的强度历史资料，且试件组数不少于30时，其混凝土强度标准差 σ 应按式（8-3）计算：

$$\sigma = \sqrt{\frac{\sum_{i=0}^{n} f_{cu,i}^2 - n\,m_{fcu}^2}{n-1}} \tag{8-3}$$

式中　σ——混凝土强度标准差（MPa）；

$f_{cu,i}$——统计周期内同一品种混凝土第 i 组的试件强度（MPa）；

m_{fcu}——统计周期内同一品种混凝土第 n 组试件的强度平均值（MPa）；

n——统计周期内同一品种混凝土试件总组数。

对于强度等级≤C30的混凝土，当 σ 的计算结果≥3.0MPa时，σ 按照式（8-3）计算结果取值；当 σ 的计算结果<3.0MPa时，σ 取3.0MPa。

对于强度等级>C30且≤C60的混凝土，当混凝土强度标准差 σ 计算结果≥4.0MPa时，取式（8-3）计算结果值为 σ；当混凝土强度标准差 σ 计算结果<4.0MPa时，σ 值取4.0MPa。

在没有近期的同一品种、同一强度等级混凝土强度资料足以支撑计算 σ 值时，混凝土强度标准差 σ 可按表8-8取值。

表8-8　混凝土强度标准差 σ 值　　　　　　　　　　　　　　　　　　MPa

混凝土强度标准差	≤C20	C25~C45	C50~C55
Σ	4.0	5.0	6.0

（2）计算要求所需的水胶比

① 当混凝土强度等级<C60时，混凝土的水胶比（W/B）宜按式（8-4）计算：

$$\frac{W}{B} = \frac{\alpha_a \times f_b}{f_{cu,0} + \alpha_a \times \alpha_b \times f_b} \tag{8-4}$$

式中　W/B——混凝土所需的水胶比；

α_a、α_b——回归系数；

f_b——胶凝材料28d胶砂抗压强度值（MPa），可取按照标准试验方法所测实际值（MPa），也可按式（8-5）计算确定。

② 回归系数（α_a、α_b）可根据试验统计资料确定，如没有试验统计资料，可按表8-9选用。

表8-9　回归系数（α_a、α_b）

系数	粗骨料品种	
	碎石	卵石
α_a	0.53	0.49
α_b	0.20	0.13

③ 当胶凝材料28d胶砂抗压强度值（f_b）无实测值时，可按式（8-5）计算：

$$f_b = \gamma_f \times \gamma_s \times f_{ce} \tag{8-5}$$

式中　γ_f、γ_s——粉煤灰影响系数和粒化高炉矿渣粉影响系数，可按表8-10选用；

f_{ce}——水泥 28d 胶砂抗压强度（MPa），可实测，也可按式（8-6）计算确定。

表 8-10 粉煤灰影响系数 γ_f 和粒化高炉矿渣粉影响系数 γ_s

掺量（%）	种类	
	粉煤灰影响系数 γ_f	粒化高炉矿渣粉影响系数 γ_s
0	1.00	1.00
10	0.85～0.95	1.00
20	0.75～0.85	0.95～1.00
30	0.65～0.75	0.90～1.00
40	0.55～0.65	0.80～0.90
50	—	0.70～0.85

注：1. 采用 I 级、II 级粉煤灰时宜取上限值。
　　2. 采用 S75 级粒化高炉矿渣粉时宜取下限值，采用 S95 级粒化高炉矿渣粉宜取上限值，采用 S105 级粒化高炉矿渣粉可取上限值加 0.05。
　　3. 当超出表中的掺量时，粉煤灰和粒化高炉矿渣粉影响系数应经试验确定。

④ 当水泥 28d 胶砂抗压强度（f_{ce}）无实测值时，可按式（8-6）计算：

$$f_{ce} = \gamma_c \times f_{ce,g} \tag{8-6}$$

式中　γ_c——水泥强度等级值的富余系数，可按实际统计资料确定；当缺乏实际统计资料时，也可按表 8-11 选用；

　　$f_{ce,g}$——水泥强度等级值（MPa）。

表 8-11 水泥强度等级值的富余系数 γ_c

水泥强度等级值	32.5	42.5	52.5
富余系数	1.12	1.16	1.10

（3）选取单方混凝土用水量和外加剂用量

① 不掺外加剂时，每立方米干硬性或塑性混凝土的用水量（m_{w0}）的确定。当混凝土水胶比在 0.40～0.80 范围时，可按表 8-12 和表 8-13 选取；当混凝土水胶比＜0.40 时，单方混凝土用水量通过试验确定。

表 8-12 干硬性混凝土的用水量　　kg/m³

拌和物稠度		卵石最大公称粒径（mm）			碎石最大公称粒径（mm）		
项目	指标	10.0	20.0	40.0	16.0	20.0	40.0
维勃稠度（s）	16～20	175	160	145	180	170	155
	11～15	180	165	150	185	175	160
	5～10	185	170	155	190	180	165

表 8-13 塑性混凝土的用水量　　kg/m³

拌和物稠度		卵石最大公称粒径（mm）				碎石最大公称粒径（mm）			
项目	指标	10.0	20.0	31.5	40.0	16.0	20.0	31.5	40.0
坍落度（mm）	10～30	190	170	160	150	200	185	175	165
	35～50	200	180	170	160	210	195	185	175
	55～70	210	190	180	170	220	205	195	185
	75～90	215	195	185	175	230	215	205	195

注：1. 本表用水量系采用中砂时的取值，采用细砂时，每立方米混凝土用水量可增加 5～10kg；采用粗砂时，可减少 5～10kg。
　　2. 掺用矿物掺和料和外加剂时，用水量应相应调整。

② 掺外加剂时，每立方米流动性或大流动性混凝土的用水量（m_{wo}）可按式（8-7）计算确定：

$$m_{wo} = m'_{wo} \times (1-\beta) \tag{8-7}$$

式中 m_{wo}——计算配合比每立方米混凝土的用水量（kg/m³）；

m'_{wo}——未掺外加剂时按满足实际坍落度要求推定的每立方米混凝土用水量（kg/m³），以表8-13中90mm坍落度的用水量为基础，按每增大20mm坍落度相应增加5kg/m³用水量来计算推定，当坍落度增大到180mm以上时，随坍落度相应增加的用水量可减少；

β——外加剂的减水率（%），应经试验与检测确定或厂家推荐掺量。

③ 每立方米混凝土中外加剂用量（m_{a0}）应按式（8-8）计算确定：

$$m_{a0} = m_{b0} \times \beta_a \tag{8-8}$$

式中 m_{a0}——计算配合比每立方米混凝土中外加剂用量（kg/m³）；

m_{b0}——每立方米混凝土中胶凝材料用量（kg/m³）；

β_a——外加剂掺量（%），应经混凝土试验确定。

（4）计算单方混凝土胶凝材料用量

① 单方混凝土的胶凝材料用量（m_{b0}）应按式（8-9）计算确定，并应进行试拌调整，在拌和物性能满足的情况下，取经济合理的胶凝材料用量。

$$m_{b0} = \frac{m_{w0}}{W/B} \tag{8-9}$$

式中 m_{b0}——计算配合比每立方米混凝土中胶凝材料用量（kg/m³）；

m_{wo}——每立方米混凝土的用水量（kg/m³）；

W/B——混凝土水胶比。

② 单方混凝土的矿物掺和料用量（m_{f0}）应按式（8-10）计算确定：

$$m_{f0} = m_{b0} \times \beta_f \tag{8-10}$$

式中 m_{b0}——计算配合比每立方米混凝土中胶凝材料用量（kg/m³）；

m_{f0}——每立方米混凝土中矿物掺和料用量（kg/m³）；

β_f——矿物掺和料掺量（%），可结合《普通混凝土配合比设计规程》JGJ 55—2011第3.0.5条和第5.1.1条的规定确定。

③ 每立方米混凝土的水泥用量（m_{c0}）应按式（8-11）计算：

$$m_{c0} = m_{b0} - m_{f0} \tag{8-11}$$

式中 m_{c0}——计算配合比每立方米混凝土的水泥用量（kg/m³）；

m_{f0}——每立方米混凝土中矿物掺和料用量（kg/m³）；

m_{b0}——每立方米混凝土中胶凝材料用量（kg/m³）。

（5）混凝土砂率的确定

砂率（β_s）应根据骨料的技术指标、混凝土拌和物性能和施工要求，参考既有历史资料确定。

当缺乏砂率的历史资料可参考时，混凝土砂率的确定应符合下列规定：

① 坍落度小于10mm的混凝土，其砂率应经过试验确定；

② 坍落度为10~60mm的混凝土，砂率可根据粗骨料品种、最大公称粒径及水胶比按表8-14选取；

③ 坍落度大于60mm的混凝土，其砂率可经试验确定，也可在表8-14的基础上，按坍落度每增大20mm、砂率增大1%的幅度予以调整。

表8-14　混凝土的砂率选取　　　　　　　　　　　　　　　　%

水胶比	卵石最大公称粒径（mm）			碎石最大公称粒径（mm）		
	10.0	20.0	40.0	16.0	20.0	40.0
0.40	26~32	25~31	24~30	30~35	29~34	27~32

水胶比	卵石最大公称粒径（mm）			碎石最大公称粒径（mm）		
	10.0	20.0	40.0	16.0	20.0	40.0
0.50	30～35	29～34	28～33	33～38	32～37	30～35
0.60	33～38	32～37	31～36	36～41	35～40	33～38
0.70	36～41	35～40	34～39	39～44	38～43	36～41

注：1. 本表数值系中砂的选用砂率，对细砂或粗砂，可相应地减少或增大砂率。
　　2. 只用一个单粒级粗骨料配制混凝土时，砂率应适当增大。
　　3. 采用人工砂配制混凝土时，砂率可适当增大。

（6）单方混凝土粗、细骨料用量的确定

① 采用质量法（也称假定容重法），是假定混凝土拌和物的每立方米质量（表观密度），从而求出单方混凝土骨料总用量（质量），进而结合砂率分别求得粗、细骨料的用量。粗、细骨料用量按式（8-12）和式（8-13）联立计算：

$$m_{f0} + m_{c0} + m_{g0} + m_{s0} + m_{w0} = m_{cp} \tag{8-12}$$

$$\beta_s = [m_{s0} / (m_{g0} + m_{s0})] \times 100\% \tag{8-13}$$

式中　m_{f0}——每立方米混凝土中矿物掺和料用量（kg/m³）；

　　　m_{c0}——每立方米混凝土的水泥用量（kg/m³）；

　　　m_{g0}——每立方米混凝土的粗骨料用量（kg/m³）；

　　　m_{s0}——每立方米混凝土的细骨料用量（kg/m³）；

　　　m_{w0}——每立方米混凝土的用水量（kg/m³）；

　　　m_{cp}——每立方米混凝土拌和物的假定质量（kg），可取 2350～2450kg/m³；

　　　β_s——砂率（%）。

上述关系式中假定混凝土单方质量（表观密度）m_{cp}，可根据本单位积累的试验资料来确定。在没有统计资料的情况下，可按照表 8-15 选取。

表 8-15　混凝土拌和物的假定湿表观密度参考

混凝土强度等级（MPa）	＜C20	C20～C40	＞C40
假定湿表观密度（kg/m³）	2350	2350～2400	2450

② 采用体积法（又称绝对体积法），这个方法是假设混凝土组成材料的绝对体积总和等于混凝土的体积。由联立式（8-13）和式（8-14）计算，可得出单方混凝土的粗、细骨料用量。

$$\frac{m_{c0}}{\rho_c} + \frac{m_{f0}}{\rho_f} + \frac{m_{g0}}{\rho_g} + \frac{m_{s0}}{\rho_s} + \frac{m_{w0}}{\rho_w} + 0.01\alpha = 1 \tag{8-14}$$

式中　ρ_c——水泥密度（kg/m³），可实际测定，也可取 2900～3100kg/m³；

　　　ρ_f——矿物掺和料密度（kg/m³），实际测定；

　　　ρ_g——粗骨料的表观密度（kg/m³），实际测定；

　　　ρ_s——细骨料的表观密度（kg/m³），实际测定；

　　　ρ_w——水的密度（kg/m³），可取 1000kg/m³；

　　　α——混凝土的含气量百分数，在不使用引气剂或引气型外加剂时，α 可取 1。

6. 数据处理

混凝土基准配合比确定：

（1）配合比试配一般规定

① 混凝土试配应采用强制式搅拌机进行搅拌，并应符合现行行业标准《混凝土试验用搅拌机》JG 244 的规定，搅拌方法也应与施工采用的方法相同。

② 实验室成型条件应符合现行国家标准《普通混凝土拌合物性能试验方法标准》GB/T 50080 的规定。

③ 每盘混凝土试配的最小搅拌量应符合表 8-16 的规定，并且搅拌量不应小于搅拌机公称容量的 1/4，且不应大于搅拌机公称容量。

表 8-16 混凝土试配的最小搅拌量

粗骨料最大公称料径（mm）	拌和物数量（L）
≤31.5	20
40	25

（2）初步配合比试拌。对计算确定的初步配合比进行试拌，保持计算水胶比不变，通过调整配合比其他参数使混凝土拌和物性能符合设计和施工要求，然后修正计算配合比，形成试拌配合比。

（3）试拌配合比的混凝土强度试验：

① 同强度等级、同一瓶中混凝土应采用一组三个不同的配合比进行试验。试拌的一组三个配合比是以试拌配合比为基础，另外两个配合比的水胶比较试拌配合比分别增加和减少 0.05，用水量均应与试拌配合比相同，砂率可不变或分别增加和减少 1%。

② 进行混凝土强度试验的拌和物性能应符合设计和施工要求。

③ 进行混凝土强度试验时，每个配合比应至少制作一组试件，并应标准养护到 28d 或设计规定龄期时试压。

（4）实验室配合比的确定：

① 根据前述第（3）条混凝土强度试验结果，宜绘制强度和胶水比线性关系图或插值法确定略大于配制强度对应的胶水比，由此折算成实验室配合比的水胶比；

② 在试拌配合比的基础上，根据确定的水胶比调整用水量（m_w）和外加剂用量（m_w）；

③ 以用水量乘以确定的胶水比计算得出胶凝材料用量（m_b）；

④ 根据用水量和胶凝材料用量调整粗、细骨料用量。

（5）基准配合比的确定：

① 实验室配合比拌和物表观密度和配合比校正系数的计算：

a. 配合比调整后的混凝土拌和物的表观密度应按式（8-15）计算：

$$\rho_{c,c} = m_{c0} + m_{f0} + m_{g0} + m_{s0} + m_{w0} \tag{8-15}$$

式中 $\rho_{c,c}$——混凝土拌和物的表观密度计算值（kg/m³）；

     m_{c0}——每立方米混凝土的水泥用量（kg/m³）；

     m_{f0}——每立方米混凝土的矿物掺和料用量（kg/m³）；

     m_{g0}——每立方米混凝土的粗骨料用量（kg/m³）；

     m_{s0}——每立方米混凝土的细骨料用量（kg/m³）；

     m_{w0}——每立方米混凝土的用水量（kg/m³）。

b. 混凝土配合比校正系数应按式（8-16）计算：

$$\delta = \rho_{c,t} / \rho_{c,c} \tag{8-16}$$

式中 δ——混凝土配合比校正系数；

     $\rho_{c,t}$——混凝土拌和物的表观密度实测值（kg/m³）。

② 当混凝土拌和物的表观密度实测值与计算值之差的绝对值不超过计算值的 2% 时，配合比可维持不变；当二者之差超过 2% 时，应将配合比中每项材料用量均乘以校正系数（δ），从而确定成为基准配合比。

$$\begin{cases} m_c = m_{c0} \times \delta \\ m_f = m_{f0} \times \delta \\ m_g = m_{g0} \times \delta \\ m_s = m_{s0} \times \delta \\ m_w = m_{w0} \times \delta \end{cases}$$

(6) 施工配合比的确定

实验室最后确定的基准配合比是按照骨料在绝干状态下得出的，而在实际施工应用或者预拌混凝土搅拌过程中使用都必须考虑现场砂石实际含水率变化，通过含水率换算成施工配合比。

如施工现场砂石含水率分别为 $a\%$、$b\%$，施工配合比 $1m^3$ 原材料用量如下：

$$\begin{cases} m'_c = m_c \\ m'_f = m_f \\ m'_g = m_g(1+b\%) \\ m'_s = m_s(1+a\%) \\ m'_w = m_w - (m_s \times a\% + m_g \times b\%) \end{cases}$$

配合比调整后，应测定拌和物水溶性氯离子含量，试验结果应符合相关规定。对耐久性有设计要求的混凝土应进行相关耐久性试验验证。

(7) 生产单位可根据常用材料设计出常用的混凝土配合比备用，并应在启用过程中予以验证或调整。遇有下列情况之一时，应重新进行配合比设计：

① 对混凝土性能有特殊要求时；

② 水泥、外加剂或矿物掺和料等原材料品种、质量有显著变化时。

二、有特殊要求的混凝土配合比设计

（一）抗渗混凝土

1. 抗渗混凝土的原材料应符合下列规定：

(1) 水泥宜采用普通硅酸盐水泥；

(2) 粗骨料宜采用连续级配，其最大公称粒径不宜大于 40.0mm，含泥量不得大于 1.0%，泥块含量不得大于 0.5%；

(3) 细骨料宜采用中砂，含泥量不得大于 3.0%，泥块含量不得大于 1.0%；

(4) 抗渗混凝土宜掺用外加剂和矿物掺和料，粉煤灰等级应为Ⅰ级或Ⅱ级。

2. 抗渗混凝土配合比设计规定：

(1) 最大水胶比应符合表 8-17 的规定；

(2) 每立方米混凝土中的胶凝材料用量不宜少于 320kg；

(3) 砂率宜为 35%～45%。

表 8-17　抗渗混凝土最大水胶比

设计抗渗等级	最大水胶比	
	C20～C30	C30 以上
P6	0.60	0.55
P8～P12	0.55	0.50
>P12	0.50	0.45

3. 配合比设计中混凝土抗渗技术要求的规定：

（1）配制抗渗混凝土要求的抗渗水压值应比设计值提高 0.2MPa。

（2）抗渗试验结果应满足式（8-17）的要求：

$$P_t \geq P/10 + 0.2 \tag{8-17}$$

式中　P_t——6 个试件中不少于 4 个未出现渗水时的最大水压值（MPa）；

　　　P——设计要求的抗渗等级值。

（3）掺用引气剂或引气型外加剂的抗渗混凝土，应进行含气量试验，含气量宜控制在 3.0%～5.0%。

（二）高强混凝土

1. 高强混凝土的原材料应符合下列规定：

（1）水泥应选用硅酸盐水泥或普通硅酸盐水泥；

（2）粗骨料宜采用连续级配，其最大公称粒径不宜大于 25.0mm，针片状颗粒含量不宜大于 5.0%，含泥量不应大于 0.5%，泥块含量不应大于 0.2%；

（3）细骨料的细度模数宜为 2.6～3.0，含泥量不应大于 2.0%，泥块含量不应大于 0.5%；

（4）宜采用减水率不小于 25% 的高性能减水剂；

（5）宜复合掺用粒化高炉矿渣粉、粉煤灰和硅灰等矿物掺和料；粉煤灰等级不应低于 Ⅱ 级；对强度等级不低于 C80 的高强混凝土宜掺用硅灰。

2. 高强混凝土配合比应经试验确定，在缺乏试验依据的情况下，配合比设计宜符合下列规定：

（1）水胶比、胶凝材料用量和砂率可按表 8-18 选取，并应经试配确定。

表 8-18　水胶比、胶凝材料用量和砂率

强度等级	水胶比	胶凝材料（kg/m³）	砂率（%）
≥C60，<C80	0.28～0.34	480～560	
≥C80，<C100	0.26～0.28	520～580	35～42
C100	0.24～0.26	550～600	

（2）外加剂和矿物掺和料的品种、掺量，应通过试配确定；矿物掺和料掺量宜为 25%～40%；硅灰掺量不宜大于 10%。

（3）水泥用量不宜大于 500kg/m³。

3. 试拌配合比的确定

在试配过程中，应采用三个一组不同的配合比进行混凝土强度试验，其中一个可为依据表 8-18 计算后调整拌和物的试拌配合比，另外两个配合比的水胶比，宜较试拌配合比分别增加和减少 0.02。

4. 高强混凝土设计配合比重复试验

配合比确定后还应采用该配合比进行不少于三盘混凝土的重复试验，每盘混凝土应至少成型一组试件，每组混凝土的抗压强度不应低于配制强度。

5. 高强混凝土试件

抗压强度宜采用标准试件。使用非标准尺寸试件时，尺寸折算系数应由试验确定。

（三）泵送混凝土

1. 泵送混凝土的原材料应符合下列规定：

（1）水泥应选用硅酸盐水泥、普通硅酸盐水泥、矿渣硅酸盐水泥和粉煤灰硅酸盐水泥。

（2）粗骨料宜采用连续级配，针片状颗粒含量不宜大于 10%；粗骨料的最大公称粒径与输送管径之比宜符合表 8-19 的规定。

（3）细骨料宜采用中砂，其通过公称直径为 315μm 筛孔的颗粒含量不宜少于 15%。

（4）泵送混凝土应掺用泵送剂和减水剂，并掺用矿物掺和料。

表 8-19 粗骨料的最大公称粒径与输送管径之比

粗骨料品种	泵送高度（m）	粗骨料的最大公称粒径与输送管径之比
碎石	＜50	≤1∶3.0
	50～100	≤1∶4.0
	＞100	≤1∶5.0
卵石	＜50	≤1∶2.5
	50～100	≤1∶3.0
	＞100	≤1∶4.0

2. 泵送混凝土配合比应符合下列规定：

（1）胶凝材料用量不宜小于 $300kg/m^3$；

（2）砂率宜为 35%～45%。

3. 泵送混凝土试配时应考虑坍落度经时损失。

（四）大体积混凝土

1. 大体积混凝土所用的原材料应符合下列规定：

（1）水泥宜采用中、低热硅酸盐水泥或低热矿渣硅酸盐水泥，水泥的 3d 和 7d 水化热应符合标准规定；当采用硅酸盐水泥或普通硅酸盐水泥时，应掺加矿物掺和料，胶凝材料的 3d 和 7d 水化热分别不宜大于 240kJ/kg 和 270kJ/kg。

（2）粗骨料宜为连续级配，最大公称粒径不宜小于 31.5mm，含泥量不应大于 1.0%。

（3）细骨料宜采用中砂，含泥量不应大于 3.0%。

（4）宜掺用矿物掺和料和缓凝型减水剂。

2. 当采用混凝土 60d 或 90d 龄期的设计强度时，宜采用标准尺寸试件进行抗压强度试验。

3. 大体积混凝土配合比应符合下列规定：

（1）水胶比不宜大于 0.55，用水量不宜大于 $175kg/m^3$。

（2）在保证混凝土性能要求的前提下，宜提高每立方米混凝土中的粗骨料用量；砂率宜为 38%～42%。

（3）在保证混凝土性能要求的前提下，应减少胶凝材料中的水泥用量，提高矿物掺和料掺量，矿物掺和料掺量应符合相关规定。

（4）在配合比试配和调整时，控制混凝土绝热温升不宜大于 50℃。

4. 大体积混凝土配合比应满足施工对混凝土凝结时间的要求。

三、混凝土试件制作和养护试验

1. 适用范围
本试验适用于混凝土标准养护试件的制作和养护试验。

2. 仪器设备

（1）强制式单卧轴混凝土搅拌机：应符合《混凝土试验用搅拌机》JG 244—2009 的技术性能要求。

（2）试模：应符合《混凝土试模》JG 237—2008（表 8-20）的规定，并应定期自检，自检周期为三个月，当混凝土强度等级不低于 C60 时，应采用铸铁或铸钢试模。

表 8-20 试模的主要技术要求

项目	技术要求
试模内表面和上口面粗糙度 Ra	不应大于 $3.2\mu m$
内部尺寸误差	不应大于公称尺寸的 0.2%，且不大于 1mm

项目	技术要求
夹角	90°±0.2°
平面度	100mm 不应大于 0.04mm
缝隙	不应大于 0.1mm
耐用性	在正常使用情况下，试模应至少正常使用 50 次或当使用少于 50 次时，使用期至少为 6 个月

（3）振动台：应符合《混凝土试验用振动台》JG/T 245—2009（表 8-21）的规定。

表 8-21　振动台的主要技术要求

项目	技术要求
性能	（1）振动台在启动、工作、停机时应平稳、正常，无异常声响。 （2）在空载条件下，振动台的启动时间不应大于 2s，停机后的余振时间不应大于 5s。除启动开关外，振动台还应配有设定振动时间的控制器
振幅	（1）振动台应产生垂直方向上的简谐振动。在空载条件下，振动台面中心点的垂直振幅应为（0.5±0.02）mm；台面振幅的不均匀度不应大于 10%。 （2）振动台满负荷与空载时，台面中心点的垂直振幅之比不应小于 0.7。 （3）振动台侧向水平振幅不应大于 0.1mm
频率	振动台的振动频率为（50±2）Hz。
试模固定	振动台采用电磁铁式固定混凝土试模。应保证混凝土试模在振动成型过程中无松动、滑移和损伤。电磁铁的吸力不应小于 150mm 单联试模质量的 8 倍
振动台台面	（1）振动台的台面尺寸偏差不应大于±5mm。 （2）台面应平整，其平面度误差不应大于 0.3mm。 （3）台面的平面粗糙度不应低于 R_a6.3
安全性	（1）振动台的旋转部件应有牢固可靠的防护装置。 （2）在额定电压无冷却的条件下，电磁铁连续通电 30min 后，电磁铁的表面最高温度和当时环境温度之差不得超过 15℃。 （3）经温升试验后，电磁铁线圈绝缘电阻值不应小于 2MΩ。 （4）振动台电气控制系统应安全可靠，应具备短路、过载、断相及漏电保护装置
噪声	振动台在空载条件下，噪声声压级不应大于 80dB（A）
可靠性	（1）振动台经 30min 空载运转试验后，其结构应牢固，焊缝不应开裂，连接不应松动。 （2）振动台累计无故障工作小时不应少于 100h，启动次数不应少于 1000 次

（4）脱模剂：可为矿物油或其他与混凝土不发生反应的脱模剂。

（5）捣棒：直径为（16±0.2）mm，长度为（600±5）mm，端部呈半球形。

（6）橡皮槌：槌头质量宜为 0.25～0.50kg；

（7）铁锹、抹刀等。

3. 试验步骤

1）试件的尺寸和要求

（1）试件的尺寸

① 试件的尺寸应根据混凝土中最大骨料粒径按照表 8-22 选定。

表 8-22　混凝土试件尺寸选用

试件截面尺寸（mm）	骨料最大粒径（mm）	
	劈裂抗拉强度试验	其他试验
100×100	19.0	31.5

试件截面尺寸（mm）	骨料最大粒径（mm）	
	劈裂抗拉强度试验	其他试验
150×150	37.5	37.5
200×200	—	63.0

注：骨料最大粒径是指符合《建设用卵石、碎石》GB/T 14685—2022 所规定的方孔筛的孔径。

② 抗压强度和劈裂抗拉强度的试件应符合以下规定：

a. 边长 150mm 的试件为标准试件，边长为 100mm、200mm 的试件为非标准试件。

b. 在特殊情况下，可以使用直径 150mm×300mm 高的圆柱体标准试件或者直径 100mm×200mm 高的以及直径 100mm×400mm 高的非标准试件。

c. 每组试件应为 3 块，当混凝土强度等级不小于 C60 时，宜采用标准试件。

③ 轴心抗压强度和静力受压弹性模量试件应符合以下规定：

a. 边长 150mm×150mm×300mm 的棱柱体试件是标准试件。

b. 边长 100mm×100mm×300mm 或者 200mm×200mm×400mm 的棱柱体试件是非标准试件。

c. 在特殊情况时，可以采用直径 150mm×300mm 的圆柱体标准试件或直径 100mm×200mm 以及直径 200mm×400mm 的圆柱体非标准试件。

④ 抗折强度试件应符合如下规定：

a. 边长 150mm×150mm×600mm 或者 150mm×150mm×550mm 的棱柱体试件是标准试件。

b. 边长为 100mm×100mm×400mm 的棱柱体试件是非标准试件。

（2）试样尺寸测量应符合的规定

a. 试样的边长和高度宜采用游标卡尺进行测量，应精确至 0.1mm。

b. 圆柱形试样的直径应采用游标卡尺分别在试件的上部、中部和下部相互垂直的两个位置上共测量 6 次，取测量的算术平均值作为直径值，应精确至 0.1mm。

c. 试样承压面的平面度可采用钢板尺和塞尺进行测量。测量时，应将钢板尺立起横放在试件承压面上，慢慢旋转 360°，用塞尺测量其最大间隙作为平面度值，也可采用其他专用设备测量，结果应精确至 0.01mm。

d. 试样相邻面间的夹角应采用游标量角器进行测量，应精确至 0.1°。

（3）试样的尺寸公差应符合的规定

a. 试样各边长、直径和高的尺寸公差不得超过 1mm。

b. 试样承压面的平面度公差不得超过 0.0005d（d 为试样边长），见表 8-23。

表 8-23　试样承压面公差允许值

试件横截面边长（mm）	承压面平面度公差（mm）
100	0.050
150	0.075
200	0.010

c. 试样相邻面间的夹角应为 90°，其公差不得超过 0.5°。

d. 试样制作时应采用符合标准要求的试模并精确安装，应保证试样的尺寸公差满足要求。

2）混凝土取样与试样的制备

① 混凝土取样与试样的制备应符合现行国家标准《普通混凝土拌合物性能试验方法标准》GB/T 50080 的有关规定。

② 每组试件所用的拌和物应从同一盘混凝土或同一车混凝土中取样。

③ 取样或实验室拌制的混凝土应尽快成型。

④ 制备混凝土试样时，应采取劳动防护措施。

3）混凝土试件的制作

（1）试件成型前，应检查试模的尺寸并应符合《混凝土试模》JG 237—2008 中技术要求的规定；在试模内壁上均匀地涂刷一薄层矿物油或其他不与混凝土发生反应的隔离剂。所取混凝土留样或实验室拌制的混凝土试样应在尽量短的时间内成型。一般不宜≥15min。取样或者拌制好的混凝土应用铁锹在铁板上拌和均匀，来回拌和不少于三次。

（2）宜根据混凝土拌和物的稠度或试验目的确定适宜的成型方法，混凝土应充分密实，避免分层离析。

（3）试件的振捣成型。

① 立方体和棱柱体试件的制作

当采用振动台振实成型试件时：

a. 将混凝土拌和物一次性装入试模，装料时应用抹刀沿试模内壁插捣，并使混凝土拌和物高出试模上口；

b. 试模应附着或固定在振动台上，振动时应防止试模在振动台上自由跳动，振动应持续到表面出浆且无明显大气泡逸出为止，不得过振。

当采用人工插捣制作试件时：

a. 混凝土拌和物应分两层装入模内，每层的装料厚度应大致相等。

b. 插捣应按螺旋方向从边缘向中心均匀进行。在插捣底层混凝土时，捣棒应达到试模底部；插捣上层时，捣棒应贯穿上层后插入下层 20～30mm；插捣时捣棒应保持垂直，不得倾斜，插捣后应用抹刀沿试模内壁插拔数次。

c. 每层插捣次数按 10000mm² 截面面积内≥12 次。

d. 插捣后应用橡皮槌或木槌轻轻敲击试模四周，直至插捣棒留下的空洞消失为止。

当采用插入式振捣棒振实制作试件时：

a. 将混凝土拌和物一次装入试模，装料时应用抹刀沿试模内壁插捣，并使混凝土拌和物高出试模上口。

b. 宜采用直径为 ϕ25mm 的插入式振捣棒；插入试模振捣时，振捣棒距试模底板 10～20mm 且不得触及试模底板，振动应持续到表面出浆且无明显大气泡逸出为止，并宜避免过振；振捣时间为 20s；振捣棒拔出时应缓慢，拔出后不得留有孔洞。

当采用自密实混凝土制作试件时：

应分两次将混凝土拌和物装入试模，每层的装料厚度宜相等，中间间隔 10s，混凝土应高出试模口，不应使用振动台、人工插捣或振捣棒方法成型。

当采用干硬性混凝土成型试件时：

a. 混凝土拌和完成后，应倒在不吸水的底板上，采用四分法取样装入铸铁或铸钢的试模。

b. 通过四分法将混合均匀的干硬性混凝土料装入试模约 1/2 高度，用捣棒进行均匀插捣；插捣密实后，继续装料之前，试模上方应加上套模，第二次装料应略高于试模顶面，然后进行均匀插捣，混凝土顶面应略高出于试模顶面。

c. 插捣应按螺旋方向从边缘向中心均匀进行。在插捣底层混凝土时，捣棒应达到试模底部；插捣上层时，捣棒应贯穿上层后插入下层 10～20mm；插捣时捣棒应保持垂直，不得倾斜。每层插捣完毕后，用平刀沿试模内壁插一遍。

d. 每层插捣次数按在 10000mm² 截面积内不得少于 12 次。

e. 装料插捣完毕后，将试模附着或固定在振动台上，并放置压重钢板和压重块或其他加压装置，应根据混凝土拌和物的稠度调整压重块的质量或加压装置的施加压力；开始振动，振动时间不宜少于混凝土的维勃稠度，且应表面泛浆为止。

② 圆柱体试件的制作

当采用振动台振实成型试件时：

a. 应将试模牢固地安装在振动台上，以试模的纵轴为对称轴，呈对称方式一次装入混凝土，然后进行振动密实。装料量以振动时砂浆不外溢为宜。

b. 振动时间根据混凝土的质量和振动台的性能确定，以使混凝土充分密实为原则。

采用捣棒人工插捣成型时：

a. 分层浇筑混凝土。当试件的直径为 200mm 时，分 3 层装料；当试件的直径为 150mm 或 100mm 时，分 2 层装料，各层厚度大致相等；浇筑时以试模的纵轴为对称轴，呈对称方式装入混凝土拌和物，浇筑完一层后用捣棒摊平上表面；试件的直径为 200mm 时，每层用捣棒插捣 25 次；试件的直径为 150mm 时，每层插捣 15 次；试件的直径为 100mm 时，每层插捣 8 次；插捣应按螺旋方向从边缘向中心均匀进行；在插捣底层混凝土时，捣棒应达到试模底部；插捣上层时，捣棒应贯穿该层后插入下一层 20～30mm；插捣时捣棒应保持垂直，不得倾斜。

b. 当所确定的插捣次数有可能使混凝土拌和物产生离析现象时，可酌情减少插捣次数至拌和物不产生离析的程度。

c. 插捣结束后，用橡皮槌轻轻敲打试模侧面，直到捣棒插捣后留下的孔消失为止。

采用插入式振捣棒振实时：

a. 对于直径为 100～200mm 的试件，应分 2 层浇筑混凝土。每层厚度大致相等，以试模的纵轴为对称轴，呈对称方式装入混凝土拌和物。

b. 振捣棒的插入按浇筑层上表面每 $6000mm^2$ 插入一次确定，振捣下层时振捣棒不得触及试模的底板，振捣上层时，振捣棒插入下层约 15mm 深，不得超过 20mm。

c. 振捣时间根据混凝土的质量及振捣棒的性能确定，以使混凝土充分密实为原则。

d. 振捣棒要缓慢拔出，拔出后用橡皮槌轻轻敲打试模侧面，直到捣棒插捣后留下的孔消失为止。

当采用自密实混凝土制作试件时：

a. 应分两次将混凝土拌和物装入试模，每层的装料厚度宜相等，中间间隔 10s；

b. 混凝土应高出试模口，不应使用振动台或插捣方法成型。

（4）振实后，混凝土的上表面稍低于试模顶面 1～2mm。

（5）试样成型后刮除试模上口多余的混凝土，待混凝土临近初凝时，用抹刀沿着试模口抹平。试样表面与试模边缘的高度差不得超过 0.5mm。

（6）制作的试样应有明显和持久的标记，且不破坏试样。

（7）试样的端面找平层处理应按下述方法进行：

① 拆模前当混凝土具有一定强度后，清除上表面的浮浆，并用干布吸去表面水，抹上同水胶比的水泥净浆，用压板均匀地盖在试模顶部。找平层水泥净浆的厚度要尽量薄并与试样的纵轴相垂直；为了防止压板与水泥浆之间粘固，在压板的下面垫上结实的薄纸。

② 找平处理后的端面应与试件的纵轴相垂直；端面的平面度公差不应大于 0.1mm。

③ 不进行试样端部找平层处理时，应将试样上端面研磨整平。

④ 制作的试样应有明显和持久的标记，且不破坏试件。

4）试样的养护

（1）试样成型抹面后应立即用塑料薄膜覆盖表面。

（2）标准养护试件成型后，应在（20±5）℃、相对湿度大于 50％的室内静置 24h，然后编号标记、拆模，当试样有严重缺陷时，应按废弃处理。

（3）标养试样拆模后应立即放入温度为（20±2）℃、相对湿度为 95％以上的标准养护室中养护，或在温度为（20±2）℃的不流动氢氧化钙饱和溶液中养护。标准养护室内的试样应放在支架上，彼此间隔 10～20mm，试样表面应保持潮湿，但不得用水直接冲淋试件。

（4）同条件养护试样的拆模时间可与实际构件的拆模时间相同。拆模后，试样仍需保持构件相同条件进行养护。

（5）标准养护龄期为从搅拌加水开始计时至 28d，养护龄期的允许偏差宜符合表 8-24 的规定。

表 8-24　养护龄期允许偏差

养护龄期	1d	3d	7d	28d	56d 或 60d	≥84d
允许偏差	±30min	±2h	±6h	±20h	±24h	±48h

第三节　混凝土拌和物技术性能试验与检测

一、混凝土拌和物坍落度和坍落度经时损失测定试验

（一）混凝土坍落度测定试验

1. 适用范围

本方法宜用于骨料最大公称粒径不大于 40mm、坍落度不小于 10mm 的混凝土拌和物坍落度的测定。

2. 试验设备

（1）坍落度仪，应符合现行行业标准《混凝土坍落度仪》JG/T 248 的规定；

（2）钢尺 2 把，钢尺的量程不应小于 300mm，分度值不应大于 1mm；

（3）底板应采用平面尺寸不小于 1500mm×1500mm、厚度不小于 3mm 的钢板，其最大挠度不应大于 3mm（图 8-1）。

图 8-1　坍落度仪

3. 试验步骤

（1）坍落度筒内壁和底板应润湿无明水；底板应放置在坚实水平面上，并把坍落度筒放在底板中心，然后用脚踩住两边的脚踏板，坍落度筒在装料时应保持在固定的位置。

（2）混凝土拌和物试样应分三层均匀地装入坍落度筒内，每装一层混凝土拌和物，应用捣棒由边缘到中心按螺旋形均匀插捣 25 次，捣实后每层混凝土拌和物试样高度约为筒高的 1/3。

（3）插捣底层时，捣棒应贯穿整个深度，插捣第二层和顶层时，捣棒应插透本层至下一层表面。

（4）顶层混凝土拌和物装料应高出筒口，插捣过程中，混凝土拌和物低于筒口时，应随时添加。

（5）顶层插捣完后，取下装料漏斗，应将多余混凝土拌和物刮去，并沿筒口抹平。

（6）清除筒边底板上的混凝土后，应垂直平稳地提起坍落度筒，并轻放于试样旁边；当试样不再继续坍落或坍落时间达 30s 时，用钢尺测量出筒高与坍落后混凝土试体最高点之间的高度差，作为该混凝土拌和物的坍落度值。

4. 注意事项

（1）坍落度筒的提离过程宜控制在 3～7s；从开始装料到提坍落度筒的整个过程应连续进行，并在 150s 内完成。

（2）将坍落度筒提起后混凝土发生一边崩塌或剪坏现象时，应重新取样另行测定；第二次试验仍出现一边崩塌或剪坏现象，应予记录说明。

5. 结果表示

混凝土拌和物坍落度值测量应精确至 1mm，结果应修约至 5mm。

（二）混凝土坍落度经时损失试验

1. 适用范围

本试验方法可用于混凝土拌和物的坍落度随静置时间变化的测定。

2. 试验设备

（1）坍落度仪，应符合现行《混凝土坍落度仪》JG/T 248 的规定；

（2）钢尺 2 把，钢尺的量程不应小于 300mm，分度值不应大于 1mm；

（3）底板应采用平面尺寸不小于 1500mm×1500mm、厚度不小于 3mm 的钢板，其最大挠度不应大于 3mm；

（4）计时器。

3. 试验步骤

（1）应测量出机时的混凝土拌和物的初始坍落度值 H_0。

（2）将全部混凝土拌和物试样装入塑料桶或不被水泥浆腐蚀的金属桶内，应用桶盖或塑料薄膜密封静置。

（3）自搅拌加水开始计时，静置 60min 后应将桶内混凝土拌和物试样全部倒入搅拌机内，搅拌 20s，进行坍落度试验，得出 60min 坍落度值 H_{60}。

（4）计算初始坍落度值与 60min 坍落度值的差值（$H_0 - H_{60}$），即得到 60min 混凝土坍落度经时损失试验结果。

4. 注意事项

当工程要求调整静置时间时，则应按实际静置时间测定并计算混凝土坍落度经时损失。

二、混凝土扩展度试验及扩展度经时损失测定试验

（一）扩展度测定试验

1. 适用范围

本试验方法宜用于骨料最大公称粒径不大于 40mm、坍落度不小于 160mm 混凝土扩展度的测定。

2. 试验设备

（1）坍落度仪，应符合现行《混凝土坍落度仪》JG/T 248 的规定；

（2）钢尺，量程不应小于 1000mm，分度值不应大于 1mm；

（3）底板应采用平面尺寸不小于 1500mm×1500mm、厚度不小于 3mm 的钢板，其最大挠度不应大于 3mm，或者采用坍落扩展仪，见图 8-2。

图 8-2　坍落扩展仪

3．试验步骤

（1）试验设备准备、混凝土拌和物装料和插捣应符合本节"一"中"（一）混凝土坍落度测定试验"中"3．试验步骤"中第（1）～（5）的规定。

（2）清除筒边底板上的混凝土后，应垂直平稳地提起坍落度筒，坍落度筒的提离过程宜控制在3～7s；当混凝土拌和物不再扩散或扩散持续时间已达50s时，应使用钢尺测量混凝土拌和物展开扩展面的最大直径以及与最大直径呈垂直方向的直径。

（3）当两直径之差小于50mm时，应取其算术平均值作为扩展度试验结果；当两直径之差不小于50mm时，应重新取样另行测定。

4．注意事项

（1）发现粗骨料在中央堆集或边缘有浆体析出时，应记录说明。

（2）扩展度试验从开始装料到测得混凝土扩展度值的整个过程应连续进行，并应在4min内完成。

5．结果表示

混凝土拌和物扩展度值测量应精确至1mm，结果修约至5mm。

（二）扩展度经时损失试验

1．适用范围

本试验方法可用于混凝土拌和物的扩展度随静置时间变化的测定。

2．试验设备

（1）坍落度仪，应符合现行《混凝土坍落度仪》JG/T 248的规定；

（2）钢尺，量程不应小于1000mm，分度值不应大于1mm；

（3）底板应采用平面尺寸不小于1500mm×1500mm、厚度不小于3mm的钢板，其最大挠度不应大于3mm，或者采用坍落扩展仪图8-2。

3．试验步骤

（1）应测量出机时的混凝土拌和物的初始扩展度值L_0。

（2）将全部混凝土拌和物试样装入塑料桶或不被水泥浆腐蚀的金属桶内，应用桶盖或塑料薄膜密封静置。

（3）自搅拌加水开始计时，静置60min后应将桶内混凝土拌和物试样全部倒入搅拌机内，搅拌20s，即进行扩展度试验，得出60min扩展度值L_{60}。

（4）计算初始扩展度值与60min扩展度值的差值（L_0-L_{60}），可得到60min混凝土扩展度经时损失试验结果。

4．注意事项

当工程要求调整静置时间时，则应按实际静置时间测定并计算混凝土扩展度经时损失。

三、混凝土的维勃稠度测定试验

1．适用范围

本试验方法宜用于骨料最大公称粒径不大于40mm、维勃稠度在5～30s的混凝土拌和物维勃稠度的测定；坍落度不大于50mm或干硬性混凝土和维勃稠度大于30s的特干硬性混凝土拌和物的稠度，可采用增实因数法进行测定。

2．试验设备

（1）维勃稠度仪，应符合现行《维勃稠度仪》JG/T 250的规定，见图8-3；

（2）秒表，精度不应低于0.1s；

（3）坍落度筒。

3．试验步骤

（1）维勃稠度仪应放置在坚实水平面上，容器、坍落度筒内壁及其他用具应润湿无明水。

（2）喂料斗应提到坍落度筒上方扣紧，校正容器位置，应使其中心与喂料中心重合，然后拧紧固定螺钉。

（3）混凝土拌和物试样应分三层均匀地装入坍落度筒内，捣实后每层高度应约为筒高的 1/3。每装一层，应用捣棒在筒内由边缘到中心按螺旋形均匀插捣 25 次；插捣底层时，捣棒应贯穿整个深度，插捣第二层和顶层时，捣棒应插透本层至下一层的表面；顶层混凝土装料应高出筒口，插捣过程中，混凝土低于筒口时，应随时添加。

（4）顶层插捣完应将喂料斗转离，沿坍落度筒口刮平顶面，垂直地提起坍落度筒，不应使混凝土拌和物试样产生横向的扭动。

（5）将透明圆盘转到混凝土圆台体顶面，放松测杆螺钉，应使透明圆盘转至混凝土锥体上部，并下降至与混凝土顶面接触。

（6）拧紧定位螺钉，开启振动台，同时用秒表计时，当振动到透明圆盘的整个底面与水泥浆接触时应停止计时，并关闭振动台。

4. 结果表示

秒表记录的时间应作为混凝土拌和物的维勃稠度值，精确至 1s。

图 8-3　维勃稠度仪示意图

四、混凝土倒置坍落度筒排空试验

1. 适用范围

本试验方法可用于倒置坍落度筒中混凝土拌和物排空时间的测定。

2. 试验设备

（1）倒置坍落度筒，应符合现行行业标准《混凝土坍落度仪》JG/T 248 的规定，小口端应设置可快速开启的密封盖，支撑倒置坍落度筒的台架，其应能承受装填混凝土和插捣，当倒置坍落度筒放于台架上时，其小口端距底板不应小于 500mm，且坍落度筒中轴线应垂直于底板，或者采用如图 8-4 所示的一体化装置；

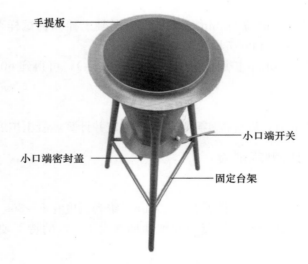

手提板

小口端开关

小口端密封盖

固定台架

图 8-4　混凝土倒置排空装置实物图

（2）底板，应采用平面尺寸不小于 1500mm×1500mm、厚度不小于 3mm 的钢板，其最大挠度不应大于 3mm；

（3）捣棒，直径（16±0.2）mm、长度（600±5）mm；

（4）秒表，精度≥0.01s。

3. 试验步骤

（1）将倒置坍落度筒支撑在台架上，应使其中轴线垂直于底板，筒内壁应湿润无明水，关闭密封盖。

（2）混凝土拌和物应分两层装入坍落度筒内，每层捣实后高度宜为筒高的 1/2。每层用捣棒沿螺旋方向由外向中心插捣 15 次，插捣应在横截面上均匀分布，插捣筒边混凝土时，捣棒可以稍稍倾斜。插捣第一层时，捣棒应贯穿混凝土拌和物整个深度；插捣第二层时，捣棒宜插透到第一层表面下 50mm。插捣完应刮去多余的混凝土拌和物，用抹刀抹平。

（3）打开密封盖，用秒表测量自开盖至坍落度筒内混凝土拌和物全部排空的时间 t_{sf}，精确至 0.01s。从开始装料到打开密封盖的整个过程应在 150s 内完成。

（4）宜在 5min 内完成两次试验，并应取两次试验测得排空时间的平均值作为试验结果，计算应精确至 0.1s。

4. 数据计算

试验结果按式（8-18）计算：

$$|t_{sf1} - t_{sf2}| \leqslant 0.05 \, t_{sf,m} \tag{8-18}$$

式中　$t_{sf,m}$——两次试验测得的倒置坍落度筒中混凝土拌和物排空时间的平均值（s）；

t_{sf1}、t_{sf2}——两次试验分别测得的倒置坍落度筒中混凝土拌和物排空时间（s）。

五、混凝土间隙通过性试验

1. 适用范围

本试验方法宜用于骨料最大公称粒径不大于 20mm 的混凝土拌和物间隙通过性的测定。

2. 试验设备

（1）J 环，如图 8-5 所示；

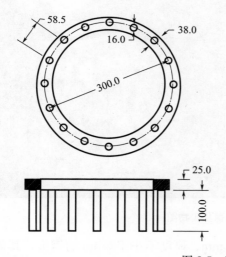

图 8-5　J 环图示及实物图

（2）混凝土坍落度筒，其不带有脚踏板，材料和尺寸应符合现行《混凝土坍落度仪》JG/T 248 的规定；

（3）底板，平面尺寸≥1500mm×1500mm、厚度≥3mm 的钢板，其最大挠度≤3mm。

3. 试验步骤

（1）底板、J 环和坍落度筒内壁应润湿无明水；底板应放置在坚实的水平面上，J 环应放在底板中心。

（2）坍落度筒应正向放置在底板中心，应与 J 环同心，将混凝土拌和物一次性填充至满。

（3）用刮刀刮除坍落度筒顶部混凝土拌和物余料，应将混凝土拌和物沿坍落度筒口抹平；清除筒边底板上的混凝土后，应垂直平稳地向上提起坍落度筒至（250±50）mm高度，提离时间宜控制在3～7s；自开始入料至提起坍落度筒应在150s内完成。当混凝土拌和物不再扩散或扩散持续时间已达50s时，测量展开扩展面的最大直径以及与最大直径呈垂直方向的直径，测量应精确至1mm，结果修约至5mm。

（4）J环扩展度应为混凝土拌和物坍落扩展终止后扩展面相互垂直的两个直径的平均值，当两直径之差大于50mm时，应重新试验测定。

4. 结果表示

混凝土扩展度与J环扩展度的差值应作为混凝土间隙通过性性能指标结果。

5. 注意事项

骨料在J环圆钢处出现堵塞时，应予记录说明。

六、混凝土拌和物 V 形漏斗试验

1. 适用范围

本试验方法宜用于骨料最大公称粒径不大于20mm的混凝土拌和物稠度和填充性的测定。

2. 试验仪器

（1）漏斗，应由厚度不小于2mm钢板制成，漏斗的内表面应经过加工；在漏斗出料口的部位，应附设快速开启的密封盖（图8-6）。

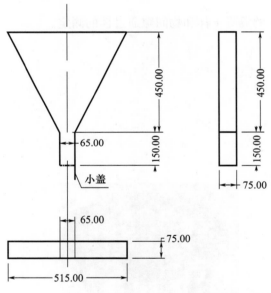

图 8-6　V 形漏斗示意及实物图

（2）底板，应采用平面尺寸不小于1500mm×1500mm、厚度不小于3mm的钢板，其最大挠度不应大于3mm。

（3）支撑漏斗的台架，宜有调整装置，应确保台架的水平，漏斗支撑在台架上时，其中轴线应垂直于底板；台架应能承受装填混凝土，且易于搬运。

（4）盛料容器，容积不应小于12L。

（5）秒表，精度不应低于0.1s。

3. 试验步骤

（1）将漏斗稳固于台架上，应使其上口呈水平，本体为垂直；漏斗内壁应润湿无明水，关闭密封盖。

（2）应用盛料容器将混凝土拌和物由漏斗的上口平稳地一次性填入漏斗至满；装料整个过程不应搅拌和振捣，应用刮刀沿漏斗上口将混凝土拌和物试样的顶面刮平。

（3）在出料口下方应放置盛料容器；漏斗装满试样静置（10±2）s，应将漏斗出料口的密封盖打开，用秒表测量自开盖至漏斗内混凝土拌和物全部流出的时间。

4. 宜在 5min 内完成两次试验，应以两次试验混凝土拌和物全部流出时间的算术平均值作为漏斗试验结果，结果应精确至 0.1s。

5. 混凝土拌和物从漏斗中应连续流出；混凝土出现堵塞状况时，应重新试验；再次出现堵塞情况，应记录说明。

七、混凝土拌和物扩展时间试验

1. 适用范围

本试验方法可用于混凝土拌和物稠度和填充性的测定。

2. 试验设备

（1）混凝土坍落度仪，应符合现行行业标准《混凝土坍落度仪》JG/T 248 的规定；

（2）底板，应采用平面尺寸不小于 1000mm×1000mm、最大挠度不大于 3mm 的钢板，并应在平板表面标出坍落度筒的中心位置和直径分别为 200mm、300mm、500mm、600mm、700mm、800mm 及 900mm 的同心圆，见图 8-7；

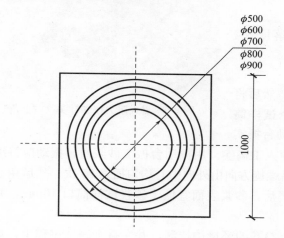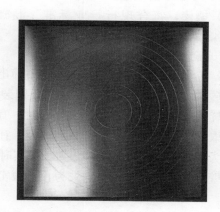

图 8-7　坍落扩展度装置示意及实物图

（3）盛料容器，容量≥8L，并易于向坍落度筒装填混凝土拌和物；

（4）秒表，精度不应低于 0.1s。

3. 试验步骤

（1）底板应放置在坚实的水平面上，底板和坍落度筒内壁应润湿无明水，坍落度筒应放在底板中心，并在装料时保持在固定的位置。

（2）应用盛料容器一次性将混凝土拌和物均匀填满坍落度筒，且不得捣实或振动；自开始入料至填充结束应控制在 40s 以内。

（3）取下装料漏斗，应将混凝土拌和物沿坍落度筒口抹平；清除筒边底板上的混凝土拌和物后，应垂直平稳地提起坍落度筒至（250±50）mm 高度，提起时间宜控制在 3～7s。

4. 结果表示

测定的扩展时间，应自坍落度筒提离地面时开始，至扩展开的混凝土拌和物外缘初触平板上所绘直径 500mm 的圆周为止，结果精确至 0.1s。

八、混凝土凝结时间试验

1. 适用范围

本试验方法宜用于从混凝土拌和物中筛出砂浆用贯入阻力法测定坍落度值不为零的混凝土拌和物的初凝时间与终凝时间。

2. 试验设备

（1）贯入阻力仪（图 8-8），最大测量值≥1000N，精度应为±10N；测针长 100mm，在距贯入端 25mm 处应有明显标记；测针的承压面积应为 100mm²、50mm² 和 20mm² 三种。

（2）砂浆试样筒，为上口内径 160mm、下口内径 150mm、净高 150mm 刚性不透水的金属圆筒，并配有盖子。

（3）试验筛，筛孔公称直径为 5.00mm 的方孔筛，并应符合现行国家标准《试验筛 技术要求和检验 第 2 部分：金属穿孔板试验筛》GB/T 6003.2 的规定。

（4）振动台，应符合现行行业标准《混凝土试验用振动台》JG/T 245 的规定。

（5）捣棒，符合现行行业标准《混凝土坍落度仪》JG/T 248 的规定。

3. 试验步骤

（1）应用试验筛从混凝土拌和物中筛出砂浆，然后将筛出的砂浆搅拌均匀；将砂浆一次分别装入三个试样筒中。取样混凝土坍落度不大于 90mm 时，宜用振动台振实

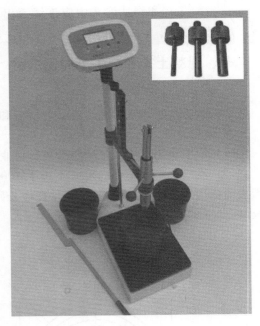

图 8-8 贯入阻力仪和针头（右上角）

砂浆；取样混凝土坍落度大于 90mm 时，宜用捣棒人工捣实。用振动台振实砂浆时，振动应持续到表面出浆为止，不得过振；用捣棒人工捣实时，应沿螺旋方向由外向中心均匀插捣 25 次，然后用橡皮槌敲击筒壁，直至表面插捣孔消失为止。振实或插捣后，砂浆表面宜低于砂浆试样筒口 10mm，并应立即加盖。

（2）砂浆试样制备完毕，应置于温度为（20±2）℃的环境中待测，并在整个测试过程中，环境温度应始终保持（20±2）℃。在整个测试过程中，除在吸取泌水或进行贯入试验外，试样筒应始终加盖。现场同条件测试时，试验环境应与现场一致。

（3）凝结时间测定从混凝土搅拌加水开始计时。根据混凝土拌和物的性能，确定测针试验时间，以后每隔 0.5h 测试一次，在临近初凝和终凝时，应缩短测试间隔时间。

（4）在每次测试前 2min，将一片（20±5）mm 厚的垫块垫入筒底一侧使其倾斜，用吸液管吸去表面的泌水，吸水后应复原。

（5）测试时，将砂浆试样筒置于贯入阻力仪上，测针端部与砂浆表面接触，应在（10±2）s 内均匀地使测针贯入砂浆（25±2）mm 深度，记录最大贯入阻力值，精确至 10N；记录测试时间，精确至 1min。

（6）每个砂浆筒每次测 1～2 个点，各测点的间距不应小于 15mm，测点与试样筒壁的距离不应小于 25mm。

（7）每个试样的贯入阻力测试不应少于 6 次，直至单位面积贯入阻力大于 28MPa 为止。

（8）根据砂浆凝结状况，在测试过程中应以测针承压面积从大到小顺序更换测针，更换测针应按表 8-25 的规定选用。

表 8-25　测针的选用

单位面积贯入阻力（MPa）	0.2～3.5	3.5～20	20～28
测针面积（mm²）	100	50	20

4. 结果计算及确定

（1）单位面积贯入阻力应按式（8-19）计算：

$$f_{PR}=\frac{P}{A}\tag{8-19}$$

式中　f_{PR}——单位面积贯入阻力（MPa），精确至 0.1MPa；

P——贯入阻力（N）；

A——测针面积（mm²）。

（2）凝结时间可通过线性回归方法确定，将贯入阻力 f_{PR} 和时间 t 分别取自然对数 $\ln f_{PR}$ 和 $\ln t$，然后把 $\ln f_{PR}$ 当作自变量、$\ln t$ 作为因变量做线性回归，可得式（8-20）：

$$\ln t=a+b\ln f_{PR}\tag{8-20}$$

式中　t——贯入阻力对应的测试时间（min）；

f_{PR}——贯入阻力（MPa）；

a、b——线性回归系数。

按照式（8-20）可求得当贯入阻力为 3.5MPa 时对应的时间应为初凝时间 t_s，见式（8-21），当贯入阻力为 28MPa 时对应的时间应为终凝时间 t_e。

$$t_s=e^{(a+b\ln3.5)}\tag{8-21}$$
$$t_e=e^{(a+b\ln28)}\tag{8-22}$$

（3）凝结时间也可用绘图拟合方法确定，应以贯入阻力为纵坐标、测试时间为横坐标（精确到 1min），绘制出贯入阻力与测试时间之间的关系曲线。分别以 3.5MPa 和 28MPa 绘制两条平行于横坐标的直线，与曲线交点的横坐标应分别为初凝时间和终凝时间，凝结时间结果应用 h：min 表示，精确至 5min。

（4）以三个试样的初凝时间和终凝时间的算术平均值作为此次试验初凝时间和终凝时间的试验结果。三个测值的最大值或最小值中有一个与中间值之差超过中间值的 10% 时，应以中间值作为试验结果；最大值和最小值与中间值之差均超过中间值的 10% 时，应重新试验。

九、混凝土拌和物泌水试验

1. 适用范围

本试验方法适用于骨料最大公称粒径不大于 40mm 的混凝土拌和物泌水的测定。

2. 试验设备和仪器

（1）容量筒，容积为 5L，并应配有盖子；

（2）量筒，容量 100mL、分度值 1mL，并带塞；

（3）振动台，应符合现行行业标准《混凝土试验用振动台》JG/T 245 的规定；

（4）捣棒，应符合现行行业标准《混凝土坍落度仪》JG/T 248 的规定；

（5）电子天平，最大量程应为 20kg，感量≤1g。

3. 试验步骤

（1）用湿布润湿容量筒内壁后应立即称量，并记录容量筒的质量。

（2）混凝土拌和物试样应按下列要求装入容量筒，并进行振实或插捣密实，振实或捣实的混凝土拌和物表面应低于容量筒筒口（30±3）mm，并用抹刀抹平。

① 混凝土拌和物坍落度不大于 90mm 时，宜用振动台振实，应将混凝土拌和物一次性装入容量筒内，振动持续到表面出浆为止，并应避免过振。

② 混凝土拌和物坍落度大于 90mm 时，宜用人工插捣，应将混凝土拌和物分两层装入，每层的插捣次数为 25 次；捣棒由边缘向中心均匀地插捣，插捣底层时捣棒应贯穿整个深度，插捣第二层时，捣棒应插透本层至下一层的表面；每一层捣完后应使用橡皮槌沿容量筒外壁敲击 5～10 次，进行振实，直至混凝土拌和物表面插捣孔消失并不见大气泡为止。

③ 自密实混凝土应一次性填满，且不应进行振动和插捣。

（3）应将筒口及外表面擦净，称量并记录容量筒与试样的总质量，盖好筒盖并开始计时。

（4）在吸取混凝土拌和物表面泌水的整个过程中，应使容量筒保持水平、不受振动；除了吸水操作外，应始终盖好盖子；室温应保持在（20±2）℃。

（5）计时开始后 60min 内，应每隔 10min 吸取 1 次试样表面泌水；60min 后，每隔 30min 吸取 1 次试样表面泌水，直至不再泌水为止。每次吸水前 2min，应将一片（35±5）mm 厚的垫块垫入筒底一侧使其倾斜，吸水后应平稳地复原盖好。吸出的水应盛放于量筒中，并盖好塞子；记录每次的吸水量，并应计算累计吸水量，精确至 1mL。

4. 数据处理

（1）混凝土拌和物的泌水量应按式（8-23）计算。泌水量应取三个试样测值的平均值。三个测值中的最大值或最小值，有一个与中间值之差超过中间值的 15% 时，应以中间值作为试验结果；最大值和最小值与中间值之差均超过中间值的 15% 时，应重新试验。

$$B_a = \frac{V}{A} \tag{8-23}$$

式中 B_a——单位面积混凝土拌和物的泌水量（mL/mm²），精确至 0.01mL/mm²；

V——累计的泌水量（mL）；

A——混凝土拌和物试样外露的表面面积（mm²）。

（2）混凝土拌和物的泌水率应按式（8-24）计算。泌水率应取三个试样测值的平均值。三个测值中的最大值或最小值，有一个与中间值之差超过中间值的 15% 时，应以中间值为试验结果；最大值和最小值与中间值之差均超过中间值的 15% 时，应重新试验。

$$B = \frac{V_w}{(W/m_T) \times m} \times 100\% \tag{8-24}$$

$$m = m_2 - m_1 \tag{8-25}$$

式中 B——泌水率（%），精确至 1%；

V_w——泌水总量（mL）；

m——混凝土拌和物试样的质量（g）；

m_T——试验拌制混凝土拌和物的总质量（g）；

W——试验拌制混凝土拌和物拌和用水量（mL）；

m_2——容量筒及试样的总质量（g）；

m_1——容量筒的质量（g）。

十、混凝土拌和物压力泌水试验

1. 适用范围

本试验方法适用于骨料最大公称粒径不大于 40mm 的混凝土拌和物压力泌水的测定。

2. 试验设备

（1）压力泌水仪，缸体内径应为（125±0.02）mm、内高应为（200±0.2）mm；工作活塞公称直径应为 125mm；筛网孔径应为 0.315mm，见图 8-9、图 8-10。

（2）捣棒，应符合现行行业标准《混凝土坍落度仪》JG/T 248 的规定。

（3）烧杯，容量为 150mL。

（4）量筒，容量为 200mL。

3. 试验步骤

（1）混凝土试样应按下列要求装入压力泌水仪缸体，并插捣密实，捣实的混凝土拌和物表面应低于压力泌水仪缸体筒口（30±2）mm。

① 混凝土拌和物应分两层装入，每层的插捣次数应为 25 次；用捣棒由边缘向中心均匀地插捣，插捣底层时捣棒应贯穿整个深度，插捣第二层时，捣棒应插透本层至下一层的表面；每一层捣完后应使用橡皮槌沿缸体外壁敲击 5～10 次，进行振实，直至混凝土拌和物表面插捣孔消失并不见大气泡为止。

② 自密实混凝土应一次性填满，且不应进行振动和插捣。

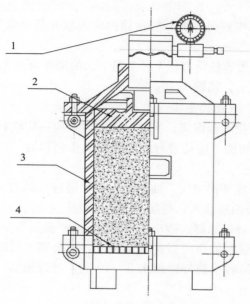

图 8-9　压力泌水仪示意图
1—压力表；2—活塞；3—缸体；4—滤网

图 8-10　压力泌水仪实物图

（2）将缸体外表擦干净，压力泌水仪安装完毕后应在 15s 内给混凝土拌和物试样加压至 3.2MPa；并应在 2s 内打开泌水阀门，同时开始计时，并保持恒压，泌出的水接入 150mL 烧杯里，并应移至量筒中读取泌水量，精确至 1mL。

（3）加压至 10s 时读取泌水量 V_{10}，加压至 140s 时读取泌水量 V_{140}。

4. 数据处理

压力泌水率应按式（8-26）计算：

$$B_V = \frac{V_{10}}{V_{140}} \times 100 \tag{8-26}$$

式中　B_V——压力泌水率（%），精确至 1%；

V_{10}——加压至 10s 时的泌水量（mL）；

V_{140}——加压至 140s 时的泌水量（mL）。

十一、混凝土拌和物表观密度试验

1. 适用范围

本试验方法适用于混凝土拌和物捣实后的单位体积质量的测定。

2. 试验设备

（1）容量筒，为金属制成的圆筒，筒外壁应有提手。骨料最大公称粒径不大于 40mm 的混凝土拌和物宜采用容积不小于 5L 的容量筒，筒壁厚不应小于 3mm；骨料最大公称粒径大于 40mm 的混凝土拌和物应采用内径与内高均大于骨料最大公称粒径 4 倍的容量筒。容量筒上沿及内壁应光滑平整，顶面与底面应平行并应与圆柱体的轴垂直。

（2）电子天平，最大量程应为 50kg，感量不应大于 10g。

（3）振动台，应符合现行行业标准《混凝土试验用振动台》JG/T 245 的规定。

（4）捣棒，应符合现行行业标准《混凝土坍落度仪》JG/T 248 的规定。

3. 试验步骤

（1）按下列步骤测定容量筒的容积：

① 将干净容量筒与玻璃板一起称重。

② 将容量筒装满水，缓慢将玻璃板从筒口一侧推到另一侧，容量筒内应满水并且不应存在气泡，擦干容量筒外壁，再次称重。

③ 两次称重结果之差除以该温度下水的密度应为容量筒容积 V；常温下水的密度可取 1kg/L。

（2）容量筒内外壁应擦干净，称出容量筒质量 m_1，精确至 10g。

（3）混凝土拌和物试样应按下列要求进行装料，并插捣密实：

① 坍落度不大于 90mm 时，混凝土拌和物宜用振动台振实；振动台振实时，应一次性将混凝土拌和物装填至高出容量筒筒口；装料时可用捣棒稍加插捣，振动过程中混凝土低于筒口时，应随时添加混凝土，振动直至表面出浆为止。

② 坍落度大于 90mm 时，混凝土拌和物宜用捣棒插捣密实。插捣时，应根据容量筒的大小决定分层与插捣次数：用 5L 容量筒时，混凝土拌和物应分两层装入，每层的插捣次数应为 25 次；用大于 5L 的容量筒时，每层混凝土的高度不应大于 100mm，每层插捣次数应按每 10000mm² 截面不少于 12 次计算。各次插捣应由边缘向中心均匀地插捣，插捣底层时捣棒应贯穿整个深度，插捣第二层时，捣棒应插透本层至下一层的表面；每一层捣完后用橡皮槌沿容量筒外壁敲击 5～10 次，进行振实，直至混凝土拌和物表面插捣孔消失并不见大气泡为止。

③ 自密实混凝土应一次性填满，且不应进行振动和插捣。

（4）将筒口多余的混凝土拌和物刮去，表面有凹陷应填平；应将容量筒外壁擦净，称出混凝土拌和物试样与容量筒总质量 m_2，精确至 10g。

4. 数据处理

混凝土拌和物的表观密度应按式（8-27）计算：

$$\rho = \frac{m_2 - m_1}{V} \times 1000 \tag{8-27}$$

式中　ρ——混凝土拌和物的表观密度（kg/m³），精确至 10kg/m³；

m_1——容量筒的质量（kg）；

m_2——容量筒和试样的总质量（kg）；

V——容量筒的容积（L）。

十二、混凝土拌和物含气量试验

1. 适用范围

本试验方法适用于骨料最大公称粒径不大于 40mm 的混凝土拌和物含气量的测定。

2. 试验设备

（1）含气量测定仪（图 8-11），应符合现行行业标准《混凝土含气量测定仪》JG/T 246 的规定；

（2）捣棒，应符合现行行业标准《混凝土坍落度仪》JG/T

图 8-11　混凝土含气量测定仪

248 的规定；

（3）振动台，应符合现行行业标准《混凝土试验用振动台》JG/T 245 的规定；

（4）电子天平，最大量程为 50kg，感量不大于 10g。

3. 骨料的含气量测定步骤

（1）应按式（8-28）、式（8-29）计算试样中粗、细骨料的质量：

$$m_g = \frac{V}{1000} \times m'_g \tag{8-28}$$

$$m_s = \frac{V}{1000} \times m'_s \tag{8-29}$$

式中　m_g——拌和物试样中粗骨料质量（kg）；

　　　m_s——拌和物试样中细骨料质量（kg）；

　　　m'_g——混凝土配合比中每立方米混凝土的粗骨料质量（kg）；

　　　m'_s——混凝土配合比中每立方米混凝土的细骨料质量（kg）；

　　　V——含气量测定仪容器的容积（L）。

（2）应先向含气量测定仪的容器中注入 1/3 高度的水，然后把质量为 m_g、m_s 的粗、细骨料称好，搅拌均匀，倒入容器，加料的同时应进行搅拌；水面每升高 25mm 左右，应轻捣 10 次，加料过程中应始终保持水面高出骨料的顶面；骨料全部加入后，应浸泡约 5min，再用橡皮槌轻敲容器外壁，排净气泡，除去水面泡沫，加水至满，擦净容器口及边缘，加盖拧紧螺栓，保持密封不透气。

（3）关闭操作阀和排气阀，打开排水阀和加水阀，应通过加水阀向容器内注入水；当排水阀流出的水流中不出现气泡时，应在注水的状态下，关闭加水阀和排水阀。

（4）关闭排气阀，向气室内打气，应加压至大于 0.1MPa，且压力表显示值稳定；应打开排气阀调压至 0.1MPa，同时关闭排气阀。

（5）开启操作阀，使气室里的压缩空气进入容器，待压力表显示值稳定后记录压力值，然后开启排气阀，压力表显示值应回零；应根据含气量与压力值之间的关系曲线确定压力值对应的骨料的含气量，精确至 0.1%。

（6）混凝土所用骨料的含气量 A_g 应以两次测量结果的平均值作为试验结果；两次测量结果的含气量相差大于 0.5% 时，应重新试验。

4. 混凝土拌和物含气量试验步骤

（1）应用湿布擦净混凝土含气量测定仪容器内壁和盖的内表面，装入混凝土拌和物试样。

（2）混凝土拌和物的装料及密实方法根据拌和物的坍落度而定，并应符合下列规定：

① 坍落度不大于 90mm 时，混凝土拌和物宜用振动台振实；振动台振实时，应一次性将混凝土拌和物装填至高出含气量测定仪容器口；振实过程中混凝土拌和物低于容器口时，应随时添加；振动直至表面出浆为止，并应避免过振。

② 坍落度大于 90mm 时，混凝土拌和物宜用捣棒插捣密实。插捣时，混凝土拌和物应分 3 层装入，每层捣实后高度约为 1/3 容器高度；每层装料后由边缘向中心均匀地插捣 25 次，捣棒应插透本层至下一层的表面；每一层捣完后用橡皮槌沿容器外壁敲击 5~10 次，进行振实，直至拌和物表面插捣孔消失。

③ 自密实混凝土应一次性填满，且不应进行振动和插捣。

（3）刮去表面多余的混凝土拌和物，用抹刀刮平，表面有凹陷应填平抹光。

（4）擦净容器口及边缘，加盖并拧紧螺栓，应保持密封不透气。

（5）应按本试验方法中"3. 骨料的含气量测定步骤"中（3）～（5）的操作步骤测得混凝土拌和物的未校正含气量 A_0，精确至 0.1%。

（6）混凝土拌和物未校正的含气量 A_0 应以两次测量结果的平均值作为试验结果；两次测量结果的

含气量相差大于 0.5% 时，应重新试验。

5. 数据处理

混凝土拌和物含气量应按式（8-30）计算：

$$A = A_0 - A_g \qquad (8\text{-}30)$$

式中 A——混凝土拌和物含气量（%），精确至 0.1%；

  A_0——混凝土拌和物的未校正含气量（%）；

  A_g——骨料的含气量（%）。

6. 含气量测定仪的标定和率定

（1）擦净容器，并将含气量测定仪全部安装好，测定含气量测定仪的总质量 m_{A1}，精确至 10g。

（2）向容器内注水至上沿，然后加盖并拧紧螺栓，保持密封不透气；关闭操作阀和排气阀，打开排水阀和加水阀，应通过加水阀向容器内注入水；当排水阀流出的水流中不出现气泡时，应在注水的状态下，关闭加水阀和排水阀；应将含气量测定仪外表面擦净，再次测定总质量 m_{A2}，精确至 10g。

（3）含气量测定仪的容积应按式（8-31）计算：

$$V = (m_{A2} - m_{A1}) / \rho_w \qquad (8\text{-}31)$$

式中 V——气量仪的容积（L），精确至 0.01L；

  m_{A1}——含气量测定仪的总质量（kg）；

  m_{A2}——水、含气量测定仪的总质量（kg）；

  ρ_w——容器内水的密度（kg/m³），可取 1kg/L。

（4）关闭排气阀，向气室内打气，应加压至大于 0.1MPa，且压力表显示值稳定；应打开排气阀调压至 0.1MPa，同时关闭排气阀。

（5）开启操作阀，使气室里的压缩空气进入容器，压力表显示值稳定后测得压力值应为含气量为 0 时对应的压力值。

（6）开启排气阀，压力表显示值应回零；关闭操作阀、排水阀和排气阀，开启加水阀，宜借助标定管在注水阀口用量筒接水；用气泵缓缓地向气室内打气，当排出的水是含气量测定仪容积的 1% 时，应重复本条中（4）～（5）的操作步骤测得含气量为 1% 时的压力值。

（7）应继续测取含气量分别为 2%、3%、4%、5%、6%、7%、8%、9%、10% 时的压力值。

（8）含气量分别为 0%、1%、2%、3%、4%、5%、6%、7%、8%、9%、10% 的试验均应进行两次，以两次压力值的平均值作为测量结果。

（9）根据含气量 0%、1%、2%、3%、4%、5%、6%、7%、8%、9%、10% 的测量结果，绘制含气量与压力值之间的关系曲线。

（10）混凝土含气量测定仪的标定和率定应保证测试结果准确。

十三、混凝土拌和物均匀性试验

（一）砂浆密度法

1. 适用范围

本试验方法适用于混凝土拌和物均匀性的测定。

2. 试验设备

（1）砂浆容量筒，应由金属制成，筒壁厚不应小于 2mm，容积应为 1L；

（2）电子天平，最大量程应为 5kg，感量不大于 1g；

（3）捣棒，应符合现行行业标准《混凝土坍落度仪》JG/T 248 的规定；

（4）振动台，应符合现行行业标准《混凝土试验用振动台》JG/T 245 的规定；

（5）试验筛，应为筛孔公称直径为 5.00mm 的金属方孔筛，并应符合现行国家标准《试验筛 技术要求和检验 第 2 部分：金属穿孔板试验筛》GB/T 6003.2 的规定。

3. 混凝土砂浆的表观密度试验步骤

（1）按下列步骤测定容量筒容积：

① 将干净容量筒与玻璃板一起称重；

② 将容量筒装满水，缓慢将玻璃板从筒口一侧推到另一侧，容量筒内应满水并且不应存在气泡，擦干筒外壁，再次称重；

③ 两次称重结果之差除以该温度下水的密度应为容量筒容积 V；常温下水的密度可取 1kg/L。

（2）应先采用湿布擦净容量筒的内表面，再称量容量筒质量 m_1，精确至 1g。

（3）从搅拌机口分别取最先出机和最后出机的混凝土试样各一份，每份混凝土试样量不应少于 5L。

（4）方孔筛应固定在托盘上，分别将所取的混凝土试样倒入方孔筛，筛得两份砂浆；并测定砂浆拌和物的稠度。

（5）砂浆试样的装料及密实方法根据砂浆拌和物的稠度而定，并应符合下列规定：

① 当砂浆稠度不大于 50mm 时，宜采用振动台振实；振动台振实时，砂浆拌和物应一次性装填至高出容量筒，并在振动台上振动 10s，振动过程中砂浆试样低于容量筒筒口时，应随时添加。

② 砂浆稠度大于 50mm 时，宜采用人工插捣；人工插捣时，应一次性将砂浆拌和物装填至高出容量筒，用捣棒由边缘向中心均匀地插捣 25 次，插捣过程中砂浆试样低于容量筒筒口时，应随时添加，并用橡皮槌沿容量筒外壁敲击 5～6 下。

（6）砂浆拌和物振实或插捣密实后，应将筒口多余的砂浆拌和物刮去，使砂浆表面平整，然后将容量筒外壁擦净，称出砂浆与容量筒总质量 m_2，精确至 1g。

4. 砂浆表观密度计算

砂浆的表观密度应按式（8-32）计算：

$$\rho_m = \frac{(m_2 - m_1) \times 1000}{V} \tag{8-32}$$

式中　ρ_m——砂浆的表观密度（kg/m³），精确至 10kg/m³；

　　　m_1——容量筒的质量（kg）；

　　　m_2——容量筒及砂浆试样的总质量（kg）；

　　　V——容量筒的容积（L），精确至 0.01L。

5. 均匀性结果确定

混凝土拌和物的搅拌均匀性可用先后出机取样的混凝土砂浆密度偏差率作为评定的依据。混凝土砂浆密度偏差率应按式（8-33）计算：

$$DR_\rho = \left| \frac{\Delta_{\rho m}}{\rho_{max}} \right| \times 100\% \tag{8-33}$$

式中　DR_ρ——混凝土砂浆密度偏差率（%），精确至 0.1%；

　　　$\Delta_{\rho m}$——先后出机取样混凝土砂浆拌和物表观密度的差值（kg/m³）；

　　　ρ_{max}——先后出机取样混凝土砂浆拌和物表观密度的大值（kg/m³）。

（二）混凝土稠度法

1. 适用范围

本试验方法可用于混凝土拌和物均匀性的测定。

2. 试验设备

（1）坍落度仪，应符合《混凝土坍落度仪》JG/T 248—2009 的规定要求，见图 8-12。

（2）钢尺 2 把，分度值不大于 1mm；

（3）底板，规格不小于 1500mm×1500mm，板厚不小于 3mm，且挠度不大于 3mm；

（4）秒表，精度不低于 0.1s。

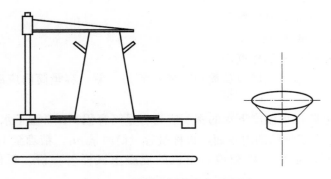

图 8-12　混凝土坍落度仪示意图

3. 试验步骤

（1）从搅拌机口分别取最先出机和最后出机的混凝土拌和物试样各一份，每份混凝土拌和物试样量不少于 10L。

（2）混凝土拌和物的搅拌均匀性可用先后出机取样的混凝土拌和物的稠度差值作为评定的依据。

（3）按本节"混凝土坍落度试验方法"的规定分别测试两份混凝土拌和物试样的坍落度值。

（4）按本节"混凝土扩展度试验方法"的规定分别测试两份混凝土拌和物试样的扩展度值。

（5）按本节"混凝土维勃稠度试验方法"的规定分别测试两份混凝土拌和物试样的维勃稠度值。

4. 结果计算

（1）混凝土拌和物坍落度差值按式（8-34）计算：

$$\Delta H = \mid H_1 - H_2 \mid \tag{8-34}$$

式中　ΔH——混凝土拌和物的坍落度差值（mm），精确至 1mm；

$\quad\quad H_1$——先出机取样混凝土拌和物的坍落度值（mm）；

$\quad\quad H_2$——后出机取样混凝土拌和物的坍落度值（mm）。

（2）混凝土拌和物扩展度差值按式（8-35）计算：

$$\Delta L = \mid L_1 - L_2 \mid \tag{8-35}$$

式中　ΔL——混凝土拌和物的扩展度差值（mm），精确至 1mm；

$\quad\quad L_1$——先出机取样混凝土拌和物的扩展度值（mm）；

$\quad\quad L_2$——后出机取样混凝土拌和物的扩展度值（mm）。

（3）混凝土拌和物维勃稠度差值按式（8-36）计算：

$$\Delta t_v = \mid t_{v1} - t_{v2} \mid \tag{8-36}$$

式中　Δt_v——混凝土拌和物的维勃稠度差值（s），精确至 1s；

$\quad\quad t_{v1}$——先出机取样混凝土拌和物的维勃稠度差值（s）；

$\quad\quad t_{v2}$——后出机取样混凝土拌和物的维勃稠度差值（s）。

十四、混凝土拌和物抗离析性能试验

1. 适用范围

本试验方法适用于混凝土拌和物抗离析性能的测定。

2. 试验设备

（1）电子天平，最大量程应为 20kg，感量不应大于 1g；

（2）试验筛，应为筛孔公称直径为 5.00mm 的金属方孔筛，筛框直径应为 300mm，并应符合现行国家标准《试验筛技术要求和检验　第 2 部分：金属穿孔板试验筛》GB/T 6003.2 的规定；

（3）盛料器，应由钢或不锈钢制成，内径应为 208mm，上节高度应为 60mm，下节带底净高应为 234mm，在上、下层连接处应加宽 3~5mm，并设有橡胶垫圈（图 8-13）。

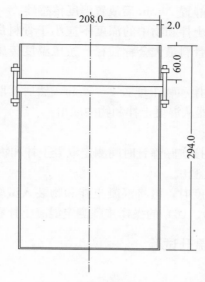

图 8-13　盛料器结构示意图

3. 试验步骤

（1）应先取（10±0.5）L 混凝土拌和物盛满于盛料器中，放置在水平位置上，加盖静置（15±0.5）min。

（2）方孔筛应固定在托盘上，然后将盛料器上节混凝土拌和物完全移出，用小铲辅助将混凝土拌和物及其表层泌浆倒入方孔筛；移出上节混凝土后应使下节混凝土的质量 m_c，精确至 1g。

（3）将上节混凝土拌和物倒入方孔筛后，静置（120±5）s。

（4）将筛及筛上的混凝土拌和物移走，称量通过筛孔流到托盘上的浆体质量 m_m，精确至 1g。

4. 数据处理

混凝土拌和物离析率按式（8-37）计算：

$$SR = \frac{m_m}{m_0} \times 100\% \tag{8-37}$$

式中　SR——混凝土拌和物离析率（%），精确至 1%；

　　　m_m——通过标准筛的砂浆质量（g）；

　　　m_0——倒入标准筛混凝土的质量（g）。

十五、混凝土拌和物温度试验方法

1. 适用范围

本试验方法适用于混凝土拌和物温度的测定。

2. 试验设备

（1）试验容器的容量不应小于 10L，容器尺寸应大于骨料最大公称粒径的 3 倍；

（2）温度测试仪的测试范围宜为 0～80℃，精度不应小于 0.1℃；

（3）振动台应符合现行行业标准《混凝土试验用振动台》JG/T 245 的规定。

3. 试验步骤

（1）试验容器内壁应润湿无明水。

（2）混凝土拌和物试样宜用振动台振实；采用振动台振实时，一次性将混凝土拌和物装填至高出试验容器筒口，装料时可用捣棒稍加插捣，振动过程中混凝土拌和物低于筒口时，随时添加，振动直至表面出浆为止；自密实混凝土要一次性填满，且不应进行振动和插捣。

（3）将筒口多余的混凝土拌和物刮去，表面有凹陷应填平。

（4）自搅拌加水开始计时，宜静置 20min 后放置温度传感器。

（5）温度传感器整体插入混凝土拌和物中的深度不应小于骨料最大公称粒径，温度传感器各个方向的混凝土拌和物的厚度不应小于骨料最大公称粒径；按压温度传感器附近的表层混凝土以填补放置温度传感器时混凝土中留下的空隙。

（6）应使温度传感器在混凝土拌和物中埋置 3～5min，然后读取并记录温度测试仪的读数，精确至 0.1℃；读数时不应将温度传感器从混凝土拌和物中取出。

4. 其他要求

工程要求调整静置时间时，应按实际静置时间测定混凝土拌和物的温度。

5. 施工现场混凝土拌和物温度测试

施工现场测试混凝土拌和物温度时，可将混凝土拌和物装入试验容器中，用捣棒插捣密实后，应按本方法"3. 试验步骤"中的（5）、（6）的操作步骤测定混凝土拌和物的温度。

十六、混凝土拌和物绝热温升试验

1. 适用范围

本试验方法适用于在绝热条件下，混凝土在水化过程中温度变化的测定。

2. 试验设备

（1）绝热温升测试仪，应符合现行行业标准《混凝土热物理参数测定仪》JG/T 329 的规定（图 8-14）；

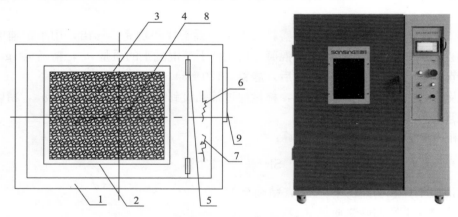

图 8-14　绝热温升测试仪示意及实物图

1—绝热试验箱；2—试验容器；3—混凝土试样；4、8—温度传感器；
5—风扇；6—制冷器；7—制热器；9—温度控制记录仪

（2）温度控制记录仪的测量范围应为 0～100℃，精度不应低于 0.05℃；

（3）试验容器宜采用钢板制成，顶盖宜具有橡胶密封圈，容器尺寸应大于骨料最大公称粒径的 3 倍；

（4）捣棒，为直径 16mm、长 600mm 的圆钢。

3. 试验步骤

（1）绝热温升试验装置应进行绝热性检验，即试样容器内装有与绝热温升试验试样体积相同的水，水温分别为 40℃和 60℃左右，在绝热温度跟踪状态下运行 72h，试样桶内水的温度变动值不应大于 ±0.05℃。试验时，绝热试验箱内空气的平均温度与试样中心温度的差值应保持不大于±0.1℃。超出 ±0.1℃时，应对仪器进行调整，重复试验装置绝热性检验试验，直至满足要求。

（2）试验前 24h 将混凝土搅拌用原材料放在（20±2）℃的室内，使其温度与室温一致。

（3）将混凝土拌和物分两层装入试验容器中，每层捣实后高度约为 1/2 容器高度；每层装料后由边缘向中心均匀地插捣 25 次，捣棒应插透本层至下一层的表面；每一层捣完后用橡皮槌沿容器外壁敲击 5～10 次，进行振实，直至拌和物表面插捣孔消失；在容器中心应埋入一根测温管，测温管中应盛入少许变压器油，然后盖上容器上盖，保持密封。

（4）将试验容器放入绝热试验箱体内，温度传感器应装入测温管中，测得混凝土拌和物的初始温度。

（5）开始试验，控制绝热室温度与试样中心温度相差不应大于±0.1℃；试验开始后应每0.5h记录一次试样中心温度，历时24h后应每1h记录一次，7d后可每3～6h记录一次；试验历时7d后可结束，也可根据需要确定试验周期。

（6）试样从搅拌、装料到开始测读温度，应在30min内完成。

4. 数据处理

（1）混凝土绝热温升应按式（8-38）计算：

$$\theta_n = \alpha \times (\theta'_n - \theta_0)$$
(8-38)

式中　θ_n——n天龄期混凝土的绝热温升值（℃）；

　　　α——试验设备绝热温升修正系数，应大于1，由设备厂家提供；

　　　θ'_n——仪器记录的n天龄期混凝土的温度（℃）；

　　　θ_0——仪器记录的混凝土拌和物的初始温度（℃）。

（2）以龄期为横坐标、温升值为纵坐标绘制混凝土绝热温升曲线，根据曲线可查得不同龄期的混凝土绝热温升值。

十七、混凝土稠度测定（增实因数法）

1. 适用范围

本试验方法适用于骨料最大公称粒径不应大于40mm、增实因数应大于1.05的混凝土拌和物稠度的测定。规定了用跳桌增实混凝土拌和物借以测定其稠度的方法，拌和物稠度以增实因数或增实后试体高度表示。

2. 试验设备

（1）跳桌，应符合现行行业标准《水泥胶砂流动度测定仪（跳桌）》JC/T 958的规定；

（2）电子天平，最大量程应为20kg，感量不应大于1g；

（3）带盖板的圆筒，应由钢制成，圆筒内径应为（150±0.2）mm，高应为（300±0.2）mm，连同提手重（4.3±0.3）kg；盖板直径应为（146±0.1）mm，厚应为（6±0.1）mm，连同提手共重（830±20）g（图8-15）；

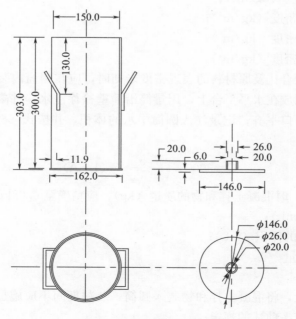

图8-15　增实因数法测定的圆筒和盖子

（4）量尺，刻度误差不应大于1‰（图8-16）。

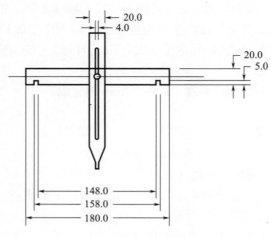

图8-16　量尺示意图

3. 混凝土拌和物质量的确定

（1）当混凝土拌和物配合比及原材料的表观密度已知时，应按式（8-39）计算混凝土拌和物的质量：

$$Q=0.003 \times \frac{W+C+F+S+G}{\dfrac{W}{\rho_W}+\dfrac{C}{\rho_C}+\dfrac{F}{\rho_F}+\dfrac{S}{\rho_S}+\dfrac{G}{\rho_G}} \tag{8-39}$$

式中　Q——绝对体积为3L时混凝土拌和物的质量（kg），应精确至0.05kg；

W——水的质量（kg）；

C——水泥的质量（kg）；

F——掺和料的质量（kg）；

S——细骨料的质量（kg）；

G——粗骨料的质量（kg）；

ρ_W——水的表观密度（kg/m³）；

ρ_C——水泥的表观密度（kg/m³）；

ρ_F——掺和料的表观密度（kg/m³）；

ρ_S——细骨料的表观密度（kg/m³）；

ρ_G——粗骨料的表观密度（kg/m³）。

（2）当混凝土拌和物配合比及原材料的表观密度未知时，应在圆筒内装入质量为7.5kg的混凝土拌和物，无须振实，将圆筒放在水平平台上，用量筒沿筒壁徐徐注水，并敲击筒壁，将拌和物中的气泡排出，直至筒内水面与筒口平齐；记录注入圆筒中水的体积，并按式（8-40）确定混凝土拌和物的质量：

$$Q=3000 \times \frac{7.5}{V-V_w} \times （1+A） \tag{8-40}$$

式中　Q——绝对体积为3L时混凝土拌和物的质量（kg），应精确至0.05kg；

V——圆筒的容积（mL）；

V_w——注入圆筒中水的体积（mL）；

A——混凝土的含气量。

4. 试验步骤

（1）将圆筒放在天平上，将混凝土拌和物装入圆筒，装料期间不应施加任何振动或扰动，圆筒内混凝土拌和物质量的确定应按前述的规定；

（2）用不吸水的小尺轻拨拌和物表面，使其大致成为一个水平面，然后将盖板轻放在拌和物上；

（3）将圆筒移至跳桌台面中央，跳桌台面应以每秒一次的速度连续跳动 15 次；

（4）将量尺的横尺置于筒口，使筒壁卡入横尺的凹槽中，滑动有刻度的竖尺，竖尺的底端应插入盖板中心的小筒内，读取混凝土增实因数 JC，精确至 0.01。

5. 圆筒容积的标定

（1）将干净的圆筒与玻璃板一起称重；

（2）将圆筒装满水，应缓慢将玻璃板从筒口一侧推到另一侧，容量筒内应满水并且不应存在气泡，擦干筒外壁，再次称重；

（3）两次质量之差除以该温度下水的密度为容量筒的容积；常温下水的密度可取 1kg/L。

（4）圆筒容积的标定应保证测试结果准确。

第九章 硬化混凝土的试验与检测

本章重点介绍混凝土硬化以后的物理力学性能检测，以及混凝土长期性能的试验与检测。

第一节 概　　述

一、混凝土的凝结硬化过程

混凝土在凝结硬化过程中经过四个阶段：

1. 初始反应期。由于水化物尚不多，包有水化物膜层的水泥颗粒之间是分离着的，相互间引力较小。

2. 潜伏期。凝胶体膜层围绕水泥颗粒成长，相互间形成点接触，构成疏松网状结构，使水泥浆体开始失去流动性和部分可塑性，此时为初凝。

3. 凝结期。凝胶体膜层破裂，水分渗入膜层内部的速度大于水化物通过膜层向外扩散的速度而产生渗透压，水泥颗粒进一步水化，而使反应速度加快，直至新的凝胶体重新修补好破裂的膜层为止。

4. 硬化期。形成的凝胶体进一步填充颗粒之间空隙，毛细孔越来越少，使结构更加紧密，水泥浆体逐渐产生强度而进入硬化阶段。

二、硬化混凝土性能的基本概念

凝结硬化之后的混凝土，叫作硬化混凝土。硬化混凝土的性质主要有强度、变形性能以及耐久性等。

（一）混凝土的强度和混凝土强度等级

混凝土强度是指混凝土的力学性能，表征其抵抗外力作用的能力。混凝土强度就是指混凝土立方体抗压强度。

混凝土的强度等级应按立方体抗压强度标准值划分。混凝土强度等级应采用符号 C 与立方体抗压强度标准值（以 N/mm^2 计）表示。强度标准值以 $5N/mm^2$ 分段划分，并以其下限值作为示值。现行国家标准《混凝土结构设计规范》GB 50010 规定的混凝土强度等级有 C15、C20、C25、C30、C35、C40、C45、C50、C55、C60、C65、C70、C75、C80 等，该规范条文说明中指出，混凝土垫层可用 C10 级混凝土。

立方体抗压强度标准值应为按标准方法制作和养护的边长为 150mm 的立方体试件，用标准试验方法在 28d 龄期测得的混凝土抗压强度总体分布中的一个值，强度低于该值的概率应为 5％。

（二）混凝土的变形性能

混凝土在硬化和使用中，因受各种因素的影响会产生变形，这些变形是产生裂缝的重要原因之一，从而影响混凝土的强度与耐久性。因此必须对这些变形性质的基本规律和影响因素有所了解。

1. 化学收缩

由于混凝土中的水泥水化后生成物的体积比反应前物质的总体积小，而使混凝土收缩，这种收缩称为化学收缩。化学收缩是不能恢复的，其收缩量随硬化龄期的延长而增加，大致与时间的对数成正比，一般在成型后 40 多天内增加较快，以后就渐趋稳定。

2. 干缩湿胀

干湿变形取决于周围环境的湿度变化。混凝土在干燥过程中，首先发生气孔水和毛细水的蒸发。

气孔水的蒸发并不引起混凝土的收缩，毛细孔水的蒸发使毛细孔中形成负压，随着空气湿度的降低负压逐渐增大，产生收缩力，导致混凝土收缩。当毛细孔中的水蒸发完，如继续干燥，则凝胶体颗粒的吸附水也发生部分蒸发，由于分子引力的作用，粒子间距离变小，使凝胶体紧缩。混凝土这种收缩在重新吸水以后大部分可以恢复。当混凝土在水中硬化时，体积不变，甚至轻微膨胀。这是由于凝胶体的吸附水膜增厚，胶体粒子间的距离增大所致。膨胀值远比收缩值小，一般没有破坏作用。收缩受到约束时往往引起混凝土开裂，所以施工时应予以注意。减少混凝土的收缩量，应该尽量减少水泥用量，砂、石骨料要洗干净，尽可能采用振捣器捣固和加强养护等。

3. 温度变形

混凝土与其他材料一样，也具有热胀冷缩的性质。混凝土的温度膨胀系数为 $10 \times 10^{-6} \sim 14 \times 10^{-6} / ℃$。温度变形对大体积混凝土及大面积混凝土工程极为不利。在混凝土硬化初期，水泥水化放出较多的热量，混凝土又是热的不良导体，散热较慢，因此在大体积混凝土内部的温度较外部高，有时可达 $50 \sim 70℃$。这将使内部混凝土的体积产生较大的膨胀，而外部混凝土却随气温降低而收缩。内部膨胀和外部收缩互相制约，在外表混凝土中将产生很大拉应力，严重时使混凝土产生裂缝。因此，对大体积混凝土工程，必须尽量设法减少混凝土发热量，如采用低热水泥、减少水泥用量、采取人工降温等措施。一般对于沿纵向过长的钢筋混凝土结构物，应采取每隔一段长度设置温度伸缩缝以及在结构物中设置温度钢筋等措施，以减少温度变形引起的混凝土质量缺陷。

4. 受荷变形

(1) 混凝土的弹塑性变形

混凝土内部结构中含有砂石骨料、水泥石（水泥石中又存在着凝胶体和未水化的水泥颗粒）、游离水分和气泡，决定了混凝土本身的不均质性。它不是一种完全的弹性体，而是一种弹塑性体。它在受力时，既会产生可以恢复的弹性变形，又会产生不可恢复的塑性变形，其应力与应变之间的关系不是直线而是曲线。

在静力试验的加荷过程中，若加荷至一定点，然后将荷载逐渐卸去，则卸荷后能恢复的应变是由混凝土的弹性作用引起的，称为弹性应变；剩余的不能恢复的应变则是由于混凝土的塑性性质引起的，称为塑性应变。若所加应力在 $0.5 \sim 0.7 f_c$ 重复时，随着重复次数的增加，塑性应变逐渐增加，将导致混凝土疲劳破坏。

(2) 混凝土的弹性模量

在应力-应变曲线上任一点的应力 σ 与其应变 ε 的比值，叫作混凝土在该应力下的弹性模量。它反映混凝土所受应力与所产生应变之间的关系。在计算钢筋混凝土的变形、裂缝开展及大体积混凝土的温度应力时，均需知道该情况下混凝土的变形模量。混凝土的强度越高，弹性模量越高，两者存在一定的相关性。当混凝土的强度等级由 C10 增高到 C60 时，其弹性模量大致由 $1.75 \times 10^4 MPa$ 增至 $3.60 \times 10^4 MPa$。

混凝土的弹性模量随其骨料与水泥石的弹性模量而异。由于水泥石的弹性模量一般低于骨料的弹性模量，所以混凝土的弹性模量一般略低于其骨料的弹性模量。在材料质量不变的条件下，混凝土的骨料含量较多、水灰比较小、养护较好及龄期较长时，混凝土的弹性模量就较大。蒸汽养护的弹性模量比标准养护的低。

混凝土的弹性模量还与钢筋混凝土构件的刚度有很大关系。一般建筑物须有足够的刚度，在受力下保持较小的变形，才能发挥其正常使用功能，因此所用混凝土须有足够高的弹性模量。

(3) 徐变

混凝土在长期荷载作用下，沿着作用力方向的变形会随时间不断增长，即荷载不变而变形仍随时间增大。一般要延续 $2 \sim 3$ 年才逐渐趋于稳定。这种在长期荷载作用下产生的变形，称为混凝土徐变，如图 9-1 所示。混凝土在长期荷载作用下，一方面在开始加荷时发生瞬时变形（又称瞬变，即混凝土受力后立刻发生的变形，以弹性变形为主）；另一方面发生缓慢增长的徐变。在荷载作用初期，徐变变形增长较快，以后逐渐变慢且稳定下来。混凝土的徐变应变一般可达 $3 \times 10^{-4} \sim 15 \times 10^{-4}$。

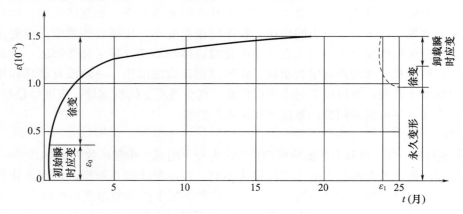

图 9-1　混凝土的徐变和时间的关系

（三）混凝土的耐久性

混凝土除应具有设计要求的强度，以保证其能安全地承受设计荷载外，还应根据其周围的自然环境以及在使用上的特殊要求，而具有各种特殊性能。例如，承受压力水作用的混凝土，需要具有一定的抗渗性能；遭受反复冰冻作用的混凝土，需要有一定的抗冻性能；遭受环境水侵蚀作用的混凝土，需要具有与之相适应的抗侵蚀性能；处于高温环境中的混凝土，则需要具有较好的耐热性能等。而且要求混凝土在使用环境条件下性能要稳定。因此，把混凝土抵抗环境介质作用并长期保持其良好的使用性能和外观完整性，从而维持混凝土结构的安全、正常使用的能力称为混凝土的耐久性。

环境对混凝土结构的物理和化学作用以及混凝土结构抵御环境作用的能力，是影响混凝土结构耐久性的因素。在通常的混凝土结构设计中，往往忽视环境对结构的作用，许多混凝土结构在达到预定的设计使用年限前，就出现了钢筋锈蚀、混凝土劣化剥落等影响结构性能及外观的耐久性破坏现象，需要大量投资进行修复甚至拆除重建。近年来，混凝土结构的耐久性及耐久性设计受到普遍关注。某些国家或国际学术组织在混凝土结构设计或施工规范中，对混凝土结构耐久性设计做出了明确的规定。我国的混凝土结构设计规范也将混凝土结构的耐久性设计作为一项重要内容。混凝土结构耐久性设计的目标，是使混凝土结构在规定的使用年限即设计使用寿命内，在常规的维修条件下，不出现混凝土劣化、钢筋锈蚀等影响结构正常使用和影响外观的损坏。

混凝土耐久性能主要包括抗渗、抗冻、抗侵蚀、抗碳化等性能。

1. 混凝土的抗水渗透性

混凝土抗水渗透性是指混凝土抵抗压力水、油等液体渗透作用的性能，简称抗渗性。它直接影响混凝土的抗冻性和抗侵蚀性。混凝土的抗渗性主要与其密实度及内部孔隙的大小和构造有关。混凝土内部互相连通的孔隙和毛细管通路，以及由于在混凝土施工成型时，振捣不实产生的蜂窝、孔洞都会造成混凝土渗水。

在我国，混凝土的抗渗性一般采用抗渗等级表示，也有采用相对抗渗系数来表示的。抗渗等级是按标准试验方法进行试验，以 28d 龄期的标准试件，用每组 6 个试件中 4 个试件未出现渗水时的最大水压力来表示的。混凝土的抗渗等级有 W6、W8、W10、W12 及以上等级。如抗渗等级 W8，即表示能抵抗 0.8MPa 的静水压力而不渗水。图 9-2 所示为混凝土抗渗仪。

混凝土渗水的主要原因是内部的孔隙形成的连通的渗水通道，这些渗水的通道主要来源于水泥浆中多余水分蒸发而留下

图 9-2　混凝土抗渗仪

的气孔和泌水后留下的毛细管道，以及粗骨料下缘界面聚集的水隙。另外，混凝土施工中振捣不密实及硬化后因干缩、热胀等变形造成的裂隙也会产生渗水通道。影响混凝土抗渗性的因素有水灰比、水泥品种、骨料的最大粒径、养护方法、外加剂及掺和料等。

因此，要提高混凝土的抗渗性，可以采取提高混凝土的密实度和改善混凝土中的孔隙结构特征，减少连通孔隙，掺加引气剂或减水剂，减少水灰比，选择致密、干净、级配良好的骨料，精心施工，加强养护等措施。

2. 混凝土的抗冻性

混凝土的抗冻性是指混凝土在水饱和状态下，经受多次冻融循环作用，能保持强度和外观完整性的能力。在寒冷地区，特别是在接触水又受冻的环境下的混凝土，要求具有较高的抗冻性能。混凝土受冻融作用破坏，是由于混凝土内部孔隙中的水在负温下体积结冰膨胀和因冰水蒸汽压的差别推动未冻水向冻结区迁移所造成的渗透压力。产生的内应力大于混凝土抗拉强度时，就会产生裂缝，多次冻融使裂缝不断扩展直至完全破坏，丧失原有功能。混凝土的密实度、孔隙构造和数量是决定抗冻性的重要因素。因此，当混凝土采用的原材料质量好、水灰比小、具有封闭细小孔隙（如掺入引气剂的混凝土）及掺入减水剂、防冻剂等，其抗冻性都较高。

混凝土的抗冻性一般以抗冻等级表示。抗冻等级是采用慢冻法以龄期 28d 的试块在吸水饱和后，承受反复冻融循环，以抗压强度下降不超过 25%，而且质量损失不超过 5% 时所能承受的最大冻融循环次数来确定。将混凝土划分为以下几个抗冻等级：F50、F100、F150、F200、F250 和 F300 等，分别表示混凝土能够承受反复冻融循环次数为 50、100、150、200、250 和 300。例如：F100 表示混凝土能承受最大冻融循环次数为 100 次。

提高混凝土抗冻性的有效方法是提高混凝土的密实度和改善孔结构。当混凝土的水灰比小、密实度高、含封闭小孔多，则抗冻性好。通过减少水灰比，提高水泥强度等级以及采用加入引气剂（如松香热聚物等）、减水剂和防冻剂以提高混凝土的抗冻性。

3. 混凝土的抗侵蚀性

混凝土受侵蚀原理与水泥石相同。当混凝土所处环境中含有侵蚀性介质时，混凝土便会遭受侵蚀，通常有软水侵蚀、硫酸盐侵蚀、镁盐侵蚀、碳酸侵蚀、一般酸侵蚀与强碱侵蚀等。混凝土在海岸、海洋工程中的应用也很广，海水对混凝土的侵蚀作用除化学作用外，尚有反复干湿的物理作用；盐分在混凝土内的结晶与聚集、海浪的冲击磨损、海水中氯离子对混凝土内钢筋的锈蚀作用等，也都会使混凝土遭受破坏。

混凝土的抗侵蚀性与所用水泥的品种、混凝土的密实程度和孔隙特征有关。密实和孔隙封闭的混凝土，环境水不易侵入，故其抗侵蚀性较强。所以，提高混凝土抗侵蚀性的措施，主要是合理选择水泥品种、降低水灰比、提高混凝土的密实度和改善孔隙结构。

4. 混凝土的碳化（中性化）

混凝土的碳化作用是二氧化碳与水泥石中的氢氧化钙作用，生成碳酸钙和水（碳化过程是二氧化碳由表及里向混凝土内部逐渐扩散的过程）。因此，气体扩散规律决定了碳化速度的快慢。碳化引起水泥石化学组成及组织结构的变化，从而对混凝土的化学性能和物理力学性能有明显的影响，主要是对碱度、强度和收缩的影响。

碳化对混凝土性能既有有利的影响，也有不利的影响，总体而言，弊大于利。

碳化使混凝土碱度降低，减弱了对钢筋的保护作用，可能导致钢筋锈蚀。碳化将显著增加混凝土的收缩，这是由于在收缩产生的压应力下的氢氧化钙晶体溶解和碳酸钙在无压力处沉淀所致，此时暂时地加大了水泥石的可压缩性。碳化使混凝土的抗压强度增大，其原因是碳化放出的水分有助于水泥的水化作用，而且碳酸钙减少了水泥石内部的孔隙。但是由于混凝土的碳化会产生碳化收缩，对其核心形成压力，而表面碳化层产生拉应力，可能产生微细裂缝，而使混凝土抗拉、抗折强度降低。

碳化的速度受许多因素影响：

（1）水泥的品种及掺混合材料的数量。硅酸盐水泥水化生成的氢氧化钙含量较掺混合材料硅酸盐水泥的数量多，因此碳化速度较掺混合材料的硅酸盐水泥慢；对于掺混合材料的水泥，混合材料数量越多，碳化速度越快。

（2）水灰比。在一定的条件下，水灰比越小的混凝土越密实，碳化速度越慢。

（3）环境因素。环境因素主要指空气中二氧化碳的浓度及空气的相对湿度，二氧化碳浓度增高，碳化速度加快。在相对湿度达到50％～70％情况下，碳化速度最快；在相对湿度达到100％或相对湿度在25％以下时，碳化将停止进行。

三、检测依据

1. 《混凝土物理力学性能试验方法标准》GB/T 50081。
2. 《混凝土强度检验评定标准》GB/T 50107。
3. 《普通混凝土长期性能和耐久性能试验方法标准》GB/T 50082。

四、检测与评定的基本规定

1. 一般规定

（1）试验环境，相对湿度不宜小于50％，温度应保持在（20±5）℃。

（2）试验仪器设备应具有有效期内的计量检定或校准证书。

2. 试样的横截面尺寸

试样的最小横截面尺寸应根据混凝土中骨料的最大粒径按表9-1选定。

表9-1　试样的最小横截面尺寸

骨料最大粒径（mm）		试样最小横截面尺寸（mm×mm）
劈裂抗拉强度试验	其他试验	
19.0	31.5	100×100
37.5	37.5	150×150
—	63.0	200×200

3. 试样的尺寸测量与公差

（1）试样尺寸测量应符合下列规定：

① 试样的边长和高度宜采用游标卡尺进行测量，应精确至0.1mm。

② 圆柱形试样的直径应采用游标卡尺分别在试样的上部、中部和下部相互垂直的两个位置上共测量6次，取测量的算术平均值作为直径值，应精确至0.1mm。

③ 试样承压面的平面度可采用钢板尺和塞尺进行测量。测量时，应将钢板尺立起横放在试样承压面上，慢慢旋转360°，用塞尺测量其最大间隙作为平面度值，也可采用其他专用设备测量，结果应精确至0.01mm。

④ 试样相邻面间的夹角应采用游标量角器进行测量，应精确至0.1°。

（2）试样各边长、直径和高的尺寸公差不得超过1mm。

（3）试样承压面的平面度公差不得超过$0.0005d$（d为试样边长）。

（4）试样相邻面间的夹角应为90°，其公差不得超过0.5°。

（5）试样制作时应采用符合标准要求的试模并精确安装，应保证试样的尺寸公差满足要求。

4. 混凝土的取样

（1）混凝土的取样，宜根据《混凝土强度检验评定标准》GB 50107—2010规定的检验评定方法要求制订检验批的划分方案和相应的取样计划。

（2）混凝土强度试样应在混凝土的浇筑地点随机取样。

（3）试样的取样频率和数量应符合下列规定：

① 每 100 盘，但不超过 100m³ 的同配合比混凝土，取样次数不应少于 1 次；

② 每一工作班拌制的同配合比的混凝土不足 100 盘和 100m³ 时，其取样次数不应少于 1 次；

③ 当一次连续浇筑同配合比混凝土超过 1000m³ 时，每 200m³ 取样不应少于 1 次；

④ 对房屋建筑，每一楼层、同一配合比的混凝土，取样不应少于 1 次。

（4）每批混凝土试样应制作的试样总组数，除满足《混凝土强度检验评定标准》GB 50107—2010 第 5 章规定的混凝土强度评定所必需的组数外，还应留置为检验结构或构件施工阶段混凝土强度所必需的试样。

5. 混凝土试样的制作与养护

（1）每次取样应至少制作 1 组标准养护试样。

（2）每组 3 个试样应由同一盘或同一车的混凝土中取样制作。

（3）检验评定混凝土强度用的混凝土试样，其成型方法及标准养护条件应符合现行国家标准《混凝土物理力学性能试验方法标准》GB/T 50081 的规定。

（4）试样的制作和养护按照本书第八章中"混凝土试样制作和养护试验"中规定的方法进行。

（5）采用蒸汽养护的构件，其试样应先随构件同条件养护，然后应置入标准养护条件下继续养护，两段养护时间的总和为设计规定龄期。

6. 混凝土试样的试验

（1）混凝土试样的立方体抗压强度试验应根据现行国家标准《混凝土物理力学性能试验方法标准》GB/T 50081 的规定执行。每组混凝土试样强度代表值的确定，应符合下列规定：

① 取 3 个试样强度的算术平均值作为每组试样的强度代表值；

② 当一组试样中强度的最大值或最小值与中间值之差超过中间值的 15% 时，取中间值作为该组试样的强度代表值；

③ 当一组试样中强度的最大值和最小值与中间值之差均超过中间值的 15% 时，该组试样的强度不应作为评定的依据。

注：根据设计规定，可采用大于 28d 龄期的混凝土试样。

（2）当采用非标准尺寸试样时，应将其抗压强度乘以尺寸折算系数，折算成边长为 150mm 的标准尺寸试样抗压强度。尺寸折算系数按下列规定采用：

① 当混凝土强度等级低于 C60 时，对边长为 100mm 的立方体试样取 0.95，对边长为 200mm 的立方体试样取 1.05。

② 当混凝土强度等级不低于 C60 时，宜采用标准尺寸试样；使用非标准尺寸试样时，尺寸折算系数应由试验确定，其试样数量不应少于 30 个对组。

7. 试验或检测报告

（1）委托单位宜记录下列内容并写入试验或检测报告：

委托单位名称；工程名称及施工部位；检测项目名称；要说明的其他内容。

（2）试样制作单位宜记录下列内容并写入试验或检测报告：

试样编号；试样制作日期；混凝土强度等级；试样的形状与尺寸；原材料的品种、规格和产地以及混凝土配合比；成型方法；养护条件；试验龄期；要说明的其他内容。

（3）试验或检测单位宜记录下列内容并写入试验或检测报告：

试样收到的日期；试样的形状及尺寸；试验编号；试验日期；仪器设备的名称、型号及编号；实验室温度和湿度；养护条件及试验龄期；混凝土强度等级；测试结果；要说明的其他内容。

（4）试验或检测报告样表可采用《混凝土物理力学性能试验方法标准》GB/T 50081—2019 附录 A 的形式。

五、性能要求及评定

1. 混凝土力学性能

（1）混凝土的力学性能应满足设计和施工的要求。混凝土力学性能试验方法应符合现行国家标准《混凝土物理力学性能试验方法标准》GB/T 50081 的有关规定。

（2）混凝土强度等级应按立方体抗压强度标准值（MPa）划分为 C10、C15、C20、C25、C30、C35、C40、C45、C50、C55、C60、C65、C70、C75、C80、C85、C90、C95 和 C100。

2. 混凝土长期性能和耐久性能

（1）混凝土的长期性能和耐久性能应满足设计要求，试验方法应符合现行国家标准《普通混凝土长期性能和耐久性能试验方法标准》GB/T 50082 的有关规定。

（2）混凝土耐久性性能等级划分

① 混凝土抗冻性能、抗水渗透性能和抗硫酸盐侵蚀性能的等级划分应符合表 9-2 的规定。

表 9-2　混凝土抗冻性能、抗水渗透性能和抗硫酸盐侵蚀性能的等级划分

抗冻等级（快冻法）		抗冻标号（慢冻法）	抗渗等级	抗硫酸盐等级
F50	F250	D50	P4	KS30
F100	F300	D100	P6	KS60
F150	F350	D150	P8	KS90
F200	F400	D200	P10	KS120
>F400		>D200	P12	KS150
			>P12	>KS150

② 混凝土抗氯离子渗透性能的等级划分应符合下列规定：

当采用氯离子迁移系数（RCM 法）划分混凝土抗氯离子渗透性能等级时，应符合表 9-3 的规定，且混凝土测试龄期应为 84d。

表 9-3　混凝土抗氯离子渗透性能的等级划分（RCM 法）

等级	RCM-Ⅰ	RCM-Ⅱ	RCM-Ⅲ	RCM-Ⅳ	RCM-Ⅴ
氯离子迁移系数 D_{RCM}（RCM 法）（$\times 10^{-12}m^2/s$）	$D_{RCM} \geqslant 4.5$	$3.5 \leqslant D_{RCM} < 4.5$	$2.5 \leqslant D_{RCM} < 3.5$	$1.5 \leqslant D_{RCM} < 2.5$	$D_{RCM} < 1.5$

当采用电通量划分混凝土抗氯离子渗透性能等级时，应符合表 9-4 的规定，且混凝土测试龄期宜为 28d。当混凝土中水泥混合材与矿物掺和料之和超过胶凝材料用量的 50% 时，测试龄期可为 56d。

表 9-4　混凝土抗氯离子渗透性能的等级划分（电通量法）

等级	Q-Ⅰ	Q-Ⅱ	Q-Ⅲ	Q-Ⅳ	Q-Ⅴ
电通量 Q_s（C）	$Q_s \geqslant 4000$	$2000 \leqslant Q_s < 4000$	$1000 \leqslant Q_s < 2000$	$500 \leqslant Q_s < 1000$	$Q_s < 500$

（3）混凝土抗碳化性能的等级划分应符合表 9-5 的规定。

表 9-5　混凝土抗碳化性能的等级划分

等级	T-Ⅰ	T-Ⅱ	T-Ⅲ	T-Ⅳ	T-Ⅴ
碳化深度 d（mm）	$d \geqslant 4000$	$200 \leqslant d < 30$	$10 \leqslant d < 20$	$0.1 \leqslant d < 10$	$d < 0.1$

（4）混凝土早期抗裂性能的等级划分应符合表 9-6 的规定。

表 9-6　混凝土早期抗裂性能的划分

等级	L-Ⅰ	L-Ⅱ	L-Ⅲ	L-Ⅳ	L-Ⅴ
单位面积上的总开裂面积 c（mm²/m²）	$c \geqslant 1000$	$700 \leqslant c < 1000$	$400 \leqslant c < 700$	$100 \leqslant c < 400$	$c < 100$

（5）混凝土耐久性检验项目的试验方法应符合现行国家标准《普通混凝土长期性能和耐久性能试验方法标准》GB/T 50082 的规定。

3. 混凝土强度的检验评定

混凝土强度应分批进行检验评定。一个检验批的混凝土应由强度等级相同、试验龄期相同、生产工艺条件和配合比基本相同的混凝土组成。

对于大批量、连续生产的混凝土强度，应按下述（1）中规定的统计方法评定。对小批量或零星生产的混凝土强度，应按下述（2）中规定的非统计方法评定。

（1）统计法评定

① 统计方法评定。采用统计方法评定时，应符合下列规定：

a. 当连续生产的混凝土，生产条件在较长时间内能保持一致，且同一品种、同一强度等级混凝土的强度变异性保持稳定时，应按下述②中的规定进行评定。

b. 其他情况应按下述④中的规定进行评定。

② 一个检验批的样本容量应为连续的 3 组试样，其强度应同时满足下列要求：

$$m_{f_{cu}} \geq f_{cu,k} + 0.7\sigma_0 \tag{9-1}$$

$$f_{cu,min} \geq f_{cu,k} - 0.7\sigma_0 \tag{9-2}$$

当混凝土强度等级不高于 C20 时，其强度的最小值尚应满足式（9-3）的要求：

$$f_{cu,min} \geq 0.85 f_{cu,k} \tag{9-3}$$

当混凝土强度等级高于 C20 时，其强度的最小值尚应满足式（9-4）的要求：

$$f_{cu,min} \geq 0.90 f_{cu,k} \tag{9-4}$$

式中　$m_{f_{cu}}$——同一检验批混凝土立方体抗压强度的平均值（N/mm²），精确到 0.1N/mm²；

　　　$f_{cu,k}$——混凝土立方体抗压强度标准值（N/mm²），精确到 0.1N/mm²；

　　　σ_0——检验批混凝土立方体抗压强度的标准差（N/mm²），精确到 0.01N/mm²，取值按式（9-5）计算的标准差σ_0，当σ_0计算值小于 2.5N/mm²时，应取 2.5N/mm²；

　　　$f_{cu,min}$——同一检验批混凝土立方体抗压强度的最小值（N/mm²），精确到 0.1N/mm²。

③ 检验批混凝土立方体抗压强度的标准差，应根据前一个检验期内同一品种混凝土试样的强度数据，按式（9-5）计算：

$$\sigma_0 = \sqrt{\frac{\sum_{i=1}^{n} f_{cu,i}^2 - n m_{f_{cu}}^2}{n-1}} \tag{9-5}$$

式中　$f_{cu,i}$——第 i 组混凝土试样的立方体抗压强度代表值（N/mm²），精确到 0.1N/mm²；

　　　n——前一检验期内的样本容量。

注：上述检验期不应少于 60d 也不宜超过 90d，且在该期间内样本容量不应少于 45。

④ 当样本容量不少于 10 组时，其强度应同时满足下列要求：

$$m_{f_{cu}} \geq f_{cu,k} + \lambda_1 \cdot S_{f_{cu}} \tag{9-6}$$

$$f_{cu,min} \geq \lambda_2 \cdot f_{cu,k} \tag{9-7}$$

式中　$S_{f_{cu}}$——同一检验批混凝土立方体抗压强度的标准差（N/mm²），精确到 0.01N/mm²；按下述第⑤款计算，当计算值小于 2.5N/mm²时，应取 2.5N/mm²；

　　　λ_1、λ_2——合格判定系数，按表 9-7 取用。

表 9-7　混凝土强度的合格判定系数

试样组数	10~14	15~19	≥20
λ_1	1.15	1.05	0.95
λ_2	0.90	0.85	

⑤ 同一检验批混凝土立方体抗压强度的标准差应按式（9-8）计算：

$$S_{f_{cu}} = \sqrt{\frac{\sum\limits_{i=1}^{n} f_{cu,i}^2 - n \cdot m_{f_{cu}}^2}{n-1}}$$ (9-8)

式中　n——本检验期内的样本容量。

（2）非统计法评定

① 当用于评定的样本容量小于 10 组时，可采用非统计方法评定混凝土强度。

② 按非统计方法评定混凝土强度时，其强度应同时满足下列要求：

$$m_{f_{cu}} \geqslant \lambda_3 \cdot f_{cu,k}$$ (9-9)

$$f_{cu,min} \geqslant \lambda_4 \cdot f_{cu,k}$$ (9-10)

式中　λ_3、λ_4——合格判定系数，按表 9-8 取用。

表 9-8　混凝土强度的非统计法合格判定系数

混凝土强度等级	<C60	≥C60
λ_3	1.15	1.10
λ_4	0.95	

（3）混凝土强度的合格性评定

① 当检验结果满足上述（1）中第②项或（2）中第②项的规定时，则该批混凝土强度应评定为合格；当不能满足上述规定时，该批混凝土强度应评定为不合格。

② 对评定为不合格批的混凝土，可按国家现行的有关标准进行处理。

4. 混凝土的耐久性评定

混凝土的耐久性能应按现行行业标准《混凝土耐久性检验评定标准》JGJ/T 193 的有关规定进行检验评定，并应合格。

第二节　混凝土的物理力学性能试验与检测

一、普通混凝土抗压强度试验

（一）混凝土立方体试样抗压强度试验

1. 适用范围

本方法适用于测定混凝土立方体试样的抗压强度。

2. 试验依据

（1）《混凝土物理力学性能试验方法标准》GB/T 50081—2019；

（2）《混凝土强度检验评定标准》GB/T 50107—2010。

3. 试验仪器设备

（1）压力试验机应符合下列规定：

① 试样破坏荷载宜大于压力机全量程的 20% 且宜小于压力机全量程的 80%。

② 示值相对误差应为 ±1%。

③ 应具有加荷速度指示装置或加荷速度控制装置，并应能均匀、连续地加荷。

④ 试验机上、下承压板的平面度公差不应大于 0.04mm；平行度公差不应大于 0.05mm；表面硬度不应小于 55HRC；板面应光滑、平整，表面粗糙度 Ra 不应大于 0.80μm。

⑤ 球座应转动灵活；球座宜置于试样顶面，并凸面朝上。

⑥ 其他要求应符合现行国家标准《液压式万能试验机》GB/T 3159 和《试验机通用技术要求》

GB/T 2611 的有关规定。

（2）当压力试验机的上、下承压板的平面度、表面硬度和粗糙度不符合第（4）条要求时，上、下承压板与试样之间应各垫以钢垫板。钢垫板应符合下列规定：

① 钢垫板的平面尺寸不应小于试样的承压面积，厚度不应小于 25mm；

② 钢垫板应机械加工，承压面的平面度、平行度、表面硬度和粗糙度应符合（1）中④的要求。

（3）混凝土强度≥60MPa 时，试样周围应设防护网罩。

（4）游标卡尺，量程 300mm，分度值宜为 0.02mm。

（5）塞尺，最小叶片厚度不应大于 0.02mm。

（6）直板尺。

（7）游标量角器，分度值应为 0.1°。

4. 试验步骤

（1）试样到达试验龄期时，从养护地点取出后，应检查其尺寸及形状，尺寸公差应满足《混凝土物理力学性能试验方法标准》GB/T 50081—2019 第 3.3 节的规定。试样取出后应尽快进行试验。

（2）试样放置试验机前，应将试样表面与上、下承压板面擦拭干净。

（3）以试样成型时的侧面为承压面，将试样安放在试验机的下压板或垫板上，试样的中心应与试验机下压板中心对准。

（4）启动试验机，试样表面与上、下承压板或钢垫板应均匀接触。

（5）试验过程中应连续均匀加荷，加荷速度应取 0.3～1.0MPa/s。当立方体抗压强度小于 30MPa 时，加荷速度宜取 0.3～0.5MPa/s；立方体抗压强度为 30～60MPa 时，加荷速度宜取 0.5～0.8MPa/s；立方体抗压强度不小于 60MPa 时，加荷速度宜取 0.8～1.0MPa/s。

（6）当手动控制压力机加荷速度，试样接近破坏开始急剧变形时，应停止调整试验机油门，直至破坏，并记录破坏荷载。

5. 结果计算与评定

（1）混凝土立方体试样抗压强度应按式（9-11）计算：

$$f_{cc} = F/A \qquad\qquad (9\text{-}11)$$

式中　f_{cc}——混凝土立方体试样抗压强度（MPa），计算结果应精确至 0.1MPa；

　　　F——试样破坏荷载（N）；

　　　A——试样承压面积（mm^2）。

（2）立方体试样抗压强度值的确定应符合下列规定：

① 取 3 个试样测值的算术平均值作为该组试样的强度值，应精确至 0.1MPa；

② 当 3 个测值中的最大值或最小值中有一个与中间值的差值超过中间值的 15% 时，则应把最大值及最小值剔除，取中间值作为该组试样的抗压强度值；

③ 当最大值和最小值与中间值的差值均超过中间值的 15% 时，则该组试样的试验结果无效。

（3）混凝土强度等级＜C60 时，用非标准试样测得的强度值均应乘以尺寸换算系数，对 200mm×200mm×200mm 试样可取为 1.05，对 100mm×100mm×100mm 试样可取为 0.95。

（4）当混凝土强度等级≥C60 时，宜采用标准试样；当使用非标准试样，混凝土强度等级≤C100 时，尺寸换算系数宜由试验确定，在未进行试验确定的情况下，对 100mm×100mm×100mm 试样可取为 0.95；混凝土强度等级大于 C100 时，尺寸换算系数应经试验确定。

（二）混凝土圆柱体试样抗压强度试验

1. 适用范围

本方法适用于测定按标准要求制作和养护的混凝土圆柱体试样的抗压强度。

2. 试验依据

（1）《混凝土物理力学性能试验方法标准》GB/T 50081—2019；

（2）《混凝土强度检验评定标准》GB/T 50107—2010。

3. 试验仪器设备

（1）压力试验机应符合下列规定：

① 试样破坏荷载宜大于压力机全量程的 20％且宜小于压力机全量程的 80％。

② 示值相对误差应为±1％。

③ 应具有加荷速度指示装置或加荷速度控制装置，并应能均匀、连续地加荷。

④ 试验机上、下承压板的平面度公差不应大于 0.04mm；平行度公差不应大于 0.05mm；表面硬度不应小于 55HRC；板面应光滑、平整，表面粗糙度 Ra 不应大于 0.80μm。

⑤ 球座应转动灵活；球座宜置于试样顶面，并凸面朝上。

⑥ 其他要求应符合现行国家标准《液压式万能试验机》GB/T 3159 和《试验机 通用技术要求》GB/T 2611 的有关规定。

（2）当压力试验机的上、下承压板的平面度、表面硬度和粗糙度不符合（1）中第④项要求时，上、下承压板与试样之间应各垫以钢垫板。钢垫板应符合下列规定：

① 钢垫板的平面尺寸不应小于试样的承压面积，厚度不应小于 25mm；

② 钢垫板应机械加工，承压面的平面度、平行度、表面硬度和粗糙度应符合①项的要求。

（3）混凝土强度不小于 60MPa 时，试样周围应设防护网罩。

（4）游标卡尺，量程 300mm，分度值宜为 0.02mm。

（5）塞尺，最小叶片厚度不应大于 0.02mm。

（6）直板尺。

（7）游标量角器，分度值应为 0.1°。

4. 试验步骤

（1）试样到达试验龄期时，从养护地点取出后，应检查其尺寸及形状，尺寸公差应满足标准的规定。试样取出后应尽快进行试验。

（2）试样放置试验机前，应将试样表面与上、下承压板面擦拭干净。

（3）将试样置于试验机上、下承压板之间，使试样的纵轴与加压板的中心一致。

（4）开启试验机，试样表面与上、下承压板或钢垫板应均匀接触；试验机的加压板与试样的端面之间要紧密接触，中间不得夹入有缓冲作用的其他物质。

（5）在试验过程中应连续均匀地加荷，加荷速度应取 0.3～1.0MPa/s。当立方体抗压强度小于 30MPa 时，加荷速度宜取 0.3～0.5MPa/s；立方体抗压强度为 30～60MPa 时，加荷速度宜取 0.5～0.8MPa/s；立方体抗压强度不小于 60MPa 时，加荷速度宜取 0.8～1.0MPa/s。

（6）当手动控制压力机加荷速度，试样接近破坏开始急剧变形时，应停止调整试验机油门，直至破坏，然后记录破坏荷载。

5. 结果计算与评定

（1）试样直径应按式（9-12）计算：

$$d = (d_1 + d_2) / 2 \tag{9-12}$$

式中　d——试样计算直径（mm），计算应精确至 0.1mm；

　d_1、d_2——试样两个垂直方向的直径（mm）。

（2）抗压强度应按式（9-13）计算：

$$f_{cc} = \frac{4F}{\pi d^2} \tag{9-13}$$

式中　f_{cc}——混凝土抗压强度（MPa），计算精确至 0.1MPa；

　　F——试样破坏荷载（N）；

　　d——试样计算直径（mm）。

（3）混凝土圆柱体抗压强度值的确定：

① 取 3 个试样测值的算术平均值作为该组试样的强度值，应精确至 0.1MPa；

② 当 3 个测值中的最大值或最小值中有一个与中间值的差值超过中间值的 15% 时，则应把最大值及最小值剔除，取中间值作为该组试样的抗压强度值；

③ 当最大值和最小值与中间值的差值均超过中间值的 15% 时，则该组试样的试验结果无效。

（4）用非标准试样测得的强度值均应乘以尺寸换算系数。对尺寸为 $\phi100mm\times200mm$ 的圆柱体试样，尺寸换算系数为 0.95；对 $\phi200mm\times400mm$ 的圆柱体试样，尺寸换算系数为 1.05。

（三）轴心抗压强度试验

1. 适用范围

本试验适用于混凝土轴心抗压强度试验。

2. 试样尺寸和数量

（1）标准试样是边长为 150mm×150mm×300mm 的棱柱体试样；

（2）边长为 100mm×100mm×300mm 和 200mm×200mm×400mm 的棱柱体试样是非标准试样；

（3）每组试样应为 3 块。

3. 试验仪器设备

（1）压力试验机应符合下列规定：

① 试样破坏荷载宜大于压力机全量程的 20% 且宜小于压力机全量程的 80%。

② 示值相对误差应为 ±1%。

③ 应具有加荷速度指示装置或加荷速度控制装置，并应能均匀、连续地加荷。

④ 试验机上、下承压板的平面度公差不应大于 0.04mm；平行度公差不应大于 0.05mm；表面硬度不应小于 55HRC；板面应光滑、平整，表面粗糙度 Ra 不应大于 0.80μm。

⑤ 球座应转动灵活；球座宜置于试样顶面，并凸面朝上。

⑥ 其他要求应符合现行国家标准《液压式万能试验机》GB/T 3159 和《试验机 通用技术要求》GB/T 2611 的有关规定。

（2）当压力试验机的上、下承压板的平面度、表面硬度和粗糙度不符合（1）中第④项要求时，上、下承压板与试样之间应各垫以钢垫板。钢垫板应符合下列规定：

① 钢垫板的平面尺寸不应小于试样的承压面积，厚度不应小于 25mm；

② 钢垫板应机械加工，承压面的平面度、平行度、表面硬度和粗糙度应符合①项的要求。

（3）混凝土强度不小于 60MPa 时，试样周围应设防护网罩。

（4）游标卡尺，量程 300mm，分度值宜为 0.02mm。

（5）塞尺，最小叶片厚度不应大于 0.02mm。

（6）直板尺。

（7）游标量角器，分度值应为 0.1°。

4. 试验步骤

（1）试样到达试验龄期时，从养护地点取出后，应检查其尺寸及形状，尺寸公差应满足标准的规定。试样取出后应尽快进行试验。

（2）试样放置试验机前，应将试样表面与上、下承压板面擦拭干净。

（3）将试样直立放置在试验机的下压板或钢垫板上，并应使试样轴心与下压板中心对准。

（4）开启试验机，试样表面与上下承压板或钢垫板应均匀接触。

（5）在试验过程中应连续均匀加荷，加荷速度应取 0.3～1.0MPa/s。当棱柱体混凝土试样轴心抗压强度小于 30MPa 时，加荷速度宜取 0.3～0.5MPa/s；棱柱体混凝土试样轴心抗压强度为 30～60MPa 时，加荷速度宜取 0.5～0.8MPa/s；棱柱体混凝土试样轴心抗压强度不小于 60MPa 时，加荷速度宜取 0.8～1.0MPa/s。

（6）当手动控制压力机加荷速度，试样接近破坏开始急剧变形时，应停止调整试验机油门，直至破坏，然后记录破坏荷载。

5. 结果计算及确定

（1）混凝土试样轴心抗压强度应按式（9-14）计算：

$$f_{cp} = \frac{F}{A} \tag{9-14}$$

式中　f_{cp}——混凝土轴心抗压强度（MPa），计算结果应精确至 0.1MPa；

　　　　F——试样破坏荷载（N）；

　　　　A——试样承压面积（mm²）。

（2）混凝土轴心抗压强度值的确定应符合《混凝土物理力学性能试验方法标准》GB/T 50081—2019 第 5.0.5 条中第 2 款的规定。

（3）混凝土强度等级小于 C60 时，用非标准试样测得的强度值均应乘以尺寸换算系数，对 200mm× 200mm×400mm 试样为 1.05；对 100mm×100mm×300mm 试样为 0.95。当混凝土强度等级不小于 C60 时，宜采用标准试样；使用非标准试样时，尺寸换算系数应由试验确定。

二、静力受压弹性模量试验

（一）棱柱体试样的混凝土静力受压弹性模量试验

1. 适用范围

本试验适用于棱柱体试样的混凝土静力受压弹性模量的测定。

2. 试样尺寸和数量

（1）标准试样应是边长为 150mm×150mm×300mm 的棱柱体试样；

（2）边长为 100mm×100mm×300mm 和 200mm×200mm×400mm 的棱柱体试样是非标准试样；

（3）每次试验应制备 6 个试样，其中 3 个用于测定轴心抗压强度，另外 3 个用于测定静力受压弹性模量。

3. 试验仪器设备

（1）压力试验机应符合标准的规定。

（2）用于微变形测量的仪器应符合下列规定：

① 微变形测量仪器可采用千分表、电阻应变片、激光测长仪、引伸仪或位移传感器等。采用千分表或位移传感器时应备有微变形测量固定架，试样的变形通过微变形测量固定架传递到千分表或位移传感器。采用电阻应变片或位移传感器测量试样变形时，应备有数据自动采集系统，条件许可时，可采用荷载和位移数据同步采集系统。

② 当采用千分表和位移传感器时，其测量精度应为±0.001mm；当采用电阻应变片、激光测长仪或引伸仪时，其测量精度应为±0.001%。

③ 标距应为 150mm。

4. 试验步骤

（1）试样到达试验龄期时，从养护地点取出后，应检查其尺寸及形状，尺寸公差应满足标准的规定。试样取出后应尽快进行试验。

（2）取一组试样按照本节"一、混凝土抗压强度试验"的规定测定混凝土的轴心抗压强度（f_{cp}），另一组用于测定混凝土的弹性模量。

（3）在测定混凝土弹性模量时，微变形测量仪应安装在试样两侧的中线上并对称于试样的两端。当采用千分表或位移传感器时，应将千分表或位移传感器固定在变形测量架上，试样的测量标距应为 150mm，由标距定位杆定位，将变形测量架通过紧固螺钉固定。

当采用电阻应变片测量变形时，应变片的标距应为 150mm。试样从养护室取出后，应对贴应变片区域的试样表面缺陷进行处理，可采用电吹风吹干试样表面后，在试样的两侧中部用 502 胶水粘贴应变片。

（4）试样放置试验机前，应将试样表面与上、下承压板面擦拭干净。

（5）将试样直立放置在试验机的下压板或钢垫板上，并应使试样轴心与下压板中心对准。

（6）开启试验机，试样表面与上、下承压板或钢垫板应均匀接触。

（7）应加荷至基准应力为 0.5MPa 的初始荷载值 F_0，保持恒载 60s 并在以后的 30s 内记录每测点的变形读数 ε_0。应立即连续均匀地加荷至应力为轴心抗压强度 f_{cp} 的 1/3 时的荷载值 F_a，保持恒载 60s 并在以后的 30s 内记录每一测点的变形读数 ε_a。所用的加荷速度应符合标准的规定。

（8）左、右两侧的变形值之差与它们平均值之比大于 20% 时，应重新对中试样后重复（7）的规定。当无法使其减少到小于 20% 时，此次试验无效。

（9）在确认试样对中符合（8）的规定后，以与加荷速度相同的速度卸荷至基准应力 0.5MPa（F_0），恒载 60s；应用同样的加荷和卸荷速度以及 60s 的保持恒载（F_0 及 F_a）至少进行两次反复预压。在最后一次预压完成后，应在基准应力 0.5MPa（F_0）持荷 60s 并在以后的 30s 内记录每一测点的变形读数 ε_0；再用同样的加荷速度加荷至 F_a，持荷 60s 并在以后的 30s 内记录每一测点的变形读数 ε_a（图 9-3）。

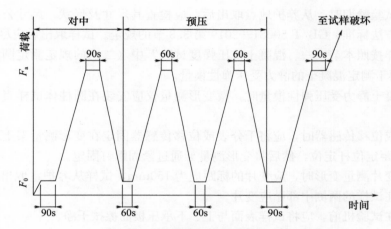

图 9-3　弹性模量试验加荷方法示意

注：1.90s 包括 60s 持荷时间和 30s 读数时间；2.60s 为持荷时间。

（10）卸除变形测量仪，应以同样的速度加荷至破坏，记录破坏荷载；当测定弹性模量之后的试样抗压强度与 f_{cp} 之差超过 f_{cp} 的 20% 时，应在报告中注明。

5. 结果计算及确定

（1）混凝土静压受力弹性模量值应按式（9-15）、式（9-16）计算：

$$E_c = \frac{F_a - F_0}{A} \times \frac{L}{\Delta n} \tag{9-15}$$

$$\Delta n = \varepsilon_a - \varepsilon_0 \tag{9-16}$$

式中　E_c——混凝土静压受力弹性模量（MPa），计算结果应精确至 100MPa；

　　　F_a——应力为 1/3 轴心抗压强度时的荷载（N）；

　　　F_0——应力为 0.5MPa 时的初始荷载（N）；

　　　A——试样承压面积（mm²）；

　　　L——测量标距（mm）；

　　　Δn——最后一次从 F_0 加荷至 F_a 时试样两侧变形的平均值（mm）；

　　　ε_a——F_a 时试样两侧变形的平均值（mm）；

　　　ε_0——F_0 时试样两侧变形的平均值（mm）。

（2）按 3 个试样测值的算术平均值作为该组试样的弹性模量值，应精确至 100MPa。当其中有一个试样在测定弹性模量后的轴心抗压强度值与用以确定检验控制荷载的轴心抗压强度值相差超过后者的 20％时，弹性模量值应按另两个试样测值的算术平均值计算；当有两个试样在测定弹性模量后的轴心抗压强度值与用以确定检验控制荷载的轴心抗压强度值相差超过后者的 20％时，此次试验无效。

（二）混凝土圆柱体试样静力受压弹性模量试验

1. 适用范围

本试验适用于混凝土圆柱体试样静力受压弹性模量的测定。

2. 试样的尺寸和数量

（1）标准试样是 $\phi150\text{mm}\times300\text{mm}$ 的圆柱体试样；

（2）$\phi100\text{mm}\times200\text{mm}$ 和 $\phi200\text{mm}\times400\text{mm}$ 的圆柱体试样是非标准试样；

（3）每次试验应制备 6 个试样，其中 3 个用于测定轴心抗压强度，另外 3 个用于测定静力受压弹性模量。

3. 试验仪器设备

与前述"棱柱体试样的混凝土静力受压弹性模量试验"同要求。

4. 试验步骤

（1）试样到达试验龄期时，从养护地点取出后，应检查其尺寸及形状，尺寸公差应满足《混凝土物理力学性能试验方法标准》GB/T 50081—2019 第 3.3 节的规定。试样取出后应尽快进行试验。

（2）取一组试样按照本节"一、混凝土抗压强度试验"中（二）的规定测定圆柱体试样的抗压强度（f_{cc}），另一组用于测定混凝土的静力受压弹性模量。

（3）在测定混凝土静力受压弹性模量时，微变形测量仪应安装在圆柱体试样直径的延长线上并对称于试样的两端。

当采用千分表或位移传感器时，应将千分表或位移传感器固定在变形测量架上，试样的测量标距应为 150mm，由标距定位杆定位，然后将变形测量架通过紧固螺钉固定。

当采用电阻应变片测量变形时，应变片的标距应为 150mm，试样从养护室取出后，可待试样表面自然干燥后，尽快在试样的两侧中部贴应变片。

（4）试样放置在试验机前，应将试样表面与上、下承压板面擦拭干净。

（5）将试样直立放置在试验机的下压板或钢垫板上，并使试样轴心与下压板中心对准。

（6）开启试验机，试样表面与上、下承压板或钢垫板应均匀接触。

（7）加荷至基准应力为 0.5MPa 的初始荷载值 F_0，保持恒载 60s 并在以后的 30s 内记录每测点的变形读数 ε_0。应立即连续均匀地加荷至应力为轴心抗压强度 f_{cp} 的 1/3 时的荷载值 F_a，保持恒载 60s 并在以后的 30s 内记录每一测点的变形读数 ε_a。所用的加荷速度应符合本节"棱柱体试样的混凝土轴心抗压强度试验"中"4. 试验步骤"第（5）款的规定。

（8）左右两侧的变形值之差与它们平均值之比大于 20％时，应重新对中试样后重复（7）的规定。当无法使其减少到小于 20％时，则此次试验无效。

（9）在确认试样对中符合（8）的规定后，以与加荷速度相同的速度卸荷至基准应力 0.5MPa（F_0），恒载 60s；然后用同样的加荷和卸荷速度以及 60s 的保持恒载（F_0 及 F_a）至少进行两次反复预压。在最后一次预压完成后，在基准应力 0.5MPa（F_0）持荷 60s 并在以后的 30s 内记录每一测点的变形读数 ε_0；再用同样的加荷速度加荷至 F_a，持荷 60s 并在以后的 30s 内记录每一测点的变形读数 ε_a。

（10）卸除变形测量仪，以同样的速度加荷至破坏，记录破坏荷载；试样的抗压强度与 f_{cp} 之差超过 f_{cp} 的 20％时，则应在报告中注明。

5. 结果计算及确定

（1）试样计算直径 d 应按试样两个垂直方向的直径平均值计算所得。

（2）圆柱体试样混凝土静力受压弹性模量值应按式（9-17）计算，计算结果应精确至 100MPa：

$$E_c = \frac{4\ (F_a - F_0)}{\pi\ d^2} \times \frac{L}{\Delta n} = 1.273 \times \frac{(F_a - F_0)\ L}{d^2 \Delta n} \tag{9-17}$$

式中　E_c——圆柱体试样混凝土静力受压弹性模量（MPa）；

$\quad\quad F_a$——应力为 1/3 轴心抗压强度时的荷载（N）；

$\quad\quad F_0$——应力为 0.5MPa 时的初始荷载（N）；

$\quad\quad d$——圆柱体试样的计算直径（mm）；

$\quad\quad L$——测量标距（mm）。

$$\Delta n = \varepsilon_a - \varepsilon_0 \tag{9-18}$$

式中　Δn——最后一次从 F_0 加荷至 F_a 时试样两侧变形的平均值（mm）；

$\quad\quad \varepsilon_a$——F_a 时试样两侧变形的平均值（mm）；

$\quad\quad \varepsilon_0$——F_0 时试样两侧变形的平均值（mm）。

（3）静力受压弹性模量应按 3 个试样测值的算术平均值计算。如果其中有一个试样在测定静力受压弹性模量后的轴心抗压强度值与用以确定检验控制荷载的轴心抗压强度值相差超过后者的 20% 时，则静力受压弹性模量值应按另外两个试样测值的算术平均值计算；当有两个试样超过上述规定时，则此次试验无效。

三、混凝土泊松比试验

1. 适用范围

本试验适用于混凝土泊松比的测定。

2. 试样尺寸和数量

（1）试样应采用边长为 150mm×150mm×300mm 的棱柱体试样；

（2）每次试验应制备 6 个试样，其中 3 个用于测定轴心抗压强度，另外 3 个用于测定泊松比。

3. 试验仪器设备

（1）压力试验机应符合标准的规定。

（2）用于微变形测量的仪器应符合下列规定：

① 试样竖向微变形测量仪器可采用千分表、电阻应变片、激光测长仪、引伸仪或位移传感器等，用于试样横向微变形测量的仪器宜为电阻应变片。采用千分表或位移传感器时应备有微变形测量固定架，试样的变形通过微变形测量固定架传递到千分表或位移传感器。采用电阻应变片或位移传感器测量试样变形时，应备有数据自动采集系统，也可采用荷载和位移数据同步采集系统。

② 当采用千分表和位移传感器时，其测量精度应为 ±0.001mm；当采用电阻应变片、激光测长仪或引伸仪时，其测量精度应为 ±0.001%。

③ 竖向测量标距应为 150mm，横向测量标距应为 100mm。

4. 泊松比试验步骤

（1）试样到达试验龄期时，从养护地点取出后，应检查其尺寸及形状，尺寸公差应满足标准的规定。试样取出后应尽快进行试验。

（2）取一组试样按照本节"棱柱体的混凝土轴心抗压强度试验"的规定测定混凝土的轴心抗压强度（f_{cp}），另一组用于测定混凝土的泊松比。

（3）在测定混凝土泊松比时，用于测量试样竖向微变形的仪器应安装在试样两对侧面的竖向中线上并对称于试样的两端；用于测量试样横向微变形的应变计应粘贴在另外两对侧面的横向中线上，并对称于相应侧面的竖向中线。

当用于测量试样竖向微变形的仪器采用千分表或位移传感器时，应将千分表或位移传感器固定在变形测量架上，试样的测量标距应为 150mm，由标距定位杆定位，将变形测量架通过紧固螺钉固定。

当采用电阻应变片测量竖向变形时，竖向测量标距应为 150mm；对于测量横向变形的电阻应变片，测量标距应为 100mm。试样从养护室取出后，应对贴应变片区域的试样表面缺陷进行处理，可采用电吹风吹干试样表面，并在试样的两侧中部用 502 胶水粘贴应变片。

（4）试样放置试验机前，应将试样表面与上、下承压板面擦拭干净。

（5）将试样直立放置在试验机的下压板或钢垫板上，并应使试样轴心与下压板中心对准。

（6）开启试验机，试样表面与上、下承压板或钢垫板应均匀接触。

（7）应加荷至基准应力为 0.5MPa 的初始荷载值 F_0，保持恒载 60s 并在以后的 30s 内记录每测点的变形读数 ε_0 和 $\varepsilon_{\tau 0}$。应立即连续均匀地加荷至应力为轴心抗压强度 f_{cp} 的 1/3 时的荷载值 F_a，保持恒载 60s 并在以后的 30s 内记录每一测点的变形读数 ε_a 和 $\varepsilon_{\tau a}$。所用的加荷速度应符合本节"棱柱体的混凝土轴心抗压强度试验"中"4. 试验步骤"第（5）款的规定。

（8）左、右两侧的纵向或横向变形值之差分别与它们的平均值之比中，有一个比值大于 20%时，应重新对中试样后重复（7）的规定。当无法使其减少到小于 20%时，此次试验无效。

（9）在确认试样对中符合（8）的规定后，以与加荷速度相同的速度卸荷至基准应力 0.5MPa（F_0），恒载 60s；应用同样的加荷和卸荷速度以及 60s 的保持恒载（F_0 及 F_a）至少进行两次反复预压。在最后一次预压完成后，应在基准应力 0.5MPa（F_0）持荷 60s 并在以后的 30s 内记录每一测点的变形读数 ε_0 和 $\varepsilon_{\tau 0}$；再用同样的加荷速度加荷至 F_a，持荷 60s 并在以后的 30s 内记录每一测点的变形读数 ε_a 和 $\varepsilon_{\tau a}$（图 9-3）。

注：1.90s 包括 60s 持荷时间和 30s 读数时间；2.60s 为持荷时间。

（10）卸除变形测量仪，应以同样的速度加荷至破坏，记录破坏荷载；当测定泊松比之后的试样抗压强度与 f_{cp} 之差超过 f_{cp} 的 20%时，应在报告中注明。

5. 结果计算及确定

（1）混凝土泊松比值应按式（9-19）计算：

$$\mu = \frac{\varepsilon_{\tau a} - \varepsilon_{\tau 0}}{\varepsilon_a - \varepsilon_0} \tag{9-19}$$

式中　μ——混凝土泊松比，计算结果应精确至 0.01；

　　　$\varepsilon_{\tau a}$——最后一次 F_a 时试样两侧横向应变的平均值（10^{-6}）；

　　　$\varepsilon_{\tau 0}$——最后一次 F_0 时试样两侧横向应变的平均值（10^{-6}）；

　　　ε_a——最后一次 F_a 时试样两侧竖向应变的平均值（10^{-6}）；

　　　ε_0——最后一次 F_0 时试样两侧竖向应变的平均值（10^{-6}）。

当变形测试结果单位为 mm 时，应通过标距换算为应变（10^{-6}）。

（2）按 3 个试样测值的算术平均值作为该组试样的泊松比值，应精确至 0.01。当其中有一个试样在测定泊松比后的轴心抗压强度值与用以确定检验控制荷载的轴心抗压强度值相差超过后者的 20%时，则泊松比值应按另两个试样测值的算术平均值计算；当有两个试样在测定泊松比后的轴心抗压强度值与用以确定检验控制荷载的轴心抗压强度值相差超过后者的 20%时，此次试验无效。

四、混凝土劈裂抗拉强度试验

（一）混凝土立方体劈裂抗拉强度试验

1. 适用范围

本方法适用于测定混凝土立方体试样的劈裂抗拉强度。

2. 试样尺寸和数量

（1）标准试样应是边长为 150mm 的立方体试样；

（2）边长为 100mm 和 200mm 的立方体试样是非标准试样；

（3）每组试样应为 3 块。

3. 试验仪器设备

（1）压力试验机应符合标准的规定。

（2）垫块应采用横截面为半径 75mm 的钢制弧形垫块（图 9-4），垫块的长度应与试样相同。

（3）垫条应由普通胶合板或硬质纤维板制成，宽度应为 20mm，厚度应为 3～4mm，长度不应小于试样长度，垫条不得重复使用。普通胶合板应满足现行国家标准《普通胶合板》GB/T 9846 中一等品及以上有关要求，硬质纤维板密度不应小于 900kg/m³，表面应砂光，其他性能应满足现行国家标准《湿法硬质纤维板》GB/T 12626 系列标准的有关要求。

（4）定位支架应为钢支架（图 9-5）。

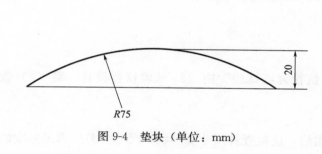

图 9-4 垫块（单位：mm）

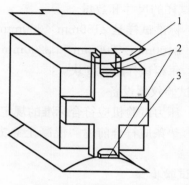

图 9-5 定位支架示意

1—垫块；2—垫条；3—支架

4. 试验步骤

（1）试样到达试验龄期时，从养护地点取出后，应检查其尺寸及形状，尺寸公差应满足标准的规定。试样取出后应尽快进行试验。

（2）试样放置试验机前，应将试样表面与上、下承压板面擦拭干净。在试样成型时的顶面和底面中部画出相互平行的直线，确定出劈裂面的位置。

（3）将试样放在试验机下承压板的中心位置，劈裂承压面和劈裂面应与试样成型时的顶面垂直；在上、下压板与试样之间垫以圆弧形垫块及垫条各一条，垫块与垫条应与试样上、下面的中心线对准并与成型时的顶面垂直。宜把垫条及试样安装在定位架上使用（图 9-5）。

（4）开启试验机，试样表面与上、下承压板或钢垫板应均匀接触。

（5）在试验过程中应连续均匀地加荷，当对应的立方体抗压强度小于 30MPa 时，加载速度宜取 0.02～0.05MPa/s；对应的立方体抗压强度为 30～60MPa 时，加载速度宜取 0.05～0.08MPa/s；对应的立方体抗压强度不小于 60MPa 时，加载速度宜取 0.08～0.10MPa/s。

（6）当采用手动控制压力机加荷速度，试样接近破坏时，应停止调整试验机油门，直至破坏，然后记录破坏荷载。

（7）试样断裂面应垂直于承压面，当断裂面不垂直于承压面时，应做好记录。

5. 结果计算及确定

（1）混凝土劈裂抗拉强度应按式（9-20）计算：

$$f_{ts}=\frac{2F}{\pi A}=0.637\times\frac{F}{A}$$ (9-20)

式中 f_{ts}——混凝土劈裂抗拉强度（MPa），计算结果应精确至 0.01MPa；

　　　F——试样破坏荷载（N）；

　　　A——试样劈裂面面积（mm²）。

（2）混凝土劈裂抗拉强度值的确定应符合下列规定：

① 应以 3 个试样测值的算术平均值作为该组试样的劈裂抗拉强度值，应精确至 0.01MPa；

② 3 个测值中的最大值或最小值中当有一个与中间值的差值超过中间值的 15％时，则应把最大值及最小值一并舍除，取中间值作为该组试样的劈裂抗拉强度值；

③ 当最大值和最小值与中间值的差值均超过中间值的 15％时，该组试样的试验结果无效。

（3）采用 100mm×100mm×100mm 非标准试样测得的劈裂抗拉强度值，应乘以尺寸换算系数 0.85；当混凝土强度等级不小于 C60 时，应采用标准试样。

（二）混凝土圆柱体试样劈裂抗拉强度试验

1. 适用范围

本试验适用于测定圆柱体劈裂抗拉强度。

2. 试样的尺寸和数量

（1）标准试样是 φ150mm×300mm 的圆柱体试样；

（2）φ100mm×200mm 和 φ200mm×400mm 的圆柱体试样是非标准试样；

（3）每组试样应为 3 块。

3. 试验仪器设备

（1）压力试验机应符合标准的规定。

（2）垫条应符合前述"混凝土立方体劈裂抗拉强度试验"中"3. 试验仪器设备"第（2）款的规定。

4. 试验步骤

（1）试样到达试验龄期时，从养护地点取出后，应检查其尺寸及形状，尺寸公差应满足标准的规定。试样取出后应尽快进行试验。

（2）试样放置在试验机前，应将试样表面与上、下承压板面擦拭干净。试样公差应符合标准的有关规定，圆柱体的母线公差应为 0.15mm。

（3）标出两条承压线。这两条线应位于同一轴向平面，并彼此相对，两线的末端在试样的端面上相连，以便能明确地表示出承压面。

（4）将圆柱体试样置于试验机中心，在上、下压板与试样承压线之间各垫一条垫条，圆柱体轴线应在上、下垫条之间保持水平，垫条的位置应上下对准（图 9-6）。宜把垫层安放在定位架上使用（图 9-7）。

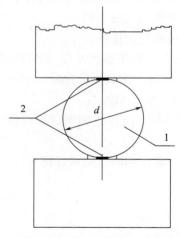

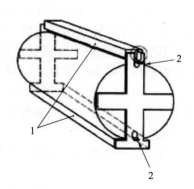

图 9-6　劈裂抗拉试验示意
1—定位架；2—垫条

图 9-7　定位架
1—定位架；2—垫条

（5）连续均匀地加荷，当对应的立方体抗压强度小于 30MPa 时，加载速度宜取 0.02～0.05MPa/s；对应的立方体抗压强度为 30～60MPa 时，加载速度宜取 0.05～0.08MPa/s；对应的立方体抗压强度不小于 60MPa 时，加载速度宜取 0.08～0.10MPa/s。

（6）当手动控制压力机加荷速度，试样接近破坏时，应停止调整试验机油门，直至破坏，然后记录破坏荷载。

5. 结果计算及确定

（1）圆柱体劈裂抗拉强度应按式（9-21）计算：

$$f_{ct}=\frac{2F}{\pi\times d\times l}=0.637\times\frac{F}{A}$$ （9-21）

式中　f_{ct}——圆柱体劈裂抗拉强度（MPa）；

　　　F——试样破坏荷载（N）；

　　　d——劈裂面的试样直径（mm）；

　　　l——试样的高度（mm）；

　　　A——试样劈裂面面积（mm²）。

　　注：圆柱体劈裂抗拉强度应精确至 0.01MPa。

（2）圆柱体劈裂抗拉强度值的确定应符合前文"（一）混凝土立方体劈裂抗拉强度试验"中（2）的规定。

（3）当采用非标准试样时，应在报告中注明。

五、混凝土抗折强度试验

1. 适用范围

本方法适用于测定混凝土的抗折强度。

2. 试样要求

试样除了应符合有关规定外，在长向中部 1/3 区段内不得有表面直径超过 5mm、深度超过 2mm 的孔洞。

3. 试验设备

（1）压力试验机应符合本节"混凝土抗压强度试验"中对压力试验机的相关规定。

（2）试验机应能施加均匀、连续、速度可控的荷载，并带有能使两个相等荷载同时作用在试样跨度三分点处的抗折试验装置，见图 9-8。

图 9-8　混凝土抗折试验装置

（3）试样的支座和加荷头应采用直径为 20～40mm、长度不小于（$b+10$）mm 的硬钢圆柱。支座立脚点固定铰支，其他应为滚动支点。其中 b 为试样截面宽度。

4. 试验步骤

（1）试样从养护地点取出后应及时进行试验，将试样表面擦干净。

（2）按要求装配试样，安装尺寸偏差不得大于 1mm。试样的承压面应为试样成型时的侧面。支座及承压面与圆柱的接触面应平稳、均匀，否则应垫平。

（3）施加荷载应保持均匀、连续。当混凝土强度等级＜C30 时，加荷速度取 0.02～0.05MPa/s，当混凝土强度等级≥C30 且＜C60 时，取 0.05～0.08MPa/s；当混凝土强度等级≥C60 时，取 0.08～0.10MPa/s。至试样接近破坏时，应停止调整试验机油门，直至试样破坏，然后记录破坏荷载。

（4）记录试样破坏荷载的试验机示值及试样下边缘断裂位置。

5. 结果计算与评定

（1）若试样下边缘断裂位置处于两个集中荷载作用线之间，则试样的抗折强度 f_f 按式（9-22）计算：

$$f_f = \frac{Fl}{bh^2} \tag{9-22}$$

式中　f_f——混凝土抗压强度（MPa）；

　　　F——试样破坏荷载（N）；

　　　l——支座间跨度（mm）；

　　　h——试样截面高度（mm）；

　　　b——试样截面宽度（mm）。

注：抗折强度计算应精确至 0.1MPa。

（2）抗折强度值的确定应符合《混凝土物理力学性能试验方法标准》第 10.0.5 条 2 款的规定。

（3）3 个试样中若有一个折断面位于两个集中荷载之外，则混凝土抗折强度值按另两个试样的试验结果计算。若这两个测值的差值不大于这两个测值较小值的 15% 时，则该组试样的抗折强度值按这两个测值的平均值计算，否则该组试样的试验无效。若有两个试样的下边缘断裂位置位于两个集中荷载作用线之外，则该组试样试验无效。

（4）当试样尺寸为 100mm×100mm×400mm 非标准试样时，应乘以尺寸换算系数 0.85；当混凝土强度等级≥C60 时，宜采用标准试样；使用非标准试样时，尺寸换算系数应由试验确定。

六、混凝土轴向拉伸试验

1. 适用范围

本方法适用于测定混凝土的轴向抗拉强度、极限拉伸值以及抗拉弹性模量。

2. 试样尺寸及数量

室内成型的轴向拉伸的试样中间截面尺寸应为 100mm×100mm［图 9-9（a）～（c）］，钻芯试样应采用直径 100mm 的圆柱体［图 9-9（d）］，每组试样应为 4 块。

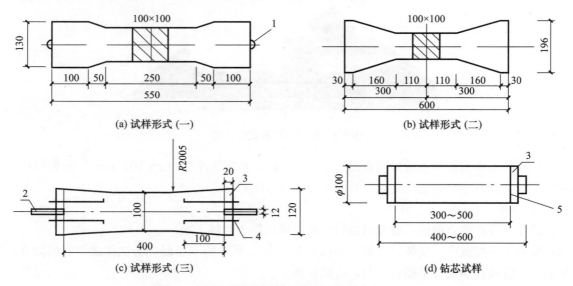

图 9-9　混凝土轴向拉伸试样及埋件（单位：mm）

1—拉环；2—拉杆；3—钢拉板；4—M6 螺栓；5—环氧树脂胶粘剂

3. 试验仪器设备

（1）拉力试验机

① 试样破坏荷载宜大于拉力试验机全量程的20%且宜小于拉力试验机全量程的80%；

② 示值相对误差应为±1%；

③ 应具有加荷速度指示装置或加荷速度控制装置，并应能均匀、连续地加荷；

④ 其拉伸间距不应小于800～1000mm；

⑤ 其他要求应符合现行国家标准《液压式万能试验机》GB/T 3159和《试验机 通用技术要求》GB/T 2611的有关规定。

（2）用于微变形测量的仪器装置

① 用于微变形测量的仪器可采用千分表、电阻应变片、激光测长仪、引伸仪或位移传感器等。采用千分表或位移传感器时应备有微变形测量固定架，试样的变形通过微变形测量固定架传递到千分表或位移传感器。采用电阻应变片或位移传感器测量试样变形时，应备有数据自动采集系统，条件许可时，可采用荷载和位移数据同步采集系统。

② 当采用千分表和位移传感器时，其测量精度应为±0.001mm；当采用电阻应变片、激光测长仪或引伸仪时，其测量精度应为±0.001%。

③ 微变形测量仪的标距不应小于100mm。

4. 试验步骤

（1）应按本书第八章中"试样制作和养护"的有关规定制作试样。应以4个试样为一组。

（2）成型前应安装相应的埋件。当采用图9-9（a）试样时，将拉环紧紧夹持在试模两端上、下拉环夹板的凹槽中，应注意检查拉环位置是否水平。可用若干层纸垫在前夹板或后夹板上，以调整拉环的水平位置。当采用图9-9（c）试样时，试样每端应预埋4个M6螺栓，埋在试样一端的螺栓应采取可靠的锚固措施，螺栓另一端应穿过试模端板的孔中，并应采用2个螺帽从试模端板两侧将其水平固定在端板上。

（3）到达试验龄期时，将试样从养护室取出，量测试样截面尺寸，当实测尺寸与公称尺寸之差不超过1mm时，可按公称尺寸进行计算。试样承压面的不平整度误差不得超过边长的0.05%，承压面与相邻面的不垂直度不应超过±0.5°。试样应安装在试验机上。试验机应具有球面拉力接头，试样的拉环（或拉杆、拉板）与拉力接头连接，当采用图9-9（c）试样时，应采用具有夹头的加荷装置。球面拉力接头用以调整试样轴线与试验机施力轴线可能产生的偏心。

（4）千分表或位移传感器应固定在变形测量架上，并应用标距定位杆进行定位，变形测量架应通过紧固螺钉固定在试样中部。

当采用电阻应变片测量变形时，试样从养护室取出后，应尽快在试样的两侧中间部位用电吹风吹干表面，用502胶粘贴电阻应变片。电阻应变片的长度不应小于骨料最大粒径的3倍。从试样取出至试验完毕，不宜超过4h。应提前做好变形测量的准备工作。

（5）开启试验机，进行两次预拉，预拉荷载可为破坏荷载的15%～20%。预拉时，应测读应变值，需要时可调整荷载传递装置使偏心率不大于15%。偏心率应按式（9-23）计算：

$$e = \left| \frac{\varepsilon_1 - \varepsilon_2}{\varepsilon_1 + \varepsilon_2} \right| \times 100\% \tag{9-23}$$

式中　e——偏心率（%）；

　　ε_1、ε_2——试样两侧的应变值。

（6）预拉完毕后，应重新调整测量仪器，进行正式测试。拉伸试验时，加荷速度应取0.08～0.10MPa/s。每加荷500N或1000N测读并记录变形值，直至试样破坏。

当采用位移（应变）测量仪测量变形时，荷载加到接近破坏荷载时，为防止位移（应变）测量仪受损，可将其从试样上卸下，并记录破坏荷载和断裂位置。

当采用位移传感器测量变形时，试样测量标距内的变形应由数据采集系统自动记录，绘制荷载-位移曲线。试样断裂时试验机应自动断电，停止试验。

5. 结果计算及确定

（1）轴向抗拉强度应按式（9-24）计算：

$$f_t = \frac{F}{A} \tag{9-24}$$

式中　f_t——混凝土轴向抗拉强度（MPa），计算结果应精确至 0.01MPa；

　　　F——破坏荷载（N）；

　　　A——试样截面面积（mm^2）。

（2）极限拉伸值应按照如下方式确定：采用位移传感器测定应变时，荷载-位移曲线数据应由自动采集系统给出。破坏荷载所对应的应变即为该试样的极限拉伸值。采用其他测量变形的装置时，应以应变为横坐标、应力为纵坐标，给出每个试样的应力-应变曲线。过破坏应力坐标点，做与横坐标平行的线，并将应力-应变曲线外延，两线交点对应的应变值即为该试样的极限拉伸值，应精确至 1×10^{-6}（图 9-10）。

当曲线不通过坐标原点时，应延长曲线起始段使其与横坐标相交，并应以此交点作为极限拉伸值的起始点。

（3）抗拉弹性模量应按式（9-25）计算：

$$E_t = \frac{\sigma_{1/3}}{\varepsilon_{1/3}} \tag{9-25}$$

式中　E_t——抗拉弹性模量（MPa），计算结果应精确至 100MPa；

　　　$\sigma_{1/3}$——1/3 的破坏应力（MPa）；

　　　$\varepsilon_{1/3}$——$\sigma_{1/3}$ 所对应的应变值。

抗拉弹性模量应取应力 0～1/3 破坏应力的割线弹性模量。

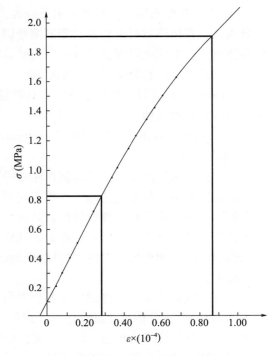

图 9-10　应力-应变曲线

（4）轴向抗拉强度、极限拉伸值、抗拉弹性模量均以 4 个试样测值的平均值作为试验结果。当试样的断裂位置与变截面转折点或埋件端点的距离在 20mm 以内时，该测值应剔除，可取余下测值的平均值作为试验结果。当可用的测值少于两个时，该组试验结果无效。

七、混凝土与钢筋的握裹强度试验

1. 适用范围

本方法适用于测定混凝土与钢筋的握裹强度。

2. 试验仪器设备

（1）试模的规格应为 150mm×150mm×150mm，试模应能埋设一水平钢筋，水平钢筋轴线距离模底应为 75mm。埋入的一端应恰好嵌入模壁，予以固定，另一端由模壁伸出，作为加力之用（图 9-11）。

（2）握裹强度试验装置（图 9-12）应符合下列要求：试样夹具系两块面积为 250mm×150mm、厚度为 30mm 的钢板，钢板材质应为 45 号钢。应用 4 根直径 18mm 的 HRB400 钢筋穿入。上端钢板附有直径为 25mm 的拉杆，拉杆下端套入钢板并成球面相接，上端供万能机夹持。另应有 150mm×150mm×10mm 钢垫板一块，中心开有直径 40mm 的圆孔，垫于试样与夹头下端钢板之间。

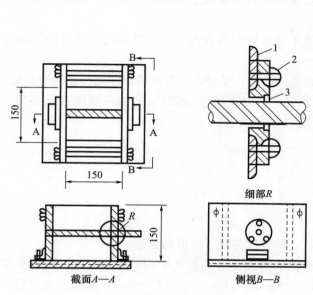

图 9-11　握裹强度试模装置（单位：mm）

1—模板；2—固定圈；3—用橡皮圈堵塞

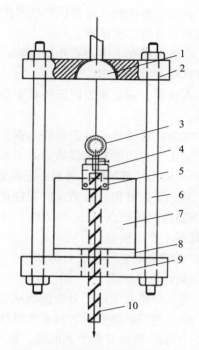

图 9-12　握裹强度试验装置示意

1—带球座拉杆；2—上端钢板；3—千分表；

4—量表固定架；5—止动螺钉；6—钢杆；

7—试样；8—垫板；9—下端钢板；

10—埋入试样的钢筋

（3）千分表的精度应为 0.001mm。

（4）量表固定架应由金属制成，横跨试样表面，并可用止动螺钉固定在试样上。上部中央有孔，可夹持千分表，使之直立，量杆朝下。

（5）拉力试验机应符合下列规定：

① 试样破坏荷载宜大于拉力试验机全量程的 20% 且宜小于拉力试验机全量程的 80%；

② 示值相对误差应为 ±1%；

③ 应具有加荷速度指示装置或加荷速度控制装置，并应能均匀、连续地加荷；

④ 其他要求应符合现行国家标准《液压式万能试验机》GB/T 3159 和《试验机 通用技术要求》GB/T 2611 的有关规定。

3. 试验步骤

（1）试验用带肋钢筋 HRB400 的性能应符合现行国家标准《钢筋混凝土用钢 第 2 部分：热轧带肋钢筋》GB/T 1499.2 的规定，其公称直径为 20mm。钢筋应具有足够的长度供万能机夹持和安装量表，长度宜取 500mm，试验中采用的钢筋尺寸和形状均应相同。成型前钢筋应用钢丝刷刷净，并应用丙酮或乙醇擦拭，不得有锈屑和油污存在。钢筋的自由端顶面应光滑平整，并应与试模预留孔吻合。也可采用符合现行国家标准《钢筋混凝土用钢 第 1 部分：热轧光圆钢筋》GB/T 1499.1 的公称直径为 20mm 的 HPB300 热轧光圆钢筋或工程中实际使用的其他钢筋，要求和处理方法同带肋钢筋。

（2）应按有关规定制作试样，且应以 6 个试样为一组。混凝土骨料最大粒径不得超过 31.5mm。安装钢筋时，钢筋自由端嵌入模壁，穿钢筋的模壁孔应用橡皮圈和固定圈填塞固定钢筋，并不得漏浆、漏水。钢筋与试模应成直角，允许公差为 0.5°。

（3）试样成型后直至试验龄期，特别是在拆模时，不得碰动钢筋，拆模时间以 2d 为宜。拆模时应先取下橡皮固定圈，再将套在钢筋上的试模小心取下。

（4）到试验龄期时，应将试样从养护室取出，擦拭干净，检查外观，试样不得有明显缺损或钢筋松动、歪斜，并应尽快试验。

（5）应将试样套上中心有孔的垫板，装入已安装在拉力试验机上的试验夹具中，使拉力试验机的下夹头将试样的钢筋夹牢。

（6）在试样上安装量表固定架和千分表，应使千分表杆端垂直向下，与略伸出试样表面的钢筋顶面相接触。

（7）加荷前应检查千分表量杆与钢筋顶面接触是否良好、千分表是否灵活，并进行适当的调整。

（8）记下千分表的初始读数后，开启拉力试验机，应以不超过 400N/s 的加荷速度拉拔钢筋。在荷载 1000～5000N 范围内，每加一定荷载记录相应的千分表读数。

（9）到达下列任何一种情况时应停止加荷：

① 钢筋达到屈服点；

② 混凝土发生破裂；

③ 钢筋的滑动变形超过 0.1mm。

4. 结果计算及确定

（1）将各级荷载下的千分表读数减去初始读数，即得该荷载下的滑动变形。

（2）当采用带肋钢筋时，以 6 个试样在各级荷载下滑动变形的算术平均值为横坐标、以荷载为纵坐标，绘出荷载-滑动变形关系曲线。取滑动变形 0.01mm、0.05mm、0.10mm，在曲线上查出相应的荷载。

混凝土与钢筋的握裹强度应按式（9-26）、式（9-27）计算：

$$\tau = \frac{F_1 + F_2 + F_3}{3A} \tag{9-26}$$

$$A = \pi DL \tag{9-27}$$

式中　τ——钢筋握裹强度（MPa），计算结果应精确至 0.01MPa；

　　F_1——滑动变形为 0.01mm 时的荷载（N）；

　　F_2——滑动变形为 0.05mm 时的荷载（N）；

　　F_3——滑动变形为 0.10mm 时的荷载（N）；

　　A——埋入混凝土的钢筋表面积（mm²）；

　　D——钢筋的公称直径（mm）；

　　L——钢筋埋入的长度（mm）。

（3）当采用光面钢筋时，可取 6 个试样拔出试验时最大荷载的平均值除以埋入混凝土中的钢筋表面积即得钢筋握裹强度，应精确至 0.01MPa。

（4）光面钢筋拔出试验可绘出荷载-滑动变形关系曲线供分析。

（5）采用工程中实际使用的其他钢筋时，应注明钢筋的类型、直径及混凝土配合比等条件。

八、混凝土粘结强度试验

1. 适用方法

本方法适用于测定新旧混凝土之间的粘结强度。

2. 试验仪器设备

所用试验仪器设备与本节中"混凝土立方体劈裂抗拉强度试验"相同。

3. 试验步骤

（1）用与被粘混凝土相近的原材料和配合比，成型 3 块 150mm×150mm×150mm 的立方体试样，标准养护 14d 后取出，应按《混凝土物理力学性能试验方法标准》GB/T 50081—2019 第 9 章将试样劈成 6 块待用。

（2）应将劈开混凝土试样的劈开面清洗干净并保持湿润状态，垂直放入 150mm 立方体试模一侧，试样光面紧贴试模壁，劈开面与试模之间形成尺寸约为 150mm×150mm×75mm 的空间。

（3）拌制新混凝土，应浇入已放置混凝土试块的试模中并振实，人工成型时分两层捣实，每层插捣 13 次。新拌混凝土的最大骨料粒径不应超过 26.5mm。

（4）试样达到养护龄期时，从养护地点取出后，应按《混凝土物理力学性能试验方法标准》GB/T 50081—2019 第 9 章将粘结面作为劈裂面，进行新老混凝土粘结强度的测试。

4. 结果计算及确定

（1）混凝土粘结强度应按式（9-28）计算：

$$f_b = \frac{2F}{\pi A} = 0.637 \times \frac{F}{A} \tag{9-28}$$

式中　f_b——粘结强度（MPa），计算结果应精确至 0.01MPa；

　　　F——破坏荷载（N）；

　　　A——试样粘结面面积（mm²）。

（2）在 6 块试样测值中，应剔除最大值和最小值，以其余 4 个测值的平均值作为该组试样的粘结强度值，应精确至 0.01MPa。

九、混凝土耐磨性试验

（一）耐磨性试验（磨耗量法）

1. 适用范围

本方法适用于测定混凝土试样磨损面上单位面积的磨耗量。

2. 试样尺寸及数量

混凝土磨耗量法试验应采用 150mm×150mm×150mm 立方体试样，每组 3 个试样。

3. 试验仪器设备

（1）混凝土磨耗试验机由直立主轴、水平转盘、传动机构和控制系统组成。主轴和转盘不在同一轴线上，主轴和转盘应同时向相反方向转动，主轴下端配有磨头连接装置，可以装卸磨头。同时应符合下列技术要求：

① 主轴与水平转盘垂直度：测量长度 80mm 时偏离度不应大于 0.04mm。

② 水平转盘转速应为（17.5±0.5）r/min，主轴与转盘转速比应为 35∶1。

③ 主轴与转盘的中心距应为（40±0.2）mm。

④ 负荷可分为 200N、300N、400N 三挡，误差不应大于±1%。

⑤ 主轴升降行程不应小于 80mm，磨头最低点距水平转盘工作面不应大于 25mm。

⑥ 水平转盘上应配有能夹紧试样的卡具，卡头单向行程应为 150$^{+4}_{-1}$mm。卡夹宽度不应小于 50mm，应能卡进 150mm×150mm×150mm 立方体试样，夹紧试样后应保证试样不上浮或翘起。

⑦ 花轮磨头（图 9-13）由 3 组花轮组成，按星形排列成等分三角形，花轮与轴心最小距离应为 16mm、最大距离应为 25mm。每组花轮由两片花轮片装配而成，其间隔宜为 2.6～2.3mm。花轮片直径应为 $\phi 25^{+0.02}_{0}$mm，厚度应为 $3^{+0.02}_{0}$mm，边缘上均匀分布 12 个矩形齿，齿宽应为 3.3mm，齿高应为 3mm，应由不小于 HRC 60 硬质钢制成。磨头与水平转盘间有效净空宜为 160～180mm。

⑧ 应具有 0～999 转盘数字自动控制显示装置，其转数误差应小于 1/4 转，并应装有电源电压监测表及自动停车报警装置。

⑨ 吸尘器装置应随时将磨下的粉尘吸走。

（2）烘箱的调温范围应为 50～200℃，控制温度允许偏差应为±5℃。

（3）电子秤的量程应大于 10kg，感量不应大于 1g。

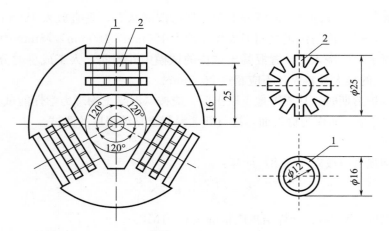

图 9-13　花轮磨头示意（单位：mm）

1—垫片；2—刀片

4. 试验步骤

（1）将试样养护至 27d 龄期从养护地点取出，擦干表面水分放在实验室内空气中自然干燥 12h，再放入（60±5）℃的烘箱中，烘干 12h，磨耗面应朝上。

（2）试样烘干处理后应放至室温，刷净表面浮尘。

（3）将试样放至耐磨试验机的水平转盘上，磨耗面应选用试样侧面，并用夹具将其轻轻紧固。在 200N 的负荷下磨 30 转，取下试样，刷净表面粉尘，称重，并应记下相应质量 m_1，该质量作为试样的初始质量。在 200N 的负荷下磨 60 转，取下试样，刷净表面粉尘，称重，并应记下相应质量 m_2。

整个磨耗过程应将吸尘器对准试样磨耗面，及时吸走磨下的粉尘。当混凝土具有高耐磨性时，可再增加旋转次数，并应特别注明。

（4）每组花轮刀片只应进行一组试样的磨耗试验，当进行第二组磨耗试验时，应更换一组新的花轮刀片。

5. 结果计算及确定

（1）按式（9-29）计算每一试样的磨耗量，以单位面积的磨耗量来表示：

$$G_c = \frac{m_1 - m_2}{A} \tag{9-29}$$

式中　G_c——单位面积的磨耗量（kg/m²），计算结果应精确至 0.001kg/m²；

　　　m_1——试样的初始质量（kg）；

　　　m_2——试样磨耗后的质量（kg）；

　　　A——试样磨耗面积（m²）。

（2）试样磨耗量值的确定应符合下列规定：

① 应以 3 个试样测值的算术平均值作为该组试样的磨耗量值，应精确至 0.001kg/m²；

② 当 3 个测值中的最大值或最小值中有一个与中间值的差值超过中间值的 15%时，应同时剔除最大值和最小值，取中间值作为该组试样的磨耗量值；

③ 当最大值和最小值与中间值的差值均超过中间值的 15%时，则该组试样的试验结果无效。

（二）耐磨性试验（磨坑长度法）

1. 适用范围

本方法适用于测定混凝土试样在摩擦钢轮和磨料作用下的磨坑长度。

2. 试样尺寸及数量

混凝土磨坑长度法试验应采用不小于 100mm×100mm×100mm 的立方体试样，每组 5 个试样。

3. 试验仪器设备

（1）钢轮式耐磨试验机（图 9-14），主要由摩擦钢轮、磨料料斗、导流料斗、夹紧滑车和配重等组成。

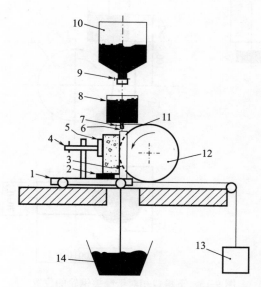

图 9-14　钢轮式耐磨试验机示意

1—夹紧滑车；2—垫块；3—导流槽；4—紧固螺栓；5—试样；6—磨料流；7—导流料斗调节阀；8—导流料斗；
9—磨料料斗调节阀；10—磨料料斗；11—长方形下料口；12—摩擦钢轮；13—配重；14—磨料收集器

① 摩擦钢轮的材质应采用 45 号钢，经调质处理，硬度为 HB203～HB245。摩擦钢轮直径应为 ϕ（200.0±0.2）mm、厚度应为（70.0±0.1）mm。摩擦钢轮的转速应为 75r/（60±3）s。当摩擦钢轮直径磨损至 ϕ199.0mm 时，应进行更换。

② 夹紧滑车应安装在耐磨试验机轨道上，并设有紧固试样的装置，通过（14.00±0.01）kg 配重使试样与摩擦钢轮接触，以控制试样与摩擦钢轮之间的压紧力。

③ 磨料料斗的容积应大于 5L，并带有控制磨料料斗开启和停止输出的调节阀；导流料斗的容积应大于 1L，其中磨料高度不应小于 25mm，导流料斗应带有用于调节磨料流速的调节阀，使得磨料以恒定的流速通过导流料斗长方形下料口流到摩擦钢轮上，其流速可调，不应小于 1L/min。磨料料斗的调节阀应用于控制磨料的流动开启和停止。

④ 导流料斗的长方形下料口的内口长应为（71.0±0.5）mm，下料口到摩擦钢轮中心线的距离应为 75mm，磨料流与摩擦钢轮边缘的距离应不超过 5mm，见图 9-15。导流料斗调节阀可用于调节、保证磨料流速恒定。

（2）游标卡尺的量程应为 0～125mm，分度值应为 0.02mm。

（3）试验筛应为筛孔尺寸为 0.300mm 的方孔筛。

（4）磨料应采用符合现行国家标准《普通磨料 棕刚玉》GB/T 2478 规定的粒度为 36 号的磨料，其最大含水率不应大于 1.0%。对同一试样，磨料可重复使用 5 次，每次使用之前应进行筛分，除去粒径小于 0.300mm 的部分。

4. 试验步骤

（1）试样养护至 27d 龄期从养护地点取出，擦干表面水分放在室内空气中自然干燥 12h，再放入（60±5）℃的烘箱中，烘干 12h，磨耗面应朝上。试验前应用硬毛刷清理试样表面。可在试样测试表面涂上水彩涂料。

（2）将试验用磨料装入磨料料斗中，再使其流入导流料斗，并应符合料斗的有关规定。

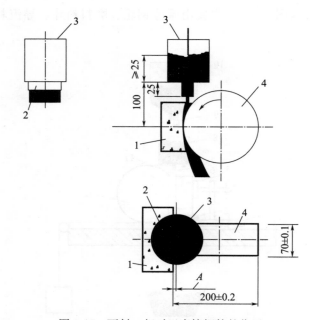

图 9-15　下料口相对于摩擦钢轮的位置
1—试样；2—长方形下料口；3—导流料斗；4—摩擦钢轮；A—料流与摩擦钢轮边缘的距离

（3）将试样固定在夹紧滑车上，使试样表面平行于摩擦钢轮的轴线，且垂直于托架底座。摩擦钢轮侧面距离试样边缘的距离不应小于 15mm。

（4）检验摩擦钢轮转速是否符合摩擦钢轮的规定，调节阀门使磨料应以 1L/min 的流速从导流料斗长方形下料口均匀落在摩擦钢轮上。在配重作用下，使试样表面与摩擦钢轮接触。启动电动机，打开料斗调节阀，并开始计时。

（5）当摩擦钢轮转动 2min 后，应关闭电动机、调节阀门，移开夹紧滑车，取下试样。在试样表面上用 6H 的铅笔画出磨坑的轮廓线，再用游标卡尺测量试样表面磨坑两边缘及中间的长度，应精确至 0.1mm，取其平均值。

5. 试样磨坑长度值的确定

（1）应以 5 个试样测值的算术平均值作为该组试样的磨坑长度值，应精确至 0.1mm；

（2）当 5 个测值中的最大值或最小值中有一个与平均值的差值超过中间值的 15％时，应同时剔除最大值和最小值，取剩下 3 个试样的平均值作为该组试样的磨坑长度值；

（3）当剩余 3 个试样的最大值和最小值与中间值的差值均超过中间值的 15％时，该组试样的试验结果应判为无效。

第三节　混凝土的耐久性能试验与检测

一、混凝土抗冻试验

1. 适用范围（慢冻法）

本方法适用于测定混凝土试样在气冻水融条件下，经受的冻融循环次数来表示的混凝土抗冻性能。

2. 试样要求

（1）试验应采用尺寸为 100mm×100mm×100mm 的立方体试样。

（2）慢冻法试验所需要的试样组数应符合表 9-9 的规定，每组试样应为 3 块。

表 9-9　慢冻法试验所需要的试样组数

设计抗冻标号	D25	D50	D100	D150	D200	D250	D300	D300 以上
检查强度所需冻融次数	25	50	50 及 100	100 及 150	150 及 200	200 及 250	250 及 300	300 及设计次数
鉴定 28d 强度所需试样组数	1	1	1	1	1	1	1	1
冻融试样组数	1	1	2	2	2	2	2	2
对比试样组数	1	1	2	2	2	2	2	2
总计试样组数	3	3	5	5	5	5	5	5

3. 试验设备

（1）冻融试验箱，应能使试样静止不动，并应通过气冻水融进行冻融循环。在满载运转的条件下，冷冻期间冻融试验箱内空气的温度应能保持在 −20～−18℃ 范围内；融化期间冻融试验箱内浸泡混凝土试样的水温应能保持在 18～20℃ 范围内；满载时冻融试验箱内各点温度极差不应超过 2℃。

（2）全自动冻融设备，其控制系统应具有自动控制、数据曲线实时动态显示、断电记忆和试验数据自动存储等功能，见图 9-16。

图 9-16　全自动慢冻冻融试验箱

（3）试样架，应采用不锈钢或者其他耐腐蚀的材料制作，其尺寸应与冻融试验箱和所装的试样相适应。

（4）电子秤，最大量程应为 20kg，感量不应超过 5g。

（5）压力试验机，应符合现行国家标准《混凝土物理力学性能试验方法标准》GB/T 50081 的相关要求。

（6）温度传感器的温度检测范围不应小于 −20～20℃，测量精度应为 ±0.5℃。

4. 试验步骤

（1）在标准养护室内或同条件养护的冻融试验的试样应在养护龄期为 24d 时提前将试样从养护地点取出，随后应将试样放在（20±2）℃水中浸泡，浸泡时水面应高出试样顶面 20～30mm，在水中浸泡的时间应为 4d，试样应在 28d 龄期时开始进行冻融试验。始终在水中养护的冻融试验的试样，当试样养护龄期达到 28d 时，可直接进行后续试验。对此种情况，应在试验报告中予以说明。

（2）当试样养护龄期达到 28d 时应及时取出冻融试验的试样，用湿布擦除表面水分后应对外观尺寸进行测量。试样的外观尺寸应满足标准的要求，并应分别编号、称重，然后按编号置入试样架内，且试样架与试样的接触面积不宜超过试样底面的 1/5。试样与箱体内壁之间应至少留有 20mm 的空隙。试样架中各试样之间应至少保持 30mm 的空隙。

（3）冻结时间应在冻融箱内温度降至 −18℃ 时开始计算。每次从装完试样到温度降至 −18℃ 所需的时间应在 1.5～2.0h 内。冻融箱内温度在冷冻时应保持在 −20～−18℃。

（4）每次冻融循环中试样的冷冻时间不应少于 4h。

（5）冷冻结束后，应立即加入温度为 18～20℃ 的水，使试样转入融化状态，加水时间不应超过 10min。控制系统应确保在 30min 内，水温不低于 10℃，且在 30min 后水温能保持在 18～20℃。冻融箱内的水面应至少高出试样表面 20mm。融化时间不应少于 4h。融化完毕视为该次冻融循环结束，可进入下一次冻融循环。

（6）每 25 次循环宜对冻融试样进行一次外观检查。当出现严重破坏时，应立即进行称重。当一组试样的平均质量损失率超过 5% 时，可停止其冻融循环试验。

（7）试样在达到表 9-9 规定的冻融循环次数后，试样应称重并进行外观检查，应详细记录试样表面破损、裂缝及边角缺损情况。当试样表面破损严重时，应先用高强石膏找平，然后应进行抗压强度试验。抗压强度试验应符合现行国家标准《混凝土物理力学性能试验方法标准》GB/T 50081 的相关规定。

（8）当冻融循环因故中断且试样处于冷冻状态时，试样应继续保持冷冻状态，直至恢复冻融试验为止，并应将故障原因及暂停时间在试验结果中注明。当试样处在融化状态下因故中断时，中断时间不应超过两个冻融循环的时间。在整个试验过程中，超过两个冻融循环时间的中断故障次数不得超过两次。

（9）当部分试样由于失效破坏或者停止试验被取出时，应用空白试样填充空位。

（10）对比试样应继续保持原有的养护条件，直到完成冻融循环后，与冻融试验的试样同时进行抗压强度试验。

5. 异常情况

当冻融循环出现下列三种情况之一时，可停止试验：

（1）已达到规定的循环次数；

（2）抗压强度损失率已达到 25%；

（3）质量损失率已达到 5%。

6. 结果计算及处理

（1）强度损失率应按式（9-30）进行计算：

$$\Delta f_c = \frac{f_{c0} - f_{cn}}{f_{c0}} \times 100\% \qquad (9\text{-}30)$$

式中 Δf_c——N 次冻融循环后的混凝土试样抗压强度损失率（%），精确至 0.1%；

f_{c0}——对比用的一组混凝土试样的抗压强度测定值（MPa），精确至 0.1MPa；

f_{cn}——经 N 次冻融循环后的一组混凝土试样抗压强度测定值（MPa），精确至 0.1MPa。

（2）f_{c0} 和 f_{cn} 应以 3 个试样抗压强度试验结果的算术平均值作为测定值。当 3 个试样抗压强度最大值或最小值与中间值之差超过中间值的 15% 时，应剔除此值，再取其余两值的算术平均值作为测定值；当最大值和最小值均超过中间值的 15% 时，应取中间值作为测定值。

（3）单个试样的质量损失率应按式（9-31）计算：

$$\Delta W_{ni} = \frac{W_{0i} - W_{ni}}{W_{0i}} \times 100\% \qquad (9\text{-}31)$$

式中 ΔW_{ni}——N 次冻融循环后第 i 个混凝土试样的质量损失率（%），精确至 0.01%；

W_{0i}——冻融循环试验前第 i 个混凝土试样的质量（g）；

W_{ni}——N 次冻融循环后第 i 个混凝土试样的质量（g）。

（4）一组试样的平均质量损失率应按式（9-32）计算：

$$\Delta W_n = \frac{\sum_{i=1}^{3} \Delta W_{ni}}{3} \times 100\% \qquad (9\text{-}32)$$

式中 ΔW_n——N 次冻融循环后一组混凝土试样的平均质量损失率（%），精确至 0.1%；

ΔW_{ni}——N 次冻融循环后第 i 个混凝土试样的质量损失率（％），精确至 0.01。

（5）每组试样的平均质量损失率应以 3 个试样的质量损失率试验结果的算术平均值作为测定值。当某个试验结果出现负值，应取 0，再取 3 个试样的算术平均值。当 3 个值中的最大值或最小值与中间值之差超过 1％时，应剔除此值，再取其余两值的算术平均值作为测定值；当最大值和最小值与中间值之差均超过 1％时，应取中间值作为测定值。

（6）抗冻标号应以抗压强度损失率不超过 25％或者质量损失率不超过 5％时的最大冻融循环次数按表 9-9 确定。

二、混凝土动弹性模量试验

1. 适用范围

本方法适用于采用共振法测定混凝土的动弹性模量。

2. 试样要求

混凝土动弹性模量试验应采用尺寸为 100mm×100mm×400mm 的棱柱体试样。

3. 试验设备

（1）共振法混凝土动弹性模量测定仪（又称共振仪），见图 9-17，输出频率可调范围为 100～20000Hz，输出功率应能使试样产生受迫振动。

（2）试样支撑体，应采用厚度约为 20mm 的泡沫塑料垫，宜采用表观密度为 16～18kg/m³ 的聚苯板。

图 9-17　混凝土动弹性模量测定仪

（3）电子秤，最大量程应为 20kg，感量不应超过 5g。

4. 试验步骤

（1）首先测定试样的质量和尺寸。试样质量应精确至 0.01kg，尺寸的测量应精确到 1mm。

（2）测定完试样的质量和尺寸后，应将试样放置在支撑体中心位置，成型面应向上，并应将激振换能器的测杆轻轻地压在试样长边侧面中线的 1/2 处，接收换能器的测杆轻轻地压在试样长边侧面中线距端面 5mm 处。在测杆接触试样前，宜在测杆与试样接触面涂一薄层黄油或凡士林作为耦合介质，测杆压力的大小应以不出现噪声为准。采用的动弹性模量测定仪各部件连接和相对位置应符合图 9-18 的规定。

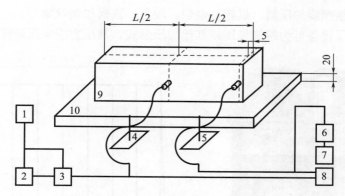

图 9-18　各部件连接和相对位置示意图

1—振荡器；2—频率计；3—放大器；4—激振换能器；5—接收换能器；
6—放大器；7—电表；8—示波器；9—试样；10—试样支撑体

（3）放置好测杆后，应先调整共振仪的激振功率和接收增益旋钮至适当位置，然后变换激振频率，并应注意观察指示电表的指引偏转。当指针偏转为最大时，表示试样达到共振状态，应以此时所显示的共振频率作为试样的基频振动频率。每一测量应重复测读两次以上，当两次连续测值之差不超过两个测值的算术平均值的 0.5% 时，应取这两个测值的算术平均值作为该试样的基频振动频率。

（4）当用示波器做显示的仪器时，示波器的图形调成一个正圆时的频率应为共振频率。在测试过程中，当发现两个以上峰值时，应将接收换能器移至距试样端部 0.224 倍试样长处，当指示电表示值为零时，应将其作为真实的共振峰值。

5. 结果计算及处理

（1）动弹性模量应按式（9-33）计算：

$$E_d = 13.244 \times 10^{-4} \times WL^3f^2/a^4 \tag{9-33}$$

式中　E_d——混凝土动弹性模量（MPa）；

　　　a——正方形截面试样的边长（mm）；

　　　L——试样的长度（mm）；

　　　W——试样的质量（kg），精确到 $0.01kg$；

　　　f——试样横向振动时的基频振动频率（Hz）。

（2）每组应以 3 个试样动弹性模量的试验结果的算术平均值作为测定值，计算应精确至 100MPa。

三、混凝土抗水渗透性能试验

（一）渗水高度法

1. 适用范围

本方法适用于以测定硬化混凝土在恒定水压力下的平均渗水高度来表示的混凝土抗水渗透性能。

2. 试验设备

（1）混凝土抗渗仪（图 9-19），应符合现行行业标准《混凝土抗渗仪》JG/T 249 的规定，并应能使水压按规定的制度稳定地作用在试样上。抗渗仪施加水压力范围应为 $0.1\sim2.0MPa$。

（2）试模，上口内部直径为 175mm、下口内部直径为 185mm、高度为 150mm 的圆台体。

（3）密封材料，宜用石蜡加松香或水泥加黄油等材料，也可采用橡胶套等其他有效密封材料。

（4）梯形板（图 9-20），采用尺寸为 200mm×200mm 的透明材料制成，并应画有十条等间距、垂直于梯形底线的直线。

（5）钢尺的分度值应为 1mm。

（6）钟表的分度值应为 1min。

（7）辅助设备应包括螺旋加压器、烘箱、电炉、浅盘、铁锅和钢丝刷等。

（8）安装试样的加压设备可为螺旋加压或其他加压形式，其压力应能保证将试样压入试样套内。

图 9-19　混凝土抗渗仪

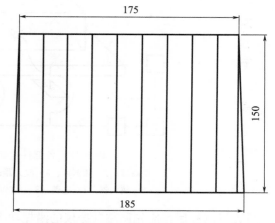

图 9-20　梯形板示意图（单位：mm）

3. 试验步骤

（1）应先按本书第八章"混凝土试件制作和养护试验"规定的方法进行试样的制作和养护。抗水渗透试验应以 6 个试样为一组。

（2）试样拆模后，应用钢丝刷刷去两端面的水泥浆膜，并应立即将试样送入标准养护室进行养护。

（3）抗水渗透试验的龄期宜为 28d。应在到达试验龄期的前一天从养护室取出试样，并擦拭干净。待试样表面晾干后，应按下列方法进行试样密封：

① 当用石蜡密封时，应在试样侧面裹涂一层熔化的内加少量松香的石蜡。然后应用螺旋加压器将试样压入经过烘箱或电炉预热过的试模中，使试样与试模底平齐，并应在试模变冷后解除压力。试模的预热温度，应以石蜡接触试模即缓慢熔化，但不流淌为准。

② 用水泥加黄油密封时，其质量比应为（2.5～3）∶1。应用三角刀将密封材料均匀地刮涂在试样侧面上，厚度应为 1～2mm。应套上试模并将试样压入，应使试样与试模底齐平。

③ 试样密封也可以采用其他更可靠的密封方式。

（4）试样准备好之后，启动抗渗仪，并开通 6 个试位下的阀门，使水从 6 个孔中渗出，水应充满试位坑，在关闭 6 个试位下的阀门后应将密封好的试样安装在抗渗仪上。

（5）试样安装好以后，应立即开通 6 个试位下的阀门，使水压在 24h 内恒定控制在（1.2±0.05）MPa，且加压过程不应大于 5min，应以达到稳定压力的时间作为试验记录起始时间（精确至 1min）。在稳压过程中随时观察试样端面的渗水情况，当有某一个试样端面出现渗水时，应停止该试样的试验并应记录时间，以试样的高度作为该试样的渗水高度。对于试样端面未出现渗水的情况，应在试验 24h 后停止试验，并及时取出试样。在试验过程中，当发现水从试样周边渗出时，应重新按前述（3）的规定进行密封。

（6）将从抗渗仪上取出来的试样放在压力机上，并应在试样上下两端面中心处沿直径方向各放一根直径为 6mm 的钢垫条，应确保它们在同一竖直平面内。然后开动压力机，将试样沿纵断面劈裂为两半。试样劈开后，应用防水笔描出水痕。

（7）将梯形板放在试样劈裂面上，并用钢尺沿水痕等间距量测 10 个测点的渗水高度值，读数应精确至 1mm。读数时若遇到某测点被骨料阻挡，可以靠近骨料两端渗水高度的算术平均值来作为该测点的渗水高度。

4. 结果计算及处理

（1）试样渗水高度应按式（9-34）进行计算：

$$\overline{h_i} = \frac{1}{10} \sum_{i=1}^{10} h_i \tag{9-34}$$

式中　$\overline{h_i}$——第 i 个试样第 j 个测点处的渗水高度（mm）；

h_i——第 i 个试样的平均渗水高度（mm），应以 10 个测点渗水高度的平均值作为该试样渗水高度的测定值。

（2）一组试样的平均渗水高度应按式（9-35）计算：

$$\overline{h} = \frac{1}{6} \sum_{i=1}^{6} h_i \tag{9-35}$$

式中　$\overline{h}$——一组 6 个试样的平均渗水高度（mm），应以一组 6 个试样渗水高度的算术平均值作为该组试样渗水高度的测定值。

（二）逐级加压法

1. 适用范围

本方法适用于通过逐级施加水压力来测定以抗渗等级来表示的混凝土的抗水渗透性能。

2. 仪器设备

试验仪器设备与前文"渗水高度法"要求相同。

3. 试验步骤

（1）首先按前述"渗水高度法"中"3. 试验步骤"（3）款的规定进行试样的密封和安装。

（2）试验时，水压应从 0.1MPa 开始，以后应每隔 8h 增加 0.1MPa 水压，并应随时观察试样端面渗水情况。当 6 个试样中有 3 个试样表面出现渗水时，或加至规定压力（设计抗渗等级）在 8h 内 6 个试样中表面渗水试样少于 3 个时，可停止试验，并记下此时的水压力。在试验过程中，当发现水从试样周边渗出时，应按前述"渗水高度法"中"3. 试验步骤"（3）款的规定重新进行密封。

4. 结果计算

混凝土的抗渗等级应以每组 6 个试样中有 4 个试样未出现渗水时的最大水压力乘以 10 来确定。混凝土的抗渗等级应按式（9-36）计算：

$$P = 10H - 1 \tag{9-36}$$

式中　P——混凝土抗渗等级；

　　　H——6 个试样中有 3 个试样渗水时的水压力（MPa）。

四、混凝土抗氯离子渗透试验

（一）快速氯离子迁移系数法（或称 RCM 法）

1. 适用范围

本方法适用于以测定氯离子在混凝土中非稳态迁移的迁移系数来确定混凝土抗氯离子渗透性能。

2. 试验所用试剂、仪器设备、溶液和指示剂

（1）试剂应符合下列规定：

① 溶剂应采用蒸馏水或去离子水；

② 氢氧化钠应为化学纯；

③ 氯化钠应为化学纯；

④ 硝酸银应为化学纯；

⑤ 氢氧化钙应为化学纯。

（2）仪器设备应符合下列规定：

① 切割试样的设备应采用水冷式金刚石锯或碳化硅锯。

② 真空容器应至少能够容纳 3 个试样。

③ 真空泵应保持容器内的气压处于 1~5kPa。

④ RCM 试验装置（图 9-21）采用的有机硅橡胶套的内径和外径应分别为 100mm 和 115mm，长

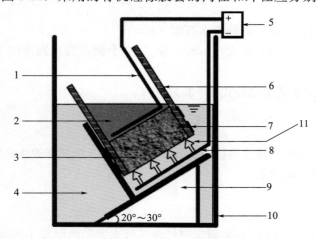

图 9-21　RCM 试验装置示意图

1—阳极板；2—阳极溶液；3—试样；4—阴极溶液；5—直流稳压电源；6—有机硅胶胶套；

7—环箍；8—阴极板；9—支架；10—阴极试验槽；11—支撑头

度应为 150mm。夹具应采用不锈钢环箍,其直径范围应为 105～115mm、宽度应为 20mm。阴极试验槽可采用尺寸为 370mm×270mm×280mm 的塑料箱。阴极板应采用厚度为 (0.5±0.1) mm、直径不小于 100mm 的不锈钢板。阳极板应采用厚度为 0.5mm、直径为 (98±1) mm 的不锈钢网或带孔的不锈钢板。支架应由硬塑料板制成。处于试样和阴极板之间的支架头高度应为 15～20mm。RCM 试验装置还应符合现行行业标准《混凝土氯离子扩散系数测定仪》JG/T 262 的有关规定。

⑤ 电源,应能稳定提供 0～60V 的可调直流电,精度±0.1V,电流 0～10A。

⑥ 电表,精度±0.1mA;温度计或热电偶,精度±0.2℃。

⑦ 游标卡尺,精度±0.1mm;尺子,最小刻度 1mm;扭矩扳手,扭矩范围为 20～100N·m,测量允许误差为±5%。

⑧ 真空表,精度±665Pa (5mmHg 柱),量程 0～13300Pa (0～100mmHg 柱)。

⑨ 喷雾器 (可喷洒硝酸银溶液);水砂纸,规格应为 200～600 号;细锉刀;黄铜刷;电吹风,功率应为 1000～2000W。

⑩ 抽真空设备,由体积在 1000mL 以上的烧杯、真空干燥器、真空泵、分液装置、真空表等组合而成。

(3) 溶液和指示剂应符合下列规定:

① 阴极溶液应为 10%质量浓度的 NaCl 溶液,阳极溶液应为 0.3mol/L 物质的量浓度的 NaOH 溶液。溶液应至少提前 24h 配制,并应密封保存在温度为 20～25℃的环境中。

② 显色指示剂应为 0.1mol/L 浓度的 AgNO₃溶液。

3. 试验环境温度

RCM 试验所处的实验室温度应控制在 20～25℃。

4. 试样制作要求

(1) RCM 试验用试样应采用直径为 (100±1) mm、高度为 (50±2) mm 的圆柱体试样。

(2) 在实验室制作试样时,宜使用 φ100mm×100mm 或 φ100mm×200mm 试模。骨料最大公称粒径不宜大于 25mm。试样成型后应立即用塑料薄膜覆盖并移至标准养护室。试样应在 (24±2) h 内拆模,然后应浸没于标准养护室的水池中。

(3) 试样的养护龄期宜为 28d。也可根据要求选用 56d 或 84d 养护龄期。

(4) 应在抗氯离子渗透试验前 7 天加工成标准尺寸的试样。当使用 φ100mm×100mm 试样时,应从试样中部切取高度为 (50±2) mm 的圆柱体作为试验用试样,并应将靠近浇筑面的试样端面作为暴露于氯离子溶液中的测试面。当使用 φ100mm×200mm 试样时,应先将试样从正中间切成相同尺寸的两部分 (φ100mm×100mm),然后从两部分中各切取一个高度为 (50±2) mm 的试样,并应将第一次的切口面作为暴露于氯离子溶液中的测试面。

(5) 试样加工后应采用水砂纸和细锉刀打磨光滑。

(6) 加工好的试样应继续浸没于水中养护至试验龄期。

5. RCM 法试验步骤

(1) 首先应将试样从养护池中取出来,并将试样表面的碎屑刷洗干净,擦干试样表面多余的水分。然后应采用游标卡尺测量试样的直径和高度,测量应精确到 0.1mm。应将试样在饱和面干状态下置于真空容器中进行真空处理。应在 5min 内将真空容器中的气压减少至 1～5kPa,并应保持该真空度 3h,然后在真空泵仍然运转的情况下,将用蒸馏水配制的饱和氢氧化钙溶液注入容器,溶液高度应保证将试样浸没。在试样浸没 1h 后恢复常压,并应继续浸泡 (18±2) h。

(2) 试样安装在 RCM 试验装置前应采用电吹风冷风挡吹干,表面应干净,无油污、灰砂和水珠。

(3) RCM 试验装置的试验槽在试验前应用室温凉开水冲洗干净。

(4) 试样和 RCM 试验装置准备好以后,应将试样装入橡胶套内的底部,应在与试样齐高的橡胶套外侧安装两个不锈钢环箍 (图 9-22),每个箍高度应为 20mm,并应拧紧环箍上的螺栓至扭矩 (30±

2）N·m，使试样的圆柱侧面处于密封状态。当试样的圆柱曲面可能有造成液体渗漏的缺陷时，应以密封剂保持其密封性。

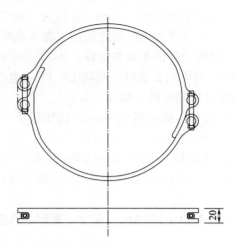

图 9-22　不锈钢环箍（单位：mm）

（5）应将装有试样的橡胶套安装到试验槽中，并安装好阳极板。然后应在橡胶套中注入约 300mL 浓度为 0.3mol/L 的 NaOH 溶液，并应使阳极板和试样表面均浸没于溶液中。应在阴极试验槽中注入 12L 质量浓度为 10％的 NaCl 溶液，并应使其液面与橡胶套中的 NaOH 溶液的液面齐平。

（6）试样安装完成后，应将电源的阳极（又称正极）用导线连至橡胶筒中的阳极板，并将阴极（又称负极）用导线连至试验槽中的阴极板。

6．电迁移试验步骤

（1）首先应打开电源，将电压调整到（30±0.2）V，并应记录通过每个试样的初始电流。

（2）后续试验应施加的电压（表 9-10 第二列）应根据施加 30V 电压时测量得到的初始电流值所处的范围（表 9-10 第一列）决定。应根据实际施加的电压，记录新的初始电流。应按照新的初始电流值所处的范围（表 9-10 第三列），确定试验应持续的时间（表 9-10 第四列）。

（3）应按照温度计或者电热偶的显示读数记录每一个试样的阳极溶液的初始温度。

（4）试验结束时，应测定阳极溶液的最终温度和最终电流。

（5）试验结束后应及时排除试验溶液。应用黄铜刷清除试验槽的结垢或沉淀物，并应用饮用水和洗涤剂将试验槽和橡胶套冲洗干净，然后用电吹风的冷风挡吹干。

表 9-10　初始电流、电压与试验时间的关系

初始电流 I_{30V}（用 30V 电压），（mA）	施加的电压 U（调整后），（V）	可能的新初始电流 I_{0V}（mA）	试验持续时间 t（h）
$I_{30V} < 5$		$I_{0V} < 10$	
$5 \leqslant I_{30V} < 10$	60	$10 \leqslant I_{0V} < 20$	
$10 \leqslant I_{30V} < 15$		$20 \leqslant I_{0V} < 30$	
$15 \leqslant I_{30V} < 20$	50	$25 \leqslant I_{0V} < 35$	
$20 \leqslant I_{30V} < 30$	40	$25 \leqslant I_{0V} < 40$	
$30 \leqslant I_{30V} < 40$	35	$35 \leqslant I_{0V} < 50$	
$40 \leqslant I_{30V} < 60$	30	$40 \leqslant I_{0V} < 60$	96
$60 \leqslant I_{30V} < 90$	25	$50 \leqslant I_{0V} < 75$	
$90 \leqslant I_{30V} < 120$	20	$60 \leqslant I_{0V} < 80$	
$120 \leqslant I_{30V} < 180$	15	$60 \leqslant I_{0V} < 90$	
$180 \leqslant I_{30V} < 360$	10	$60 \leqslant I_{0V} < 120$	
$I_{30V} \geqslant 360$	10	$I_{0V} \geqslant 120$	

7. 氯离子渗透深度测定步骤

（1）试验结束后，应及时断开电源。

（2）断开电源后，应将试样从橡胶套中取出，并应立即用自来水将试样表面冲洗干净，然后应擦去试样表面多余水分。

（3）试样表面冲洗干净后，应在压力试验机上沿轴向劈成两个半圆柱体，并应在劈开的试样断面立即喷涂浓度为 0.1mol/L 的 AgNO₃ 溶液显色指示剂。

（4）指示剂喷洒约 15min 后，应沿试样直径断面将其分成 10 等份，并应用防水笔描出渗透轮廓线。

（5）然后应根据观察到的明显的颜色变化，测量显色分界线（图 9-23）离试样底面的距离，精确至 0.1mm。

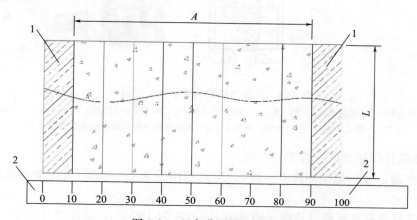

图 9-23　显色分界线位置编号

1—试样边缘部分；2—尺子；A—测量范围；L—试样高度

（6）当某一测点被骨料阻挡时，可将此测点位置移动到最近未被骨料阻挡的位置进行测量；当某测点数据不能得到时，只要总测点数多于 5 个，可忽略此测点。

（7）当某测点位置有一个明显的缺陷时，使该点测量值远大于各测点的平均值，可忽略此测点数据，但应将这种情况在试验记录和报告中注明。

8. 结果计算及处理

（1）混凝土的非稳态氯离子迁移系数应按式（9-37）进行计算：

$$D_{RCM} = \frac{0.0239 \times (237+T)\ L}{(U-2)\ t} \left(X_d - 0.0238 \sqrt{\frac{(273+T)\ L X_d}{U-2}} \right) \qquad (9-37)$$

式中　D_{RCM}——混凝土的非稳态氯离子迁移系数，精确到 $0.1 \times 10^{-12} m^2/s$；

U——所用电压的绝对值（V）；

T——阳极溶液的初始温度和结束温度的平均值（℃）；

L——试样的厚度（mm），精确到 0.1mm；

X_d——氯离子渗透深度的平均值（mm），精确到 0.1mm；

t——试验持续时间（h）。

（2）每组应以 3 个试样的氯离子迁移系数的算术平均值作为该组试样的氯离子迁移系数测定值。当最大值或最小值与中间值之差超过中间值的 15% 时，应剔除此值，再取其余两值的平均值作为测定值；当最大值和最小值均超过中间值的 15% 时，应取中间值作为测定值。

（二）电通量法

1. 适用范围

本方法适用于测定以通过混凝土试样的电通量为指标来确定混凝土抗氯离子渗透性能。本方法不适用于掺有亚硝酸盐和钢纤维等良导电材料的混凝土抗氯离子渗透试验。

2. 试验仪器设备

（1）电通量试验装置应符合图 9-24 的要求，并应满足现行行业标准《混凝土氯离子电通量测定仪》JG/T 261 的有关规定。

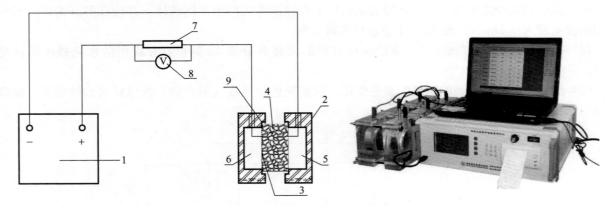

图 9-24　电通量试验装置示意及实物图

1—直流稳压电源；2—试验槽；3—铜电极；4—混凝土试样；5—3.0%NaCl 溶液；6—0.3mol/L NaOH 溶液；
7—标准电阻；8—直流数字式电压表；9—试样垫圈（硫化橡胶垫或硅橡胶垫）

（2）仪器设备和化学试剂应符合下列要求：

① 直流稳压电源，电压范围应为 0～80V，电流范围应为 0～10A，并应能稳定输出 60V 直流电压，精度应为±0.1V。

② 耐热塑料或耐热有机玻璃试验槽（图 9-25），边长为 150mm，总厚度 51mm。试验槽中心的两个槽的直径应分别为 89mm 和 112mm，两个槽的深度应分别为 41mm 和 6.4mm。在试验槽的一边应开有直径为 10mm 的注液孔。

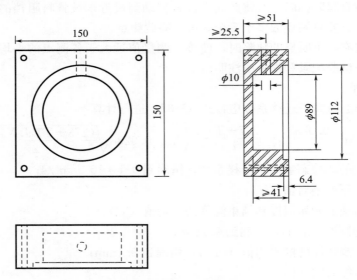

图 9-25　试验槽示意图（单位：mm）

③ 紫铜垫板，宽度为（12±2）mm、厚度为（0.50±0.05）mm。铜网孔径为 0.95mm（64 孔/cm²）。

④ 标准电阻，精度应为±0.1%；直流数字电流表，量程应为 0～20A，精度应为±0.1%。

⑤ 真空泵和真空表应符合本节"快速氯离子迁移系数法（或称 RCM 法）"中第 2 条的要求。

⑥ 真空容器的内径不应小于 250mm，并应能至少容纳 3 个试样。

⑦ 阴极溶液，质量浓度为 3.0% 的 NaCl 溶液；阳极溶液，物质的量浓度为 0.3mol/L 的 NaOH 溶液。

⑧ 树脂密封材料：硫化橡胶垫，外径 100mm、内径 75mm、厚度 6mm。

⑨ 抽真空设备，由烧杯（体积在 1000mL 以上）、真空干燥器、真空泵、分液装置、真空表等组合而成。

⑩ 水冷式金刚锯；温度计，量程 0～120℃，精度 ±0.1℃；电吹风，功率 1000～2000W。

3. 试验步骤

（1）电通量试验采用直径（100±1）mm、高度（50±2）mm 的圆柱体试样。试样的制作、养护应符合标准的规定。当试样表面有涂料等附加材料时，应预先去除，且试样内不得含有钢筋等良导电材料。在试样移送实验室前，应避免冻伤或其他物理伤害。

（2）电通量试验宜在试样养护到 28d 龄期进行。对于掺有大掺量矿物掺和料的混凝土，可在 56d 龄期进行试验。应先将养护到规定龄期的试样暴露于空气中至表面干燥，并应以硅胶或树脂密封材料涂刷试样圆柱侧面，还应填补涂层中的孔洞。

（3）电通量试验前应将试样进行真空饱水。应先将试样放入真空容器中，然后启动真空泵，并应在 5min 内将真空容器中的绝对压强减少至 1～5kPa。应保持该真空度 3h，然后在真空泵仍然运转的情况下，注入足够的蒸馏水或者去离子水，直至淹没试样。应在试样浸没 1h 后恢复常压，并继续浸泡（18±2）h。

（4）在真空饱水结束后，应从水中取出试样，并抹掉多余水分，且应保持试样所处环境的相对湿度在 95% 以上。应将试样安装于试验槽内，并应采用螺杆将两试验槽和端面装有硫化橡胶垫的试样夹紧。试样安装好以后，应采用蒸馏水或者其他有效方式检查试样和试验槽之间的密封性能。

（5）检查试样和试验槽之间的密封性后，应将质量浓度为 3.0% 的 NaCl 溶液和物质的量浓度为 0.3mol/L 的 NaOH 溶液分别注入试样两侧的试验槽中。注入 NaCl 溶液的试验槽内的铜网应连接电源负极，注入 NaOH 溶液的试验槽中的铜网应连接电源正极。

（6）在正确连接电源线后，应在保持试验槽中充满溶液的情况下接通电源，并应对上述两铜网施加（60±0.1）V 直流恒电压，且应记录电流初始读数 I_0。开始时应每隔 5min 记录一次电流值，当电流值变化不大时，可每隔 10min 记录一次电流值；当电流变化很小时，应每隔 30min 记录一次电流值，直至通电 6h。

（7）当采用自动采集数据的测试装置时，记录电流的时间间隔可设定为 5～10min。电流测量值应精确至 ±0.5mA。试验过程中宜同时监测试验槽中溶液的温度。

（8）试验结束后，应及时排出试验溶液，并应用凉开水和洗涤剂冲洗试验槽 60s 以上，然后用蒸馏水洗净并用电吹风冷风挡吹干。

（9）试验应在 20～25℃ 的室内进行。

4. 结果计算及处理

（1）试验过程中或试验结束后，应绘制电流与时间的关系图。应通过将各点数据以光滑曲线连接起来，对曲线做面积积分，或按梯形法进行面积积分，得到试验 6h 通过的电通量（C）。

（2）每个试样的总电通量可采用下列简化公式计算：

$$Q = 900 \times (I_0 + 2I_{30} + 2I_{60} + \cdots + 2I_1 \cdots + 2I_{300} + 2I_{330} + I_{360})$$

(9-38)

式中　Q——通过试样的总电通量（C）；

I_0——初始电流（A），精确到 0.001A。

（3）计算得到的通过试样的总电通量应换算成直径为 95mm 试样的电通量值。应通过将计算的总电通量乘以一个直径为 95mm 的试样和实际试样横截面积的比值来换算，换算可按式（9-39）进行：

$$Q_s = Q_x \times (95/x)^2$$

(9-39)

式中　Q_s——通过直径为 95mm 的试样的电通量（C）；

Q_x——通过直径为 x（mm）的试样的电通量（C）；

x——试样的实际直径（mm）。

（4）每组应取 3 个试样电通量的算术平均值作为该组试样的电通量测定值。当某一个电通量值与中值的差值超过中值的 15% 时，应取其余两个试样的电通量的算术平均值作为该组试样的试验结果测定值。当有两个测值与中值的差值都超过中值的 15% 时，应取中值作为该组试样的电通量试验结果测定值。

五、混凝土收缩性能试验

（一）非接触法

1. 适用范围

本方法主要适用于测定早龄期混凝土的自由收缩变形，也可用于无约束状态下混凝土自收缩变形的测定。

2. 试样要求

本方法应采用尺寸为 100mm×100mm×515mm 的棱柱体试样。每组应为 3 个试样。

3. 试验设备

非接触法混凝土收缩变形测定仪，见图 9-26、图 9-27。

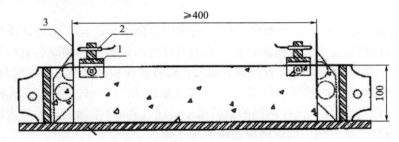

图 9-26　非接触法混凝土收缩变形测定仪原理示意图（单位：mm）
1—固定架；2—传感器探头；3—反射靶

图 9-27　非接触法混凝土收缩变形测定仪

4. 试验步骤

（1）试验应在温度为（20±2）℃、相对湿度为（60±5）% 的恒温恒湿条件下进行。非接触法收缩试验应带模进行测试。

（2）试模准备后，应在试模内涂刷润滑油，然后应在试模内铺设两层塑料薄膜或者放置一片聚四氟乙烯（PTFE）片，且应在薄膜或者聚四氟乙烯片与试模接触的面上均匀涂抹一层润滑油。应将反射靶固定在试模两端。

（3）将混凝土拌和物浇筑入试模后，应振动成型并抹平，然后应立即带模移入恒温恒湿室。成型试样的同时，应测定混凝土的初凝时间。混凝土初凝试验和早龄期收缩试验的环境应相同。当混凝土初凝时，应开始测读试样左右两侧的初始读数，此后应至少每隔 1h 或按设定的时间间隔测定试样两侧的变形读数。

（4）在整个测试过程中，试样在变形测定仪上放置的位置、方向均应始终保持固定不变。

（5）需要测定混凝土自收缩值的试样，应在浇筑振捣后立即采用塑料薄膜做密封处理。

5. 结果的计算和处理

（1）混凝土收缩率应按照式（9-40）计算：

$$\varepsilon_{st} = \frac{(L_{10} - L_{1t}) + (L_{20} - L_{2t})}{L_0} \tag{9-40}$$

式中　ε_{st}——测试期为 t（h）的混凝土收缩率，t 从初始读数时算起；

L_{10}——左侧非接触法位移传感器初始读数（mm）；

L_{1t}——左侧非接触法位移传感器测试期为 t（h）的读数（mm）；

L_{20}——右侧非接触法位移传感器初始读数（mm）；

L_{2t}——右侧非接触法位移传感器测试期为 t（h）的读数（mm）；

L_0——试样的测量标距（mm），等于试样长度减去试样中两个反射靶沿试样长度方向埋入试样中的长度之和。

（2）每组应取 3 个试样测试结果的算术平均值作为该组混凝土试样的早龄期收缩测定值，计算应精确到 1.0×10^{-6}。作为相互比较的混凝土早龄期收缩值应以 3d 龄期测试得到的混凝土收缩值为准。

（二）接触法

1. 适用范围

本方法适用于测定在无约束和规定的温度、湿度条件下硬化混凝土试样的收缩变形性能。

2. 试样和测头要求

（1）本方法应采用尺寸为 100mm×100mm×515mm 的棱柱体试样。每组应为 3 个试样。

（2）采用卧式混凝土收缩仪时，试样两端应预埋测头或留有埋设测头的凹槽。卧式收缩试验用测头（图 9-28）应由不锈钢或其他不锈的材料制成。

（3）采用立式混凝土收缩仪时，试样一端中心应预埋测头（图 9-29）。立式收缩试验用测头的另外一端宜采用 M20mm×35mm 的螺栓（螺纹通长），并应与立式混凝土收缩仪底座固定。螺栓和测头都应预埋进去。

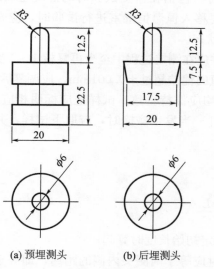

(a) 预埋测头　　(b) 后埋测头

图 9-28　卧式收缩试验用测头（单位：mm）

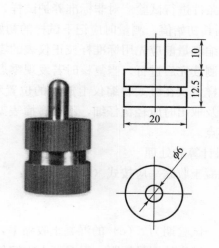

图 9-29　立式收缩试验用测头（单位：mm）

（4）采用接触法引伸仪时，所用试样的长度应至少比仪器的测量标距长出一个截面边长。测头应粘贴在试样两侧面的轴线上。

（5）使用混凝土收缩仪时，制作试样的试模应具有能固定测头或预留凹槽的端板。使用接触法引伸仪时，可用一般棱柱体试模制作试样。

（6）收缩试样成型时不得使用机油等憎水性脱模剂。试样成型后应带模养护1～2d，并保证拆模时不损伤试样。对于事先没有埋设测头的试样，拆模后应立即粘贴或埋设测头。试样拆模后，应立即送至温度为（20±2）℃、相对湿度为95％以上的标准养护室养护。

3．试验设备

（1）混凝土收缩变形的装置标准杆，硬钢制作，并应在测量前及测量过程中及时校核仪表的读数。

（2）卧式混凝土收缩仪，测量标距540mm，并装有精度为±0.001mm的千分表，见图9-30。

（3）混凝土变形收缩试模，规格为100mm×100mm×515mm并带预埋测头，见图9-31。

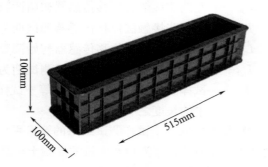

图9-30 卧式混凝土收缩仪　　　　　图9-31 混凝土收缩试模

4．试验步骤

（1）收缩试验应在恒温恒湿环境中进行，室温应保持在（20±2）℃，相对湿度应保持在（60±5）％。试样应放置在不吸水的搁架上，底面应架空，每个试样之间的间隙应大于30mm。

（2）测定代表某一混凝土收缩性能的特征值时，试样应在3d龄期时（从混凝土搅拌加水时算起）从标准养护室取出，并应立即移入恒温恒湿室测定其初始长度，此后应至少按下列规定的时间间隔测量其变形读数：1d、3d、7d、14d、28d、45d、60d、90d、120d、150d、180d、360d（从移入恒温恒湿室内计时）。

（3）测定混凝土在某一具体条件下的相对收缩值时（包括在徐变试验时的混凝土收缩变形测定）应按要求的条件进行试验。对非标准养护试样，当需要移入恒温恒湿室进行试验时，应先在该室内预置4h，再测其初始值。测量时应记下试样的初始干湿状态。

（4）收缩测量前应先用标准杆校正仪表的零点，并应在测定过程中至少再复核1～2次，其中一次在全部试样测读完后进行。当复核时若发现零点与原值的偏差超过±0.001mm，应调零后重新测量。

（5）试样每次在卧式收缩仪上放置的位置和方向均应保持一致。试样上应标明相应的方向记号。试样在放置及取出时应轻稳仔细，不得碰撞表架及表杆。当发生碰撞时，应取下试样，并应重新以标准杆复核零点。

5．结果计算和处理

（1）混凝土收缩率应按式（9-41）计算：

$$\varepsilon_{st} = \frac{L_0 - L_t}{L_b}$$ （9-41）

式中　ε_{st}——试验期为 t（d）的混凝土收缩率，t 从测定初始长度时算起；

　　　L_b——试样的测量标距，用混凝土收缩仪测量时应等于两测头内侧的距离，即等于混凝土试样长度（不计测头凸出部分）减去两个测头埋入深度之和（mm）；采用接触法引伸仪时，即为仪器的测量标距；

　　L_0——试样长度的初始读数（mm）；

　　L_t——试样在试验期为 t（d）时测得的长度读数（mm）。

　　（2）每组应取 3 个试样收缩率的算术平均值作为该组混凝土试样的收缩率测定值，计算精确至 1.0×10^{-6}。

　　（3）作为相互比较的混凝土收缩率值应为不密封试样于 180d 所测得的收缩率值。可将不密封试样于 360d 所测得的收缩率值作为该混凝土的终极收缩率值。

六、混凝土早期抗裂性能试验

　　1. 适用范围

　　本方法适用于测试混凝土试样在约束条件下的早期抗裂性能。

　　2. 试样要求

　　本方法应采用尺寸为 800mm×600mm×100mm 的平面薄板型试样，每组应至少 2 个试样。混凝土骨料最大公称粒径不应超过 31.5mm。

　　3. 试验仪器

　　（1）混凝土早期抗裂试验装置（图 9-32）应采用钢制模具，模具的四边（包括长侧板和短侧板）宜采用槽钢或者角钢焊接而成，侧板厚度不应小于 5mm，模具四边与底板宜通过螺栓固定在一起。模具内应设有 7 根裂缝诱导器，裂缝诱导器可分别用 50mm×50mm、50mm×40mm 角钢与 5mm×50mm 钢板焊接组成，并应平行于模具短边。底板应采用不小于 5mm 厚的钢板，并应在底板表面铺设聚乙烯薄膜或者聚四氟乙烯片作隔离层。模具应作为测试装置的一个部分，测试时应与试样连在一起。

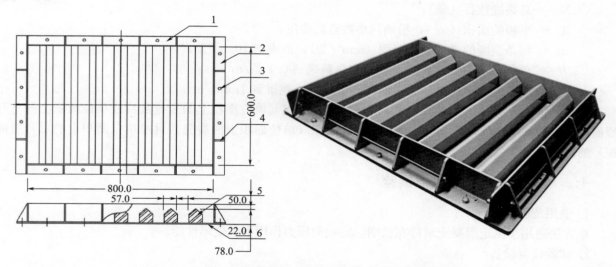

图 9-32　混凝土早期抗裂试验装置示意及实物图（单位：mm）

1—长侧板；2—短侧板；3—螺栓；4—加强肋；5—裂缝诱导器；6—底板

　　（2）风扇，风速可调，确保试样表面中心处的风速不小于 5m/s。

　　（3）温度计，精度±0.5℃；相对湿度计，精度±1%；风速计，精度±0.5m/s。

　　（4）刻度放大镜，放大倍数≥40 倍，分度值≤0.01mm。

　　（5）手电筒；钢直尺，最小刻度应为 1mm。

　　4. 试验步骤

　　（1）试验宜在温度为（20±2）℃、相对湿度为（60±5）%的恒温恒湿室中进行。

　　（2）将混凝土浇筑至模具内以后，应立即将混凝土摊平，且表面应比模具边框略高。可使用平板表面式振捣器或者采用振捣棒插捣，应控制好振捣时间，并应防止过振和欠振。

（3）在振捣后，应用抹子整平表面，并应使骨料不外露，且应使表面平实。

（4）在试样成型 30min 后，立即调节风扇位置和风速，使试样表面中心正上方 100mm 处风速为（5±0.5）m/s，并应使风向平行于试样表面和裂缝诱导器。

（5）试验时间应从混凝土搅拌加水开始计算，应在（24±0.5）h 测读裂缝。裂缝长度应用钢直尺测量，并应取裂缝两端直线距离为裂缝长度。当一个刀口上有两条裂缝时，可将两条裂缝的长度相加，折算成一条裂缝。

（6）裂缝宽度应采用放大倍数至少 40 倍的读数显微镜进行测量，并应测量每条裂缝的最大宽度。

（7）平均开裂面积、单位面积的裂缝数目和单位面积上的总开裂面积应根据混凝土浇筑 24h 测量得到裂缝数据来计算。

5. 结果计算及确定

（1）每条裂缝的平均开裂面积应按式（9-42）计算：

$$a = \frac{1}{2N} \sum_{i=1}^{N} (W_i \times L_i) \tag{9-42}$$

（2）单位面积的裂缝数目应按式（9-43）计算：

$$b = \frac{N}{A} \tag{9-43}$$

（3）单位面积上的总开裂面积应按式（9-44）计算：

$$c = a \cdot b \tag{9-44}$$

式中　W_i——第 i 条裂缝的最大宽度（mm），精确到 0.01mm；

L_i——第 i 条裂缝的长度（mm），精确到 1mm；

N——总裂缝数目（条）；

A——平板的面积（m²），精确到小数点后两位；

a——每条裂缝的平均开裂面积（mm²/条），精确到 1mm²/条；

b——单位面积的裂缝数目（条/m²），精确到 0.1 条/m²；

c——单位面积上的总开裂面积（mm²/m²），精确到 1mm²/m²。

（4）每组应分别以 2 个或多个试样的平均开裂面积（单位面积上的裂缝数目或单位面积上的总开裂面积）的算术平均值作为该组试样平均开裂面积（单位面积上的裂缝数目或单位面积上的总开裂面积）的测定值。

七、混凝土受压徐变性能试验

1. 适用范围

本方法适用于测定混凝土试样在长期恒定轴向压力作用下的变形性能。

2. 试验仪器设备

（1）徐变仪应符合下列规定：

① 徐变仪应在要求时间范围内（至少 1 年）把所要求的压缩荷载加到试样上并应能保持该荷载不变。

② 常用徐变仪可选用弹簧式或液压式，其工作荷载范围应为 180～500kN。

③ 弹簧式压缩徐变仪（图 9-33）应包括上下压板、球座或球铰及其配套垫板、弹簧持荷装置以及2～3 根承力丝杆。压板与垫板应具有足够的刚度。压板的受压面的平整度偏差不应大于 0.1mm/100mm，并应能保证对试样均匀加荷。弹簧及丝杆的尺寸应按徐变仪所要求的试验吨位而定。

在试验荷载下，丝杆的拉应力不应大于材料屈服点的 30%，弹簧的工作压力不应超过允许极限荷载的 80%，且工作时弹簧的压缩变形不得小于 20mm。

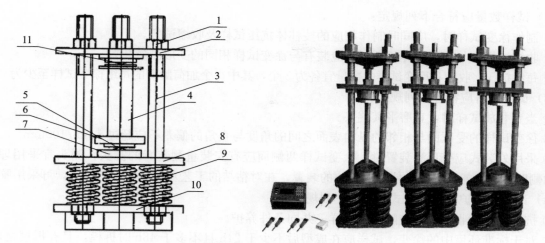

图 9-33　弹簧式压缩徐变仪示意及实物图
1—螺母；2—上压板；3—丝杆；4—试样；5—球铰；6—垫板；
7—定心；8—下压板；9—弹簧；10—底盘；11—球铰

④ 当使用液压式持荷部件时，可通过一套中央液压调节单元同时加荷几个徐变架，该单元应由储液器、调节器、显示仪表和一个高压源（如高压氮气瓶或高压泵）等组成。

⑤ 有条件时可采用几个试样串叠受荷，上、下压板之间的总距离不得超过 1600mm。

（2）加荷装置应符合下列规定：

① 加荷架应由接长杆及顶板组成。加荷时加荷架应与徐变仪丝杆顶部相连。

② 油压千斤顶可采用一般的起重千斤顶，其吨位应大于所要求的试验荷载。

③ 测力装置可采用钢环测力计、荷载传感器或其他形式的压力测定装置。其测量精度应达到所加荷载的±2％，试样破坏荷载不应小于测力装置全量程的 20％且不应大于测力装置全量程的 80％。

（3）变形量测装置应符合下列规定：

① 变形量测装置可采用外装式、内埋式或便携式，其测量的应变值精度不应低于 0.001mm/m。

② 采用外装式变形量测装置时，应至少测量不少于两个均匀地布置在试样周边的基线的应变。测点应精确地布置在试样的纵向表面的纵轴上，且应与试样端头等距，与相邻试样端头的距离不应小于一个截面边长。

③ 采用差动式应变计或钢弦式应变计等内埋式变形测量装置时，应在试样成型时可靠地固定该装置，应使其量测基线位于试样中部并应与试样纵轴重合。

④ 采用接触法引伸仪等便携式变形量测装置时，测头应牢固附置在试样上。

⑤ 量测标距应大于混凝土骨料最大粒径的 3 倍，且不小于 100mm。

3. 试样要求

（1）试样的形状与尺寸应符合下列规定：

① 徐变试验应采用棱柱体试样。试样的尺寸应根据混凝土中骨料的最大粒径按表 9-11 选用，长度应为截面边长尺寸的 3～4 倍。

② 当试样叠放时，应在每叠试样端头的试样和压板之间加装一个未安装应变量测仪表的辅助性混凝土垫块，其截面边长尺寸应与被测试样相同，且长度应至少等于其截面尺寸的一半。

表 9-11　徐变试验试样尺寸

mm

骨料最大公称粒径	试样最小边长	试样长度
31.5	100	400
40	150	≥450

225

（2）试样数量应符合下列规定：

① 制作徐变试样时，应同时制作相应的棱柱体抗压试样及收缩试样。

② 收缩试样应与徐变试样相同，并应装有与徐变试样相同的变形测量装置。

③ 每组抗压、收缩和徐变试样的数量宜各为 3 个，其中每个加荷龄期的每组徐变试样至少为 2 个。

（3）试样制备应符合下列规定：

① 当要叠放试样时，宜磨平其端头。

② 徐变试样的受压面与相邻的纵向表面之间的角度与直角的偏差不应超过 1mm/100mm。

③ 采用外装式应变量测装置时，徐变试样两侧面应有安装量测装置的测头，测头宜采用埋入式，试模的侧壁应具有能在成型时使测头定位的装置。在对粘结的工艺及材料确有把握时，可采用胶粘。

（4）试样的养护与存放方式应符合下列规定：

① 抗压试样及收缩试样应随徐变试样一并同条件养护。

② 对于标准环境中的徐变，试样应在成型后不少于 24h 且不多于 48h 时拆模，且在拆模之前，应覆盖试样表面。随后应立即将试样送入标准养护室养护到 7d 龄期（自混凝土搅拌加水开始计时），其中 3d 加载的徐变试验应养护 3d。养护期间试样不应浸泡于水中。试样养护完成后应移入温度为（20±2）℃、相对湿度为（60±5）%的恒温恒湿室进行徐变试验，直至试验完成。

③ 对于适用于大体积混凝土内部情况的绝湿徐变，试样在制作或脱模后应密封在保湿外套中（包括橡皮套、金属套筒等），且在整个试样存放和测试期间也应保持密封。

④ 对于需要考虑温度对混凝土弹性和非弹性性质的影响等特定温度下的徐变，应控制好试样存放的试验环境温度，使其符合希望的温度条件。

⑤ 对于需确定在具体使用条件下的混凝土徐变值等其他存放条件，应根据具体情况确定试样的养护及试验制度。

4. 徐变试验要求

对比或检验混凝土的徐变性能时，试样应在 28d 龄期时加荷。当研究某一混凝土的徐变特性时，应至少制备 5 组徐变试样并应分别在龄期为 3d、7d、14d、28d 和 90d 时加荷。

5. 试验步骤

（1）测头或测点应在试验前 1d 粘好，仪表安装好后应仔细检查，不得有任何松动或异常现象。加荷装置、测力计等也应予以检查。

（2）在即将加荷徐变试样前，应测试同条件养护试样的棱柱体抗压强度。

（3）测头和仪表准备好以后，应将徐变试样放在徐变仪的下压板后，应使试样、加荷装置、测力计及徐变仪的轴线重合。并应再次检查变形测量仪表的调零情况，且应记下初始读数。当采用未密封的徐变试样时，应在将其放在徐变仪上的同时，覆盖参比用收缩试样的端部。

（4）试样放好后，应及时开始加荷。当无特殊要求时，应取徐变应力为所测得的棱柱体抗压强度的 40%。当采用外装仪表或者接触法引伸仪时，应用千斤顶先加压至徐变应力的 20%进行对中。两侧的变形相差应小于其平均值的 10%，当超出此值，应松开千斤顶卸荷，进行重新调整后，应再加荷到徐变应力的 20%，并再次检查对中的情况。对中完毕后，应立即继续加荷直到徐变应力，应及时读出两边的变形值，并将此时两边变形的平均值作为在徐变荷载下的初始变形值。从对中完毕到测初始变形值之间的加荷及测量时间不得超过 1min。随后应拧紧承力丝杆上端的螺母，并应松开千斤顶卸荷，且应观察两边变形值的变化情况。此时，试样两侧的读数相差不应超过平均值的 10%，否则应予以调整，调整应在试样持荷的情况下进行，调整过程中所产生的变形增值应计入徐变变形之中。然后应再加荷到徐变应力，并应检查两侧变形读数，其总和与加荷前读数相比，误差不应超过 2%。否则应予以补足。

（5）应在加荷后的 1d、3d、7d、14d、28d、45d、60d、90d、120d、150d、180d、270d 和 360d 测读试样的变形值。

（6）在测读徐变试样的变形读数的同时，应测量同条件放置参比用收缩试样的收缩值。

（7）试样加荷后应定期检查荷载的保持情况，应在加荷后 7d、28d、60d、90d 各校核一次，如荷载变化大于 2%，应予以补足。在使用弹簧式加载架时，可通过施加正确的荷载并拧紧丝杆上的螺母来进行调整。

6. 结果计算及处理

（1）徐变应变应按式（9-45）计算：

$$\varepsilon_{ct} = \frac{\Delta L_t - \Delta L_0}{L_b} - \varepsilon_t \tag{9-45}$$

式中　ε_{ct}——加荷 t（d）后徐变应变（mm/m），精确至 0.001mm/m；

　　　ΔL_t——加荷 t（d）后的总变形值（mm），精确至 0.001mm；

　　　ΔL_0——加荷时测得的初始变形值（mm），精确至 0.001mm；

　　　L_b——测量标距（mm），精确到 1mm；

　　　ε_t——同龄期的收缩值（mm/m），精确至 0.001mm/m。

（2）徐变度应按式（9-46）计算：

$$C_t = \frac{\varepsilon_{ct}}{\delta} \tag{9-46}$$

式中　C_t——加荷 t（d）的混凝土徐变度（1/MPa），计算精确至 1.0×10^{-6}/（MPa）；

　　　δ——徐变应力（MPa）。

（3）徐变系数应按式（9-47）、式（9-48）计算：

$$\varphi_t = \frac{\varepsilon_{ct}}{\varepsilon_0} \tag{9-47}$$

$$\varepsilon_0 = \frac{\Delta L_0}{L_0} \tag{9-48}$$

式中　φ_t——加荷下 t（d）的徐变系数；

　　　ε_0——在加荷时测得的初始应变值（mm/m），精确至 0.001mm/m。

（4）每组应分别以 3 个试样徐变应变（徐变度或徐变系数）试验结果的算术平均值作为该组混凝土试样徐变应变（徐变度或徐变系数）的测定值。

（5）作为供对比用的混凝土徐变值，应采用经过标准养护的混凝土试样，在 28d 龄期时经受 0.4 倍棱柱体抗压强度恒定荷载持续作用 360d 的徐变值。可用测得的 3 年徐变值作为终极徐变值。

八、混凝土的碳化试验

1. 适用范围

本方法适用于测定在一定浓度的二氧化碳气体介质中混凝土试样的碳化程度。

2. 试样及处理

（1）本方法宜采用棱柱体混凝土试样，应以 3 块为一组。棱柱体的长宽比不宜小于 3。

（2）无棱柱体试样时，也可用立方体试样，其数量应相应增加。

（3）试样宜在 28d 龄期进行碳化试验，掺有掺和料的混凝土可以根据其特性决定碳化前的养护龄期。碳化试验的试样宜采用标准养护，试样应在试验前 2 天从标准养护室取出，然后应在 60℃ 下烘 48h。

（4）经烘干处理后的试样，除应留下一个或相对的两个侧面外，其余表面应采用加热的石蜡予以密封。然后应在暴露侧面上沿长度方向用铅笔以 10mm 间距画出平行线，作为预定碳化深度的测量点。

3. 试验设备

（1）碳化箱（图 9-34），应符合现行行业标准《混凝土碳化试验箱》JG/T 247 的规定，并应采用带有密封盖的密闭容器，容器的容积应至少为预定进行试验的试样体积的两倍。碳化箱内应有架空试样的支架、二氧化碳引入口、分析取样用的气体导出口、箱内气体对流循环装置、为保持箱内恒温恒湿所需的设施以及温湿度监测装置。宜在碳化箱上设玻璃观察口对箱内的温度进行读数。

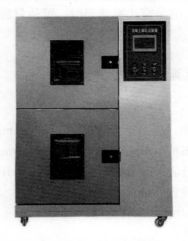

图 9-34　混凝土碳化试验箱

（2）气体分析仪，应能分析箱内二氧化碳的浓度，并应精确至±1%。

（3）二氧化碳供气装置，应包括气瓶、压力表和流量计。

4. 试验步骤

（1）首先应将经过处理的试样放入碳化箱内的支架上。各试样之间的间距不应小于 50mm。

（2）试样放入碳化箱后，应将碳化箱密封。密封可采用机械办法或油封，但不得采用水封。应开动箱内气体对流装置，徐徐充入二氧化碳，并测定箱内的二氧化碳浓度。应逐步调节二氧化碳的流量，使箱内的二氧化碳浓度保持在（20±3）%。在整个试验期间应采取去湿措施，使箱内的相对湿度控制在（70±5）%，温度应控制在（20±2）℃的范围内。

（3）碳化试验开始后应每隔一定时期对箱内的二氧化碳浓度、温度及湿度做一次测定。宜在前 2 天每隔 2h 测定一次，以后每隔 4h 测定一次。试验中应根据所测得的二氧化碳浓度、温度及湿度随时调节这些参数。去湿用的硅胶应经常更换，也可采用其他更有效的去湿方法。

（4）应在碳化到了 3d、7d、14d 和 28d 时，分别取出试样，破型测定碳化深度。棱柱体试样应通过在压力试验机上的劈裂法或者用干锯法从一端开始破型。每次切除的厚度应为试样宽度的一半，切后应用石蜡将破型后试样的切断面封好，再放入箱内继续碳化，直到下一个试验期。当采用立方体试样时，应在试样中部劈开，立方件试样应只做一次检验，劈开测试碳化深度后不得再重复使用。

（5）随后应将切除所得的试样部分刷去断面上残存的粉末，然后应喷上（或滴上）浓度为 1% 的酚酞酒精溶液（酒精溶液含 20% 的蒸馏水）。约经 30s 后，应按原先标画的每 10mm 一个测量点用钢板尺测出各点碳化深度。当测点处的碳化分界线上刚好嵌有粗骨料颗粒时，可取该颗粒两侧处碳化深度的算术平均值作为该点的深度值。碳化深度测量应精确至 0.5mm。

5. 结果计算和处理

（1）混凝土在各试验龄期时的平均碳化深度按式（9-49）计算：

$$\overline{d_t} = \frac{1}{n} \sum_{i=1}^{n} d_i \tag{9-49}$$

式中　$\overline{d_t}$——试样碳化 t（d）后的平均碳化深度（mm），精确至 0.1mm；

　　　d_i——各测点的碳化深度（mm）；

　　　n——测点总数。

（2）每组应以在二氧化碳浓度为（20±3）%、温度为（20±2）℃、湿度为（70±5）%的条件下 3 个试样碳化 28d 的碳化深度算术平均值作为该组混凝土试样碳化测定值。

（3）碳化结果处理时宜绘制碳化时间与碳化深度的关系曲线。

九、混凝土中钢筋锈蚀试验

1. 适用范围

本方法适用于测定在给定条件下混凝土中钢筋的锈蚀程度。本方法不适用于在侵蚀性介质中混凝土内的钢筋锈蚀试验。

2. 试样的制作与处理

（1）本方法应采用尺寸为 100mm×100mm×300mm 的棱柱体试样，每组应为 3 块。

（2）试样中埋置的钢筋应采用直径为 6.5mm 的 Q235 普通低碳钢热轧盘条调直截断制成，其表面不得有锈坑及其他严重缺陷。每根钢筋长应为（299±1）mm，应用砂轮将其一端磨出长约 30mm 的平面，并用钢字打上标记。钢筋应采用 12% 盐酸溶液进行酸洗，并经清水漂净后，用石灰水中和，再用清水冲洗干净，擦干后应在干燥器中至少存放 4h，然后应用天平称取每根钢筋的初重（精确至 0.001g）。钢筋应存放在干燥器中备用。

（3）试样成型前应将套有定位板的钢筋放入试模，定位板应紧贴试模的两个端板，安放完毕后应使用丙酮擦净钢筋表面。

（4）试样成型后，应在（20±2）℃的温度下盖湿布养护 24h 后编号拆模，并应拆除定位板。然后应用钢丝刷将试样两端部混凝土刷毛，并应用水灰比小于试样用混凝土水灰比、水泥和砂子比例为 1：2 的水泥砂浆抹上不小于 20mm 厚的保护层，并应确保钢筋端部密封质量。试样应在就地潮湿养护（或用塑料薄膜盖好）24h 后，移入标准养护室养护至 28d。

3. 试验设备

（1）混凝土碳化试验箱，应符合本节"混凝土碳化试验"中第 2 条的规定。

（2）钢筋定位板（图 9-35），采用木质五合板制作，尺寸为 100mm×100mm，板上钻有穿插钢筋的圆孔。

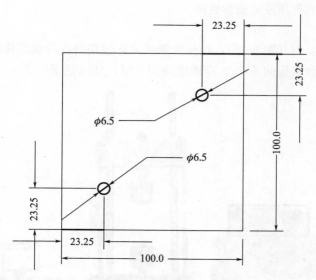

图 9-35 钢筋定位板示意图（单位：mm）

（3）电子秤，最大量程为 1kg，感量为 0.001kg。

4. 试验步骤

（1）钢筋锈蚀试验的试样应先进行碳化，碳化应在 28d 龄期时开始。碳化应在二氧化碳浓度为（20±3）%、相对湿度为（70±5）%和温度为（20±2）℃的条件下进行，碳化时间应为 28d。对于有特殊要求的混凝土中钢筋锈蚀试验，碳化时间可再延长 14d 或者 28d。

（2）试样碳化处理后应立即移入标准养护室放置。在养护室中，相邻试样间的距离不应小于50mm，并应避免试样直接淋水。应在潮湿条件下存放56d后将试样取出，然后破型，破型时不得损伤钢筋。应先测出碳化深度，然后进行钢筋锈蚀程度的测定。

（3）试样破型后，应取出试样中的钢筋，并应刮去钢筋上黏附的混凝土。应用12％盐酸溶液对钢筋进行酸洗，经清水漂净后，再用石灰水中和，最后应以清水冲洗干净。应将钢筋擦干后在干燥器中至少存放4h，然后应对每根钢筋称重（精确至0.001g），并应计算钢筋锈蚀失重率。酸洗钢筋时，应在洗液中放入两根尺寸相同的同类无锈钢筋作为基准校正。

5. 结果计算和处理

（1）钢筋锈蚀失重率应按式（9-50）计算：

$$L_W = \frac{w_0 - w - \dfrac{(w_{01} - w_1) + (w_{02} - w_2)}{2}}{w_0} \times 100\% \tag{9-50}$$

式中　L_W——钢筋锈蚀失重率（％），精确至0.01；

　　　w_0——钢筋未锈前质量（g）；

　　　w——锈蚀钢筋经过酸洗处理后的质量（g）；

　w_{01}、w_{02}——基准校正用的两根钢筋的初始质量（g）；

　w_1、w_2——基准校正用的两根钢筋酸洗后的质量（g）。

（2）每组应取3个混凝土试样中钢筋锈蚀失重率的平均值作为该组混凝土试样中钢筋锈蚀失重率的测定值。

十、混凝土抗压疲劳变形试验

1. 适用范围

本方法适用于在自然条件下，通过测定混凝土在等幅重复荷载作用下疲劳累计变形与加载循环次数的关系，来反映混凝土的抗压疲劳变形性能。

2. 试验设备

（1）电液伺服疲劳试验机（图9-36），吨位应能使试样预期的疲劳破坏荷载不小于试验机全量程的20％，也不应大于试验机全量程的80％。准确度应为Ⅰ级，加载频率应在4～8Hz之间。

图9-36　电液伺服疲劳试验机

（2）上、下钢垫板应具有足够的刚度，其尺寸应大于 100mm×100mm，平面度要求为每 100mm 不应超过 0.02mm。

（3）微变形测量装置的标距应为 150mm，可在试样两侧相对的位置上同时测量。承受等幅重复荷载时，在连续测量情况下，微变形测量装置的精度不得低于 0.001mm。

3. 试样要求

抗压疲劳变形试验应采用尺寸为 100mm×100mm×300mm 的棱柱体试样。试样应在振动台上成型，每组试样应至少为 6 个，其中 3 个用于测量试样的轴心抗压强度 f_c，其余 3 个用于抗压疲劳变形性能试验。

4. 试验步骤

（1）全部试样应在标准养护室养护至 28d 龄期后取出，并应在室温（20±5）℃存放至 3 个月龄期。

（2）试样应在龄期达到 3 个月时从存放地点取出，应先将其中 3 块试样按照现行国家标准《混凝土物理力学性能试验方法标准》GB/T 50081 测定其轴心抗压强度 f_c。

（3）然后应对剩下的 3 块试样进行抗压疲劳变形试验。每一试样进行抗压疲劳变形试验前，应先在疲劳试验机上进行静压变形对中，对中时应采用两次对中的方式。首次对中的应力宜取轴心抗压强度 f_c 的 20%（荷载可近似取整数，kN），第二次对中应力宜取轴心抗压强度 f_c 的 40%。对中时，试样两侧变形值之差应小于平均值的 5%，否则应调整试样位置，直至符合对中要求。

（4）抗压疲劳变形试验采用的脉冲频率宜为 4Hz。试验荷载（图 9-37）的上限应力 σ_{max} 宜取 0.66f_c，下限应力 σ_{min} 宜取 0.1f_c。有特殊要求时，上限应力和下限应力可根据要求选定。

（5）抗压疲劳变形试验中，应于每 $1×10^5$ 次重复加载后，停机测量混凝土棱柱体试样的累积变形。测量宜在疲劳试验机停机后 15s 内完成。应在对测试结果进行记录之后，继续加载进行抗压疲劳变形试验，直到试样破坏为止。若加载至 $2×10^6$ 次，试样仍未破坏，可停止试验。

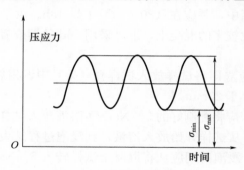

图 9-37　试验荷载示意图

5. 结果确定

每组应取 3 个试样在相同加载次数时累积变形的算术平均值作为该组混凝土试样在等幅重复荷载下的抗压疲劳变形测定值，精确至 0.001mm/m。

十一、混凝土抗硫酸盐侵蚀试验

1. 适用范围

本方法适用于测定混凝土试样在干湿交替环境中，以能够经受的最大干湿循环次数来表示的混凝土抗硫酸盐侵蚀性能。

2. 试样要求

（1）本方法应采用尺寸为 100mm×100mm×100mm 的立方体试样，每组应为 3 块。

（2）混凝土的取样、试样的制作和养护应符合《混凝土物理力学性能试验方法标准》GB/T 50081—2019 第 3 章的要求。

（3）除制作抗硫酸盐侵蚀试验用试样外，还应按照同样方法，同时制作抗压强度对比用试样。试样组数应符合表 9-12 的要求。

表 9-12　抗硫酸盐侵蚀试验所需的试样组数

设计抗硫酸盐等级	KS15	KS30	KS60	KS90	KS120	KS150	KS150 以上
检查强度所需干湿循环次数	15	15 及 30	30 及 60	60 及 90	90 及 120	120 及 150	150 及设计次数
鉴定 28d 强度所需试样组数	1	1	1	1	1	1	1
干湿循环试样组数	1	2	2	2	2	2	2
对比试样组数	1	2	2	2	2	2	2
总计试样组数	3	5	5	5	5	5	5

3．试验设备和试剂

（1）干湿循环试验装置宜采用能使试样静止不动，浸泡、烘干及冷却等过程应能自动进行的装置。设备应具有数据实时显示、断电记忆及试验数据自动存储的功能。

（2）也可采用符合下列规定的设备进行干湿循环试验：

①烘箱应能使温度稳定在（80±5）℃；

②容器应至少能够装 27L 溶液，并应带盖，且应由耐盐腐蚀材料制成。

（3）试剂，采用化学纯无水硫酸钠。

4．试验步骤

（1）试样应在养护至 28d 龄期的前 2 天，将需进行干湿循环的试样从标准养护室取出。擦干试样表面水分，然后将试样放入烘箱中，并应在（80±5）℃下烘 48h。烘干结束后应将试样在干燥环境中冷却到室温。对于掺入掺和料比较多的混凝土，也可采用 56d 龄期或者设计规定的龄期进行试验，这种情况应在试验报告中说明。

（2）试样烘干并冷却后，应立即将试样放入试样盒（架）中，相邻试样之间应保持 20mm 间距，试样与试样盒侧壁的间距不应小于 20mm。

（3）试样放入试样盒以后，应将配制好的 5‰ Na_2SO_4 溶液放入试样盒，溶液应至少超过最上层试样表面 20mm，然后开始浸泡。从试样开始放入溶液，到浸泡过程结束的时间应为（15±0.5）h。注入溶液的时间不应超过 30min。浸泡龄期应从将混凝土试样转入 5‰ Na_2SO_4 溶液中起计时。试验过程中宜定期检查和调整溶液的 pH，可每隔 15 个循环测试一次溶液 pH，应始终维持溶液的 pH 在 6～8 之间。溶液的温度应控制在 25～30℃。也可不检测其 pH，但应每月更换一次试验用溶液。

（4）浸泡过程结束后，应立即排液，并应在 30min 内将溶液排空。溶液排空后应将试样风干 30min。从溶液开始排出到试样风干的时间应为 1h。

（5）风干过程结束后应立即升温，应将试样盒内的温度升到 80℃，开始烘干过程。升温过程应在 30min 内完成。温度升到 80℃ 后，应将温度维持在（80±5）℃。从升温开始到开始冷却的时间应为 6h。

（6）烘干过程结束后，应立即对试样进行冷却。从开始冷却到将试样盒内的试样表面温度冷却到 25～30℃ 的时间应为 2h。

（7）每个干湿循环的总时间应为（24±2）h。然后应再次放入溶液，按照上述（3）～（6）的步骤进行下一个干湿循环。

（8）在达到表 9-12 规定的干湿循环次数后，应及时进行抗压强度试验。同时应观察经过干湿循环后混凝土表面的破损情况并进行外观描述。当试样有严重剥落、掉角等缺陷时，应先用高强石膏补平后再进行抗压强度试验。

（9）当干湿循环试验出现下列三种情况之一时，可停止试验：

① 当抗压强度耐蚀系数达到 75%；

② 干湿循环次数达到 150 次；

③ 达到设计抗硫酸盐等级相应的干湿循环次数。

（10）对比试样应继续保持原有的养护条件，直到完成干湿循环后，与进行干湿循环试验的试样同时进行抗压强度试验。

5. 结果计算及处理

（1）混凝土抗压强度耐蚀系数应按式（9-51）进行计算：

$$K_f = \frac{f_{cn}}{f_{c0}} \times 100\%$$

（9-51）

式中　K_f——抗压强度耐蚀系数（%）；

　　　　f_{cn}——为 N 次干湿循环后受硫酸盐腐蚀的一组混凝土试样的抗压强度测定值（MPa），精确至 0.1MPa；

　　　　f_{c0}——与受硫酸盐腐蚀同龄期的标准养护的一组对比混凝土试样的抗压强度测定值（MPa），精确至 0.1MPa。

（2）f_{c0} 和 f_{cn} 应以 3 个试样抗压强度试验结果的算术平均值作为测定值。当最大值或最小值与中间值之差超过中间值的 15% 时，应剔除此值，并应取其余两值的算术平均值作为测定值；当最大值和最小值均超过中间值的 15% 时，应取中间值作为测定值。

（3）抗硫酸盐等级应以混凝土抗压强度耐蚀系数下降到不低于 75% 时的最大干湿循环次数来确定，并应以符号 KS 表示。

十二、混凝土碱-骨料反应试验

1. 适用范围

本试验方法用于检验混凝土试样在温度 38℃ 及潮湿条件养护下，混凝土中的碱-骨料反应所引起的膨胀是否具有潜在危害。适用于碱-硅酸反应和碱-碳酸盐反应。

2. 试验仪器设备

（1）方孔筛：公称粒径分别为 20mm、16mm、10mm、5mm。

（2）电子秤：最大量程分别为 50kg 和 10kg，感量分别不超过 50g 和 5g，各一台。

（3）试模：内测尺寸应为 75mm×75mm×275mm，试模两个端板应预留安装测头的圆孔，孔的直径应与测头直径相匹配。

（4）测头（埋钉）：直径为 5~7mm，长度为 25mm。应采用不锈金属制成，测头均应位于试模两端的中心部位。

（5）测长仪：测量范围为 275~300mm，精度为 ±0.001mm。

（6）养护盒：应由耐腐蚀材料制成，不应漏水，且应能密封。盒底部应装有（20±5）mm 深的水，盒内应有试样架，且应能使试样垂直立在盒中。试样底部不应与水接触。一个养护盒宜同时容纳 3 个试样。也可采用图 9-38 所示的混凝土碱-骨料反应箱。

3. 试验规定

（1）原材料和设计配合比应按照下列规定准备：

① 应使用硅酸盐水泥，水泥含碱量宜为（0.9±0.1）%（以 Na_2O 当量计，即 $Na_2O + 0.658K_2O$）。可通过外加浓度为 10% 的 NaOH 溶液，使试验用水泥含碱

图 9-38　混凝土碱-骨料反应箱

233

量达到1.25%。

② 当试验用来评价细骨料的活性时，应采用非活性的粗骨料，粗骨料的非活性也应通过试验确定，试验用细骨料细度模数宜为2.7±0.2。当试验用来评价粗骨料的活性时，应用非活性的细骨料，细骨料的非活性也应通过试验确定。当工程用的骨料为同一品种的材料，应用该粗、细骨料来评价活性。试验用粗骨料应由三种级配：20～16mm、16～10mm和10～5mm，各取1/3等量混合。

③ 每立方米混凝土水泥用量应为（420±10）kg；水灰比应为0.42～0.45；粗骨料与细骨料的质量比应为6∶4。试验中除可外加NaOH外，不得再使用其他的外加剂。

（2）试样应按下列规定制作：

① 成型前24h，应将试验所用所有原材料放入（20±5)℃的成型室。

② 混凝土搅拌宜采用机械拌和。

③ 混凝土应一次装入试模，应用捣棒和抹刀捣实，然后应在振动台上振动30s或者至表面泛浆为止。

④ 试样成型后应带模一起送入（20±2)℃、相对湿度在95%以上的标准养护室中，应在混凝土初凝前1～2h，对试样沿模口抹平并编号。

（3）试样养护及测量应符合下列要求：

① 试样应在标准养护室中养护（24±4）h后脱模，脱模时应特别小心不要损伤测头，并应尽快测量试样的基准长度。待测试样应用湿布盖好。

② 试样的基准长度测量应在（20±2)℃的恒温室中进行。每个试样应至少重复测试两次，应取两次测值的算术平均值作为该试样的基准长度值。

③ 测量基准长度后应将试样放入养护盒中，并盖严盒盖。然后应将养护盒放入（38±2)℃的养护室或养护箱里养护。

④ 试样的测量龄期应从测定基准长度后算起，测量龄期应为1周、2周、4周、8周、13周、18周、26周、39周和52周，以后可每半年测一次。每次测量的前一天，应将养护盒从（38±2)℃的养护室中取出，并放入（20±2)℃的恒温室中，恒温时间应为（24±4）h。试样各龄期的测量应与测量基准长度的方法相同，测量完毕后，应将试样调头放入养护盒中，并盖严盒盖。然后应将养护盒重新放回（38±2)℃的养护室或者养护箱中继续养护至下一测试龄期。

⑤ 每次测量时，应观察试样有无裂缝、变形、渗出物及反应产物等，并应做详细记录。必要时可在长度测试周期全部结束后，辅以岩相分析等手段，综合判断试样内部结构和可能的反应产物。

（4）当碱-骨料反应试验出现以下两种情况之一时，可结束试验：

① 在52周测试龄期内的膨胀率超过0.04%；

② 膨胀率虽小于0.04%，但试验周期已经达到52周（或一年）。

4. 结果计算和处理

（1）试样的膨胀率应按式（9-52）计算：

$$\varepsilon_t = \frac{L_t - L_0}{L_0 - 2\Delta} \times 100\% \tag{9-52}$$

式中　ε_t——试样在以t（d）龄期的膨胀率（%），精确至0.1%；

　　　L_t——试样在t（d）龄期的长度（mm）；

　　　L_0——试样的基准长度（mm）；

　　　Δ——测头的长度（mm）。

（2）每组应以3个试样测值的算术平均值作为某一龄期膨胀率的测定值。

（3）当每组平均膨胀率小于0.020%时，同一组试样中单个试样之间膨胀率的差值（最高值与最低值之差）不应超过0.008%；当每组平均膨胀率大于0.020%时，同一组试样中单个试样膨胀率的差值（最高值与最低值之差）不应超过平均值的40%。

第十章 混凝土结构实体强度检测

本章重点介绍混凝土结构实体的强度检测试验。

第一节 概　述

我国目前对混凝土强度的检验和评定是依据现行《混凝土强度检验评定标准》GB/T 50107 来进行的，所采用的是 28d 或设计规定龄期的标养试件来评定和检验混凝土的强度。但实际情况是，由于混凝土结构实体和标准养护条件试件在成型工艺、养护条件存在着很大的差别，所以二者所形成的强度也会有很大的差异。同时混凝土构件的浇筑质量与施工过程因素高度相关，如浇筑高度、振捣时间、配筋情况、气候条件等。所以标养试件很难准确反映结构实体的真实质量状况，标养试件可以说是"材料强度"而非"实体强度"。当施工过程中对混凝土强度存疑时，或者试件强度不合格时，就需要进行结构实体检测，推定混凝土结构实体的强度。

一、混凝土结构实体检验的定义及相关规定

混凝土结构现场检测是指对混凝土结构实体实施的原位检查、检验和测试以及对从结构实体中取得的样品进行的检验和测试分析。

《建筑工程施工质量验收统一标准》GB 50300—2013 规定：对涉及结构安全、节能、环境保护和使用功能的重要分部工程，应在验收前按规定进行抽样检验。

《混凝土结构工程施工质量验收规范》GB 50204—2015 规定：对涉及混凝土结构安全的有代表性的部位应进行结构实体检验。结构实体检验应包括混凝土强度、钢筋保护层厚度、结构位置与尺寸偏差以及合同约定的项目；必要时可检验其他项目。

结构实体检验应由监理单位组织施工单位实施，并见证实施过程。施工单位应制定结构实体检验专项方案，并经监理单位审核批准后实施。除结构位置与尺寸偏差外的结构实体检验项目，应由具有相应资质的检测机构完成。

二、结构实体混凝土强度检验

结构实体混凝土强度应按不同强度等级分别检验，检验宜采用同条件养护试件方法；当未取得同条件养护试件强度或同条件养护试件强度不符合要求时，可采用回弹-取芯法进行检验。

结构实体混凝土同条件养护试件强度检验应符合规范《混凝土结构工程施工质量验收规范》GB 50204—2015附录 C "结构实体混凝土同条件养护试件强度检验"的规定；结构实体混凝土回弹-取芯法强度检验应符合规范《混凝土结构工程施工质量验收规范》GB 50204—2015 附录 D "结构实体混凝土回弹-取芯法强度检验"的规定。

三、结构实体混凝土强度现场检验的方法

结构实体混凝土强度现场检验方法包括回弹法、超声回弹综合法、后装拔出法、后锚固法等间接法和直接检测抗压强度的钻芯法。

四、检验标准依据

1. 《建筑结构检测技术标准》GB/T 50344—2019。
2. 《混凝土结构现场检测技术标准》GB/T 50784—2013。
3. 《混凝土结构工程施工质量验收规范》GB 50204—2015。
4. 《混凝土强度检验评定标准》GB/T 50107—2010。
5. 《回弹法检测混凝土抗压强度技术规程》JGJ/T 23—2011。
6. 《钻芯法检测混凝土强度技术规程》JGJ/T 384—2016。
7. 《超声回弹综合法检测混凝土抗压强度技术规程》TCECS 02—2020。
8. 《拔出法检测混凝土强度技术规程》CECS 69—2011。
9. 《高强混凝土强度检测技术规程》JGJ/T 294—2013。
10. 《建筑工程施工质量验收统一标准》GB 50300—2013。

五、常用的混凝土结构强度现场检测方法优缺点比较

1. 钻芯法

钻芯法是指通过从结构或构件中钻取圆柱状试件检测材料强度的方法。由于钻芯法对结构混凝土造成局部损伤，因此，它是一种半破损的现场检测手段。构件龄期不少于 14d、强度不低于 10MPa 的混凝土都可采用钻芯法检测其强度。

优点：钻芯法检测混凝土的强度、裂缝、接缝、分层、孔洞或离析等缺陷，具有直观、精度高等特点。

缺点：钻芯时会对结构局部造成损伤，钻芯后的孔洞需要修补，检测仪器笨重、移动不够方便等。

2. 回弹检测法

回弹法是一种间接检测混凝土抗压强度的方法。通过回弹仪测定混凝土表面硬度，再结合混凝土的碳化深度继而推断其抗压强度。回弹仪测定的回弹值是混凝土表面的硬度，材料的硬度又跟材料的强度有关，从而建立回弹值跟强度的专用测强曲线来推断强度值。

优点：回弹法是非破损技术检测混凝土抗压强度的一种最常用的方法，具有准确、可靠、快速、经济等一系列的优点。

缺点：当混凝土表面与内部质量有明显差异，如遭受化学腐蚀或火灾、硬化期间遭受冻伤等，则不能用此方法。

3. 超声回弹检测法

超声回弹法是根据实测声速值和回弹值综合推定混凝土强度的方法。超声回弹综合法采用带波形显示器的低频超声检测仪，并配置频率为 50～100kHz 的换能器，测量混凝体中的超声波声速值，以及采用弹击锤冲击能量为 2.207J 的混凝土回弹仪，计量回弹值。利用已建立起来的测强公式推算该区域混凝土强度。

优点：能够减少龄期和含水率的影响，弥补相互不足，提高测试精度。由于综合法能较少一些因素的影响程度，较全面反映整体混凝土质量，所以对提高无损检测混凝土强度精度具有明显的效果。

缺点：不适用于检测因冻害、化学侵蚀、水灾、高温等已造成表面疏松、剥落的混凝土。

第二节　混凝土结构实体强度的检测

一、回弹法

（一）概述

1948 年瑞士人施密特（E. Schmidt）发明了回弹仪，迄今已经有 70 多年的历史。回弹仪的基本原

理是用弹簧驱动重锤，重锤以恒定的动能撞击与混凝土表面垂直接触的弹击杆，使局部混凝土发生变形并吸收一部分能量，另一部分能量转化为重锤的反弹动能，当反弹动能全部转化成势能时，重锤反弹达到最大距离，仪器将重锤的最大反弹距离以回弹值（最大反弹距离与弹簧初始长度之比）的名义显示出来。

目前，世界上许多国家在混凝土结构检测方面都应用了回弹法。而我国已经把回弹法检测结构混凝土强度结果作为工程验收和工程质量事故处理的一个重要依据。由此可见，回弹法这种无损检测技术在我国混凝土工程质量控制中处于重要位置。

根据检测对象不同，回弹仪分为重型、中型和轻型三个系列。重型和中型回弹仪分别适用于高强混凝土和普通混凝土的抗压强度检测。

（二）回弹仪的构造和使用

1. 回弹仪的构造（图 10-1）

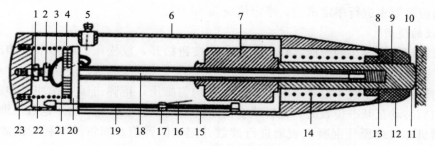

图 10-1　回弹仪构造图

1—紧固螺母；2—调零螺钉；3—挂钩；4—挂钩销子；5—按钮；6—机壳；7—弹锤；8—拉环座；9—卡环；
10—密封毡圈；11—弹击杆；12—盖帽；13—缓冲压簧；14—弹击拉簧；15—刻度尺；16—指针片；
17—指针块；18—中心导杆；19—指针轴；20—导向法兰；21—挂钩压簧；22—压簧；23—尾盖

2. 回弹仪的率定和检定

回弹仪在使用之前需要确认是否处于标准状态，我们把这个确认过程称为回弹仪的率定。回弹仪率定在配套的钢砧上，且应在室温为 5～35℃ 的条件下进行，步骤如下：

（1）将钢砧（图 10-2）牢固稳定地平放在刚度大的物体上；

（2）回弹仪插入钢砧向下弹击；

（3）弹击杆相对回弹仪的外壳要旋转 3 次，每次旋转 90°，且每旋转一次弹击杆，应弹击 3 次；

（4）将连续 3 次稳定回弹值的平均值作为率定值。在配套的洛氏硬度 HRC 为 60±2 的钢砧上，对于 2.207J 中型回弹仪，其率定值应为 80±2，4.50J 高强回弹仪的率定值应为 88±2，5.50J 回弹仪的率定值应为 83±1。回弹仪率定试验所用的钢砧应每 2 年送授权计量检定机构检定或校准。

图 10-2　回弹仪率定钢砧

回弹仪除在使用前要进行率定外，在出现下述情况之一时，应送至法定计量检定机构进行检定：

（1）新回弹仪启用前；

（2）超过检定有效期的（有效期为半年）；

（3）更换零件和检修后；

（4）尾盖螺钉松动或调整后；

（5）累计弹击次数超过 6000 次；

（6）经常规保养后钢砧率定值不合格；

（7）遭受严重撞击或其他损害。

（三）回弹仪的维护和保养

回弹仪在日常使用中，应及时率定，确保仪器处于标准状态以保证检测数据的可靠性。当有弹击超过 2000 次、钢砧率定值不合格、检测过程中发现回弹值异常时应按规定进行常规保养。

常规保养方法应符合下列要求：

（1）使弹击锤脱钩后取出机芯，然后卸下弹击杆（取出里面的缓冲压簧）和三联件（弹击锤、弹击拉簧和拉簧座）。

（2）用汽油清洗机芯各部件，特别是中心导杆、弹击锤和弹击杆的内孔与冲击面。清洗后在中心导杆上薄薄地涂上一层钟表油或缝纫机油，其他零部件均不得涂油。

（3）清洗机壳内壁，卸下刻度尺，检查指针摩擦力应为 0.5～0.8N 之间。

（4）不得旋转尾盖上已定位紧固的调零螺钉。

（5）不得自制或更换零部件。

（6）保养后应按要求进行率定试验，率定值应为 80±2。

（四）回弹仪的使用

（1）将弹击杆顶住混凝土的表面，轻压仪器，使按钮松开，放松压力时弹击杆伸出，挂钩挂上弹击锤。

（2）仪器的轴线始终垂直于混凝土的表面并缓慢均匀施压，待弹击锤脱钩冲击弹击杆后，弹击锤回弹带动指针向后移动至某一位置时，指针块上的示值刻线在刻度尺上示出一定数值即为回弹值。

（3）使仪器机芯继续顶住混凝土表面进行读数并记录回弹值。如条件不利于读数，可按下按钮，锁住机芯，将仪器移至他处读数。

（4）逐渐对仪器减压，使弹击杆自仪器内伸出，待下一次使用。

（5）回弹仪使用时的环境温度应为 −4～40℃。

（6）回弹仪使用完毕，应使弹击杆伸出机壳，并应清除弹击杆、杆前端球面以及刻度尺表面和外壳上的污垢、尘土。回弹仪不用时，应将弹击杆压入机壳内，经弹击后按下按钮，锁住机芯，然后装入仪器箱。仪器箱应平放在干燥阴凉处。当数字式回弹仪长期不用时，应取出电池。

（五）回弹法

1. 适用范围

回弹法适用于普通混凝土抗压强度的检测，不适用于表层与内部质量有明显差异或内部存在明显缺陷的混凝土的强度检测。

2. 一般规定

（1）单个构件的检测应符合以下规定：

① 对于一般构件，测区数不宜少于 10 个。当受检构件数量大于 30 个且不需提供单个构件推定强度或受检构件某一方向尺寸不大于 4.5m 且另一方向尺寸不大于 0.3m 时，每个构件的测区数量可适当减少，但不应少于 5 个。

② 相邻两测区的间距不应大于 2m，测区离构件端部或施工缝边缘的距离不宜大于 0.5m，且不宜小于 0.2m。

③ 测区宜选在能使回弹仪处于水平方向的混凝土浇筑侧面。当不能满足这一要求时，也可选在使回弹仪处于非水平方向的混凝土浇筑表面或底面。

④ 测区宜布置在构件的两个对称的可测面上。当不能布置在对称的可测面上时，也可布置在同一可测面上，且应均匀分布。在构件的重要部位及薄弱部位应布置测区，并应避开预埋件。

⑤ 测区的面积不宜大于 0.04m²。

⑥ 测区表面应为混凝土原浆面，并应清洁、平整，不应有疏松层、浮浆、油垢、涂层以及蜂窝、麻面。

⑦ 对于弹击时产生颤动的薄壁、小型构件，应进行固定。

（2）对于混凝土生产工艺、强度等级相同，原材料、配合比、养护条件基本一致且龄期相近的一批同类构件的检测应采用批量检测。按批量进行检测时，应随机抽取构件，抽检数量不宜少于同批构件总数的 30% 且不宜少于 10 件。当检验批构件数量大于 30 个时，抽样构件数量可适当调整，并不得少于国家现行有关标准规定的最少抽样数量。

（3）测区应标有清晰的编号，并宜在记录纸上绘制测区布置示意图和描述外观质量情况。

（4）当检测条件与统一测强曲线的适用条件有较大差异时，可采用在构件上钻取的混凝土芯样或同条件试块对测区混凝土强度换算值进行修正。对同一强度等级混凝土修正时，芯样数量不应少于 6 个，公称直径宜为 100mm，高径比应为 1。芯样应在测区内钻取，每个芯样应只加工一个试件。同条件试块修正时，试块数量不应少于 6 个，试块边长应为 150mm。计算时，测区混凝土强度修正量及测区混凝土强度换算值的修正应符合下列规定：

$$\Delta_{tot} = \frac{1}{n} \sum_{i=1}^{n} f_{cor,i} - \frac{1}{n} \sum_{i=1}^{n} f_{cu,i}^{c} \tag{10-1}$$

$$\Delta_{tot} = \frac{1}{n} \sum_{i=1}^{n} f_{cu,i} - \frac{1}{n} \sum_{i=1}^{n} f_{cu,i}^{c} \tag{10-2}$$

式中　Δ_{tot}——测区混凝土强度修正量（MPa），精确到 0.1MPa；

$f_{cor,i}$——第 i 个混凝土芯样试件的抗压强度（MPa），精确到 0.1MPa；

$f_{cu,i}$——第 i 个同条件混凝土立方体试块的抗压强度（MPa），精确到 0.1MPa；

$f_{cu,i}^{c}$——对应于第 i 个芯样部位或同条件立方体试块测区回弹值和碳化深度值的混凝土强度换算值（MPa）；

n——芯样或试块数量。

测区混凝土强度换算值的修正应按式（10-3）计算：

$$f_{cu,i1}^{c} = f_{cu,i0}^{c} + \Delta_{tot} \tag{10-3}$$

式中　$f_{cu,i0}^{c}$——第 i 个测区修正前的混凝土强度换算值（MPa），精确到 0.1MPa；

$f_{cu,i1}^{c}$——第 i 个测区修正后的混凝土强度换算值（MPa），精确到 0.1MPa。

3. 回弹值的测量

（1）测量回弹值时，回弹仪的轴线应始终垂直于混凝土检测面，并应缓慢施压、准确读数、快速复位。

（2）每一测区应读取 16 个回弹值，每一测点的回弹值读数应精确至 1。测点宜在测区范围内均匀分布，相邻两测点的净距离不宜小于 20mm；测点距外露钢筋、预埋件的距离不宜小于 30mm；测点不应在气孔或外露石子上，同一测点应只弹击一次。

4. 碳化深度测量

（1）回弹值测量完毕后，应在有代表性的测区上测量碳化深度值，测点数不应少于构件测区数的 30%，应取其平均值作为该构件每个测区的碳化深度值。当碳化深度值极差大于 2.0mm 时，应在每一测区分别测量碳化深度值。

（2）碳化深度值的测量应符合下列规定：

① 可采用工具在测区表面形成直径约 15mm 的孔洞，其深度应大于混凝土的碳化深度；

② 应清除孔洞中的粉末和碎屑，且不得用水擦洗；

③ 应采用浓度为 1%～2% 的酚酞酒精溶液滴在孔洞内壁的边缘处，当已碳化与未碳化界线清晰时，应采用碳化深度测量仪测量已碳化与未碳化混凝土交界面到混凝土表面的垂直距离，并应测量 3 次，每次读数应精确至 0.25mm；

④ 应取 3 次测量的平均值作为检测结果，并应精确至 0.5mm。

5. 泵送混凝土的检测

检测泵送混凝土强度时，测区应选在混凝土浇筑侧面。

6. 回弹值计算

(1) 计算测区平均回弹值时，应从该测区的 16 个回弹值中剔除 3 个最大值和 3 个最小值，其余的 10 个回弹值按式（10-4）计算：

$$R_m = \frac{\sum_{i=1}^{10} R_i}{10} \tag{10-4}$$

式中 R_m——测区平均回弹值，精确至 0.1；

   R_i——第 i 个测点的回弹值。

(2) 非水平方向检测混凝土浇筑侧面时，测区的平均回弹值应按式（10-5）修正：

$$R_m = R_{m\alpha} + R_{a\alpha} \tag{10-5}$$

式中 $R_{m\alpha}$——非水平方向检测时测区的平均回弹值，精确至 0.1；

   $R_{a\alpha}$——非水平方向检测时回弹值修正值。

(3) 水平方向检测混凝土浇筑表面或浇筑底面时，测区的平均回弹值应按式（10-6）、式（10-7）修正：

$$R_m = R_m^t + R_a^t \tag{10-6}$$

$$R_m = R_m^b + R_a^b \tag{10-7}$$

式中 R_m^t、R_a^t——水平方向检测混凝土浇筑表面、底面时，测区的平均回弹值，精确至 0.1；

   R_m^b、R_a^b——混凝土浇筑表面、底面回弹值的修正值。

(4) 当回弹仪为非水平方向且测试面为混凝土的非浇筑侧面时，应先对回弹值进行角度修正，并应对修正后的回弹值进行浇筑面修正。

7. 测强曲线

(1) 统一测强曲线

① 符合下列条件的非泵送混凝土，测区强度应按《回弹法检测混凝土抗压强度技术规程》JGJ/T 23—2011 附录 A 进行强度换算：混凝土采用的水泥、砂石、外加剂、掺和料、拌和用水符合国家现行有关标准；采用普通成型工艺；采用符合国家标准规定的模板；蒸汽养护出池经自然养护 7d 以上，且混凝土表层为干燥状态；自然养护且龄期为 14～1000d；抗压强度为 10.0～60.0MPa。

② 符合上述规定的泵送混凝土，测区强度可按《回弹法检测混凝土抗压强度技术规程》JGJ/T 23—2011 附录 B 的曲线方程计算或按式（10-8）进行强度换算。

$$f_{cu,i}^c = 0.034488\, R_m^{1.9400}\, 10^{-0.0173 d_m} \tag{10-8}$$

式中 $f_{cu,i}^c$——测区强度换算值（MPa），精确至 0.1MPa；

   R_m——测区的平均回弹值，精确至 1；

   d_m——测区的平均碳化深度值，精确至 0.5mm。

③ 当有下列情况之一时，测区混凝土强度不得按《回弹法检测混凝土抗压强度技术规程》JGJ/T 23—2011 附录 A 或附录 B 进行强度换算：非泵送混凝土粗骨料最大公称粒径大于 60mm，泵送混凝土粗骨料最大公称粒径大于 31.5mm；特种成型工艺制作的混凝土；检测部位曲率半径小于 250mm；潮湿或浸水混凝土。

(2) 地区和专用回弹曲线

① 地区和专用测强曲线的强度误差应符合以下规定：地区测强曲线，平均相对误差（δ）不应大于 ±14.0%，相对标准差（e_r）不应大于 17.0%；专用测强曲线，平均相对误差（δ）不应大于 ±12.0%，相对标准差（e_r）不应大于 14.0%。

② 地区和专用测强曲线应按《回弹法检测混凝土抗压强度技术规程》JGJ/T 23—2011 附录 E 的方法制定。使用地区或专用测强曲线时，被检测的混凝土应与制定该类测强曲线混凝土的适应条件相同，不得超出该类测强曲线的适应范围，并应每半年抽取一定数量的同条件试件进行校对，当存在显著差异时，应查找原因，不得继续使用。

8. 混凝土强度的计算

（1）构件第 i 个测区混凝土强度换算值，可按所求得的平均回弹值（R_m）及所求得的平均碳化深度值（d_m）由《回弹法检测混凝土抗压强度技术规程》JGJ/T 23—2011 附录 A、附录 B 查表或计算得出。当有地区或专用测强曲线时，混凝土强度的换算值宜按地区测强曲线或专用测强曲线计算或查表得出。

（2）构件的测区混凝土强度平均值应根据各测区的混凝土强度换算值计算。当测区数为 10 个及以上时，还应计算强度标准差。计算公式如下：

$$m_{f_{cu}^c} = \frac{\sum_{i=1}^{n} f_{cu,i}^c}{n} \tag{10-9}$$

$$S_{f_{cu}^c} = \sqrt{\frac{\sum_{i=1}^{n}(f_{cu,i}^c)^2 - n(m_{f_{cu}^c})^2}{n-1}} \tag{10-10}$$

式中　$f_{cu,i}^c$——构件测区混凝土强度换算值的平均值（MPa），精确至 0.1MPa；

　　　n——对于单个检测的构件，取该构件的测区数；对批量检测的构件，取所有被抽检构件测区数之和；

　　　$S_{f_{cu}^c}$——结构或构件测区混凝土强度换算值的标准差（MPa），精确至 0.01MPa。

（3）构件的现龄期混凝土强度推定值（$f_{cu,e}$）应符合下列规定：

当构件测区数少于 10 个时，应按式（10-11）计算：

$$f_{cu,e} = f_{cu,min}^c \tag{10-11}$$

式中　$f_{cu,min}^c$——构件中最小的测区混凝土强度换算值。

当构件的测区强度值中出现小于 10.0MPa 时，应按式（10-12）确定：

$$f_{cu,e} < 10.0 \tag{10-12}$$

当构件测区数不少于 10 个时，应按式（10-13）计算：

$$f_{cu,e} = m_{f_{cu}^c} - 1.645 S_{f_{cu}^c} \tag{10-13}$$

当批量检测时，应按式（10-14）计算：

$$f_{cu,e} = m_{f_{cu}^c} - k S_{f_{cu}^c} \tag{10-14}$$

式中　k——推定系数，宜取 1.645。当需要进行推定强度区间时，可按国家现行有关标准的规定取值。

（4）对按批量检测的构件，当该批构件混凝土强度标准差出现下列情况之一时，该批构件应全部按单个构件检测：

① 当该批构件混凝土强度平均值小于 25MPa、大于 4.5MPa 时；

② 当该批构件混凝土强度平均值不小于 25MPa 且不大于 60MPa、大于 5.5MPa 时。

二、超声回弹综合法

（一）概述

超声回弹综合法是指采用超声仪和回弹仪，在构件混凝土同一测区分别测量声音和回弹值，然后利用已建立起的测强公式推算测区混凝土强度（混凝土抗压强度）的一种方法。与单一回弹法或超声法相比，超声回弹综合法具有受混凝土龄期和含水率影响小、测试精度高、适用范围广、能够较全面地反映结构混凝土的实际质量等优点。

超声回弹综合法是 20 世纪 60 年代研究开发出来的一种无损检测方法。该方法采用回弹仪（图 10-3）和混凝土超声检测仪，在结构混凝土同一测区，测量反映混凝土表面硬度的回弹值 R，并测量超声波穿透试件内部的声速值 v，然后用已建立起来的测强公式综合推定该测区混凝土抗压强度。这样能有效减少龄期和含水率的影响，综合回弹和超声两者的优点，能比较全面地反映结构混凝土的实际质量。

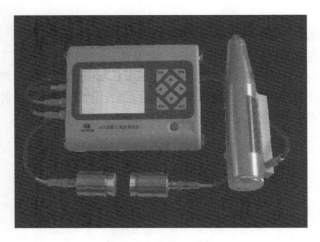

图 10-3　超声回弹仪

实践证明，与单一方法比较，超声回弹综合法具备测试精度高、适用范围广的特点，受到工程界的广泛认可，已在我国建工、市政、铁路、公路系统广泛应用。《超声回弹综合法检测混凝土抗压强度技术规程》T/CECS 02—2020 规定了超声回弹综合法检测混凝土强度的术语和符号、回弹仪和混凝土超声波检测仪技术要求、检测技术、测区回弹值和声速值的测量及计算、结构混凝土强度推定等，将有效规范超声回弹综合法检测混凝土强度技术的应用，做到技术先进、安全可靠、经济合理、方便使用。

（二）混凝土超声波检测仪原理

超声波检测技术是利用超声波在物体传播中的反射、绕射和衰减等物理特性，测定物体内部缺陷的一种无损检测方法。

混凝土超声波缺陷检测，目前主要采用"穿透法"，即用发射换能器发射超声波，让超声波在所检测的混凝土中传播，然后由接收换能器接收，它将携带有关混凝土材料性能和内部结构等信息。超声波检测仪原理如图 10-4 所示。

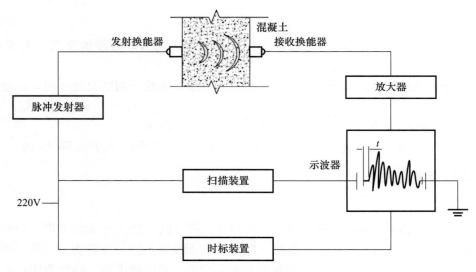

图 10-4　超声波检测仪原理

超声波在混凝土中传播的速度与混凝土的组成成分，混凝土弹性性质，内部结构的孔隙、密实度等因素有关。混凝土弹性模量高、强度高、混凝土致密，超声波在混凝土中传播的速度也高，因此随混凝土强度不同，超声波传播的速度不同。

超声波在所检测的混凝土中传播，遇到空洞、裂缝、疏松等缺陷部位时，超声波振幅和超声波的高频成分发生衰减。超声波传播中碰到混凝土的内部缺陷时，由于超声波的绕射、反射和传播路径的复杂化，不同波的叠加会使波形发生畸变。因此当超声波穿过缺陷区时，其声速、振幅、波形和频率等参数发生变化。

目前对混凝土的超声波检测主要是检测结构混凝土的强度，混凝土的密实度，有无空洞、裂缝等缺陷。

（三）混凝土超声波检测仪的技术要求

1. 超声波检测仪的技术要求

混凝土超声波检测仪宜为数字式，并应符合下列规定：

（1）可对接收的超声波波形进行数字化采集和存储；

（2）应具有清晰、稳定的波形显示示波装置；

（3）应具备手动游标测读和自动测读两种声参量测读功能，且自动测读时可标记出声时、幅度的测读位置；

（4）应具备对各测点的波形和测读声参量进行存储功能。

2. 数字式混凝土超声波检测仪的性能指标

（1）声时测量范围宜为 $0.1 \sim 999.9 \mu s$，声时最小分度值应为 $0.1 \mu s$，实测空气声速的相对测量允许误差应为 $\pm 0.5\%$，数字显示应稳定，声时调节应在 $20 \sim 30 \mu s$ 范围内，在续静置 1h 数字变化不应超过 $\pm 0.2 \mu s$。

（2）幅度测量范围不宜小于 80dB；幅度分辨力应为 1dB。

（3）仪器信号接收系统的频带宽度应为 $10 \sim 250 kHz$。

（4）信噪比为 3∶1 时的接收灵敏度不应大于 $50 \mu V$。

（四）混凝土超声波检测仪的使用和检定、校准、保养

1. 混凝土超声波检测仪使用工作条件

（1）环境温度为 0～40℃；

（2）空气相对湿度不大于 80%；

（3）电源电压波动范围在标称值 $\pm 10\%$ 内；

（4）连续工作时间不少于 4h；

（5）换能器的标称频率宜在 $50 \sim 100 kHz$ 范围内；

（6）换能器的实测主频与标称频率相差的允许误差应在 $\pm 10\%$ 内。

2. 混凝土超声波检测仪的检定、校准和保养

（1）有下列情况之一时，混凝土超声波检测仪应进行检定或校准：

① 新混凝土超声波检测仪启用前；

② 超过检定或校准有效期；

③ 仪器修理或更换零件后；

④ 测试过程中对声时值有怀疑时；

⑤ 仪器遭受严重撞击或其他损害。

（2）混凝土超声波检测仪可按以下方法进行自校准。

① 声速的测试步骤：

a. 取平面换能器一对，与混凝土超声波检测仪连接，开机预热 10min。

b. 在空气中将两个换能器的辐射面对准，依次改变两个换能器辐射面之间的距离 l，在保持首波幅度一致的条件下，读取各间距所对应的声时值（t_1，t_2，…，t_n）。同时测量测试时空气的温度（T_k），精确至 0.5℃。

② 声速的测试应符合下列规定：

a. 两个换能器辐射面的轴线应始终保持在同一直线上；

b. 换能器辐射面间距的测量允许误差应在±0.5%内，且测量精度应为0.5mm；

c. 换能器辐射面宜悬空相对放置，若置于地板或桌面上，应在换能器下面垫以吸声材料。

（3）应以各测点的测距和对应的声时，采用回归分析方法求出式（10-15）直线方程：

$$l=a+bt \qquad (10\text{-}15)$$

式中　b——空气中声速实测值（km/s）。

（4）空气中声速计算值应按式（10-16）计算：

$$v_k=0.3314\sqrt{1+0.00367\,T_k} \qquad (10\text{-}16)$$

式中　v_k——空气中声速计算值（km/s）；

　　　T_k——试时空气的温度（℃）。

（5）空气中声速计算值与空气中声速实测值之间的相对误差（Δ）可按式（10-17）计算：

$$\Delta=(v_k-v_0)/v_k\times100\% \qquad (10\text{-}17)$$

按式（10-17）计算所得的相对误差范围应为-0.5%~0.5%。否则，应检查仪器各部位的连接后重测，或更换混凝土超声波检测仪。

（6）混凝土超声波检测仪的保养应符合下列规定：

① 若仪器在较长时间内停用，每月应通电1次，每次不宜少于1h；

② 仪器检测完毕，应擦干仪器表面的灰尘，放入机箱内，并应存放在通风、阴凉、干燥处，无论存放或工作时，均应防尘；

③ 在搬运过程中应防止碰撞和剧烈振动；

④ 换能器应避免摔损和撞击，工作完毕应擦拭干净单独存放。换能器的耦合面应避免磨损，不得随意拆装。

（五）超声回弹综合法

1. 适用范围

超声回弹综合法适用于正常使用状态下普通混凝土抗压强度的检测，不适用于检测因冻害、化学侵蚀、水灾、高温等已造成混凝土表面疏松、剥落的混凝土。

2. 一般规定

（1）检测数量应符合下列规定：

① 构件检测时，应在构件检测面上均匀布置测区，每个构件上的测区数不应少于10个。对于检测面一个方向尺寸不大于4.5m且另一个方向尺寸不大于0.3m的构件，测区数可适当减少，但不应少于5个。

② 当同批构件按批进行一次或二次随机抽样检测时，随机抽样的最小样本容量宜符合表10-1的规定。

表10-1　随机抽样的最小样本容量

检测批的容量	检测类别和最小样本容量		
	A	B	C
3~8	2	2	3
9~15	2	3	5
16~25	3	5	8
26~50	5	8	13
51~90	5	13	20
91~150	8	20	32
151~280	13	32	50
281~500	20	50	80

检测批的容量	检测类别和最小样本容量		
	A	B	C
501～1200	32	80	125
1201～3200	50	125	200
3201～10000	80	200	315
10001～35000	125	315	500
35001～150000	200	500	800
150001～500000	315	500	1250

注：1. 检测类别 A 适用于施工或监理单位一般性抽样检测，也可用于既有结构的一般性抽样检测；

2. 检测类别 B 适用于混凝土施工质量的抽样检测，可用于既有结构的混凝土强度鉴定检测；

3. 检测类别 C 适用于混凝土结构性能的检测或混凝土强度复检，可用于存在问题较多的既有结构混凝土强度的检测。

（2）按批抽样检测时，满足下列条件的构件可作为同批构件：

① 混凝土设计强度等级相同；

② 混凝土原材料、配合比、成型工艺、养护条件和龄期基本相同；

③ 构件种类相同；

④ 施工阶段所处状态基本相同。

（3）构件的测区布置应符合下列规定：

① 在条件允许时，测区宜布置在构件混凝土浇筑方向的侧面；

② 测区可在构件的两个相对面、相邻面或同一面上布置；

③ 测区宜均匀布置，相邻两测区的间距不宜大于 2m；

④ 测区应避开钢筋密集区和预埋件；

⑤ 测区尺寸宜为 200mm×200mm，采用平测时宜为 40mm×400mm；

⑥ 测试面应为清洁、平整、干燥的混凝土原浆面，不应有接缝、施工缝、饰面层、浮浆和油，并应避开蜂窝、麻面部位；

⑦ 测试时可能产生颤动的薄壁、小型构件，应对构件进行固定。

（4）测区应进行编号，并应记录测区位置和外观质量情况。

（5）每一测区，应先进行回弹测试，后进行超声测试。

（6）计算混凝土抗压强度换算值时，非同一测区内的回弹值和声速值不得混用。

3. 回弹测试及回弹值计算

（1）回弹测试时，回弹仪的轴线应始终保持垂直于混凝土检测面，测试时应缓慢施压、准确读数、快速复位。宜首先选择混凝土浇筑方向的侧面进行水平方向测试。若不具备浇筑方向侧面水平测试的条件，可采用非水平状态测试，或测试混凝土浇筑的表面或底面。

（2）测点宜在测区范围内均匀布置，不得布置在气孔或外露石子上。相邻两个测点的间距不宜小于 20mm；测点与构件边缘、外露钢筋或预埋件的距离不宜小于 30mm。

（3）超声对测或角测时，回弹测试应在测区内超声波的发射面和接收面各测读 5 个回弹值。超声平测时，回弹测试应在测区内超声波的发射测点和接收测点之间测读 10 个回弹值。每一测点回弹值的测读应精确至 1，且同一测点应只允许弹击 1 次。

（4）测区回弹代表值应从测区的 10 个回弹值中剔除 1 个最大值和 1 个最小值，并应用剩余 8 个有效回弹值按式（10-18）计算：

$$R = \frac{1}{8} \sum_{i=1}^{8} R_i \qquad (10\text{-}18)$$

式中　R——测区回弹代表值，精确至 0.1；

R_i——第 i 个测点的有效回弹值。

（5）非水平状态下测得的回弹值，应按式（10-19）修正：

$$R_a = R + R_{a\alpha} \tag{10-19}$$

式中　R_a——修正后的测区回弹代表值；

$R_{a\alpha}$——测试角度为 α 时的测区回弹修正值，按《超声回弹综合法检测混凝土抗压强度技术规程》T/CECS 02—2020 附录 B 采用。

（6）在混凝土浇筑的表面或底面测得的回弹值，应按式（10-20）、式（10-21）修正：

$$R_a = R + R_a^t \tag{10-20}$$

$$R_a = R + R_a^b \tag{10-21}$$

式中　R_a^t——测量混凝土浇筑表面时的测区回弹修正值，按《超声回弹综合法检测混凝土抗压强度技术规程》T/CECS 02—2020 附录 C 采用；

R_a^b——测量混凝土浇筑底面时的测区回弹修正值，按《超声回弹综合法检测混凝土抗压强度技术规程》T/CECS 02—2020 附录 C 采用。

（7）测试时回弹仪处于非水平状态，同时测试面又是非混凝土浇筑方向的侧面，测得的回弹值应先进行角度修正，然后对角度修正后的值再进行表面或底面修正。

4. 超声测试及声速值计算

（1）超声测点应布置在回弹测试的同一测区内，每一测区应布置 3 个测点。超声测试宜采用对测，当被测构件不具备对测条件时，可采用角测或平测。超声角测、平测和声速计算方法应符合《超声回弹综合法检测混凝土抗压强度技术规程》T/CECS 02—2020 附录 D 的有关规定。

（2）超声测试应符合下列规定：

① 应在混凝土超声波检测仪上配置满足要求的换能器和高频电缆；

② 换能器辐射面应与混凝土测试面耦合；

③ 应先测定声时初读数（t_0），再进行声时测量，读数应精确至 $0.1\mu s$；

④ 超声测距（l）测量应精确至 1mm，且测量允许误差应在 $\pm 1\%$；

⑤ 检测过程中若更换换能器或高频电缆，应重新测定声时初读数（t_0）；

⑥ 声速计算值应精确至 $0.01km/s$。

（3）当在混凝土浇筑方向的侧面对测时，测区混凝土中声速代表值按式（10-22）计算：

$$v_d = \frac{1}{3} \sum_{i=1}^{3} \frac{l_i}{t_i - t_0} \tag{10-22}$$

式中　v_d——对测测区混凝土中声速代表值（km/s）；

l_i——第 i 个测点的超声测距（mm）；

t_i——第 i 个测点的声时读数（μs）；

t_0——声时初读数（μs）。

（4）当在混凝土浇筑的表面或底面对测时，测区混凝土中声速代表值按式（10-23）修正：

$$v_a = \beta \cdot v_d \tag{10-23}$$

式中　v_a——修正后的测区混凝土中声速代表值（km/s）；

v_d——超声测试面的声速修正系数，取 1.034。

5. 结构混凝土强度推定

（1）《超声回弹综合法检测混凝土抗压强度技术规程》T/CECS 02—2020 给出的强度换算办法适用于符合下列条件的普通混凝土：混凝土采用的水泥、砂石、外加剂、掺和料、拌和用水符合国家现行标准的有关规定；自然养护或蒸汽养后经自然养护 7d 以上，且混凝土表层为干燥状态；龄期为 7～2000d；混凝土抗压强度为 10～70MPa。

（2）构件或构件第 i 个测区的混凝土抗压强度换算值，可按求得修正后的测区回弹代表值和声速代表值，优先采用专用测强曲线、地区测强曲线换算而得。

（3）当无专用测强曲线或地区测强曲线时，按《超声回弹综合法检测混凝土抗压强度技术规程》T/CECS 02—2020 附录 E 的规定通过验证后，可按附录 F 的规定对测区混凝土抗压强度进行换算，也可按下列全国统一测区混凝土抗压强度换算公式进行计算：

$$f_{cu,i}^c = 0.0286\, v_{ai}^{1.999} R_{ai}^{1.155} \tag{10-24}$$

式中 $f_{cu,i}^c$——第 i 个测区的混凝土抗压强度换算值（MPa），精确至 0.1MPa；

R_{ai}——第 i 个测区修正后的测区回弹代表值；

v_{ai}——第 i 个测区修正后的测区声速代表值。

（4）专用测强曲线或地区测强曲线应按《超声回弹综合法检测混凝土抗压强度技术规程》T/CECS 02—2020 附录 G 的规定制定，并经审定和批准后实施。专用测强曲线或地区测强曲线的抗压强度平均相对误差（δ）、相对标准差（e_r）应符合下列规定：专用测强曲线的平均相对误差 δ≤10%、相对标准差 e_r≤12%；地区测强曲线的平均相对误差 δ≤11%、相对标准差 e_r≤14%。

（5）当构件所采用的材料及龄期与制定测强曲线所采用的材料及龄期有较大差异时，可采用在构件上钻取混凝土芯样或同条件立方体试件对测区混凝土抗压强度换算值进行修正。

① 混凝土芯样修正时，芯样数量不应少于 4 个，公称直径宜为 100mm，高径比应为 1。芯样应在测区内钻取，每个芯样应只加工一个试件，并应符合现行行业标准《钻芯法检测混凝土强度技术规程》JGJ/T 384 的有关规定。

② 同条件立方体试件修正时，试件数量不应少于 4 个，试件边长应为 150mm，并应符合现行国家标准《混凝土物理力学性能试验方法标准》GB/T 50081 的有关规定。

（6）测区混凝土抗压强度修正量及测区混凝土抗压强度换算值的修正计算应符合下列规定：

① 测区混凝土抗压强度修正量应按下列公式计算：

$$\Delta_{tot} = f_{cor,m} - f_{cu,m0}^c \tag{10-25-1}$$

$$\Delta_{tot} = f_{cu,m} - f_{cu,m0}^c \tag{10-25-2}$$

$$f_{cor,m} = \frac{1}{n} \sum_{i=1}^{n} f_{cor,i} \tag{10-26}$$

$$f_{cu,m} = \frac{1}{n} \sum_{i=1}^{n} f_{cu,i} \tag{10-27}$$

$$f_{cu,m0}^c = \frac{1}{n} \sum_{i=1}^{n} f_{cu,i}^c \tag{10-28}$$

式中 Δ_{tot}——测区混凝土抗压强度修正量（MPa），精确至 0.1MPa；

$f_{cor,m}$——芯样试件混凝土抗压强度平均值（MPa），精确至 0.1MPa；

$f_{cu,m}$——同条件试件混凝土抗压强度平均值（MPa），精确至 0.1MPa；

$f_{cu,m0}^c$——对应于芯样部位或同条件立方体试件测区混凝土抗压强度换算值的平均值（MPa），精确至 0.1MPa；

$f_{cor,i}$——第 i 个混凝土芯样试件的抗压强度；

$f_{cu,i}$——第 i 个混凝土立方体试件的抗压强度；

$f_{cu,i}^c$——对应于第 i 个芯样部位或同条件立方体试件测区回弹值和声速值的混凝土抗压强度换算值，可按《超声回弹综合法检测混凝土抗压强度技术规程》T/CECS 02—2020 附录 F 取值；

n——芯样或试件数量。

② 测区混凝土抗压强度换算值的修正应按式（10-29）计算：

$$f_{cu,i1}^c = f_{cu,i0}^c + \Delta_{tot} \tag{10-29}$$

式中 $f_{cu,i1}^c$——第 i 个测区修正后的混凝土强度换算值（MPa），精确至 0.1MPa；

$f_{\text{cu},i0}^{\text{c}}$——第 i 个测区修正前的混凝土强度换算值（MPa），精确至 0.1MPa。

（7）构件混凝土抗压强度推定值（$f_{\text{cu,e}}$）的确定应符合下列规定：

① 当构件的测区混凝土抗压强度换算值中出现小于 10.0MPa 的值时，构件的混凝土抗压强度推定值应为小于 10.0MPa。

② 当构件中测区数少于 10 个时，应按式（10-30）计算：

$$f_{\text{cu,e}} = f_{\text{cu,min}}^{\text{c}} \tag{10-30}$$

式中　$f_{\text{cu,min}}^{\text{c}}$——构件最小的测区混凝土抗压强度换算值（MPa），精确至 0.1MPa。

③ 当构件中测区数不少于 10 个或按批量检测时，应按式（10-31）、式（10-33）计算：

$$f_{\text{cu,e}} = m_{f_{\text{cu}}^{\text{c}}} - 1.645\, s_{f_{\text{cu}}^{\text{c}}} \tag{10-31}$$

$$m_{f_{\text{cu}}^{\text{c}}} = \frac{1}{n} \sum_{i=1}^{n} f_{\text{cu},i}^{\text{c}} \tag{10-32}$$

$$s_{f_{\text{cu}}^{\text{c}}} = \sqrt{\frac{\sum\limits_{i=1}^{n} (f_{\text{cu},i}^{\text{c}})^2 - n\,(m_{f_{\text{cu}}^{\text{c}}})^2}{n-1}} \tag{10-33}$$

式中　$m_{f_{\text{cu}}^{\text{c}}}$——测区混凝土抗压强度换算值的平均值（MPa），精确至 0.1MPa；

$s_{f_{\text{cu}}^{\text{c}}}$——测区混凝土抗压强度换算值的标准差（MPa），精确至 0.01MPa；

$f_{\text{cu},i}^{\text{c}}$——第 i 个测区的混凝土抗压强度换算值（MPa），精确至 0.1MPa；

n——测区数；对于单个检测的构件，取构件的测区数；对批量检测的构件，取所有被抽检构件测区数之总和。

（8）对按批量检测的构件，当测区混凝土抗压强度标准差出现下列情况之一时，构件应全部按单个构件进行强度推定：

① 测区混凝土抗压强度换算值的平均值小于 25.0MPa，测区混凝土抗压强度换算值的标准差大于 4.50MPa；

② 测区混凝土抗压强度换算值的平均值不小于 25.0MPa 且不大于 50.0MPa，测区混凝土抗压强度换算值的标准差大于 5.50MPa；

③ 测区混凝土抗压强度换算值的平均值大于 50.0MPa，测区混凝土抗压强度换算值的标准差大于 6.50MPa。

三、高强混凝土结构抗压强度检测

（一）概述

高强混凝土指的是强度等级为 C60 及以上的混凝土，C100 强度等级以上的混凝土称为超高强混凝土。它是用水泥、砂、石原材料外加减水剂或同时外加粉煤灰、F 矿粉、矿渣、硅粉等混合料，经常规工艺生产而获得高强的混凝土。高强混凝土作为一种新的建筑材料，以其抗压强度高、抗变形能力强、密度大、孔隙率低的优越性，在高层建筑结构、大跨度桥梁结构以及某些特种结构中得到广泛的应用。高强混凝土最大的特点是抗压强度高，一般为普通强度混凝土的 4～6 倍，故可减小构件的截面，因此最适宜用于高层建筑。试验表明，在一定的轴压比和合适的配箍率情况下，高强混凝土框架柱具有较好的抗震性能。而且柱截面尺寸减小，减轻自重，避免短柱，对结构抗震也有利，而且提高了经济效益。

（二）高强回弹仪

1. 常用的高强混凝土回弹仪主要是指标称动能 4.5J 和 5.5J 的重型回弹仪。其配套的率定钢砧洛氏硬度为 HRC60±2，质量 20.0kg。

2. 常用高强回弹仪的性能指标（表 10-2）

表 10-2　常用高强回弹仪的性能指标

标准能量	弹击拉簧冲击长度	弹击拉簧刚度	钢砧率定值	弹击杆冲击球面半径
5.5J	100mm	1100N/m	83±2	SR18mm
4.5J	106mm	900N/m	88±2	SR45mm

3. 高强回弹仪的率定、检定和维护保养与标称动能 2.207J 的中型回弹仪相同，且符合《回弹仪》GB/T 9138—2015 以及《回弹仪检定规程》JJG 817—2011 的规定。

（三）高强混凝土结构抗压强度检测方法

1. 适用范围

本方法适用于工程结构中强度等级为 C50～C100 的混凝土抗压强度检测。不适用于有下列情况的混凝土抗压强度的检测：

（1）遭受严重冻伤、化学侵蚀、火灾而导致表里质量不一致的混凝土和表面不平整的混凝土；

（2）潮湿的和特种工艺成型的混凝土；

（3）厚度小于 150mm 的混凝土构件；

（4）所处环境温度低于 0℃或高于 40℃的混凝土。

2. 检测仪器

检测仪器主要使用高强回弹仪和超声波检测仪。

（1）回弹仪符合现行国标《回弹仪》GB/T 9138—2015 的规定，计量检定结果在有效期内且在使用前经率定合格。

（2）超声波检测仪符合现行行业标准《混凝土超声波检测仪》JG/T 5004 的规定，且计量检定结果在有效期内。

（3）同时，超声波检测仪应符合下列规定：应具有波形清晰、显示稳定的示波装置；声时最小分度值应为 $0.1\mu s$；应具有最小分度值为 1dB 的信号幅度调整系统；接收放大器频响范围应为 10～500kHz，总增益不应小于 80dB，信噪比为 3:1 时的接收灵敏度不应大于 $50\mu V$；超声波检测仪的电源电压偏差在额定电压的 ±10% 范围内时，应能正常工作；其连续正常工作时间不应少于 4h。

（4）数字式超声波检测仪除应符合上述的规定外，还应符合下列规定：应具有采集、储存数字信号并进行数据处理的功能；应具有手动游标测读和自动测读两种方式，当自动测读时，在同一测试条件下，在 1h 内每 5min 测读一次声时值的差异不应超过 $±0.2\mu s$；自动测读时，在显示器的接收波形上，应有光标指示声时的测读位置。

（5）换能器应符合下列规定：换能器的工作频率应在 50～100kHz 范围内；换能器的实测主频与标称频率相差不应超过 ±10%。

3. 一般规定

（1）混凝土结构检测分为按单个构件检测和按批抽样检测，当按批抽样检测时，同时符合下列条件的构件可作为同批构件：

① 混凝土设计强度等级、配合比和成型工艺相同；

② 混凝土原材料、养护条件及龄期基本相同；

③ 构件种类相同；

④ 在施工阶段所处状态相同。

（2）对同批构件按批抽样检测时，构件应随机抽样，抽样数量不宜少于同批构件的 30%，且不宜少于 10 件。当检验批中构件数量大于 50 时，构件抽样数量可按现行国家标准《建筑结构检测技术标准》GB/T 50344 进行调整，但抽取的构件总数不宜少于 10 件，并应按现行国家标准《建筑结构检测技术标准》GB/T 50344 进行检测批混凝土的强度推定，此时检验批的最小样本容量取值、推定强度计算和是否符合设计要求判定等按本章第三节相关内容进行。

（3）检测时应在构件上均匀布置测区，每个构件上的测区数不应少于 10 个；对某一方向尺寸不大于 4.5m 且另一方向尺寸不大于 0.3m 的构件，其测区数量可减少，但不应少于 5 个。

（4）构件的测区应符合下列规定：

① 测区应布置在构件混凝土浇筑方向的侧面，并宜布置在构件两个对称的可测面上，当不能布置在对称的可测面上时，也可布置在同一可测面上；在构件的重要部位及薄弱部位应布置测区，并应避开预埋件。

② 相邻两测区的间距不宜大于 2m；测区离构件边缘的距离不宜小于 100mm。

③ 测区尺寸宜为 200mm×200mm。

④ 测试面应清洁、平整、干燥，不应有接缝、饰面层、浮浆和油垢；表面不平处可用砂轮适度打磨，并擦净残留粉尘。

（5）结构或构件上的测区应注明编号，并应在检测时记录测区位置和外观质量情况。

4. 回弹测试及回弹值计算

（1）在构件上回弹测试时，回弹仪的纵轴线应始终与混凝土成型侧面保持垂直，并应缓慢施压、准确读数、快速复位。

（2）结构或构件上的每一测区应回弹 16 个测点，或在待测超声波测区的两个相对测试面各回弹 8 个测点，每一测点的回弹值应精确至 1。

（3）测点在测区范围内宜均匀分布，不得分布在气孔或外露石子上。同一测点应只弹击一次，相邻两测点的间距不宜小于 30mm；测点距外露钢筋、铁件的距离不宜小于 100mm。

（4）计算测区回弹值时，在每一测区内的 16 个回弹值中，应先剔除 3 个最大值和 3 个最小值，然后将余下的 10 个回弹值按式（10-34）计算，其结果作为该测区回弹值的代表值：

$$R = \frac{1}{10} \sum_{i=1}^{10} R_i \qquad (10\text{-}34)$$

式中　R——测区回弹代表值，精确至 0.1；

　　R_i——第 i 个测点的有效回弹值。

5. 超声测试及声速值计算

（1）采用超声回弹综合法检测时，应在回弹测试完毕的测区内进行超声测试。每一测区应布置 3 个测点。超声测试宜优先采用对测，当被测构件不具备对测条件时，可采用角测和单面平测。

（2）超声测试时，换能器辐射面应采用耦合剂使其与混凝土测试面良好耦合。

（3）声时测量应精确至 0.1μs，超声测距测量应精确至 1mm，且测量误差应在超声测距的 ±1% 之内。声速计算应精确至 0.01km/s。

（4）当在混凝土浇筑方向的两个侧面进行对测时，测区混凝土中声速代表值应为该测区中 3 个测点的平均声速值，并应按式（10-35）计算：

$$\upsilon = \frac{1}{3} \sum_{i=1}^{3} \frac{l_i}{t_i - t_0} \qquad (10\text{-}35)$$

式中　υ——测区混凝土中声速代表值（km/s）；

　　l_i——第 i 个测点的超声测距（mm）；

　　t_i——第 i 个测点的声时读数（μs）；

　　t_0——声时初读数（μs）。

6. 混凝土强度的推定

（1）结构或构件中第 i 个测区的混凝土抗压强度换算值应优先采用专用测强曲线或地区测强曲线换算取得。专用测强曲线和地区测强曲线应按《高强混凝土强度检测技术规程》JGJ/T 294—2013 附录 C 的规定制定。

（2）当无专用测强曲线和地区测强曲线时，可按《高强混凝土强度检测技术规程》JGJ/T 294—

2013 附录 D 的规定，通过验证后，采用全国高强混凝土测强曲线公式，计算结构或构件中第 i 个测区混凝土抗压强度换算值。

（3）当采用回弹法检测时，结构或构件第 i 个测区混凝土强度换算值可按《高强混凝土强度检测技术规程》JGJ/T 294—2013 附录 A 或附录 B 查表得出，也可按式（10-36-1）、式（10-36-2）计算得出：

采用标称动能为 4.5J 的回弹仪时

$$f^c_{cu,i} = -7.83 + 0.75R + 0.0079 R^2 \tag{10-36-1}$$

采用标称动能为 5.5J 的回弹仪时

$$f^c_{cu,i} = 2.51246 R^{0.889} \tag{10-36-2}$$

式中　$f^c_{cu,i}$——结构或构件第 i 个测区的混凝土抗压强度强度换算值（MPa）；

R——测区回弹代表值，精确至 0.1。

（4）当采用超声回弹综合法检测时，结构或构件第 i 个测区混凝土强度换算值可按《高强混凝土强度检测技术规程》JGJ/T 294—2013 附录 E 查表得出，也可按式（10-37）计算：

$$f^c_{cu,i} = 0.117081\, v^{0.539038} \cdot R^{1.33947} \tag{10-37}$$

式中　$f^c_{cu,i}$——结构或构件第 i 个测区的混凝土抗压强度换算值（MPa）；

v——测区混凝土中声速代表值（km/s）；

R——4.5J 回弹仪测区回弹代表值，精确至 0.1。

要注意的是，式（10-37）中是采用 4.5J 回弹仪时的计算式，且混凝土的龄期不宜超过 900d。如果超出龄期，则需要用混凝土芯样（或同条件混凝土标准试件）抗压强度对上述公式计算的换算强度值进行修正。

（5）结构或构件的测区混凝土换算强度平均值可根据各测区的混凝土强度换算值计算。当测区数为 10 个及以上时，应计算强度标准差。平均值和标准差应按式（10-38）和式（10-39）计算：

$$m_{f^c_{cu}} = \frac{1}{n} \sum_{i=1}^{n} f^c_{cu,i} \tag{10-38}$$

$$s_{f^c_{cu}} = \sqrt{\frac{\sum_{i=1}^{n} (f^c_{cu,i})^2 - n (m_{f^c_{cu}})^2}{n-1}} \tag{10-39}$$

式中　$m_{f^c_{cu}}$——结构或构件测区混凝土抗压强度换算值的平均值（MPa），精确至 0.1MPa；

$s_{f^c_{cu}}$——结构或构件测区混凝土抗压强度换算值的标准差（MPa），精确至 0.01MPa；

n——测区数。对单个检测的构件，取一个构件的测区数；对批量检测的构件，取被抽检构件测区数之总和。

（6）当检测条件与测强曲线的适用条件有较大差异或曲线没有经过验证时，应采用同条件标准试件或直接从结构构件测区内钻取混凝土芯样进行推定强度修正，且试件数量或混凝土芯样不应少于 6 个。测区混凝土强度修正量按照式（10-40-1）、式（10-40-2）计算：

$$\Delta_{tot} = \frac{1}{n} \sum_{i=1}^{n} f_{cor,i} - \frac{1}{n} \sum_{i=1}^{n} f^c_{cu,i} \tag{10-40-1}$$

$$\Delta_{tot} = \frac{1}{n} \sum_{i=1}^{n} f_{cu,i} - \frac{1}{n} \sum_{i=1}^{n} f^c_{cu,i} \tag{10-40-2}$$

式中　Δ_{tot}——测区混凝土强度修正量（MPa），精确至 0.1MPa；

$f_{cor,i}$——第 i 个混凝土芯样试件的抗压强度（MPa）；

$f_{cu,i}$——第 i 个同条件混凝土标准试件的抗压强度（MPa）；

$f^c_{cu,i}$——对应于第 i 个芯样部位或同条件混凝土标准试件的混凝土强度换算值（MPa）；

n——混凝土芯样或标准试件数量。

（7）测区混凝土强度换算值的修正按照式（10-41）计算：

$$f^c_{cu,i1} = f^c_{cu,i0} + \Delta_{tot} \tag{10-41}$$

式中　$f^c_{cu,i0}$——第 i 个测区修正前的混凝土强度换算值（MPa），精确至 0.1MPa；

$f^c_{cu,i1}$——第 i 个测区修正后的混凝土强度换算值（MPa），精确至 0.1MPa。

（8）结构或构件的混凝土强度推定值（$f_{cu,e}$）应按下列公式确定：

① 当该结构或构件测区数少于 10 个时，应按式（10-42-1）计算：

$$f_{cu,e} = f^c_{cu,min} \tag{10-42-1}$$

式中　$f^c_{cu,min}$——结构或构件最小的测区混凝土抗压强度换算值（MPa），精确至 0.1MPa。

② 当该结构或构件测区数不少于 10 个或按批量检测时，应按式（10-42-2）计算：

$$f_{cu,e} = m_{f^c_{cu}} - 1.645 s_{f^c_{cu}} \tag{10-42-2}$$

（9）对按批量检测的结构或构件，当该批构件混凝土强度标准差出现下列情况之一时，该批构件应全部按单个构件检测：

① 该批构件的混凝土抗压强度换算值的平均值 $m_{f^c_{cu}} \leqslant 50.0$MPa，且标准差 $s_{f^c_{cu}} > 5.50$MPa；

② 该批构件的混凝土抗压强度换算值的平均值 $m_{f^c_{cu}} > 50.0$MPa，且标准差 $s_{f^c_{cu}} > 6.50$MPa。

四、结构实体混凝土回弹-取芯强度检验方法

《混凝土结构工程施工质量验收规范》GB 50204—2015 中 10.1.2 条指出，结构实体混凝土强度应按不同强度等级分别检验，检验方法宜采用同条件养护试件方法；当未取得同条件养护试件强度或同条件养护试件强度不符合要求时，可采用回弹-取芯法进行检验。结构实体混凝土回弹-取芯法强度检验按该规范附录 D 的规定进行。

"结构实体混凝土回弹-取芯法强度检验"操作的具体规定如下（图 10-5）。

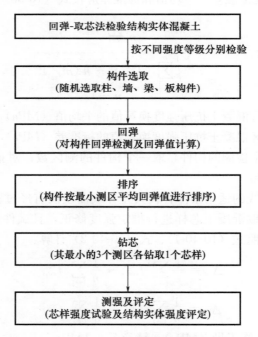

图 10-5　回弹-取芯法检测结构实体强度流程图

1. 回弹构件的抽取

（1）同一混凝土强度等级的柱、梁、墙、板，抽取构件最小数量应符合表 10-3 的规定，并应均匀分布。

表 10-3　回弹构件抽取最小数量

构件总数量	最小抽样数量	构件总数量	最小抽样数量
20 以下	全数	281~500	40
20~150	20	501~1200	64
151~280	26	1201~3200	100

（2）不宜抽取截面高度小于 300mm 的梁和边长小于 300mm 的柱。

2. 回弹检测及回弹值计算

（1）每个构件应选取不少于 5 个测区进行回弹检测及回弹值计算，应符合现行行业标准《回弹法检测混凝土抗压强度技术规程》JGJ/T 23 对单个构件检测的有关规定。

（2）楼板构件的回弹宜在板底进行。

3. 芯样的钻取和要求

（1）对同一强度等级的混凝土，应将每个构件 5 个测区中的最小测区平均回弹值进行排序，并在其最小的 3 个测区各钻取 1 个芯样。芯样应采用带水冷却装置的薄壁空心钻钻取，其直径宜为 100mm，且不宜小于混凝土骨料最大粒径的 3 倍。

（2）芯样试件的端部宜采用环氧胶泥或聚合物水泥砂浆补平，也可采用硫黄胶泥修补。

（3）加工后芯样试件的尺寸偏差与外观质量应符合下列规定：

① 芯样试件的高度与直径之比实测值不应小于 0.95，也不应大于 1.05；

② 沿芯样高度的任一直径与其平均值之差不应大于 2mm；

③ 芯样试件端面的不平整度在 100mm 长度内不应大于 0.1mm；

④ 芯样试件端面与轴线的不垂直度不应大于 1°；

⑤ 芯样不应有裂缝、缺陷及钢筋等其他杂物。

（4）芯样试件应按现行国家标准《混凝土物理力学性能试验方法标准》GB/T 50081 中圆柱体试件的规定进行抗压强度试验。

4. 结果判定

对同一强度等级的构件，当符合下列规定时，结构实体混凝土强度可判为合格：三个芯样的抗压强度算术平均值不小于设计要求的混凝土强度等级值的 88%；三个芯样抗压强度的最小值不小于设计要求的混凝土强度等级值的 80%。

五、钻芯法强度检验方法

（一）概述

1. 钻芯法的发展

钻芯法在国外的应用已有几十年的历史。英国、美国、德国、日本、比利时和澳大利亚等国分别制定有钻取混凝土芯样进行强度试验的标准。

国际标准化组织也提出了国际标准草案《硬化混凝土芯样的钻取检查及抗压试验》ISO/7034。

我国 1948 年就已开始使用钻芯法检测混凝土路面的厚度，并制定有《钻取混凝土试体长度之检验法》。20 世纪 80 年代开始对作为一种现场检测混凝土抗压强度的专门技术的研究并使其标准化的工作。另一方面，在钻芯机、人造金刚石薄壁钻、切割机及其配套使用的机具研制和生产方面也取得了很大进展，现在国内已可生产十几种型号的钻机和几十种规格的钻头可供选择和使用。

1988 年由中国工程建设标准化委员会批准发行《钻芯法检测混凝土强度技术规程》CECS 03：88。2000 年根据中国工程建设标准化协会〔2000〕建标协字第 15 号文《关于印发中国工程建设标准化协会 2000 年第一批推荐性标准制、修订计划的通知》的要求，由中国建筑科学研究院会同有关科研单位对协会标准《钻芯法检测混凝土强度技术规程》CECS 03：88 进行了修订。2007 年由中国工程建设标准化协会批准发布了《钻芯法检测混凝土强度技术规程》CECS 03：2007 推荐性团体标准，2008 年 1 月 1 日起施行。2013 年，根据住房城乡建设部《关于印发〈2013 年工程建设标准规范制订、修订计划〉的通知》（建标〔2013〕6 号）的要求，由中国建筑科学研究院组织十三家单位组成规程编制组，经广泛调查研究，认真总结实践经验，参考有关国际标准和国外先进标准，并在广泛征求意见的基础上，编制了《钻芯法检测混凝土强度技术规程》JGJ/T 384—2016 行业标准，自 2016 年 12 月 1 日起实施。

2. 钻芯法的定义

钻芯法是从结构或构件中钻取圆柱状试件得到在检测龄期混凝土强度的方法。由于它对结构混凝土造成局部损伤，因此它是一种半（微）破损的现场检测手段。钻芯法检测混凝土强度涉及的标准有《钻芯法检测混凝土强度技术规程》JGJ/T 384 和《钻芯法检测混凝土强度技术规程》CECS 03。本书以 JGJ/T 384 为准介绍其主要内容。

3. 主要用途

利用从结构混凝土中钻取的芯样，根据检测的目的和要求，可进行下列项目的试验和检查：

（1）混凝土的抗压强度；

（2）混凝土的抗拉强度；

（3）混凝土的劈裂抗拉强度；

（4）混凝土的表观密度、吸水性及抗冻性；

（5）混凝土的裂缝深度或受冻层深度；

（6）混凝土接缝、分层、离析、孔洞等缺陷；

（7）机场跑道、公路路面混凝土厚度；

（8）建筑物的打孔或锚栽钢筋。

4. 应用特点

优点：直观、可靠和准确。

不足：局部损伤，大量取芯往往受到一定的限制。

在检测混凝土强度时，可用芯样强度验证或修正回弹法或超声回弹综合法强度，以提高非破损测强的精度。

（二）钻芯法应用的设备

1. 钻芯机

（1）钻芯机的分类，分轻便型、轻型、重型和超重型四类。一般采用轻型钻芯机。

（2）钻芯机的基本功能：

① 向钻头传递压力，推动钻头前进或后退；

② 驱动钻头旋转，并应具有适宜转速，保持所需线速度；

③ 为了冷却钻头和冲洗钻孔过程中产生的混凝土磨削碎屑，应不断供给冷却水；

④ 钻机应有足够的刚度和稳定性；

⑤ 钻机的移动和拆装方便。

（3）钻芯机的结构组成和动力源

钻芯机主要由底座、齿轮箱、钻头、机架、调节螺钉部分组成（图 10-6）。

钻芯机可采用单相串励电动机、三相异步电动机或者汽油机作为动力源。

（4）钻芯机钻头

混凝土的取芯工作需采用人造金刚石空心薄壁钻

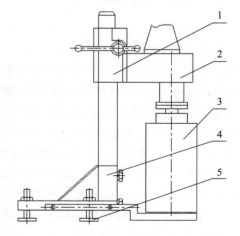

图 10-6　钻芯机结构图

1—底座；2—齿轮箱；3—钻头；4—机架；5—调节螺钉

头。我国空心薄壁钻的生产中，主要采用的是人造含硼黑色金刚石。人造金刚石空心薄壁钻头主要由钢体和胎环两部分组成。胎环中金刚石的含量为 20%～40%，金刚石含量越大，则磨削能力越高。钻头磨钝时，可用耐火砖、砂轮片等强磨性材料重新进行开刃处理。

（5）钻芯机固定方式

钻取芯样时钻芯机必须固定牢固，固定方法有：

① 配重法。在钻机底座上配以重物，如钢块、混凝土块等，比较笨重，在不宜采用其他方法时采用。

② 真空吸附法。钻机底座上安装有真空吸盘，并配备专用真空吸泵。开动真空泵将吸盘中的空气抽出，则钻机通过吸盘牢牢吸附在混凝土表面。这种固定方法简单、方便、可靠。但设备比较复杂、成本高，并要求吸盘下的混凝土表面比较光滑平整。

③ 膨胀锚栓法。常用固定方法，既可垂直固定也可成水平或任一角度固定钻机。这种固定方法稳定可靠，但需配置混凝土冲击钻和锚固螺栓。

以上固定方法中膨胀锚栓固定法应用最为普遍。

2. 芯样制作用锯切机、端面磨平机和补平器

① 钻取的芯样采用岩石双刀切割机（图 10-7）进行锯切。岩石双刀切割机由导轨、切刀工作台、岩石夹具、传动变速箱、调速电机及电气控制台等组成。采用特级金刚石刀片，可同时切割两平行的平面，两平面距离可调为 50mm、70mm、100mm、150mm 的切割间距，能够保证芯样两个端面确保平行的技术要求。

② 芯样端面磨平一般采用双端面磨平机（图 10-8）进行。双端面磨平机由机座、磨削动力头、变速传动系统、电控装置等部分组成。双端面磨平机对各类岩矿石、混凝土等非金属固体粗切后进行磨削，装有两只金刚石磨轮，同时磨削两个互相平行的端面、标本自动往复，磨轮可手动进给，也可自动进给，且进给量可调，从而加工出所需要的精度高的立方体或圆柱体的测试芯样。

图 10-7　岩石双刀切割机

图 10-8　芯样双端面磨平机

3. 其他检测设备

钻芯法检测混凝土强度还需要的检测设备和仪器有钢筋扫描仪、压力试验机、卡尺、钢尺、塞尺、角度尺等。

① 钢筋扫描仪（图 10-9）：为避开钢筋或预埋铁件，采用磁感仪或雷达仪确定构件中钢筋或铁件的位置。最大探测深度不应小于 60mm，探测位置偏差不宜大于 3mm。

② 压力试验机、卡尺、钢尺、塞尺、角度尺等用于芯样测量的检测设备与仪器均应有产品合格证，计量器具经检定或校准，并应在有效期内使用。

图 10-9　钢筋扫描仪

（三）钻芯法强度检验方法

1. 适用条件

当出现如下情况时，进行结构混凝土钻芯取样检测混凝土的抗压强度：

（1）对混凝土施工时预留标准试件抗压强度有怀疑时；

（2）结构混凝土因为质量较差或发生质量事故时；

（3）采用回弹、超声-回弹等混凝土强度无损检测方法而需要修正时；

（4）对老旧混凝土结构进行加固改造时；

（5）建筑工程当采用《混凝土结构工程施工质量验收规范》GB 50204—2015 进行混凝土结构施工质量验收时，第 10.1.2 条规定"当未取得同条件养护试件强度或同条件养护试件强度不符合要求时可采用回弹-取芯法方法进行检验"（取样与评定见该规范附录 D）。

2. 取样大小及样本

（1）采用钻芯法检测结构混凝土强度前，应具备下列资料：

① 工程名称、部位及设计、施工、建设单位名称；

② 结构或构件种类、外形尺寸及数量；

③ 浇筑日期、混凝土配比通知单和强度试验报告；

④ 设计采用的混凝土强度等级；

⑤ 结构或构件质量状况和施工记录；

⑥ 有关的结构设计施工图等；

⑦ 检测的原因。

（2）芯样尺寸

抗压试验的芯样试件宜使用直径 100mm 的标准芯样，且其公称直径不宜小于骨料最大粒径的 3 倍，也可采用小直径芯样试件，但其公称直径不应小于 70mm，且不得小于骨料最大粒径的 2 倍。

（3）钻芯取样部位

① 结构或构件受力较小的部位；

② 混凝土强度质量具有代表性的部位；

③ 便于钻芯机安放和操作的部位；

④ 避开主筋、预埋件和管线的位置，并尽量避开其他钢筋；

⑤ 用钻芯法和非破损法综合测定强度时，应与非破损法取同一测区；

⑥ 在构件上钻取多个芯样时宜取自不同部位。

（4）钻取芯样的数量应符合下列规定：

① 按单个构件检测时，每个构件的钻芯数量不应少于 3 个；对于较小构件，钻芯数量可取 2 个。

② 确定检测批混凝土强度推定值时，直径 100mm 标准芯样试件的最小样本量不宜少于 15 个；小直径芯样试件的最小样本量应适当增加，不宜少于 20 个。

③ 当钻芯修正法采用修正量方法时，直径 100mm 芯样数量不应少于 6 个，小直径芯样试件的数

量不应少于 9 个。

（5）钻取芯样

① 钻芯机就位并安放平稳后，将钻芯机固定。钻芯操作应遵守国家有关劳动保护和安全生产管理规定，并遵守现场安全管理规定。

② 钻芯前应检查钻芯机是否正常、安装是否牢固、搭设平台是否牢固；钻芯机没安装钻头前应先通电确认主轴的旋转方向为顺时针方向。

③ 钻芯时用于冷却钻头和排除混凝土料屑的冷却水流量宜为 3～5L/min。

④ 钻取芯样时应控制进钻的速度，保持匀速钻进。

⑤ 从钻孔中取出的芯样在稍微晾干后，应标上清晰标记。钻取部位应予以记录。若所取芯样的高度及质量不能满足要求时，应重新钻取芯样。

⑥ 芯样应采取保护措施，避免在运输和贮存中损坏。

⑦ 工作完毕后，应及时对钻芯设备进行维护保养。

（6）芯样的加工

① 芯样抗压试件的高度和直径之比宜为 1.00。

② 芯样试件内不应含有钢筋。如不能满足此项要求，每个试件内最多只允许含有一根直径小于 10mm 的钢筋，且钢筋应与芯样轴线基本垂直，并距离端面 10mm 以上。

③ 锯切后的芯样应满足平整度和垂直度的要求。当不能满足时，应对端面进行加工，可采用在磨平机上磨平，也可用硫黄胶泥或环氧胶泥补平，厚度不宜大于 2mm。抗压强度低于 30MPa 的芯样试件不宜采用磨平端面处理方法；抗压强度高于 60MPa 的芯样试件不宜采用硫黄胶泥或环氧胶泥补平处理方法。

（7）芯样尺寸测量

平均直径用游标卡尺分别在芯样试件上、中、下部相互垂直的两个位置上共测量 6 次，取其测量的算术平均值，精确至 0.5mm；芯样高度用钢板尺进行测量，精确至 1mm；垂直度用游标量角器测量，两个端面与母线的夹角，取其最大值作为芯样试件的垂直度，精确至 0.1°；平整度用钢板尺或角尺紧靠在芯样试件端面上，一面转动钢板尺一面用塞尺测量钢板尺与芯样试件端面之间的缝隙，取其最大值作为芯样试件的平整度。也可采用其他专用设备测量。

芯样尺寸偏差及外观质量超过下列数值时，不得用作抗压强度试验：

① 芯样试件的实际高径比小于要求高径比的 0.95 或大于 1.05；

② 沿芯样高度任一直径与平均直径相差达 1.5mm 以上时；

③ 芯样端面的不平整度在 100mm 长度内超过 0.1mm 时；

④ 芯样端面与轴线的不垂直度超过 1°时；

⑤ 芯样有裂缝或有其他较大缺陷时。

3. 芯样的抗压强度试验

芯样试件应以自然干燥状态进行抗压试验；当结构工作条件比较潮湿，需要确定潮湿状态下混凝土强度时，芯样试件宜在（20±5）℃的清水中浸泡 40～48h，从水中取出后揩干立即进行抗压强度试验。

芯样试件抗压试验的操作应符合现行国家标准《混凝土物理力学性能试验方法标准》GB/T 50081 中对立方体试件抗压强度试验的规定。

4. 芯样混凝土强度的计算

芯样试件的混凝土抗压强度值按式（10-43）计算：

$$f_{cu,cor} = \beta_c \frac{F_c}{A_c} \tag{10-43}$$

式中　$f_{cu,cor}$——芯样试件混凝土抗压强度值（MPa），精确至 0.1MPa；

F_c——芯样试件抗压试验测得的最大压力（N）；

A_c——芯样试件的抗压截面积（mm²）；

β_c——芯样试件强度换算系数，取 1.0。

5. 混凝土抗压强度推定值的确定

（1）单个构件混凝土抗压强度推定值的确定

钻芯法确定单个构件混凝土抗压强度推定值时，不再进行数据的舍弃，而应按芯样试件混凝土抗压强度值中的最小值确定。

（2）构件混凝土抗压强度代表值的确定

钻芯法确定构件混凝土抗压强度代表值时，芯样试件的数量宜为 3 个，应取芯样试件抗压强度值的算术平均值作为构件混凝土抗压强度代表值。抗压强度代表值可用于既有结构承载力的评定，不用于混凝土强度的合格评定。

（3）检测批混凝土抗压强度推定值的确定

① 检测批的混凝土抗压强度推定值应计算推定区间，推定区间的上限值和下限值应按式（10-44）～式（4-47）计算：

$$f_{cu,e1} = f_{cu,cor,m} - k_1 S_{cu} \tag{10-44}$$

$$f_{cu,e2} = f_{cu,cor,m} - k_2 S_{cu} \tag{10-45}$$

$$f_{cu,cor,m} = \frac{\sum_{i=1}^{n} f_{cu,cor,i}}{n} \tag{10-46}$$

$$S_{cu} = \sqrt{\frac{\sum_{i=1}^{n} (f_{cu,cor,i} - f_{cu,cor,m})^2}{n-1}} \tag{10-47}$$

式中　$f_{cu,cor,m}$——芯样试件抗压强度平均值（MPa），精确至 0.1MPa；

$f_{cu,cor,i}$——单个芯样试件抗压强度值（MPa），精确至 0.1MPa；

$f_{cu,e1}$——混凝土抗压强度推定上限值（MPa），精确至 0.1MPa；

$f_{cu,e2}$——混凝土抗压强度推定下限值（MPa），精确至 0.1MPa；

k_1、k_2——推定区间上限值系数和下限值系数，按《钻芯法检测混凝土强度技术规程》JGJ/T 384 附录 A 查得；

S_{cu}——芯样试件抗压强度样本的标准差（MPa），精确至 0.01MPa。

② $f_{cu,e1}$ 和 $f_{cu,e2}$ 所构成推定区间的置信度宜为 0.90；当采用小直径芯样试件时，推定区间的置信度可为 0.85。$f_{cu,e1}$ 与 $f_{cu,e2}$ 之间的差值不宜大于 5.0MPa 和 $0.10 f_{cu,cor,m}$ 两者的较大值。

③ $f_{cu,e1}$ 与 $f_{cu,e2}$ 之间的差值大于 5.0MPa 和 $0.10 f_{cu,cor,m}$ 两者的较大值时，可适当增加样本容量，或重新划分检测批，直至满足"2. 取样大小及样本"的规定。

④ 当不具备③的条件时，不宜进行批量推定。

⑤ 宜以 $f_{cu,e1}$ 作为检测批混凝土强度的推定值。

⑥ 钻芯法确定检测批混凝土抗压强度推定值时，可剔除芯样试件抗压强度样本中的异常值。剔除规则应按现行国家标准《数据的统计处理和解释 正态样本离群值的判断和处理》GB/T 4883 的规定执行。当确有试验依据时，可对芯样试件抗压强度样本的标准差 S_{cu} 进行符合实际情况的修正或调整。

6. 对间接测强方法进行钻芯修正时，修正量的确定

钻芯修正可按式（10-48）计算，修正量 Δf 可按式（10-49）计算。

$$f_{cu,i0}^c = f_{cu,i}^c + \Delta f \tag{10-48}$$

$$\Delta f = f_{cu,cor,m} - f_{cu,mj}^c \tag{10-49}$$

式中　Δf——修正量（MPa），精确至 0.1MPa；

　　$f_{cu,i0}^{c}$——修正后的换算强度（MPa），精确至 0.1MPa；

　　$f_{cu,i}^{c}$——修正前的换算强度（MPa），精确至 0.1MPa；

$f_{cu,cor,m}$——芯样试件抗压强度平均值（MPa），精确至 0.1MPa；

$f_{cu,mj}^{c}$——所用间接检测方法对应芯样测区的换算强度的算术平均值（MPa），精确至 0.1MPa。

第三节　混凝土结构现场检测的基本规定

一、检测分类和范围

1. 分类

混凝土结构现场检测应分为工程质量检测和结构性能检测。

2. 范围

（1）当遇到下列情况之一时，应进行工程质量检测：

① 涉及结构工程质量的试块、试件以及有关材料检验数量不足；

② 对结构实体质量的抽测结果达不到设计要求或施工验收规范要求；

③ 对结构实体质量有争议；

④ 发生工程质量事故，需要分析事故原因；

⑤ 相关标准规定进行的工程质量第三方检测；

⑥ 相关行政主管部门要求进行的工程质量第三方检测。

（2）当遇到下列情况之一时，宜进行结构性能检测：

① 混凝土结构改变用途、改造、加层或扩建；

② 混凝土结构达到设计使用年限要继续使用；

③ 混凝土结构使用环境改变或受到环境侵蚀；

④ 混凝土结构受偶然事件或其他灾害影响；

⑤ 相关法规、标准规定的结构使用期间的鉴定。

二、检测基本程序和要求

1. 基本程序

混凝土结构现场检测工作宜按图 10-10 的程序进行。

2. 要求

（1）混凝土结构现场检测工作可接受单方委托，存在质量争议时宜由当事各方共同委托。

（2）初步调查应以确认委托方的检测要求和制订有针对性的检测方案为目的。初步调查可采取踏勘现场、搜集和分析资料及询问有关人员等方法。

（3）检测方案应征询委托方意见。

（4）混凝土结构现场检测方案包括下列主要内容：

① 工程或结构概况，包括结构类型，设计、施工及监理单位，建造年代或检测时工程的进度情况等；

② 委托方的检测目的或检测要求；

③ 检测的依据，包括检测所依据的标准及有关的技术资料等；

④ 检测范围、检测项目和选用的检测方法；

⑤ 检测的方式、检验批的划分、抽样方法和检测数量；

⑥ 检测人员和仪器设备情况；

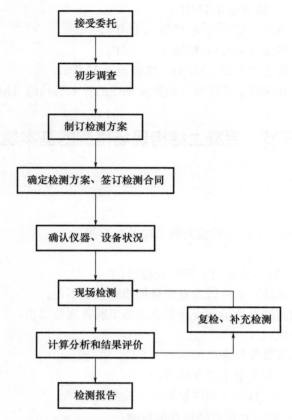

图 10-10　混凝土结构现场检测工作程序框图

⑦ 检测工作进度计划；

⑧ 需要委托方配合的工作；

⑨ 检测中的安全与环保措施。

（5）现场检测所用仪器、设备的适用范围和检测精度应满足检测项目的要求。检测时，所用仪器、设备应在检定或校准周期内，并应处于正常状态。

（6）现场检测工作应由本机构不少于两名检测人员承担，所有进入现场的检测人员应经过培训。

（7）现场检测的测区和测点应有明晰标注和编号，必要时标注和编号宜保留一定时间。

（8）现场检测获取的数据或信息应符合下列要求：

① 人工记录时，宜用专用表格，并应做到数据准确、字迹清晰、信息完整，不应追记、涂改，当有笔误时，应进行杠改并签字确认；

② 仪器自动记录的数据应妥善保存，必要时宜打印输出后经现场检测人员校对确认；

③ 图像信息应标明获取信息的时间和位置。

（9）现场取得的试样应及时标识并妥善保存。

（10）当发现检测数据数量不足或检测数据出现异常情况时，应进行补充检测或复检，补充检测或复检应有必要的说明。

（11）混凝土结构现场检测工作结束后，应及时提出针对检测造成的结构或构件局部损伤的修补建议。

三、检测方法及抽样方案

1. 检测方法

（1）建筑结构检测方法选择的原则是根据检测项目、检测目的、建筑结构状况和现场条件选择相适宜的检测方法。

（2）结构工程质量的检测

宜选用国家现行有关标准规定的直接测试方法；当选用国家现行有关标准规定的间接测试方法时，宜用直接测试方法测试结果对间接测试方法测试结果进行修正。直接测试方法对间接测试方法的修正应符合《建筑结构检测技术标准》GB/T 50344—2019 附录 A 的有关规定。

（3）既有结构性能的检测，当检测和评定为同一机构时，可采用下列方法进行：

① 国家现行有关标准规定的方法；

② 扩大第①款方法适用范围的检测方法；

③ 调整第①款操作措施的检测方法；

④ 检测单位自行开发或引进的检测方法。

（4）当采用国家现行有关标准规定的间接测试方法且该方法已经超出了适用范围或对检测操作进行调整时，应采用直接测试方法测试结果对间接测试方法的测试结果进行验证或修正。直接测试方法对间接测试方法的验证应符合《建筑结构检测技术标准》GB/T 50344—2019 附录 A 的有关规定。

（5）当调整国家现行有关标准规定的操作措施时，尚应符合下列规定：

① 检测单位应有相应检测操作的检测细则；

② 检测单位应事先告知委托方。

（6）在采用检测单位自行开发或引进的检测方法时，应符合下列规定：

① 该方法必须通过技术鉴定，并具有一定的工程检测实践经验；

② 该方法应事先与已有成熟方法进行对比试验；

③ 检测单位应有相应的检测细则；

④ 在检测方案中应予以说明，必要时应向委托方提供检测细则。

（7）现场检测宜选用对结构或构件无损伤的检测方法。当选用局部破损的取样方法或原位检测方法时，宜选择结构构件受力较小的部位，并不得损害结构的安全性。

2. 抽样方案

（1）建筑结构检测宜根据委托方的要求、检测项目的特点，综合下列方式确定检测对象和检测的数量：

① 全数检测方案；

② 对检测批随机抽样的方案；

③ 确定重要检测批的方案；

④ 确定检测批重要检测项目和对象的方案；

⑤ 针对委托方的要求采取结构专项检测技术的方案。

（2）混凝土结构现场检测可采取全数检测或抽样检测两种检测方式。

当遇到下列情况时宜采用全数检测方式：

① 外观缺陷或表面损伤的检查；

② 受检范围较小或构件数量较少；

③ 检验指标或参数变异性大或构件状况差异较大；

④ 灾害发生后对结构受损情况的外观检查；

⑤ 需减少结构的处理费用或处理范围；

⑥ 委托方要求进行全数检测。

（3）抽样检测时，宜随机抽取样本。当不具备随机抽样条件时，可按约定方法抽取样本。

（4）批量检测可根据检测项目的实际情况采取计数抽样方法、计量抽样方法或分层计量抽样方法进行检测；当产品质量标准或施工质量验收规范的规定适用于现场检测时，也可按相应的规定进行抽样。

（5）计数抽样时检验批最小样本容量宜按表 10-4 的规定确定，分层计量抽样时检验批中受检构件的最少数量可按表 10-4 的规定确定。

表 10-4　检验批最小样本容量

检验批的容量	检测类别和样本最小容量			检验批的容量	检测类别和样本最小容量		
	A	B	C		A	B	C
2～8	2	2	3	91～150	8	20	32
9～15	2	3	5	151～280	13	32	50
16～25	3	5	8	281～500	20	50	80
26～50	5	8	13	501～1200	32	80	125
51～90	5	13	20				

注：1. 检测类别 A 适用于施工质量的检测，检测类别 B 适用于结构质量或性能的检测，检测类别 C 适用于结构质量或性能的严格检测或复检。

　　2. 无特别说明时，样本单位为构件。

四、检测结果的评定

1. 计数抽样检验批的符合性判定

（1）检测的对象为主控项目时按表 10-5 的规定确定。

（2）检测的对象为一般项目时按表 10-6 的规定确定。

表 10-5　主控项目的判定

样本容量	合格判定数	不合格判定数	样本容量	合格判定数	不合格判定数
2～5	0	1	50	5	6
8～13	1	2	80	7	8
20	2	3	125	10	11
32	3	4			

表 10-6　一般项目的判定

样本容量	合格判定数	不合格判定数	样本容量	合格判定数	不合格判定数
2～5	1	2	32	7	8
8	2	3	50	10	11
13	3	4	80	15	15
20	5	6	125	21	22

2. 计量抽样检验结果判定

（1）计量抽样检测批的检测结果，宜提供推定区间。推定区间的置信度宜为 0.90，并使错判概率和漏判概率均为 0.05。特殊情况下，推定区间的置信度可为 0.85，使漏判概率为 0.10，错判概率仍为 0.05。

（2）检验批标准差为未知时，计量抽样检验批具有 95% 保证率特征值的推定区间上限值和下限值可按式（10-50）、式（10-51）计算：

$$x_{0.05,u} = m - k_{0.05,u}s \tag{10-50}$$

$$x_{0.05,l} = m - k_{0.05,l}s \tag{10-51}$$

式中　$x_{0.05,u}$——特征值推定区间的上限值；

　　　$x_{0.05,l}$——特征值推定区间的下限值；

　　　m——样本均值；

s——样本标准差；

$k_{0.05,u}$、$k_{0.05,1}$——0.05分位数推定区间上、下限值系数，按照表10-7取值。

表10-7　检验批标准差未知时推定区间上限值与下限值系数

试件数 n	$k_{0.05,u}$ (0.05)	$k_{0.05,1}$ (0.05)	试件数 n	$k_{0.05,u}$ (0.05)	$k_{0.05,1}$ (0.05)
10	1.01730	2.91096	40	1.29657	2.12549
11	1.04127	2.81499	41	1.30035	2.11183
12	1.06247	2.73634	42	1.30399	2.11142
13	1.08141	2.67050	43	1.30752	2.10481
14	1.09848	2.61443	44	1.31094	2.09846
15	1.11397	2.56600	45	1.31425	2.09235
16	1.12812	2.52366	46	1.31746	2.08648
17	1.14112	2.48626	47	1.32058	2.08081
18	1.15311	2.45295	48	1.32360	2.07535
19	1.16423	2.42304	49	1.32653	2.07008
20	1.17458	2.39600	50	1.32939	2.06499
21	1.18425	2.37142	60	1.35412	2.02216
22	1.19330	2.34896	70	1.37364	1.98987
23	1.20181	2.32832	80	1.38959	1.96444
24	1.20982	2.30929	90	1.40294	1.94376
25	1.21739	2.29167	100	1.41433	1.92654
26	1.22455	2.27530	110	1.42421	1.91191
27	1.23135	2.26005	120	1.43289	1.89929
28	1.23780	2.24578	130	1.44060	1.88827
29	1.24395	2.23241	140	1.44750	1.87852
30	1.24981	2.21984	150	1.45372	1.86984
31	1.25540	2.20800	160	1.45938	1.86203
32	1.26075	2.19682	170	1.46456	1.85497
33	1.26588	2.18625	180	1.46931	1.84854
34	1.27079	2.17623	190	1.47370	1.84265
35	1.27551	2.16672	200	1.47777	1.83724
36	1.28004	2.15768	250	1.49443	1.81547
37	1.28441	2.14906	300	1.50687	1.79964
38	1.28861	2.14085	400	1.52453	1.77776
39	1.29266	2.13300	500	1.53671	1.76305

（3）计量抽样检测批的判定，当设计要求相应数值小于或等于推定上限值时，可以判定符合设计要求；当设计要求相应数值大于推定上限值时，可判定低于设计要求。

（4）对计量抽样检测结果推定区间上限值与下限值之差值宜进行控制。

第十一章　混凝土试验与检测仪器设备

本章主要介绍混凝土试验与检测用设备的配置、使用以及校准。

第一节　仪器设备配置

试验仪器设备是开展各项检测活动必不可少的工具和手段。对仪器设备从选型、购置、验收、安装、调试、使用、维护乃至整个寿命周期进行全过程的系统管理，是保证试验与检测数据准确、可靠的必需条件。为此，应按照有关现行国家标准规定配置相应要求的试验与检测仪器设备（表 11-1），并保持其正常运转。

表 11-1　混凝土试验与检测仪器设备通常配置

序号	试验仪器设备名称	主要功能用途	序号	试验仪器设备名称	主要功能用途
1	水泥恒应力压力试验机 300kN、2000kN 各一台	水泥胶砂、混凝土抗压强度试验	22	砂石振筛机及套筛	砂石筛分试验
2	水泥电动抗折试验机	水泥抗折强度试验	23	密度计、量筒	试样密度测定
3	水泥胶砂振实台、刮平尺	胶砂试样成型	24	三片式或四片式叶轮搅拌器	人工砂 MB 值试验
4	水泥胶砂流动度测定仪	胶砂流动度试验	25	针片状规准仪	粗骨料针片状试验
5	水泥净浆搅拌机	水泥净浆搅拌	26	压碎值测定仪	骨料压碎值试验
6	水泥胶砂搅拌机	水泥胶砂搅拌	27	混凝土搅拌机	混凝土试配
7	水泥标准养护箱	胶砂试样养护	28	混凝土振动台	混凝土试样成型
8	水泥标准稠度及凝结时间测定仪（维卡仪）	水泥标准稠度用水量和凝结时间试验	29	混凝土抗压、抗渗试模	混凝土抗压、抗渗试样成型
9	沸煮箱	水泥安定性试验	30	混凝土倒置排空装置	混凝土和易性试验
10	水泥负压筛析仪及标准筛	细度试验	31	坍落度测定仪	
11	全自动比表面积仪	比表面积试验	32	混凝土抗渗仪及梯形板	混凝土抗渗性能试验
12	电热鼓风干燥箱（0~300℃）	试样烘干	33	混凝土贯入阻力测定仪	混凝土凝结时间试验
13	氯离子含量测定仪	试样氯离子测定	34	含气量测定仪	混凝土拌和物含气量试验
14	雷氏夹及雷氏夹测定仪	水泥安定性测定	35	压力泌水仪	混凝土可泵性试验
15	水泥抗压夹具	水泥胶砂抗压强度试验	36	混凝土抗折试模及混凝土抗折装置	混凝土抗折强度试验
16	水泥胶砂试模及试样养护水槽	胶砂试样成型及养护	37	抗冻试验箱	混凝土抗冻性能试验
17	高温炉（0~1000℃）	烧失量试验	38	电子天平 4 台*、台秤	试样称量
18	瓷坩埚、干燥器		39	酸度计	外加剂 pH 测定
19	电炉、炒锅（1 套）	含水率试验	40	秒表	试验过程计时
20	混凝土膨胀试模	混凝土收缩试验	41	温度计和温湿度计	环境温湿度检测
21	混凝土限制膨胀率测量仪		42	回弹仪	现场混凝土检测

* 电子天平的称量和感量分别为：最大称量 50g、感量 0.01mg；最大称量 100~200g、感量 0.1mg；最大称量 1000g、感量 0.1g；最大称量 2000g、感量 1g，各 1 台。

一、混凝土试验项目及参数

（一）试验项目

试验项目包括水泥、砂石、外加剂、掺和料等原材料及混凝土的检验。

（二）试验参数

1. 水泥：胶砂强度、胶砂流动度、标准稠度用水量、凝结时间、安定性、细度、氯离子含量、碱含量。

2. 砂石：颗粒级配、含泥量、泥块含量、压碎值指标、表观密度、堆积密度、针片状颗粒含量、坚固性、含水量、细度模数、氯离子含量、有害物质含量、石粉含量。

3. 外加剂：减水率、含气量、凝结时间、抗压强度、氯离子含量、抗冻性能、碱含量、pH、限制膨胀率。

4. 矿物掺和料：烧失量、细度、需水量比、含水率、密度、强度、氯离子含量、流动性、三氧化硫含量、游离氧化钙含量、安定性、比表面积。

5. 混凝土：坍落度、含气量、凝结时间、压力泌水率、强度（抗压、抗折）、抗渗性能、抗冻性能、氯离子含量。

二、混凝土试验仪器设备的保养和维护

实验室仪器是检测试验的常用设施，所以要对试验仪器进行维护与保养，才能确保检测数据的准确性与可靠性，也能使作业更顺利，还可延长试验仪器的使用年限。

试验仪器设备的维护保养范围适用于实验室开展检测项目相关的所有仪器设备。做好试验仪器设备的维护保养工作，是每位实验室工作人员的职责，各实验室工作人员要切实履行自己的职责，做好仪器设备的使用和管理工作。

1. 仪器设备要进行例行保养和定期保养（试验仪器使用与保管秘诀）

（1）例行保养要求：每次试验开机前和停机后要对试验仪器设备进行清洁、检查、调整、紧固以及替换个别易损件的工作，例行保养工作由该仪器设备使用人员负责进行。

（2）定期保养要求：每台仪器设备运行到规定的时间周期（保养周期），不管其技术状况好坏、任务轻重，都必须按规定的范围和要求进行保养工作，保养周期要根据各类仪器设备的磨损规律、运行条件、操作维护水平因素确定。仪器设备出厂说明书中规定有保养周期的，按说明书规定执行；无规定周期的，由各实验室根据实际情况制定。

（3）试验仪器设备的保养要按规程进行，维护的主要内容是进行清洁润滑、紧固、通电检查、更换磨损零件等。

（4）每次定期保养要记录技术数据，纳入设备档案，并作为安排修理计划的依据。

2. 仪器设备如果较长时间搁置不用，应间隔一定时间通电检查，并经常对仪器设备做清洁卫生。

3. 为便于管理，仪器设备要做到"33211"，即"3"作业指导书、维护作业指导书、期间核查作业指导书；"3"使用记录、维护记录、期间核查记录；"2"唯一性标识、状态标识；"1"检定（核准）证书复印件；"1"检定、核准确认表。

三、试验与检测环境条件技术要求

混凝土实验室的建筑和设施，其环境条件应保持并符合国家标准要求的温湿度条件要求。对温湿度应做好记录或采取自动记录设备记录。具体条件要求见表11-2。

表 11-2　试验与检测环境条件技术要求

项目		温度、湿度条件控制要求	
		温度（℃）	相对湿度（％）
骨料检测		15～30	—
水泥检测		20±2	≥50
混凝土试配、成型		20±5	—
外加剂检测	密度	20±1	60±5
	pH 及其他	20±3	
水泥标养		20±1	≥90
混凝土、水泥力学检测		20±5	—
混凝土标养		20±2	≥95

第二节　常用试验仪器设备的操作规程

一、原材料试验与检测设备

（一）水泥净浆搅拌机

1. 操作规程

（1）搅拌锅和搅拌叶片先用湿棉布擦过，将拌和用水倒入搅拌锅内，然后在 5～10s 内小心将称好的水泥加入水中，并将搅拌锅装入支座定位孔中，顺时针转动至锁紧，再扳动手柄，使搅拌锅向上移动处于搅拌工作定位位置，接通电源。

（2）操作分手动与自动两种。

① 自动：把三位开关置于"停止"，再将程控开关拨至"程控"，按控制器上的启动按钮，搅拌机自动操作，即完成慢搅 120s、停 10s 后报警 5s 共停 15s、快搅 120s 的动作，然后自动停止。若有异常现象，可按控制器上的停止键。

② 手动：将程控键拨至手动位置，再根据需要，将三位开关拨至低速、停止、快速位置，搅拌机即分别完成各个动作，人工计时。

（3）扳动手柄使滑板带动搅拌锅沿立柱的导轨向下移动，卸下搅拌锅。

（4）每次试验后或更换水泥品种时，应将叶片、锅壁的净浆擦洗干净。

（5）试验完毕，关闭电源，清扫飞溅在机器台面上的杂物并揩干。

2. 注意事项

（1）搅拌叶片与搅拌锅之间的工作空隙保持在 1.5mm 左右，否则要进行调整。

（2）应保持工作场地清洁，每次使用后应彻底清除搅拌叶片与搅拌锅内外残余净浆，清扫散落和飞溅在机器上的灰浆及脏物，揩干后套上护罩，防止落入灰尘。

（二）水泥胶砂搅拌机

1. 操作规程

（1）接通电源，程控器数码管显示为 0。将 1350g 标准砂装入砂罐内，搅拌锅内装入水 225g、水泥 450g。

（2）将搅拌锅装入支座定位孔中，顺时针转动锅至锁紧，再扳动手柄，使搅拌锅向上移动处于搅拌工作定位位置。

（3）操作分手动与自动两种。

① 自动：将钮子开关 1k 拨至自动位置，按下程控器启动按钮，即自动完成一次低速 30s—再低速

30s，同时自动加砂结束—高速 30s—停 90s—高速 60s—停止转动的工作程序。整个过程（240±1）s，然后，扳动手柄使搅拌锅向下移动，逆时针转动搅拌锅至松开位置，取下搅拌锅。

② 手动：将钮子开关 1k 拨至手动位置，本机即转动，根据试验需要，可任意控制低速和高速的转动时间，任意控制加砂时间的早、晚、长、短。钮子开关 2k 控制低速和高速，钮子开关 3k 控制加砂和停止。

（4）每次试验完毕或更换水泥品种时，应将叶片、锅壁的胶砂擦洗干净。

（5）试验完毕，关闭电源，清扫飞溅在机器台面上的杂物并揩干。

2. 注意事项

（1）首次使用前，要检查接线是否正确，有无漏电现象。开动搅拌机，检查时间继电器定时是否准确，如误差超过范围，则要进行调整，保证搅拌时间在允许误差范围之内。

（2）经常检查叶片与锅壁的间隙，使其保持在（3±1）mm 范围内。如机器运转时有金属撞击声或间隙超过技术标准，可松开调节螺母，转动叶片使之上下移动到正确后再旋紧即可。

（3）使用搅拌锅时要轻拿轻放，不可随意碰撞，以免造成搅拌锅变形。

（4）搅拌锅和叶片属易磨损件，不能调整时，要及时更换。

（5）定时对机器的各个部件清洗、加油，经常保持外观整洁。

（三）水泥胶砂振实台

1. 操作规程

（1）取下模套，将空试模和模套固定在振实台上，用一个适当勺子直接从搅拌锅里将胶砂分两层装入试模，装第一层时，每个槽里放入约 300g 胶砂，用大播料器，垂直架在模套顶部沿每个模槽来回一次将料层播平，接着振实 60 次。再装入第二层胶砂，用小播料器播平，再振实 60 次。

（2）注意：接电源前带锁开关 SW 处于关闭状态（即按钮弹出位置）。按下开关并锁住，电机运转，电子计数器从零计数，当到 60 次时停转。再次操作，可按放两次 SW，即能重复执行。

（3）移走模套，从振实台上取下试模，用一金属直尺以近似 90°的角度架在试模模顶的一端，然后沿试模长度方向以横向锯割动作慢慢向另一端移动，一次将超过试模部分的胶砂刮去，并用同一直尺在近乎水平的情况下将试样表面抹平。

（4）接近终凝时在试模上做标记或加字条示明试样编号和试样相对于振实台的位置。

（5）使用后切断电源，将振实台擦拭干净，保持外观清洁无尘，并将定位套放于原位，以免台面受力而影响中心位置。

2. 注意事项

（1）安装后应加注润滑油开机空转，检查各运动部件是否运动自如、电控部分是否正常，一切正常后方可使用。

（2）用秒表检查振动 60 次所需的时间，应在（60±1）s 范围内。

（3）本电路由于不用电源变压器，出路部分都与电源电压有关，外壳必须保证安全接地。

（4）有油杯的地方加注润滑油，凸轮表面涂薄机油以减少磨损。

（5）工作时，卡具一定要锁紧，以免发生意外。

（6）控制器开有散热孔，要注意防潮。

（四）负压筛析仪

1. 操作规程

（1）将试验筛置于筛析仪上，检查密封性能。

（2）将样品按要求称量，倒入试验筛内，盖上筛盖。

（3）插头插入电源座（注意：电源座必须接地线）。

（4）按所需要筛分时间开启开关，筛析仪开始工作。

（5）旋动调压旋钮，将负压调节至所需范围（-4000～-6000Pa）。

（6）自动停机后，将筛余物称量，就可以得出筛分测试结果。

（7）关闭电源。

2. 注意事项

（1）筛析仪每次使用后，整个设备应保持清洁、干燥。

（2）试验筛每次使用后，应用刷子从筛网正、反两面轻轻清刷。及时清除积灰，并将筛网保存在干燥的容器或塑料袋内。

（3）筛网堵塞现象严重时，可先将筛网在水中浸一段时间进行刷洗。

（4）发现收尘瓶中的细粉快满时，应将收尘瓶从旋风筒上拨下来（顺时针方向），倒掉后再装上。

（5）应注意定期将吸尘器取出（逆时针方向转过一个角度，使其与底座脱开）清灰，以保持收尘袋清洁，负压值达国标要求。

（6）仪器连续使用时间过长时需停机散热，以延长吸尘器寿命。

（7）以上操作在筛析仪上进行时，应拔出电源插头，以确保安全。

（五）沸煮箱

1. 操作规程

（1）接通电源，按电源开关，指示灯亮。

（2）将水封槽注满水，箱内加水至180mm处，将养护过的试饼或雷氏夹由玻璃板上取下平放在试架或雷氏夹两指针朝上，横模横放于篦板上，盖好箱盖。

（3）接通电气控制箱电源，启动"自动"开关，沸煮箱内的水于30min左右后沸腾，一组3kW电热器自动停止工作，指示灯灭。再煮3h，沸煮箱内另一组1kW电热器自动停止工作，指示灯灭。此时数字显示为210min，电气控制箱内蜂鸣器发出声响，表示工作结束。将水由热水嘴放出，打开箱盖待箱体冷却至室温，取出试样进行检测。

（4）清除箱内脏物，洗干净，待余留水分自然蒸发后，再盖上箱盖，并经常保持内外清洁无尘。

（5）如沸煮箱内充水温度低于20℃时，可先将电气控制箱上手动/自动开关切换在手动位置，升温/恒温开关放在升温位置。将水升温至20℃左右，将手动/自动开关切换到自动位置即可自动运行。

2. 注意事项

（1）仪器开始工作时，请勿打开箱盖，以防烫伤。

（2）工作前应检查控制器和沸煮箱是否漏电。

（3）箱内水未加到指定水位时，严禁仪器工作，以防电热管干烧，损坏电热管及其他事故的发生。

（4）沸煮箱内必须用洁净淡水，本设备久用后，箱内可能累积水垢，需定期清洗。

（六）电热鼓风干燥箱

1. 操作规程

（1）接上电源，开启电源开关，当所需温度高于150℃时可开高温挡，否则不必开高温，再将数显调节仪的温度控制值调至所需的温度值，同时打开鼓风机开关，绿灯亮，加热器开始工作。

（2）箱内达到设定温度时，绿灯转至红灯，此后温控仪不断翻转工作，红绿灯交替明灭，即为恒温状态。将试样放入箱内试品搁板上（切勿放置于散热板上），关上箱门。

（3）恒温时可关闭一组加热开关，只留一组电热器工作，以免功率过大，影响箱子灵敏度。

（4）烘干结束后，切断电源，待试样冷却至室温后取出试验。

（5）使用完毕须关闭电源，把箱内打扫干净，关好箱门。

2. 注意事项

（1）开关应单独使用，箱体外壳必须有效接地。

（2）取放试样时，勿撞击工作室内的传感器，以防损及传感器的测温头，导致控制失灵。

（3）试样搁板的平均负荷为$15kg/m^2$，放置试样时切勿过密与超载，同时散热板上不能放置试样或其他东西影响空气对流。

（4）箱内不得烘塑料、橡胶等易燃、易爆、易挥发、有腐蚀性的物品，严禁烘烤个人食物。

（5）当温度升到 300℃左右时，禁止立即打开箱门。

（6）必须定期检查电路及控温系统，使烘箱经常处于正常状态。

（7）切勿损坏漆层，以免造成箱体腐蚀。

（七）振击式两用振筛机

1. 操作规程

（1）将试验筛按孔径由大到小的顺序上、下叠放，加上底盘，然后将待筛分物料倒入最上面的筛中。

（2）将紧固筛夹上的手柄逆时针方向旋转并上提到顶，同时顺时针方向旋紧，然后把筛组放在机上，再将固筛夹连同筛盖上滑到筛组上，将筛固定在机上。

（3）接通电源，将定时器旋钮调到筛分所需时间的刻度线上，即开始工作，到所规定时间自行停止。

（4）停机后，逆时针旋转固筛夹上的手柄提到顶，同时顺时针方向旋紧，取下筛组。可自动或手动停止工作。

（5）筛分完毕后切断电源，进行试验。

2. 注意事项

（1）筛盖一定要扭紧，防止样品或粉末飞溅出来。

（2）筛组装放按规格顺序与数量保管好，严禁敲击、触水。

（3）定期观察并保证示油针刻线液面（油箱内所装油为 20 号机械油）。

（4）机器经常不用时必须擦干净，并加盖防尘罩。

（5）为防止漏电，接电线时必须接入地线，安全可靠。

（6）必须注意防潮、防腐蚀，使用两年左右需清洗加油一次。

（八）电子天平

1. 操作规程

（1）开机。接通电源，按［开/关］键开机，液晶以约 0.4s 的速率依次显示 0～9 及全部称量点亮。然后，显示"0"，蜂鸣器"嘟"一声，开机完成，接下来应通电预热 15min。

（2）置零操作。在正常状态下，按［置零/去皮］键，天平显示零。

（3）去皮操作。称容器重后，按［置零/去皮］键，天平显示零。

（4）称重操作。将被称物品置于容器内，显示物品的质量。

（5）关机。按［开/关］键关机，拔出电源。

2. 注意事项

（1）秤体应安置在平整台面上使用，防止碰摔、超载行为。

（2）不宜在阳光直射、高温潮湿、高粉尘或高振动环境下使用。

（3）交流电源（220±20）V，（50±5）Hz，直流电源按机内标定为准，一般为 12V。

（4）注意电子秤使用中的定期检验，或自备砝码自检。

（5）经常保持秤体清洁。

（九）水泥快速养护箱

1. 操作规程

（1）将箱体安放平稳，连接好与控制器的插件，按要求接好地线，以确保安全使用。

（2）先把水放入水箱、水槽，水位不得低于电热管 40mm，并检查是否漏水、放水嘴是否关闭，以免漏水后加热元件脱水烧坏。

（3）打开箱盖，将试样平行安放在工作架子上，间隔不小于 50mm。

（4）接通电源，拨钮子开关于开处，这时温控指示灯亮，开始工作。

（5）用户可以根据自己所需调节温度和时间（水泥养护时，温度设为 55℃，时间设为 19.5h），控制器自动控制箱内温度，当低于或高于设定值时即加热或停止，自动保持恒温状态。

（6）达到养护时间后，控制器将自动终止养护箱工作。

（7）关闭电源，取出试样进行强度测试。

（8）使用一段时间后，箱内应冲洗一次，以保持工作室干净。

2. 注意事项

（1）箱体应置于通风、干燥、无腐蚀介质的环境中。

（2）本箱内须采用洁净淡水，水位不宜过高或过低，过高则 1.5h 内达不到 55℃，过低则易加热脱水烧坏。

（3）用久后加热元件表面会产生水垢，应经常清理干净，以免影响加热效果。如不常用，须将水排净擦干。

（十）电动抗折试验机

1. 操作规程

（1）使用前先将游码移至"0"刻度处，检查杠杆是否处于水平，或不水平，则应调整平衡锤至水平。

（2）接通电源，打开机器开关，检查有无漏电现象。

（3）左旋夹具手轮使夹头上升，将试样放入抗折夹具内摆正。

（4）右旋夹具手轮使夹头下降，将试样夹紧，并使标尺杠杆离开水平位置向上扬起一定的角度，角度大小视试样龄期及预计破坏强度的高低，由操作经验判定。

（5）按启动按钮，抗折机开始工作，直至试体破坏。

（6）取下抗折试样，记录破坏荷载，把游码移回"0"位。

（7）试验完后，必须切断电源，清除机器上的碎屑，打扫工作场所。

2. 注意事项

（1）在加压过程中，禁止离试样太近，以免试样碎裂伤人。

（2）经常保持设备仪器的清洁，无电镀或喷漆的部位应经常加机油擦净，防止灰尘进入刀口等活动部位，影响其灵敏度。

（3）电动抗折试验机经常不用时，应用防尘罩罩住。

（十一）水泥胶砂流动度测定仪

1. 操作规程

（1）接通电源，将制备好的胶砂拌和几次，同时用湿布抹擦测定仪玻璃面板、截锥圆模、模套内壁和圆柱捣棒，将它们置于玻璃中心并盖上湿布。

（2）将拌好的水泥胶砂迅速地分两层装入模内，第一层装在试模高的 2/3 处，用小刀在相互垂直两个方向各划 5 次；再用捣棒自边缘到中心均匀捣压 15 次，接着装第二层，并高出圆模约 2cm；同样用小刀在相互垂直两个方向各划 5 次，再用捣棒自边缘至中心捣压 10 次。

（3）在捣实过程中用手将截锥圆模扶住不使其移动，捣压完毕用小刀将高出圆模的胶砂刮去并抹平，抹平后轻轻提起圆模，按动绿色按钮，测定仪可自动振 25 次后停止。

（4）跳动完毕后用 300mm 的卡尺或直接在刻度板上的精密刻线测量水泥胶砂底部的扩散直径，取垂直两直径的平均值为该水泥胶砂流动度，用毫米（mm）表示。

2. 注意事项

（1）使用前后用柔软的织物保持玻璃面板光滑透明。

（2）定期更换润滑油，保持其清洁和润滑。

（3）长期停用应涂油防锈，封存保管。

（十二）雷氏夹测定仪

1. 操作规程

（1）将已备好的标准稠度水泥净浆填入雷氏夹环模中，用小刀抹平放入温度（20±1）℃、湿度不小于90%的养护室中养护（24±2）h后，放入沸煮箱沸煮一定时间。

（2）将测定仪上的弦线固定于雷氏夹一指针根部，另一指针根部挂上300g砝码，在左侧标尺上读数。

（3）将已沸煮好的带试样的雷氏夹放入垫块上，指针朝上，放平后在上端标尺读数，然后根据GB/T 1346计算值。

2. 注意事项

（1）定期检查左臂架与支架杆的垂直和各紧固件是否松动。

（2）垫块上不得有锈斑污垢等物。

（3）用完后标尺涂油防锈并妥善保管，避免生锈和碰伤。

（十三）马弗炉（高温炉）

1. 操作规程

（1）将电炉平放在工作台上，把测温热电偶放入电炉预留孔内，用石棉填塞好缝隙。

（2）检查热电偶的连接是否相反，待一切就绪，将试样放入炉内，接通电源，仪表绿灯亮，电炉开始工作。

（3）为了维护电炉的使用寿命，温度不得超过极限温度，禁止向炉膛内灌注各种液体，并经常清理炉膛内的氧化物。

（4）1300℃的电阻发热元件硅碳棒使用一个时期后会慢慢老化，当电压升至最高也达不到额定功率时，应及时更换电阻值相应大小的硅碳棒。

2. 注意事项

（1）须远离怕热易燃的东西。

（2）为了安全，电炉炉体和控制器的外壳必须可靠接地。

（3）电炉在第一次使用时必须进行烘炉干燥，烘炉时间为室温～200℃烘4h，200～600℃烘4h。

（十四）水泥恒温恒湿标准养护箱

1. 操作规程

（1）养护箱应安放在通风干燥处，环境温度2～38℃、相对湿度不大于85%、周围无强烈振动及强电磁场影响的室内；使用前必须检查箱门开关是否灵活、密封，电气、制冷等部件是否完好无损。

（2）将养护箱内的水箱加水至末层搁架以下、电热管以上4cm处，打开侧门，将加湿器水箱注满蒸馏水，并把湿球温度计的塑料盒注满水，将纱布泡入水中。

（3）将电源插头插入良好接地的220V电源插座中，启动电源开关，养护箱自动进入工作状态。

（4）制冷机是否正常工作，可人为地给干球温度传感器头部加温至高于设定温度10～15℃，加大干湿球温度差，如制冷机和加湿器工作，表示正常。

2. 注意事项

（1）养护箱使用前必须检查电源是否接在电源稳压器上，以避免由于电压波动造成制冷机和仪表损坏。

（2）必须经常检查加湿器、水箱和干湿盒内不要断水，而且要每月更换湿球温度计的纱布。

（3）非有关人员不得擅自更改控制程序数据，以免仪器损坏。

（十五）游离氧化钙测定仪

1. 操作规程

（1）使用本仪器时需把仪器放平。

（2）放置锥形瓶前，先用手向上推活动杆，再放置锥形瓶于炉盘上，然后手慢慢往下移，冷凝管应与锥形瓶相接。

（3）水桶内的水应达到 3/4 约 1500mL（水桶置于仪器内，给水桶加水，先用改锥拧开螺钉，打开仪器上半部后盖，给水桶加水，然后装好后盖）。

（4）接通电源后，如果要先预热、搅拌、冷却，可以直接按［加热］键、［搅拌］键、［冷却］键，如要转到自动，要先设定好运行时间，然后按［启动/停止］键。

2. 注意事项

（1）仪器使用时应有良好的接地装置。

（2）仪器不可长时间空载加热。

（3）仪器长时间不用时应拔掉电源插头。

（4）电机不可转速过高；此电机有死点，此时用一尖长物转动电机一下即可。

（十六）不锈钢电热蒸馏水器

1. 操作规程

（1）先将放水阀关闭。

（2）开启水源阀，使自来水从进水控制阀进入冷却器再从回水管流入漏斗，后注入蒸发锅，直至水位上升到玻璃水位窗中心处，待水位放水管流出且其水位停止上升时，可暂时将水源阀关闭。

（3）接通电源，等到锅内的水已沸腾，再开启水源阀。但应注意水流不宜过大或过小，应从小到大逐渐开启水源阀门，调整到蒸馏水出水量最大，加水杯有小量溢出为宜。蒸馏水的温度为 40℃左右。

（4）蒸馏水出水皮管不宜过长，并切勿插入蒸馏水容器中，皮管使用前应洗刷洁净并用蒸馏水冲洗，且应保持畅通以防止窒塞蒸汽而造成漏水溢水。

（5）冷凝器外壁有烫手感为正常，否则将无蒸馏水流出。

2. 注意事项

（1）每天使用前应洗刷内部一次，且将存水排尽，更换新鲜水以免产生的水垢降低水质，影响使用效果。

（2）桶壁、电热管表面、冷凝器外壳的内壁、回水管等地方的水垢宜经常加以清洗，洗刷时切勿用力过猛，以免损坏零件。

（3）蒸馏水器的发热元件必须浸没在水中使用。

（4）蒸馏水器必须由专人负责操作，调换新操作人员时必须详细交代清楚。

（5）电器部分应定期检查，并有可靠接地。

（6）如需维修而更换电热管，接头处垫圈必须垫衬完好，保证不漏水。

（7）新购蒸馏水器应先清洗，并经过 8h 以上的通电蒸发，使内部清洁。

（十七）电子酸度计

1. 操作规程

（1）仪器选择开关置"pH"，开启电源，仪器预热 10min。

（2）pH 的测量：

① 将电极用蒸馏水清洗后，用洁净的滤纸吸干水分，插入被测溶液，即可直接读取被测溶液的 pH。

② 如测量时未知溶液的温度与校正时的温度不一致，则调节"温度"旋钮至显示未知溶液温度，即可读出该溶液的 pH。

（3）电极电位值 mV 的测量：

① 仪器选择开关置于"mV"档，拔出测量电极插头，换上短路插头，读数应显示 000mV（允差 1 个数字），此时即可测量。

② 换上各种适当的离子选择电极，用蒸馏水清洗，滤纸吸干后插入被测溶液，即可读出电极的电

极电位值（mV），并自动显示其正负极性。

2. 注意事项

（1）仪器的输入端（电极插口）必须保持清洁，不使用时将电极取下，插上 Q9 短路插头以保护仪器。

（2）仪器采用 CMOS 集成电路，检修时应保证电路有良好的接地。

（3）复合电极使用后，应浸泡在 3.3mol/L 浓度的氯化钾溶液中（在 250mol 蒸馏水中加入分析纯氯化钾 61.6g）。

（4）电极端部沾污或经长期使用电极钝化，其现象为敏感梯度降低或读数不准，此时应更换电极或以适当溶液清洗，使之复新。

（5）用缓冲溶液校正仪器时，需细心操作，保证其可靠性。

（6）当使用玻璃电极和参比电极进行测量时，玻璃电极插在 Q9 插座上，参比电极接在旁边的黑色接线柱上。

（十八）水泥比表面积测定仪

1. 操作规程

（1）测定水泥密度。按 GB/T 208 测定水泥密度。

（2）漏气检查：将透气圆筒上口用橡皮塞塞紧，接到压力计上。用抽气装置从压力计一臂中抽出部分气体，然后关闭阀门，观察是否漏气。如发现漏气，可用活塞油脂加以密封。

（3）空隙率（ε）的确定：

① P·Ⅰ、P·Ⅱ型水泥的空隙率采用 0.500±0.005，其他水泥或粉料的空隙率选用 0.530±0.005。

② 当按上述空隙率不能将试样压至（5）中规定的位置时，则允许改变空隙率。

③ 空隙率的调整以 2000g 砝码（5 等砝码）将试样压实至（5）中规定的位置为准。

（4）确定试样量

试样量按式（11-1）计算：

$$m = \rho V (1-\varepsilon) \tag{11-1}$$

式中　m——需要的试样量（g）；

　　　ρ——试样密度（g/cm³）；

　　　V——试料层体积，按 JC/T 956 测定（cm³）；

　　　ε——试料层空隙率。

（5）试料层制备

① 将穿孔板放入透气圆筒的凸缘上，用捣棒把一片滤纸放到穿孔板上，边缘放平并压紧。称取按（4）确定的试样量，精确到 0.001g，倒入圆筒。轻敲圆筒的边，使水泥层表面平坦。再放入一片滤纸，用捣器均匀捣实试料直至捣器的支持环与圆筒顶边接触，并旋转 1～2 圈，慢慢取出捣器。

② 穿孔板上的滤纸为 ϕ12.7mm 边缘光滑的圆形滤纸片。每次测定需用新的滤纸片。

（6）透气试验

① 把装有试料层的透气圆筒下锥面涂一薄层活塞油脂，然后把它插入压力计顶端锥形磨口处，旋转 1～2 圈。要保证紧密连接不致漏气，并不振动所制备的试样层。

② 打开微型电磁泵慢慢从压力计一臂中抽出空气，直到压力计内液面上升到扩大部下端时半闭阀门。当压力计内液体的凹月面下降到第一条刻度线时开始计时，当液体的凹月面下降到第二条刻度线时停止计时，记录液面从第一条刻度线到第二条刻度线所需要的时间。以秒（s）记录，并记录下试验时的温度（℃）。每次透气试验应重新制备试样层。

2. 注意事项

（1）试验前进行漏气检查，发现漏气，处理完毕后进行试验。

（2）当环境温度低于 8℃或高于 34℃时，仪器将报警，并且显示板闪烁 HL8 或 HH34。

（3）不要将仪器放在光线直射的地方。

（4）如果电磁泵抽气速度过快或过慢，可用螺丝刀调整仪器后背面圆孔内螺钉，顺时针调为减小，逆时针调为增大。

（5）仪器有较大搬动或更换水泥品种时必须重新标定仪器。

（6）测定时玻璃管内的水位必须和标定时玻璃管内的水位一致，如不一致则必须重新标定仪器。水位的变化将导致结果很大的误差，因此做完试验后，可用胶塞将玻璃管密封，防止水分蒸发，以保证仪器的准确性。

（7）如果测试的结果重复性不好，需检查玻璃管是不是有裂痕或漏气，然后重新标定仪器。

（十九）水泥恒应力压力试验机

1. 操作规程

（1）打开试验机电源开关，启动试验机。

（2）在试验机试样夹具或工作台上装夹试样。

（3）单击控制按钮上的运行按钮，运行试验。

（4）运行后，试验机活塞开始上升，单击荷载显示栏上清零按钮，荷载清零。

（5）试验受压后系统进入力闭环控制状态，状态栏上显示"目前系统处于运行"状态。

（6）程序示值显示栏显示加载过程数据；加载曲线图显示加载过程曲线。

（7）试样破碎后，系统自动判断，试验机卸载；试验结果区中显示试验结果。

（8）试样破碎后，试验结果在结果显示栏显示，单块试样试验结束。

（9）如是单独试验加载方式，继续按照运行试验中的（2）、（3）步骤，至全部试验试样做完。

（10）如是连续试验加载方式，只需试验员卸载后在延时加载时间内装夹好试样，系统自动运行至试验所设置的试样块数。

（11）一组试验结束后，试验结果显示区中显示试验详细结果和最终结果。

2. 注意事项

（1）试验机安装在清洁、干燥、温度均匀、周围无振动、无腐蚀性气体影响的环境中。

（2）试验机应保持清洁，试验机无保护层的零件应经常擦油，以防腐蚀。

（3）试验机使用半年至一年后应换油一次，换油时，彻底清洗油箱、滤油器。清洗油箱方法：可向油箱内加入煤油，清洗后放出，如此重复几次至洗净为止，并用毛巾擦净箱底，再加入洁净液。如平时发现液压油浑浊严重不能再用时，应立即更换，否则会加速液压各部位磨损，甚至影响力值的准确度。

液压油规格，视气温不同建议如下：

① 当环境温度为 10～20℃时，用 GB-443-84N46♯；

② 当环境温度为 20～30℃时，用 GB-443-84N48♯。

（4）不使用时应将机器用塑料套罩好。

二、混凝土性能试验与检测设备

（一）试验用混凝土搅拌机

1. 操作规程

（1）启动前应首先检查旋转部分与搅拌圆筒是否有刮碰现象，如有相碰现象，应及时调整。

（2）减速箱应注入机油后方能使用，应加注 40 号机械齿轮油。

（3）启动前先将筒体限位装置锁紧，然后再启动。

（4）启动后发现运转方向不符合要求时，应切断电源，将导线的任意两根相线互换位置再重新启动。

（5）将混凝土拌和物投入搅拌圆筒内，合上筒盖。

（6）根据搅拌时间调整时间控制器的定时，注意在断电情况下调整。

（7）按动启动按钮，主轴便带动搅拌叶片运转，达到设定时间后自动停车。

（8）搅拌时如因混凝土拌和料的阻力作用过大而使电机停转，可采用点动，使电机反转，以减小其阻力后再按启动即可。

（9）卸料时先停机，然后将搅拌筒体限位松开，再旋转筒体料口至卸出位置，然后启动机器使搅拌主轴运转方可排出拌和物，直至将料排净停止主轴运转，旋转圆筒复位。

（10）清洗圆筒，将水倒入搅拌圆筒内将主轴、圆筒内壁和叶片冲洗干净。

2. 注意事项

（1）根据使用情况对轴承部件要定期进行润滑。采用钙基润滑脂，减速箱采用 40 号齿轮油。

（2）经常检查机器的主轴密封情况，发现有漏浆应及时检查并更换封垫。

（3）要经常检查机器连接紧固情况，如有松动应及时拧紧。

（4）经常检查电气控制系统是否接触良好和干燥。

（5）搅拌机经长期使用后，搅拌铲片与搅拌筒要被磨损，要注意检查及调整铲片与筒壁的间隙。

（6）在搅拌过程中，严禁将手和棒状物从装料口插入搅拌圆筒内，以免发生伤害事故。

（二）全自动混凝土抗渗仪

1. 操作规程

（1）试验前先将水箱注满水，接通电源，开动机器，检查各水阀是否畅通。

（2）确认各水阀畅通后，将各水阀关闭，检查压力系统自控是否灵敏。

（3）确认压力系统自控正常后，切断电源，将试模底盘注满水后，安装抗渗试样，紧固螺母，再根据时间安排及时开始渗透试验。

（4）接通电源后，打开试模底盘水阀，开始加压，将数显压力控制值调至 0.1MPa，恒压 8h，再将数显压力控制值调至增加 0.1MPa，直至达到高于设计抗渗标号 0.1MPa 以上时为止。

（5）整个试验过程中，设专人值班，经常检查机器运转情况，及时给水箱补充水，认真做好抗渗原始记录。

（6）试验结束后，关闭电源，卸掉压力，拆除试样，擦净机器，必要时将试样劈裂，以检查透水高度，并做好记录和样品描述。

2. 注意事项

（1）设备定期保养，各部件定期上油，以防生锈，水压系统定期检定。

（2）水泵的活塞及两导柱，工作时每 8h 加机油润滑一次，每次 3～4 滴即可。

（3）每次试验使用完毕后，应将贮水罐、管路和泵体中水放尽，试模部分擦净，并涂以防锈油脂，各裸露面均应擦净，然后加盖外罩。

（三）坍落度仪

（1）湿润坍落度筒内壁及其他用具，把筒放在不吸水的刚性底板上，两脚踩住筒脚踏板。

（2）用小铲将混凝土拌和物分三层均匀装入筒内，每层用捣棒插 25 次，插捣应沿螺旋方向由外向中心进行，插捣底层时，捣棒贯穿底层，插捣第二、三层时，捣棒透至下层表面。

（3）插捣完毕，用灰刀抹平筒口，并将筒底外围混凝土清干净。

（4）两手按住筒提手，两脚移出筒脚踏板，垂直提起坍落度筒，此过程在 5～10s 内完成。

（5）测量筒高与坍落后混凝土试样最高点之间的高度差，即坍落度值。

（6）清洗坍落度筒及其他用具。

（四）混凝土振动台

1. 操作规程

（1）将试模对称地放置在振动台上。

（2）接通电源，启动振动台。

（3）振动完毕后，关闭电源，取下试模。

（4）清洁振动台。

2. 注意事项

（1）振动台使用 380V 电源，振动电机应有良好的可靠地线。

（2）振动台在作业过程中如发现噪声不正常，应立即停止运行，切断电源，全面检查紧固零件是否松动。必要时要检查振动电机内偏心块是否松动或零件损坏。拧紧松动零件，调换损坏零件，但不允许调偏心块变动。

（3）每振完一组试样均要清洁振动台，防止砂浆、碎石等杂质影响振动台与试模的吸合。

（五）混凝土贯入阻力仪

1. 操作规程

（1）用试验筛从混凝土拌和物中筛出砂浆，然后将筛出的砂浆搅拌均匀；将砂浆一次分别装入 3 个试样筒中。取样混凝土坍落度不大于 90mm 时，宜用振动台振实砂浆；取样混凝土坍落度大于 90mm 时，宜用捣棒人工捣实。用振动台振实砂浆时，振动应持续到表面出浆为止，不得过振；用捣棒人工捣实时，应沿螺旋方向由外向中心均匀插捣 25 次，然后用橡皮槌敲击筒壁，直至表面插捣孔消失为止。振实或插捣后，砂浆表面宜低于砂浆试样筒口 10mm，并应立即加盖。编号后置入温度为 (20±2)℃的环境中以待试验。

（2）将制备好的拌和物试样放在贯入阻力仪的底盘上，记录刻度盘上所显示的试样筒与试样的总质量，作为基数。

（3）按《水泥混凝土拌合物凝结时间试验方法》选择一支具有适当承压面积的测针，安装在贯入阻力仪的滑杆上。

（4）将测针头安好并使其端面刚好与试样表面接触。开动秒表，按动手柄，徐徐加压，使针头在 10s 内针入试样的深度达到 25mm。记录刻度盘上显示的压力值以及混凝土从开始加水起算所经过的时间。

（5）每次测试时，应避开前次留下的针孔。各测点间距应不小于 15mm。测点与试样筒壁的距离应不小于 25mm。

（6）时间测定时应从拌和物同水接触的瞬间开始计时，每隔 0.5h 测定一次。贯入阻力测试在 0.2～28MPa 之间至少进行 6 次，直至大于 28MPa 为止，在测试过程中根据砂浆的凝结状况适时更换测针。

（7）试验完毕，擦净仪器。

（8）填写仪器使用记录。

2. 注意事项

（1）每测定一个应及时将测针擦干净，再进行下一个测试。

（2）贯入时不要用力过大以免损坏阻力仪。

（六）混凝土标准养护室

1. 混凝土标准养护室操作规程

（1）标准养护室的环境条件：温度 (20±2)℃，湿度大于 95%。

（2）标准养护室设专人管理，每日至少记录 2 次室内温湿度。

（3）通过恒温恒湿全自动设备来调整室内温湿度，使它达到规定的要求。恒温恒湿全自动设备设专人保养，使用当中要经常检查各状态运行情况。

（4）标准试样在送入标养室之前，由试验员对试样的编号、成型日期、强度等级进行核对，标识不全或不清楚的试样不能送入标养室。

（5）试样码放应整齐有序，试样之间间距为 10～20mm，不得重叠堆放。试样表面应保持潮湿，并不得被水直接冲淋。

（6）进入标准养护室前应切断电源，以免发生触电事故。养护室禁止无关人员进入，工作人员进入养护室要随手关门，确保室内温湿度的稳定。

（7）每天当班人员必须清理室内卫生，保持地面整洁，试样排放整齐有序。

（8）室内喷雾时，应注意各喷雾管是否畅通，不正常时应及时清理。

2. 温湿度自动控制仪操作规程

（1）试机前和停用 3d 以上时，先用螺丝刀拨动水泵风扇使之转动，否则启动时会造成水泵启动困难烧坏电机。检查自来水管路有无水供给。

（2）控制器的使用，闭合总电源，先按下电源开关，打开控温仪电源，设定好温度（20℃）和湿度 RH％（95％以上）。检查室内当前温度，超出 23℃时需按下降温开关，加热开关应处于关闭状态，当室内气温低于 17℃时，将制冷开关按到弹起位置关闭制冷，按下加热开关启动加热管，进行升温过程。在春、秋季自然气温温差比较大时，也可同时使用加温和降温两个功能。加湿开关的选择：按下位置启动加湿，弹起位置时加湿停止，防水灯开关处于"ON"位置时为开，在正常工作时应关闭防水灯。控制器在选择正常后，不要改变开关位置、更换程序，以防出现事故。取放试样时要关闭总电源。

3. 注意事项

（1）设备在使用一个月时需要将主机下部的排污阀打开进行排污，直到放出的水清澈为止。每月进行一次排污保养。

（2）在使用一个月或试样比较脏的情况下，需将室内做清洁处理。清洁方法：如果积水坑内有放水孔，则将密封盖打开排渣，以防脏水或污染物堵塞管道，再补充上清洁的自来水，或用人工的方法，用清水洗净积渣坑和积水及地面的脏物。

（3）控制仪应置于通风、干燥、平整、无腐蚀性介质的环境中使用。

（4）标养室的使用和停用（开启和关闭控制设施）应进行登记，保证其工作正常。

（七）混凝土含气量测定仪

1. 操作规程

（1）擦净量钵与钵盖内表面，并使其水平放置，将预拌混凝土拌和物均匀适量地装入量钵内，当坍落度小于或等于 70mm 时用振实台振实，时间以 15～30s 为宜，当坍落度大于 70mm 时用人工捣实，将拌和物分三层装料，每层插捣 25 次，插捣上层时，捣棒应插入下层 10～20mm。

（2）刮去表面多出的拌和物，用抹刀抹平，使表面光滑、无气泡。

（3）拉出校正管，擦净钵体和钵盖边缘，将密封圈放于钵体边缘的凹槽内盖上钵盖，用夹子夹紧，使之气密良好。

（4）打开进水旋塞和排气阀，用吸水球从进水旋塞处往量钵中注水直至水从排气阀出口流出，再关紧进水旋塞和排气阀。

（5）关好所有阀门，用手泵打气加压，使表压稍大于 0.1MPa，用指尖轻弹表面，然后用微调准确地将表压调到 0.1MPa。

（6）按下调整气阀 2～3 次，待表压指针稳定后，测得压力表读数，并根据仪器标定的含气量与压力表读数关系曲线得到所测混凝土样品的仪器测定含气量值。

（7）清洗量钵，并擦干净，放置干燥处存放。

2. 注意事项

当所测试样两次测量值相差 0.2％以上时，应重做该试验。

（八）混凝土压力泌水仪

1. 操作规程

（1）打开上盖，将需要测试的混凝土拌和物装入量筒内，用捣棒由外围向中心插捣 25 次。加上活塞，并将活塞的出气孔螺钉拧下，压下活塞至刚接触混凝土表面，拧紧出气孔螺钉，盖好上盖扳紧螺母。接好手动泵与千斤顶的快速接头。

（2）按顺时针方向拧紧手动泵回油阀，扳动手动泵手柄，将油压加至 30MPa（压力表显示值），此时活塞对混凝土拌和物的压强为 3.0MPa。

（3）当油压达到 30MPa 时，打开泌水阀门，并将泌水接入 1000mL 量筒内，同时开始计时，并在 10s 和 140s 分别读取泌水量 V_{10} 和 V_{140}，作为计算泌水率的基本数据。

（4）取得数据后，按逆时针方向拧松回油阀，使系统卸压。取下上盖和量筒，将量筒安放在脱模架（随机附件）上，盖好上盖，拧紧两个螺母。再按顺时针方向拧紧回油阀，给千斤顶加压至混凝土及活塞自动脱落。拆下上盖和量筒，拧松回油阀，人工压回千斤顶活塞，一次试验结束。

2. 注意事项

（1）每次试验结束后，要将仪器用水冲净并擦干。如长期不用，应将无油漆的零件表面涂油防锈。

（2）在安装时，量筒不得倒置，其下端外侧涂上少许润滑脂，以使其能顺利插入底座，并与 O 形圈密封。

（3）如油泵缺油致使压力上不去，可将油泵后盖打开，按下内六角螺栓，加入 20 号机油，重新装好即可。

（九）混凝土压力试验机

1. 操作规程

（1）使用前应先检查油箱内的油液是否充足，可查看右侧面油标，如不足，则应打开后箱板向油箱内添加液压油，至液面到油标处为宜。

（2）检查各油管接头和紧固件是否松动，如有松动要拧紧。检查防尘罩应完好无损。检查电气接地、保险熔丝等安全防护措施是否有效。

（3）首次使用时，应先将回油阀打开，关闭回油阀，接通电源，按下启动按钮，油泵开始工作，然后关闭回油阀，徐徐打开送油阀，活塞上升一段距离，看有无卡住等现象。如有，则应卸荷、停机检查，并排除问题。打开回油阀，活塞则下降到原位。

（4）将试样表面擦拭干净，检查外观有无明显缺陷，如有能影响试验数值者，须更换无损试样。

（5）按试样下压板定位线框放在下压板正中，并按试样大小，转动手轮和丝杠，调节上压板至适当位置。

（6）接通测控系统电源，按操作步骤进行清零以及各有关数据的输入。

（7）按下启动按钮，关闭回油阀，调控送油阀，按规定速率平稳进行加荷试验，直至试样被压坏，负荷下降。随即打开回油阀，使油液迅速流回油箱。

（8）试验结束时，按面板上"打印"键，打印机即可打印输出该次的试验报告。

（9）随即清除破碎试样，以待下次试验。当不再做试验时，要打开回油阀，关闭送油阀，切断电源。

2. 注意事项

（1）首先使用前，按要求彻底清除机器内部为防止运输损坏而设置的紧固物。

（2）开机前和操作时须按操作步骤逐条进行认真检查和谨慎操作，严禁违章作业。

（3）操作时，下压板上升高度严禁超过上升标志线，以免发生意外。

（4）严禁先关机后卸荷，以免拉毛测力活塞。严禁在高压时停机再开机。

（5）严禁超负载运行。操作中禁止手等人体任何部分置于上下压板之间，并注意试样在破碎时碎片崩出伤人。

（6）当使用频繁时，每半年须更换一次液压油，并清洗油箱、清洗或更换滤油器。

（7）试验机不能与一个大功率电气设备共用一个电源插座。

（8）试验机应置于干净处，防止灰尘侵入，并在温度为 10～35℃、湿度≤80％的工作环境中使用。

（十）混凝土加速养护箱

1. 操作规程

（1）首先按规定加入蒸馏水（水位离盖板约 30～40mm）。

（2）接通电源，开启控制箱上电源开关及电动泵开关，使槽内的水循环对流，旋转接触温度计顶端一只帽形磁铁，以调动计内温度示标到（80±2）℃恒温的温度，此时可将加热开关开启进行加热，并将护筒放入水浴箱中，养护 24h。同种骨料制成的试样放在同一个养护筒中。

（3）测量完毕后，应将试样调头放入原养护筒中，盖好筒盖放回水浴箱中，继续养护至下一测试龄期。

2. 注意事项

（1）在使用过程中，加水切勿加得过满和过低。

（2）每次使用完毕后应清理箱内污垢，如不经常使用必须把水排净，将水迹擦干。

（十一）混凝土试配用称重电子秤

1. 操作规程

（1）秤体应安置在平整地面上使用，应调整秤的四角，保持水平气泡处于水平仪的中心，秤调平后，四只脚仍应结实地支撑在地面上。

（2）接通电源或安好电池，开机预热 20min 后方可使用。

（3）称重操作：

① 置零：按置零键，秤回到零位。

② 去皮：秤盘上放上容器，按去皮键后，该皮重就被自动地消除，质量显示为零，去皮后，当从秤盘上取下容器时，在质量窗口显示负的皮重。

③ 称重：将被称物品倒于容器中，电子屏质量窗口显示物品的质量。

（4）重复称重操作称出各种材料的质量。

（5）称重完毕，关机后拔出电源。

2. 注意事项

（1）不宜在阳光直射、高温潮湿、高粉尘或高振动环境下使用。

（2）使用蓄电池供电，建议每周充电一次，时间约 8～10h。

（3）注意电子秤使用中的定期检定，或自备砝码自检。

（4）经常保持秤体清洁。

（十二）氯离子分析仪

1. 操作规程

（1）开机。连接好电源线，打开电源开关。

（2）设定温度和时间。如需重新设定温度和时间，按下设置键，数码显示器第一位闪烁，用置数键置数，再依次用设置键移位，用置数键置数。

（3）加热与蒸馏。按加热键后，仪器自动开始工作。

（4）关机。当仪器工作时间达到设定时间后，仪器自动报警，各部位停止工作，提示工作完毕，关闭电源。

2. 注意事项

（1）试验时先检查气路是否连接好，不得有漏气现象。

（2）电源应可靠接地，按电源线接头。

（3）温度传感器放在炉内时，应轻拿轻放，以免损坏降低精度。

（4）温度设定已调好，计时器已调好，不要随意调整，如需要调节时，按操作规程调节。

（十三）混凝土拌和物维勃稠度仪

1. 操作规程

（1）用湿布把容器、坍落度筒及喂料斗均用湿布抹匀，使其湿润。

（2）将喂料斗提到坍落度筒上方锁紧，校正容器位置，使中心与喂料斗中心重合，然后紧固螺钉、蝶形螺母。

（3）把按要求取得的混凝土试样用小铲分三层，经喂料斗均匀地装入筒内，装料及插捣的方法按《普通混凝土拌合物性能试验方法标准》GB/T 50080—2016 规定的方法进行。

（4）把喂料斗提起转离，垂直地提起坍落度筒，此时注意混凝土试体是否产生横向扭动。

（5）把透明圆盘转动至混凝土圆台体上方，放松紧固螺钉降下圆盘，使其轻轻接触到混凝土顶面。

（6）拧紧紧固螺钉并检查紧固螺钉是否完全松开。接通电源开关，若显示不为零，按下启动按钮后自动清零，且振动台同时启动工作，自动计时。在振动到透明圆盘的底面被水泥浆布满的瞬时，关闭启动按钮，工作结束，显示值所读出的时间即为混凝土拌和物的维勃稠度值。

2. 注意事项

（1）每次试验完毕，应及时清除工作中溢出的水泥浆等物，以免腐蚀各个仪器表面，影响仪器的活动灵活、动作准确。

（2）每次检测前检查振动器两端振子前的锁紧螺母及开口销是否松动。

（3）每次用完应及时断电，以确保安全。

（4）正常使用时，每年保养振动器的电机轴承更换钙基润滑油脂。

第三节　仪器设备的校准和检定

一、量值溯源体系

通过一条具有规定不确定度的不间断的比较链，使测量结果或测量标准的值能够与规定的参考标准（通常是国家计量基准或国际计量基准）联系起来的特性，称为量值溯源性。

量值溯源等级图，也称为量值溯源体系表，它是表明测量仪器的计量特性与给定量的计量基准之间关系的一种代表等级顺序的框图。该图对给定量及其测量仪器所用的比较链进行量化说明，以此作为量值溯源性的证据。

实现量值溯源的最主要的技术手段是校准和检定。

二、校准

在规定的条件下，为确定测量仪器（或测量系统）所指示的量值，或实物量具（或参考物质）所代表的量值，与对应的由其测量标准所复现的量值之间关系的一组操作，称为校准。

1. 校准的主要含义

（1）在规定的条件下，用参考测量标准给包括实物量具（或参考物质）在内的测量仪器的特性赋值，并确定其示值误差。

（2）将测量仪器所指示或代表的量值，按照比较链或校准链，将其溯源到测量标准所复现的量值上。

2. 校准的主要目的

（1）确定示值误差，有时（根据需要）也可确定其是否处于预期的允差范围之内；

（2）得出标称值偏差的报告值，并调整测量仪器或对其示值加以修正；

（3）给标尺标记赋值或确定其他特性值，或给参考物质的特性赋值；

（4）实现溯源性。

校准的依据是校准规范或校准方法，对其通常应做统一规定，特殊情况下也可自行制定。校准的结果可记录在校准证书或校准报告中，也可用校准因数或校准曲线等形式表示。

三、检定

测量仪器的检定，是指查明和确认测量仪器是否符合法定要求的程序，它包括检查、加标记和（或）出具检定证书。检定具有法制性，其对象是法制管理范围内的测量仪器。根据检定的必要程度和我国对其依法管理的形式，可将检定分为强制检定和非强制检定两类。

（1）强制检定是指由政府计量行政主管部门所属的法定计量检定机构或授权的计量检定机构，对某些测量仪器实行的一种定点定期的检定。我国规定，用于贸易结算、安全防护、医疗卫生、环境监测四个方面且列入《中华人民共和国强制检定的工作计量器具明细目录》的工作计量器具，属于国家强制检定的管理范围。此外，我国对社会公用计量标准，以及部门和企业、事业单位的各项最高计量标准，也实行强制检定。强制检定的特点，是由政府计量行政部门统管，指定的法定或授权技术机构具体执行，固定检定关系，定点送检；检定周期由执行强检的技术机构按照计量检定规程，结合实际使用情况确定。

（2）非强制检定是指由使用单位自己或委托具有社会公用计量标准或授权的计量检定机构，对强检以外的其他测量仪器依法进行的一种定期检定。其特点是使用单位依法自主管理，自由送检，自求溯源，自行确定检定周期。

强制检定与非强制检定均属于法制检定，是我国对测量仪器依法管理的两种形式，都要受法律的约束。不按规定进行周期检定的，要负法律责任。计量检定工作应当按照经济合理的原则，就近就地进行。

检定的依据是按法定程序审批公布的计量检定规程。《中华人民共和国计量法》规定："计量检定必须按照国家计量检定系统表进行。国家计量检定系统表由国务院计量行政部门制定。计量检定必须执行计量检定规程。国家计量检定规程由国务院计量行政部门制定。没有国家计量检定规程的，由国务院有关主管部门和省、自治区、直辖市人民政府计量行政部门分别制定部门计量检定规程和地方计量检定规程，并向国务院计量行政部门备案。"因此，任何企业和其他实体是无权制定检定规程的。

在检定结果中，必须有合格与否的结论，并出具证书或加盖印记。从事检定工作的人员必须经考核合格，并持有有关计量行政部门颁发的检定员证。

对大量的非强制检定的测量仪器，为达到统一量值的目的，应以校准为主。

四、校准和检定的区别

校准和检定的区别可归纳为如下 5 点：

（1）校准不具法制性，是企业自愿的溯源行为；检定则具有法制性，是属计量管理范畴的执法行为。

（2）校准主要确定测量仪器的示值误差；检定则是对其计量特性及其技术要求符合性的全面评定。

（3）校准的依据是校准规范、校准方法，通常应做统一规定，有时也可自行制定；检定的依据则是鉴定规程。

（4）校准通常不判断测量仪器合格与否，必要时也可确定其某一性能是否符合预期要求；检定则必须做出合格与否的结论。

（5）校准结果通常是出具校准证书或校准报告；检定结果则是合格的发检定证书，不合格的发不合格通知书。

第四节　常用仪器设备的校准检验方法

一、建设用砂试验筛校准方法

本方法适用于新购的、使用中的及维修后的建设用砂试验筛的校准。

1. 概述

建设用砂试验筛是用于按现行《建设用砂》GB/T 14684 检验建设用砂颗粒级配的专用仪器。

2. 技术要求

（1）试验筛应有铭牌，包括型号、规格、生产厂家、出厂日期、出厂编号等。

（2）筛框平整光滑，无变形及折痕。

（3）筛面无破损，封接处应能防止被物料堵塞。

（4）全套试验筛包括 7 个筛子、1 个筛底和 1 个筛盖，筛框内径为 300mm，基本尺寸见表 11-3。

表 11-3　建筑用砂试验筛基本尺寸

筛孔尺寸（mm）	9.50	4.75	2.36	1.18	0.60	0.30	0.15
板厚（mm）	1.0	1.0	1.0	—	—	—	—
丝径（mm）	—	—	—	0.63	0.40	0.20	0.112

（5）方孔筛的筛孔尺寸偏差应符合表 11-4 的要求。

表 11-4　方孔筛的筛孔尺寸允许偏差

筛孔基本尺寸 w（mm）	筛孔允许偏差（mm）			筛孔尺寸 $(w+x)-(w+z)$ 之间的孔不大于（%）	金属丝中间允许偏差（mm）
	最大偏差	平均偏差	中间偏差		
	x	y	$z=(x+y)/2$		
9.50	0.210	—	—	—	—
4.75	0.140	—	—	—	—
2.36	0.110	—	—	—	—
1.18	0.160	0.040	0.100	6	0.012
0.60	0.104	0.022	0.063	6	0.010
0.30	0.067	0.012	0.040	6	0.007
0.15	0.044	0.0069	0.025	6	0.004

（6）方孔筛的单个筛孔尺寸不能大于基本尺寸与最大允许偏差之和 $(w+x)$。

（7）方孔筛的筛孔平均尺寸不能大于基本尺寸与平均偏差之和 $(w+y)$，也不能小于基本尺寸与平均偏差之差 $(w-y)$。

（8）方孔筛的筛孔尺寸在 $(w+x)$ 和 $(w+z)$ 之间的筛孔数不得超过筛孔总数的 6%。

3. 校验用测量设备

（1）游标卡尺：量程 300mm，分度值 0.02mm。

（2）刻度放大镜（读数放大镜）：量程 8mm，分度值 0.01mm。

4. 校验方法

（1）用感官方法检查（1）～（4）项技术要求。

（2）用游标卡尺测量圆孔筛各项尺寸偏差。

（3）用刻度放大镜测量方孔筛各项尺寸偏差。

（4）在筛面上沿夹角 90°或 60°的两条直线方向进行测量，每一直线的长度在 100mm 以上，且至少含有 5 个孔。

5. 校验结果评定

（1）新购的砂试验筛必须符合全部技术要求。

（2）使用中的及维修后的砂试验应符合除上述（1）、（2）条以外的全部技术要求。

6. 检验周期及校准检验记录

检验周期为一年。建设用砂试验筛校验记录见表11-5。

11-5　建设用砂试验筛校验记录表

仪器编号：　　　　　　　　　　　　　　　　　　　　　　　　　　　　　　　　检验编号：

筛孔尺寸	项目	技术要求	校验数据	结果
9.50mm	尺寸偏差	0.21		
4.75mm	尺寸偏差	0.14		
2.36mm	尺寸偏差	0.11		
1.18mm	最大偏差（x）	0.16		
	平均偏差	0.04		
	中间偏差	0.10		
	$(w+x)-(w+z)$	6%		
	丝径偏差	0.012		
0.60mm	最大偏差（x）	0.104		
	平均偏差	0.022		
	中间偏差	0.063		
	$(w+x)-(w+z)$	6%		
	丝径偏差	0.010		
0.30mm	最大偏差（x）	0.067		
	平均偏差	0.012		
	中间偏差	0.040		
	$(w+x)-(w+z)$	6%		
	丝径偏差	0.007		
0.15mm	最大偏差（x）	0.044		
	平均偏差	0.0069		
	中间偏差	0.025		
	$(w+x)-(w+z)$	6%		
	丝径偏差	0.004		
检验结论				
检验人			复核人	
检验日期	年　月　日		有效日期	年　月　日

二、建设用卵石、碎石试验筛校准方法

本方法适用于新购的、使用中的及维修后的建设用卵石、碎石试验筛的校准。

1. 概述

建设用石子试验筛是用于按现行《建设用碎石、卵石》GB/T 14685检验建设用石子粒径和颗粒级配的专用仪器。

2. 技术要求

（1）试验筛应有铭牌，包括型号、规格、生产厂家、出厂日期、出厂编号等。

（2）筛板平整光滑无毛刺，冲孔面向上，孔形规则，孔距一致。

（3）全套试验筛包括 12 个筛子、1 个筛底和 1 个筛盖，筛框内径为 300mm，其基本尺寸见表 11-6。

表 11-6　试验筛基本尺寸

筛孔尺寸（mm）	90.0	75.0	63.0	53.0	37.5	31.5	26.5	19.0	16.0	9.50	4.75	2.36
筛孔数（个）	4	5	7	7	19	37	61	73	121	301	931	—
孔距（mm）	—	—	80	66	50	35	30	25	18	13	7.5	5.0
筛板厚度（mm）	2.0	2.0	2.0	2.0	2.0	2.0	2.0	2.0	2.0	2.0	2.0	2.0

（4）不同筛孔尺寸的筛的尺寸允许偏差应符合表 11-7 的要求。

表 11-7　不同筛孔尺寸的筛的尺寸允许偏差

筛孔基本尺寸（mm）	筛孔尺寸偏差（mm）	最佳孔距（mm）	筛孔基本尺寸（mm）	筛孔尺寸偏差（mm）	最佳孔距（mm）
90.0	0.70	100.0	26.5	0.35	31.5
75.0	0.65	90.0	19.0	0.30	25.0
63.0	0.60	80.0	16.0	0.26	18.0
53.0	0.55	63.0	9.50	0.21	12.6
37.5	0.45	50.0	4.75	0.14	6.9
31.5	0.40	40.0	2.36	0.11	3.9

3. 校验用测量设备

游标卡尺：量程 300mm，分度值 0.02mm。

4. 校验方法

（1）用感官方法检查冲孔面方向、孔形、孔距；

（2）用游标卡尺测量各号筛的孔径及尺寸偏差；

（3）筛板上圆孔多于 20 个时，沿夹角为 90°或 60°的两条直线方向进行测量，每条直线的长度在 100mm 以上，且至少有 5 个孔。

5. 校验结果评定

（1）新购的石子试验筛必须符合全部技术要求；

（2）使用中和维修后的石子试验筛应符合除"2. 技术要求"中（1）、（2）以外的全部技术要求。

6. 校准周期及校准记录

检验周期为一年。建设用石子试验筛校准记录见表 11-8。

表 11-8　建设用石子试验筛校准记录表

仪器编号：　　　　　　　　　　　　　　　　　　　　　　　　　　　　　　检验编号：

孔径（mm）	允许误差（mm）	校验数据	结论	孔径（mm）	允许误差（mm）	校验数据	结论
90.0	0.70			26.5	0.35		
75.0	0.65			19.0	0.30		
63.0	0.60			16.0	0.26		
53.0	0.55			9.50	0.21		
37.5	0.45			4.75	0.14		
31.5	0.40			2.36	0.11		
检验结论							
检验人				复核人			
检验日期		年　月　日		有效日期		年　月　日	

三、卵石或碎石针状规准仪校准方法

本方法适用于新购置、使用中和检修后的卵石或碎石针状规准仪的校准。

1. 概述

卵石或碎石针状规准仪是按现行《普通混凝土用砂、石质量及检验方法》JGJ 52 和《建设用卵石、碎石》GB/T 14685 进行碎石或卵石针状含量试验的专用仪器。

2. 技术要求

（1）针状规准仪底板长 348.7mm、宽 20mm、厚 5mm。

（2）针状规准仪柱直径 6mm。

（3）针状规准仪柱间距分别为 82.8mm、69.6mm、54.6mm、42.0mm、30.6mm、17.1mm。

（4）底板与规准柱应平直、光滑、表面镀铬。每根柱垂直底板、焊接牢固且无焊痕。

3. 检验项目及条件

（1）检验项目

① 外观；

② 尺寸。

（2）检验用工具

① 游标卡尺：量程 200mm，分度值 0.02mm。

② 钢直尺：量程 300mm，分度值 1.0mm。

③ 直角尺。

4. 校验方法

（1）目测和触摸是否光滑、平直，是否镀铬，有无锈蚀及焊疤，焊接是否牢固。

（2）用钢直尺测量底板长、宽、厚和规准柱间距。

（3）用游标卡尺测量规准柱直径，精确至 0.1mm。

（4）用直角尺测量规准柱是否垂直底板。

5. 检验结果处理

全部检验项目均符合标准要求为合格。

6. 检验周期及校准检验记录

检验周期为一年。卵石或碎石针状规准仪校准记录见表 11-9。

表 11-9　卵石或碎石针状规准仪校准记录表

仪器编号：　　　　　　　　　　　　　　　　　　　　　　　　　　　　　　　　　　　　　检验编号：

检验项目			单位	技术要求	检验数据	结果
外观			—	底板与规准柱应平直、光滑、表面镀铬，每根柱垂直底板、焊接牢固且无焊痕		
尺寸	底板	长	mm	348.7		
		宽		20		
		厚		5		
	规准柱	直径	mm	6		
		间距	mm	82.8		
				69.6		
				54.6		
				42.0		
				30.6		
				17.1		
规准柱是否垂直底板			—	垂直		
检验结论						
检验人				复核人		
检验日期		年　月　日		有效日期	年　月　日	

四、卵石或碎石片状规准仪校准方法

本校准方法适用于新购置、使用中和检修后的卵石或碎石片状规准仪的校准。

1. 概述

碎石或卵石片状规准仪是按现行《普通混凝土用砂、石质量及检验方法标准》JGJ 52 和《建设用卵石、碎石》GB/T 14685 进行碎石或卵石片状含量试验的专用仪器。

2. 技术要求

（1）片状规准仪长 240mm、宽 120mm。

（2）片状规准仪柱为条孔，长×宽分别为 82.8mm×13.8mm、69.6mm×11.6mm、54.6mm×9.1mm、42.0mm×7.0mm、30.6mm×5.1mm、17.1mm×2.8mm。条孔均匀分布在规准仪上。

（3）规准孔两端为圆弧形，其弧径分别为各孔宽度。

（4）规准板应平直、光滑、表面镀铬，孔壁平直。

3. 检验项目及条件

（1）检验项目

① 外观；

② 尺寸。

（2）检验用工具

① 游标卡尺：量程 200mm，分度值 0.02mm。

② 钢直尺：量程 300mm，分度值 1.0mm。

③ 弧度板。

4. 校验方法

（1）目测和触摸是否光滑、平直，是否镀铬，有无锈蚀。

（2）用钢直尺测量片状规准仪长、宽。

（3）用游标卡尺测量孔宽及孔长。

（4）用弧度板测量条孔端部的弧径。

5. 检验结果处理

全部检验项目均符合标准要求为合格。

6. 检验周期及校准检验记录

检验周期为一年。卵石或碎石片状规准仪校准记录见表 11-10。

表 11-10 卵石或碎石片状规准仪校准记录表

仪器编号：　　　　　　　　　　　　　　　　　　　　　　　　　　　　　　　　　　检验编号：

检验项目			单位	技术要求	检验数据	结果
外观			—	规准板应平直、光滑、表面镀铬，孔壁平直		
规准板	长		mm	240		
	宽			120		
尺寸	规准孔	① 长	mm	82.8		
		① 宽		13.8		
		② 长		69.6		
		② 宽		11.6		
		③ 长		54.6		
		③ 宽		9.1		
		④ 长		42.0		
		④ 宽		7.0		

检验项目			单位	技术要求	检验数据	结果
尺寸	规准孔	⑤ 长	mm	30.6		
		宽		5.1		
		⑥ 长		17.1		
		宽		2.8		
		① 弧径	mm	13.8		
		② 弧径		11.6		
		③ 弧径		9.1		
		④ 弧径		7.0		
		⑤ 弧径		5.1		
		⑥ 弧径		2.8		
检验结论						
检验人				复核人		
检验日期		年　月　日		有效日期		年　月　日

五、振筛机校准方法

本校准方法适用于新购置、使用中和检修后的振筛机的校准。

1. 概述

振筛机是一种和规范筛一起用于检测砂筛分试验及组成情况的专用设备。

2. 技术要求

（1）外观要求整洁。应有铭牌，其中包括型号、规格、制造厂、出厂编号、出厂日期等，并有产品说明书和产品合格证。

（2）振筛机技术性能：振摆功能正常，压紧装置完好。

3. 检验项目

（1）外观。

（2）技术性能。

4. 校验方法

（1）目测仪器外观，检查标志和资料是否齐全。

（2）启动后，检查振筛机振摆功能是否正常、压紧装置是否完好。

5. 检验结果处理

全部检验项目均符合技术要求为合格。

6. 检验周期及检验记录

检验周期为一年。振筛机校准记录见表11-11。

表 11-11　振筛机校准记录表

仪器编号：　　　　　　　　　　　　　　　　　　　　　　　　　　　　　　　　检验编号：

项目	校验数据	结果
外观	是否有铭牌、产品合格证、产品说明书	
技术性能	1. 振摆功能是否正常 2. 压紧装置是否完好	

项目	校验数据		结果	
检验结论				
检验人		复核人		
检验日期	年 月 日	有效日期	年　月　日	

六、骨料容量筒检验规程

本规程适用于新的或使用中的容量筒的校准检验。

1. 总则

容量筒系用于按 JGJ 52—2006 标准测试混凝土用砂、石和各种轻骨料堆积密度的专门仪器。校准检验周期为半年。

2. 技术要求

除砂子和轻细骨料的容量筒的容积为 1L 外，石子和轻粗骨料的容量筒的容积随骨料最大粒径而定，计有 5L、10L、20L、30L 四种，它们的公称尺寸及允许误差见表 11-12。

表 11-12　骨料容量筒的公称尺寸及允许误差

容积 (L)	容量筒规格（mm）				筒壁厚度 (mm)
	内径	允许误差	净高	允许误差	
1	108	±0.3	109	±0.5	2±0.1
5	185	±0.4	186	±0.7	2±0.1
10	208	±0.5	294	±1.0	2±0.1
20	294	±0.5	294	±1.0	3±0.2
30	360	±0.5	294	±1.0	4±0.2

3. 检验用标准器具

游标卡尺，量程 400mm、分度值 0.02mm；台秤。

4. 检验方法

（1）用游标卡尺量取容量筒的内径和净高。

（2）容量筒容积的校正

石子容量筒的校正，以（20±5）℃的饮用水装满质量为 g_1 的容量筒，擦干筒外壁水分后称重（g_2）。容量筒的容积：

$$V = (g_2 - g_1) \cdot C$$

式中　C——水的比容，设为 1L/kg。

砂子容量筒的校正，以（20±5）℃的饮用水装满质量为 g_1 的容量筒，用玻璃板紧贴筒口滑移，如有水泡，则向筒内添水排除之，擦干筒外壁水分后称重（g_2）。容量筒的容积：

$$V = (g_2 - g_1) \cdot C$$

5. 检验结果评定

新的或使用中的容量筒，其各项技术指标必须符合技术要求。

6. 检验记录表（表 11-13）

表 11-13　容量筒校准记录表

单位：　　　　　　　　　　　　　仪器编号：　　　　　　　　　　　　　　　　　　　检验编号：

项目	技术要求（mm）	检验数据	检验结果
1L	内径 108±0.3		
	净高 109±0.5，壁厚 2±0.1		
5L	内径 185±0.4		
	净高 186±0.7，壁厚 2±0.1		
10L	内径 208±0.5		
	净高 294±1.0，壁厚 2±0.1		
20L	内径 294±0.5		
	净高 294±1.0，壁厚 3±0.2		
30L	内径 360±0.5		
	净高 294±1.0，壁厚 4±0.2		

检验人：　　　　　　　　　　复核人：　　　　　　　　　　　　　　　　检验日期：　　　年　月　日

七、石子压碎指标测定仪校准方法

石子压碎指标测定仪用作测定碎石或卵石抵抗压碎的能力，以间接地推测其相应的强度。本方法适用于压碎值试验仪的校准。

1. 技术要求

（1）压碎值试验仪由钢制圆试筒、压柱、地板组成，外表光滑、平整，压碎值试验仪不得有凹凸、啃边等缺陷。

（2）压碎值试验仪的压头应平整、光滑，使用后不得产生凸陷。

（3）压碎指标测定仪按照 GB/T 11313.10—2012 的规定，尺寸见表 11-14。

表 11-14　压碎指标测定仪尺寸

部位	名称	尺寸（mm）
试筒	内径	150±0.3
	厚度	≥10
压柱	压头直径	150±0.2
底板	上口内径	172±0.5
	外径	182±0.5

（4）金属捣棒：直径（10±10）mm、长 450～600mm，端部加工成半球形。

2. 校准项目

（1）外观检查。

（2）试筒、压柱和底板。

（3）金属捣棒和金属筒尺寸。

3. 校准环境及校准器具

（1）游标卡尺：量程不小于 20mm，分度值 0.02mm。

（2）钢直尺：量程不小于 500mm，分度值 1mm。

4. 校准方法

（1）外观检测：按照本方法"2.标准项目"（1）、（2）要求进行外观检查。

（2）试筒尺寸检测：用游标卡尺测量试筒的内径、壁厚和高度，每 120°测量一次，共测量 3 次，取平均值。

（3）压柱尺寸校准：用游标卡尺分别测量压柱头直径、压杆直径、压柱总长、压头壁厚，每120°测量一次，共测量3次，取平均值。

（4）底板尺寸校准：用游标卡尺分别测量底板的厚度和边缘厚度，用钢直尺测量底板的直径，每120°测量一次，共测量3次，取平均值。

（5）金属捣棒直径校准：用游标卡尺在金属捣棒端部测量捣棒直径，每120°测量一次，共测量3次，取平均值。

（6）金属筒尺寸校准：用游标卡尺分别测量金属筒内径和高度，每120°测量一次，共测量3次，取平均值。

5. 校准周期

校准周期一般不超过12个月。

6. 结果处理

填写校准记录表（表11-15），提交审核确定。

表11-15 压碎值试验仪校准记录表（GB/T 14685 压碎值试验仪）

设备名称				设备编号			
规格型号				出厂编号			
生产厂家				校准日期			
校准器具名称及编号							
校准环境							
外观检查							
校准项目		技术要求	实测值				
			1	2	3	平均	
试筒尺寸（mm）	内径	152±0.3					
	厚度	≥10					
压头直径（mm）		152±0.2					
底板尺寸（mm）	内径	172±0.5					
	外径	182±0.5					
校准结果							
备注							
校准		校核			日期		

八、混凝土、砂浆试模校准方法

混凝土试模是用来成型标准试样，以测定其抗压强度作为评定混凝土质量的主要依据。

1. 技术要求

（1）立方体试模用铸铁或钢制成。试模内部尺寸为：100mm×100mm×100mm、150mm×150mm×150mm、200mm×200mm×200mm、150mm×150mm×600mm、100mm×100mm×515mm 和70.7mm×70.7mm×70.7mm。

（2）试模内部表面应经过抛光，并可拆卸。

（3）试模内部尺寸误差不应大于±1mm。

① 试模组装后其相邻侧面和各侧面与底板上表面之间的夹角应为直角，直角的误差不应大于±0.3°（即每100mm，其间隙为0.5mm）。

② 试模组装后，其连接面的缝隙不得大于0.5mm。

2. 校验项目及校验方法

（1）试模内部尺寸应采用分值小于 0.05 的游标卡尺和深度尺进行测量。试模两相对侧板内表面的距离，应用游标卡尺对称测量。其高度应在每个边长上取 3 个点，用深度尺对称测量。棱柱体试模，在长度方向应相应增加 2～4 个高度测点。

（2）垂直度应采用精度为 0 级刀口直尺和塞规测量。试模侧板各相邻面的垂直度应在其高度的 1/2 处测量。侧板与底板上表面的垂直度，应在侧板长度方向 1/2 处测量。

试模组装后，各连接面的缝隙应用塞规测量。

外观检查，应在明亮处目测。

3. 校验结果

合格后准许使用。

4. 校验周期

校验周期为半年。校准记录见表 11-16。

表 11-16　（　　）试模校准记录表

仪器编号：　　　　　　　　　　　　　　　　　　　　　　　　　　　　校准编号：

序号	外观	每边极限尺寸误差	内表面极限平面度误差	相邻面极限垂直误差	结论

校准人：　　　　　　　　复核人：　　　　　　　　校准日期：　　年　月　日

九、混凝土抗渗试模检验方法

1. 适用范围

（1）本方法适用于混凝土抗渗试模的校验。

（2）混凝土抗渗试模系用于按《普通混凝土长期性能和耐久性能试验方法标准》GB/T 50082—2009 测定硬化后的抗渗强度等级试验制作试样用模具。

2. 技术要求

（1）混凝土抗渗试模应由铸铁或钢制成，内表面应机械加工平整光滑，并不应有任何砂眼、裂纹、划伤等缺陷。

（2）试模尺寸见表 11-17。

表 11-17　试模尺寸

校验项目	尺寸及允许误差（mm）
顶面直径	175±0.2
底面直径	185±0.2
高度	150±0.2

（3）试模内表面的不平整度，每 100mm 不超过 0.05mm。

3. 校验用标准器具

(1) 标准钢直尺：量程 300mm，分度值 1mm。

(2) 游标卡尺：量程 300mm，分度值 0.02mm。

4. 校验方法

(1) 用感官检查，要符合第 2 条（1）款的要求。

(2) 用游标卡尺测量试模的顶面、底面直径和高度，其值符合第 2 条（2）款的要求。

(3) 用钢直尺测定试模内表面的不平整度，其值应符合第 2 条（3）款的要求。

5. 校验结果评定

新的或使用中的混凝土抗渗试模，必须全部符合第 2 条（1）～（3）款的规定要求。

6. 校准周期

校准周期为一年。混凝土抗渗试模校验记录见表 11-18。

表 11-18　混凝土抗渗试模校验记录表

检验编号：

仪器名称					仪器编号	
规格型号			出厂编号		出厂日期	
校验用标准器具名称及编号						
试模序号	规格(mm)	顶面直径(mm)	底面直径(mm)	高度(mm)	内表面极限不平整度(mm)	结论

结论：

审核人：　　　　　　　校准人：　　　　　　　　　　　　　校验日期：

十、实验室用混凝土搅拌机校准方法

本校准方法适用于新购置、使用中和检修后的实验室用混凝土搅拌机的校准。

1. 概述

混凝土搅拌机是用于混凝土配合比设计及试配的专用设备。

2. 技术要求

(1) 应有铭牌，其内容齐全；启动平稳，工作正常，绝缘性良好。

(2) 达到混凝土匀质性要求的搅拌时间：自落式≤50s，强制式≤45s。

(3) 满载后停机 5min 后再启动或超载 10％时运转正常。

(4) 卸料时间：自落式≤30s，强制式≤15s。

3. 检验项目及条件

(1) 检验项目

① 外观；

② 搅拌机性能测试。

(2) 检验用器具

① 万用表。

② 秒表。

③ 台秤：称量 50kg，感量 50g。

4. 校验方法

（1）用目测和查阅对外观和资料进行检验。

（2）用万用表检验接地保护装置。

（3）观察满载后停机 5min 后再启动或超载 10％时运转是否正常。

（4）用秒表测量卸料的时间（搅拌机内混凝土残留量≤5％）。

5. 检验结果处理

全部检验项目均符合技术要求为合格。

6. 检验周期及检验记录

检验周期为一年。实验室用混凝土搅拌机校准记录见表 11-19。

表 11-19　实验室用混凝土搅拌机校准记录表

仪器编号：　　　　　　　　　　　　　　　　　　　　　　　　　　　　　　　　　　检验编号：

项目	技术要求	校验数据	结果
外观	有铭牌，外表整洁；启动、关闭平稳，控制器操作灵活；绝缘性良好		
搅拌时间	自落式≤50s		
	强制式≤45s		
负载能力	满载后停机 5min 后再启动运转正常		
	超载 10％时运转正常		
卸料时间	自落式≤30s		
	强制式≤15s		
检验结论			
检验人		复核人	
检验日期	年　月　日	有效日期	年　月　日

十一、混凝土标准养护室校准方法

本校准方法适用于新建、使用中和维修后的混凝土标准养护室（简称标养室）的校准。

1. 概述

标养室是按现行《混凝土物理力学性能试验方法标准》GB/T 50081 的要求进行混凝土试样标准养护的实验室。

2. 技术要求

（1）标养室应清洁，试样放置架应整齐有序。标养室应安装有升温、降温和加湿设备。

（2）标养室应配有漏电保护装置，室内照明灯具应采用安全电压并有防水装置。

（3）标养室内温度应为（20±2）℃，相对湿度应不小于 95％，室内温度、湿度的均匀性应满足上述要求。

（4）室内设有试样架，试样在架子上彼此间隔应为 10～20mm。

（5）无论采用何种加湿方法，水以雾化为宜，且不得直接淋刷试样。

3. 校准条件

（1）检定用的仪器设备：干湿球温度计，测量范围 0～50℃，分度值 0.5℃。

（2）标养室应在实际运行状态下检验。

4. 校准项目和校准方法

（1）按"2. 技术要求"中（1）、（2）、（4）、（5）对标养室进行外观和资料的检验。

（2）用干湿球温度计测量标养室内各部位温、湿度，每隔 2h 测量一次，共测 8 次，在实际使用范围内至少布置 5 个测点。可按室内上下两条对角线设置测点，在顶角和中间各设一点。

5. 检验结果处理

经检验，满足第 2 条技术要求的即为合格，发给合格证书。任何一条不合格者，均为检验不合格，发给检验结果通知书。

6. 检验周期及校准检验记录

标养室的检验周期为一年。混凝土标准养护室校准记录见表 11-20。

表 11-20　混凝土标准养护室校准记录表

仪器编号：　　　　　　　　　　　　　　　　　　　　　　　　　　　　　检验编号：

检验项目	技术要求	检验数据	结果
室内环境状态	1. 清洁、整齐 2. 应有漏电保护装置 3. 照明应采用安全电压，灯具有防水装置		
温度	温度应为（20±2）℃		
相对湿度	相对湿度应不小于 95%		
试样架	试样距离 10～20mm		
加湿装置工作状态	水宜雾化且不得直接淋刷试样		
检验结论			
检验人		复核人	
检验日期	年　月　日	有效日期	年　月　日

十二、混凝土标准养护室温湿度自动控制器校准方法

本标准方法适用于新购、使用中及维修后的混凝土标准养护室温度、湿度自动控制器的校准。

1. 概述

混凝土标准养护室温度、湿度自动控制器是按现行《混凝土物理力学性能试验方法标准》GB/T 50081 的要求对混凝土试样进行规范养护的温度、湿度自动控制器。

2. 技术要求

（1）设备铭牌内容齐全，外观洁净。

（2）绝缘效果好，无漏电现象。

（3）温度显示允许误差（20±1）℃，湿度显示允许误差±1%。

3. 校验设备

干湿球温度计。

4. 校验方法

（1）用感官观测检查"2. 技术要求"中（1）。

（2）用试电笔检查"2. 技术要求"中（2）。

（3）用干湿球温度计测量标养室内有代表性三个部位的温度、湿度，检查实际温度、湿度与仪器显示温度、湿度是否符合要求。

5. 校验结果评定

经检验后混凝土标准养护室温度、湿度自动控制器应满足全部技术要求才能评定为合格。

6. 检验周期及校准记录

检验周期为一年。混凝土标准养护室温度、湿度自动控制器校准记录见表11-21。

表 11-21　混凝土标准养护室温度、湿度自动控制器校准记录表

仪器编号：　　　　　　　　　　　　　　　　　　　　　　　　　　　　　　　　　　检验编号：

项目	技术要求	校验数据		结果
外观	清晰、洁净			
绝缘性	良好			
温度控制	(20±1)℃			
湿度控制	±1%			
检验结论				
校验人		复核人		
检验日期	年　月　日	有效日期		年　月　日

十三、电热鼓风干燥箱校准方法

本校准方法适用于新购置、使用中和检修后的电热鼓风干燥箱的校准。

1. 概述

电热鼓风干燥箱主要用于烘干各种试剂、试样和各类试验器具。

2. 技术要求

(1) 应有铭牌，包括制造厂、规格、出厂编号与日期。

(2) 外表应平整光洁，门闭合无明显缝隙、声响正常。

(3) 绝缘性能良好。

(4) 调温范围为50～300℃，控制温度允许误差为±5℃。

(5) 恒温时，箱内温度应在半小时内保持稳定。

3. 检验项目及条件

(1) 检验项目

① 外观；

② 绝缘性能；

③ 恒温稳定性；

④ 控制温度误差。

(2) 检验用器具

① 温度计：量程300℃，分度值1℃。

② 电笔。

③ 秒表。

4. 校验方法

(1) 用目测和启动电源及电笔来检查外观与绝缘性能。

(2) 在电热干燥箱顶端插入规范温度计，接上电源，将箱体温度指示刻度盘分别置于50℃、60℃、70℃、90℃、105℃、115℃，观察温度计上的数值与控制温度是否一致。控制温度允许偏差为±5℃。

(3) 当温度升到所需恒定温度时，用秒表计时，半小时左右稳定至所需温度。

(4) 对于控制器无温度刻度表示的干燥箱，温度控制器所控制的试验温度由箱顶温度计标定，控制允许误差为±5℃。

5. 检验结果处理

全部检验项目均符合技术要求为合格。

6. 检验周期及校准检验记录

检验周期为一年。电热鼓风干燥箱校准记录见表 11-22。

表 11-22　电热鼓风干燥箱校准记录表

仪器编号：　　　　　　　　　　　　　　　　　　　　　　　　　　　　　　检验编号：

检验项目			技术要求	检验数据	结果
外观			1. 应有铭牌，包括制造厂、规格、出厂编号与日期。 2. 外表应平整光洁，门闭合无明显缝隙、声响正常		
绝缘性能			良好		
控制温度误差	控制器指示温度	50℃	误差±5℃	箱顶温度计实测温度	
		60℃			
		70℃			
		90℃			
		105℃			
		115℃			
恒温稳定性			温度应在半小时左右稳定		
检验结论					
检验人				复核人	
检验日期		年　月　日		有效日期	年　月　日

十四、混凝土含气量测定仪校准方法

本校准方法适用于新购置、使用中和检修后的混凝土含气量测定仪的校准。

1. 概述

混凝土含气量测定仪是用于按现行《普通混凝土拌合物性能试验方法标准》GB/T 50080 测定混凝土含气量的专用仪器。

2. 技术要求

(1) 应有铭牌，其中包括型号、规格、制造厂、出厂编号和出厂日期等。

(2) 应有产品合格证和产品说明书。

(3) 含气量测定仪应由硬质金属制成，表面应平整无损，内表面光滑，无凹凸不平的部位。

(4) 容器内直径与深度相等，容积应为（7000±25）mL。

(5) 盖体部分应有气室、操作阀、进气阀、排气阀、加水阀、排水阀及压力表。

(6) 容器与盖体之间用螺栓连接，并应装有密封圈，连接处不得有空气留存，并保证密闭。

3. 检验项目及条件

(1) 检验项目

① 外观检查；

② 容器容积标定；

③ 含气量测定仪的率定。

(2) 检验用器具

① 压力表：量程 0～0.25MPa，精度 0.01MPa。

② 台秤：50kg，感量 5g。

4. 校验方法

(1) 目测检查是否有铭牌、内壁是否光滑、有无凹凸部位。

（2）容器容积标定

① 擦净容器，并将含气量测定仪全部安装好，测定含气量仪与玻璃板的总质量，准确至 1g。

② 将量钵装满水，用玻璃板沿量钵顶面平推，使量钵装满水且玻璃板下无气泡，擦干量钵外表面的水，测定含气量测定仪量钵、水与玻璃板合计质量，准确至 1g。

③ 由含气量测定仪量钵、水与玻璃板的合计质量以及含气量测定仪量钵与玻璃板的合计质量，可求得充满量钵的水的质量。

④ 测定量钵中水的温度，查得水的密度，即可计算量钵的容积。

（3）含气量测定仪的率定

① 含气量 0% 点的标定

a. 用水平仪检查仪器的水平。

b. 将量钵内加满水。

c. 把标定管接在钵盖下面的小水龙头端部，打开小水龙头，把钵盖轻轻放在量钵上用夹子夹紧。

d. 松开出气阀，用注水器从小水龙头处加水直至出气阀出水口冒水为止，关闭小水龙头和出气阀，此时钵盖和钵体之间完全被水充满。

e. 用手泵向气室充气，使表压稍大于 0.1MPa，然后用微调阀调整表压使其为 0.1MPa，按下阀门杆 1～2 次，使气室的压力气体进入量钵内，读压力表读数，此时表盘所示压力相当于 0% 含气量。

② 含气量 1%～10% 刻度的标定

a. 将标定管接在钵盖小龙头的上端，然后按一下阀门杆，慢慢打开小龙头，量钵中的水就通过标定管流到量筒中，当量筒中的水为量钵容积的 1% 时，关闭小水龙头。

b. 打开排气阀，使量钵内的压力与大气平衡。

c. 再关上排气阀，用手泵加压，并用微调阀准确调到 0.1MPa，再按 1～2 次阀门杆，使气室的压力气体进入量钵内，读压力表读数，此时表盘所示压力相当于 1% 含气量。

d. 用同样的方法可测得含气量 2%、3%……10% 的压力表值。

e. 以压力表读数为横坐标、含气量为纵坐标，绘制含气量与压力表值关系曲线。

5. 检验结果处理

全部检验项目均符合技术要求为合格。

6. 检验周期及校准检验记录

检验周期为一年。混凝土含气量测定仪校准记录见表 11-23。

表 11-23　混凝土含气量测定仪校准记录表

仪器编号：　　　　　　　　　　　　　　　　　　　　　　　　　　　　　　检验编号：

项目	校验数据				结果	
外观	是否有铭牌、内壁是否光滑、有无凹凸部位					
混凝土含气量测定仪量钵容积标定						
次数	量钵与玻璃板合计质量（g）	量钵、水与玻璃板合计质量（g）	量钵中水的质量（g）	水的密度		量钵容积（mL）
				水温（℃）	密度（g/cm³）	测值　　平均值
含气量 0%～10% 刻度的标定						
含气量（%）	量钵容积（mL）	按含气量计算的水的体积（mL）	实际流入量筒中水的体积（mL）	对应压力表读数（MPa）		
				第一次	第二次	平均值
0						
1						
2						

含气量（%）	量钵容积（mL）	按含气量计算的水的体积（mL）	实际流入量筒中水的体积（mL）	对应压力表读数（MPa）		
				第一次	第二次	平均值
3						
4						
5						
6						
7						
8						
9						
10						

检验结论				
检验人		复核人		
检验日期	年　月　日	有效日期		年　月　日

十五、混凝土贯入阻力仪校准方法

本校准方法用于新购或使用中的，以及自行改装的混凝土贯入阻力仪的校验。

1. 概述

混凝土贯入阻力仪是按现行《普通混凝土拌合物性能试验方法标准》GB/T 50080 测试混凝土凝结时间的专用仪器。

2. 技术要求

（1）外观应完好，无严重锈蚀。

（2）磅秤刻度精度为 5N。

（3）测针：长度约 130mm，平头测针圆面积 $100mm^2$、$50mm^2$、$20mm^2$，在距贯入端 25mm 处刻有一圈标记。

（4）手轮：转动自然平顺；磅秤主体放置平稳，其他部位结合处无松动滑脱现象。

3. 校验用器具

（1）游标卡尺：量程 200mm，分度值 0.02mm。

（2）钢尺。

4. 校验方法

（1）用目测手模等感官方法检查外观。

（2）用钢尺测量测针的长度，重复两次，取平均值；并测量针头至 25mm 标记处的长度，重复两次，观察其是否规范。

（3）用游标卡尺测量混凝土贯入阻力仪测针针头的直径，计算其面积，各重复两次，取平均值。

（4）直观检查手轮转动、主体的安置情况。

5. 校验结果评定

新购和使用中的混凝土贯入阻力仪应符合全部技术要求。

6. 检验周期及校准记录

贯入阻力仪的检验周期为一年。混凝土贯入阻力仪校验记录见表 11-24。

表 11-24　混凝土贯入阻力仪校验记录表

仪器编号：
检验编号：

项目	技术要求	校验数据	结果
外观	外观应完好，附件齐全，无严重锈蚀		
试运行	能正常运转		
试针截面面积 （mm²）	100		
	50		
	20		
试针头至 25mm 标记处的长度（mm）			
检验结论			
校验人		复核人	
检验日期	年　月　日	有效日期	年　月　日

十六、标准法维卡仪的校准方法

1. 适用范围

（1）本方法适用于新购或使用中的标准法维卡仪的校验。

（2）标准法维卡仪用于测试水泥稠度用水量、凝结时间和体积安定性。

（3）校验方法的编写依据：《公路工程水泥及水泥混凝土试验规程》JTG 3420—2020 之 T 0505—2005 的相关要求。

2. 技术要求

（1）标准稠度测定用试杆有效长度为（50±1）mm，由直径为（10±0.05）mm 的圆柱形耐腐蚀金属制成。测定凝结时间时取下试杆，用试针代替试杆。试针由钢制成，其有效长度初凝针为（50±1）mm、终凝针为（30±1）mm，为直径（1.13±0.05）mm 圆柱体。滑动部分的总质量为（300±1）g。与试杆、试针联结的滑动杆表面应光滑，能靠重力自由下落，不得有紧涩和晃动现象。

（2）盛装水泥净浆的试模应由耐腐蚀的、有足够硬度的金属制成。试模为深（40±0.2）mm、顶内径（65±0.5）mm、底内径（75±0.5）mm 的截顶圆锥体，每个试模应配备一个大于试模、厚度大于等于 2.5mm 的平板玻璃底板。

3. 校验用器具

游标卡尺，量程 200mm、精度 0.02mm；钢直尺 500mm，精度 1mm；电子天平，5kg，感度 0.1。

4. 校验方法

（1）用游标卡尺和钢直尺量试杆、试针、试模及玻璃板的各尺寸。

（2）用天平称滑动部分的总质量。

5. 校验结果评定

标准法维卡仪的各项技术指标必须符合要求。

6. 校验周期和记录

校验周期为 1 年。标准法维卡仪校验记录见表 11-25。

299

表 11-25 标准法维卡仪校验记录表

仪器编号			规格型号		
出厂编号			制造单位		
校验项目		技术要求	校验数据		校验结果
标准稠度测定用试杆	有效长度（mm）	50±1			
	直径（mm）	10±0.05			
初凝针	有效长度（mm）	50±1			
	直径（mm）	1.13±0.05			
终凝针	有效长度（mm）	30±1			
	直径（mm）	1.13±0.05			
滑动部分总质量（g）		300±1			
试模	深（mm）	40±0.2			
	顶内径（mm）	65±0.5			
	底内径（mm）	75±0.5			
玻璃板	长×宽（mm）	大于试模			
	厚度（mm）	≥2.5			

结论：

校验人：　　　　　　　　　　　　　　　　　　　复核人：

校验日期：　　　　　有效日期至：　　　　　　校验周期：

十七、水泥负压筛析仪校准方法

本校准方法适用于新购置、使用中和检修后的水泥负压筛析仪的校准。

1. 概述

水泥负压筛析仪是按现行《水泥细度检验方法　筛析法》GB/T 1345 进行水泥细度检验的专用设备。

2. 技术要求

（1）数显时间控制器误差 2min±5s。

（2）筛析仪性能，要求密封良好，负压可调范围为 4000～6000Pa。

（3）水泥细度筛，筛网不得有堵塞、破洞现象，其校正系数应在 0.80～1.20 范围内。

3. 检验工具

（1）电子计时表或秒表。

（2）天平：称量 100g，分度值 0.05g。

（3）水泥细度标准粉。

4. 校验方法

（1）采用电子计时器或秒表测试数显时间控制器是否准确。

（2）用目测检查橡胶密封圈是否老化、损坏，确定筛析仪的密封程度。

（3）按动电源开关，旋转调压风门，使仪器空转，检查是否能达到负压 4000Pa。若达不到，说明抽气效率不够，应打开吸尘器，抖动布袋，将吸附在袋上的水泥抖下，使布孔畅通，至负压正常为止。

（4）将水泥细度筛筛网对着光照看，观察筛网是否有堵塞、破洞现象。

（5）水泥细度筛修正系数测定方法

① 用一种已知 80μm 标准筛筛余百分数的水泥细度标准粉作为标准样。按负压筛析法操作程序测定标准样在水泥细度筛上的筛余百分数。

② 试验筛修正系数按式（11-2）计算，修正系数计算至 0.01：

$$C=\frac{F_n}{F_t}\tag{11-2}$$

式中　C——试验筛修正系数；

　　　F_n——标准样给定的筛余百分数（%）；

　　　F_t——标准样在试验筛上的筛余百分数（%）。

③ 水泥试样筛余百分数结果修正按式（11-3）计算：

$$F_c=C\cdot F\tag{11-3}$$

式中　C——试验筛修正系数；

　　　F_c——水泥试样修正后的筛余百分数（%）；

　　　F——水泥试样修正前的筛余百分数（%）。

5. 检验结果处理

全部检验项目均符合技术要求为合格。

6. 检验周期及记录

检验周期为一年。检验记录见表 11-26。

表 11-26　水泥负压筛析仪校准记录表

仪器编号：　　　　　　　　　　　　　　　　　　　　　　　　　　　　　检验编号：

检验项目		技术要求	检验数据	结果
数显时间控制器	测试时间	2min±5s		
筛析仪	外观	密封良好		
	负压可调范围	负压可调范围为 4000～6000Pa		
水泥细度筛	外观	筛网不得有堵塞、破洞现象		
	修正系数	修正系数为 0.80～1.20		
检验结论				
检验人		复核人		
检验日期	年　月　日	有效日期		年　月　日

十八、水泥标准筛校准规程

本规程适用于新的或使用中的水泥标准筛的校准。

1. 总则

水泥标准筛用于按现行 GB/T 1345 的规定测定水泥的细度，分干筛和水筛两种，均按现行 JC/T 782 的规定制造。校准周期为半年。

2. 技术要求

（1）外观

① 应有铭牌，其中包括制造厂、筛布规格、筛子规格、出厂年月。

② 没有伤痕、脱焊，筛布无皱折、松弛、断丝、斜拉或粘有其他杂物等现象。筛布与筛框接缝要封死不留间隙，接缝部分宽约 3～4mm。

③ 水筛座运转平稳灵活，喷头直径 55mm，其上均匀分布 90 个孔，孔径 0.5～0.7mm。

（2）筛布方孔

① 透光边长平均新筛（0.080±0.004）mm。

② ≥0.110mm 的孔数为零。

③ 0.097～0.110mm 的孔数少于总孔数的 6%。

（3）筛框

① 有效直径：水筛 125mm；干筛 150mm。

② 高度：水筛 80mm，干筛 50mm。

注：只有筛布不符合要求的情况下为废品。

3. 检测用标准器具

（1）分度值 0.05mm 的游标卡尺。

（2）细度标准粉（二级）。

（3）投影仪（显微测量仪）或分度值为 0.001mm 放大 35～100 倍的显微镜。

4. 校准方法

（1）外观的三条要求均用目测。

（2）筛孔

① 在筛布的两个垂直方向分别选择 3 个检测区，每个方向检测区的连线应不与经纬线平行，每个检测区的长度为 5mm，用读数显微镜测量每个检测区中每个孔的一相对边中点距离，然后分别计算。

② 筛孔平均尺寸按式（11-4）计算：

$$W = \sum W_i / n \qquad (11\text{-}4)$$

式中　W——筛孔平均尺寸（mm）；

　　　W_i——某一个孔的相对中边点间距离（mm）；

　　　n——所测筛孔总数。

③ 0.097～0.110mm 孔所占百分比：

$$E = \eta_{0.97\sim0.110} / n$$

式中　$\eta_{0.97\sim0.110}$——网孔尺寸在 0.97～0.110mm 的孔数。

④ 找出所测筛孔中尺寸大于 0.110mm 的孔数

也可用标准粉重复测定二次细度来校准筛子，当平均筛余百分数与标准粉的给定细度相差±8.0％以内时，即认为该筛孔在（0.080±0.004）mm 范围以内，可以认定为合格，但不能给出筛布的具体尺寸。

（3）使用中的筛子也可用"水泥负压筛析仪标准方法"的方法进行检测，用标准粉检定时，测定值与标准粉给定值相差±15％以内时即认为筛孔在（0.080±0.010）mm 以内。

（4）筛框：用卡尺测量。

5. 校准结果评定

（1）新筛必须全部符合技术要求。

（2）使用中筛子符合"4. 标准方法"中（3）的技术要求即认为合格。

6. 校准周期和校准记录

校准周期为 12 个月。校准记录见表 11-27。

表 11-27　水泥标准筛校准记录表

仪器编号：　　　　　　　　　　　　　　　　　　　　　　　　　　　　　　　　　校准编号：

检验项目	校准数据	结果
1. 外观	（1）铭牌 （2）筛布 （3）筛座与喷头	
2. 筛布	横向： 竖向： 标准粉细度 检定筛余（％）	$W=$ $E=$ ＞0.110mm 孔数＝

检验项目	校准数据	结果
3. 筛框	（1）水筛：φ　　　　高 （2）干筛	
校准结果		

校准人：	复核人：	校准日期：　年　月　日

十九、水泥沸煮箱校准规程

本校准规程适用于新购置、使用中和检修后的水泥沸煮箱的校准。

1. 概述

沸煮箱是按现行《水泥标准稠度用水量、凝结时间、安定性检验方法》GB/T 1346 测定水泥安定性的一种专用器具。

2. 技术要求

（1）仪器外观完好，无锈蚀、漏水现象。

（2）仪器应有接地线，沸煮箱、程控器不得漏电。

（3）自动控制：能在（30±5）min 内将箱中试验用水从（20±2）℃加热至沸腾状态并保持（180±5）min 后自动停止，整个试验过程中不需补充水量。

3. 检验器具

（1）电子计时表或秒表。

（2）规范温度计。

（3）电笔。

4. 校准规程

（1）外观检查：通过目测查看仪器外观是否完好，有无锈蚀、漏水现象。

（2）沸煮箱、程控器有无漏电：采用电笔测试。

（3）程控器控制时间：采用温度计测温，计时表或秒表计时，准确测出加热至沸腾时间和维持沸腾时间。

5. 检验结果处理

全部检验项目均符合技术要求为合格。

6. 检验周期及记录

检验周期为一年。检验校准记录见表 11-28。

表 11-28　水泥沸煮箱校准记录表

仪器编号：　　　　　　　　　　　　　　　　　　　　　　　　　　　　　　　　检验编号：

检验项目		单位	技术要求	检验数据	结果
外观		—	仪器外观完好，无锈蚀、漏水现象		
仪器漏电测试		—	仪器应有接地线		
			沸煮箱、程控器不得漏电		
程序控制器 控制时测试	加热至沸腾时间	min	30±5		
	维持沸腾时间	min	180±5		
检验结论					
检验人			复核人		
检验日期	年　月　日		有效期	年　月　日	

二十、水泥胶砂试模检验方法

本检验方法适用于新制或使用中的水泥胶砂试模的校准。

1. 技术要求

（1）试模与可装卸的三联模由隔板、端板、底座组成，隔板和端板应有编号，组装后内壁各接触面应互相垂直。其有效尺寸见表 11-29。

表 11-29　水泥胶砂试模的有效尺寸

试模尺寸	制造尺寸（mm）	使用后允许尺寸（mm）
长	160	
宽	40−0.1	40＋0.2
高	40＋0.1	40−0.2

（2）模壁内应无残损、砂眼、生锈等缺陷。

2. 校准用标准器具

（1）游标卡尺：量程 400mm，精度 0.02mm。

（2）天平：10kg，精度 0.005kg。

（3）直角尺。

3. 校准方法

（1）外观：用肉眼检查模内应无残损、砂眼、生锈等缺陷。隔板和端板应对号组装，隔板与底板接触应无间隙。

（2）模的每条隔板和端板用直尺测量两端处是否垂直。

（3）每条模的长、宽、高用游标卡尺测量，每条各测两个点。

（4）试模和下料漏斗用天平称重。

4. 检查结果评定

试模尺寸符合第 1 条技术要求，即认为合格。

5. 校准周期及检查记录

校准周期为 12 个月。检查记录见表 11-30。

表 11-30　水泥胶砂试模校准记录表

仪器编号：　　　　　　　　　　　　　　　　　　　　　　　　　　　　　校准编号：

试模编号	试模尺寸（mm）			垂直度（°）	校准结果
	长	宽	高		

校准人：　　　　　　复核人：　　　　　　　　　　　　　　校准日期：　　年　月　日

二十一、水泥净浆搅拌机校准规程

本校准规程适用于新购置和使用中及检修后的水泥净浆搅拌机的校准。

1. 概述

水泥净浆搅拌机是按现行《水泥标准稠度用水量、凝结时间、安定性检验方法》GB/T 1346 进行试验的专用设备。

2. 技术要求

（1）搅拌机不得有碰伤、划痕和锈斑。

（2）搅拌机运转时声音正常，搅拌锅和搅拌叶片没有明显的晃动现象。

（3）搅拌机拌和一次的自动控制程序：慢速（120±3）s，停拌（15±1）s，快速（120±3）s。

（4）搅拌锅由不锈钢或带有耐腐蚀电镀层的铁质材料制成，搅拌叶片由铸钢或不锈钢制造。

（5）搅拌锅深度：（139±2）mm。

（6）搅拌锅内径：（160±1）mm。

（7）搅拌叶片与锅底、锅壁的工作间隙：（2±1）mm。

（8）在机头醒目位置标有搅拌叶片公转方向的标志。搅拌叶片自转方向为顺时针，公转方向为逆时针。

3. 检验条件

（1）检验室内应保持在（20±2）℃、湿度≥50%。

（2）检验用仪器设备

① 秒表：精度不低于 0.1s。

② 游标卡尺：分度值不大于 0.02mm。

③ 钢直尺。

④ ϕ1mm 和 ϕ3mm 钢丝。

4. 校验方法

（1）外观及运转情况：目测。

（2）搅拌机拌和一次的自动控制程序：用秒表测量一个工作周期中的慢速、停拌及快速的时间。测量两个周期，取平均值。

（3）搅拌锅深度、内径：用游标卡尺检测锅底圆弧最低点至锅口平面的距离；用游标卡尺在两个垂直方向检测内径，取平均值作为结果。

（4）搅拌叶片与锅底、锅壁的工作间隙：切断电源，用手转动叶片，使搅拌叶片平面处于锅壁垂直状态，在相互对称的 6 个位置用 ϕ1mm 和 ϕ3mm 钢丝检查搅拌叶片与锅底、锅壁的间隙。

5. 检验结果处理

全部检验项目均符合规范要求为合格。

6. 检验周期及校准检验记录

检验周期为一年。校准记录表见表 11-31。

表 11-31　水泥净浆搅拌机校准记录表

仪器编号：　　　　　　　　　　　　　　　　　　　　　　　　　　　　　　　　　　　　检验编号：

检验项目	单位	技术要求	检验数据	结果
外观及运转情况	—	搅拌锅由不锈钢或带有耐腐蚀电镀层的铁质材料制成，搅拌叶片由铸钢或不锈钢制造，搅拌机运转时声音正常，搅拌锅和搅拌叶片没有明显的晃动现象，搅拌叶片自转方向为顺时针、公转方向为逆时针		

检验项目		单位	技术要求	检验数据	结果
搅拌机拌和一次的自动控制程序时间	慢速	s	120±3		
	停拌	s	15±1		
	快速	s	120±3		
搅拌锅	深度	mm	139±2		
	内径	mm	160±1		
工作间隙	搅拌叶片与锅底	mm	2±1		
	搅拌叶片与锅壁	mm	2±1		
检验结论					
检验人			复核人		
检验日期		年 月 日	有效日期		年 月 日

二十二、水泥行星式胶砂搅拌机校准规程

本校准规程适用于新购置、使用中和检修后的水泥行星式胶砂搅拌机的校准。

1. 概述

水泥行星式胶砂搅拌机是按现行《水泥胶砂强度检验方法（ISO 法）》GB/T 17671 规定的水泥强度试验方法进行试验的专用设备。

2. 技术要求

（1）搅拌机不得有碰伤、划痕和锈斑。

（2）搅拌机运转时声音正常，搅拌锅和搅拌叶片没有明显的晃动现象。

（3）胶砂搅拌机的自动控制程序：低速（30±1）s，再低速（30±1）s，同时自动加砂，20～30s 全部加完，高速（30±1）s，停（90±1）s，再高速（60±1）s。

（4）搅拌锅由不锈钢或带有耐腐蚀电镀层的铁质材料制成，搅拌叶片由铸钢或不锈钢制造，内径（202±1）mm、深度（180±3）mm。

（5）搅拌叶片与锅底、锅壁的工作间隙：（2±1）mm。

（6）在机头醒目位置标有搅拌叶片公转方向的标志。搅拌叶片自转方向为顺时针、公转方向为逆时针。

3. 检验条件

（1）检验室内应保持在（20±2）℃、湿度≥50%。

（2）检验用仪器设备

① 秒表：精度不低于 0.1s。

② 游标卡尺：分度值不大于 0.02mm。

③ 深度尺：分度值不大于 0.02mm。

④ 钢直尺。

⑤ ϕ2mm 和 ϕ4mm 钢丝。

4．校验方法

（1）外观及运行状态检查：目测。

（2）搅拌机拌和一次的自动控制程序：用秒表测量一个工作周期中的慢速、加砂、停拌及快速的时间。测量两个周期，取平均值。

（3）搅拌锅深度、内径：用深度尺检测锅底圆弧最低点至锅口平面的距离；用游标卡尺在两个垂直方向检测内径，取平均值作为结果。

（4）搅拌叶片与锅底、锅壁的工作间隙：切断电源，用手转动叶片，使搅拌叶片平面处于锅壁垂直状态，在相互对称的6个位置用 ϕ2mm 和 ϕ4mm 钢丝检查搅拌叶片与锅底、锅壁的间隙。

5．检验结果处理

全部检验项目均符合规范要求为合格。

6．检验周期及校准检验记录

检验周期为一年。校准记录见表 11-32。

表 11-32　水泥行星式胶砂搅拌机校准记录表

仪器编号：　　　　　　　　　　　　　　　　　　　　　　　　　　　　　　　　　检验编号：

检验项目		单位	技术要求	检验数据	结果
外观及运转情况		—	搅拌锅由不锈钢或带有耐腐蚀电镀层的铁质材料制成，搅拌叶片由铸钢或不锈钢制造，搅拌机运转时声音正常，搅拌锅和搅拌叶片没有明显的晃动现象，搅拌叶片自转方向为顺时针、公转方向为逆时针		
搅拌机拌和一次的自动控制程序时间	低速	s	30±1		
	低速	s	30±1		
	同时加砂	s	20～30		
	高速	s	30±1		
	停拌	s	90±1		
	高速	s	60±1		
搅拌锅	深度	mm	180±3		
	内径	mm	202±1		
工作间隙	搅拌叶片与锅底	mm	3±1		
	搅拌叶片与锅壁	mm	3±1		
检验结论					
检验人			复核人		
检验日期		年　月　日	有效日期		年　月　日

二十三、水泥胶砂试体成型振实台校准方法

本校准方法适用于新购置、使用中和检修后的水泥胶砂试体成型振实台的校准。

1. 概述

水泥胶砂试体成型振实台是按现行《水泥胶砂强度检验方法（ISO 法)》GB/T 17671 规定的水泥强度试验方法进行试验的专用设备。

2. 技术要求

（1）应有铭牌，其中包括仪器名称、型号、生产厂、出厂编号与日期。

（2）振实台外表面不得有粗糙不平及未规定的凸起、凹陷，臂杆轴只能转动不允许有晃动。振实台启动后，其台盘在上升过程中和撞击瞬间无摆动现象，传动部分运转声音正常，控制器和计数器灵敏可靠，能控制振实台振动 60 次后自动停止。

（3）振实台的振幅：（15.0±0.3) mm。

（4）振动 60 次的时间：（60±2) s。

（5）卡具与模套连成一体，卡紧时模套能压紧试模并与试模内侧对齐。

（6）台盘表面应是水平的。

3. 检验条件

（1）秒表：分辨率不低于 0.1s。

（2）百分表、14.7mm 和 15.3mm 量块。

（3）钢直尺。

（4）卡尺：分度值 0.02mm。

（5）水平仪。

（6）检验应在温度（20±2)℃、湿度≥50％的室内进行。

4. 校验方法

（1）按"2. 技术要求"中（1）、（2）、（5）的要求进行外观和工作状态的检查。

（2）振幅检测（两种方法可选）

① 用 14.7mm 和 15.3mm 量块检测。当在凸头和止动器之间放入 14.7mm 量块时，转动凸轮，凸轮与随动轮相接触；当放入 15.3mm 量块时，再转动凸轮，则凸轮与滚轮不接触。符合以上情况为合格，否则为不合格。

② 将大量程百分表垂直于台盘面中心后，振动 6 次，记录百分表的位移测值，取平均值为振幅。

（3）振动频率的检测

启动振实台，先空振一周，然后在开动振实台的同时用秒表计时，读取振实台振动 60 次的时间。

（4）用水平仪检测台盘表面水平状态。

5. 检定结果的处理

全部检验项目均符合规范要求为合格。

6. 检定周期及校准检验记录

振实台的检验周期为一年。校准记录表见表 11-33。

表 11-33　水泥胶砂试体成型振实台校准记录表

仪器编号：　　　　　　　　　　　　　　　　　　　　　　　　　　　　　　检验编号：

检验项目	技术要求	检验数据	结果
外观及工作状态	1. 应有铭牌，包括仪器名称、型号、生产厂、出厂编号与日期。 2. 振实台外表面不得有粗糙不平及未规定的凸起、凹陷，臂杆轴只能转动不允许有晃动。振实台启动后，其台盘无摆动现象，声音正常，控制器和计数器灵敏可靠，能控制振实台振动 60 次后自动停止		

检验项目	技术要求	检验数据	结果
模套外观	卡具与模套连成一体，卡紧时模套能压紧试模并与试模内侧对齐		
振幅（mm）	15.0±0.3		
振动60次的时间（s）	60±2		
台盘表面水平状态	水平仪检测		
检验结论			
检验人		复核人	
检验日期	年　月　日　有效日期		年　月　日

二十四、水泥胶砂流动度测定仪校准方法

本校准方法适用于新购置、使用中和检修后的水泥胶砂流动度测定仪的校准。

1. 概述

水泥胶砂流动度测定仪是按现行《水泥胶砂流动度测定方法》GB/T 2419 中水泥胶砂流动度测定方法进行测定的专用设备，主要由跳桌、截锥圆模和捣棒组成。

2. 技术要求

（1）跳桌外观完好，应固定在坚固的基座上，圆盘台面应水平，跳桌跳动灵活，上升过程中保持圆盘桌面平稳，不抖动。

（2）跳桌圆盘直径（300±1）mm，跳动部分（包括铸钢圆盘桌面和推杆）总质量（4.35±0.15）kg，圆盘跳动落距（10.0±0.2）mm。

（3）桌面跳动频率为1次/s，跳动一个周期25次的时间为（25±1）s。

（4）截锥圆模上口内径（70±0.5）mm、下口内径（100±0.5）mm、下口外径（120±0.5）mm、高（60±0.5）mm、模壁厚大于5mm。截锥圆模上有套模，套模下口应与圆模上口配合。

（5）金属捣棒工作部分直径（20±0.5）mm、长（200±1.0）mm。

3. 检验条件

（1）检验用的仪器设备

① 游标卡尺：测量范围0～125mm，分度值0.02mm。

② 钢直尺：测量范围0～500mm，分度值1mm。

③ 天平：称量5000g，感量5g。

④ 秒表：分度值不小于0.1s。

⑤ 大量程百分表：测量范围0～30mm，分度值0.01mm。

⑥ 水平仪。

⑦ 量块：10.20mm和9.80mm两块。

（2）水泥胶砂流动度测定仪应在（20±2）℃、相对湿度不低于50％的室内检验。

4. 校验方法

（1）外观检查：目测。

（2）圆盘桌面的水平度：用水平仪检查。

（3）跳动部分总质量：用天平称量。

（4）落距检测（两种方法可选）：

① 用量块测量。将10.20mm量块放在机架顶面和凸肩平面之间，转动凸轮，凸轮与托轮不接触；将9.80mm量块放在机架顶面和凸肩平面之间，转动凸轮，凸轮与托轮不接触。符合以上情况为合格，否则为不合格。

② 将大量程百分表垂直于圆盘中心后，使圆盘跳动 6 次，记录每次大量程百分表的位移测值，取平均值为振幅。

（5）跳动频率：用秒表测量跳动一个周期 25 次所用秒数。测量两个数值，取平均值。

（6）桌面直径：用游标卡尺测量互相垂直的两个方向，取平均值。

（7）截锥圆模几何尺寸：用游标卡尺检测高度、上口内径、下口内径、下口外径，分别测量互相垂直的两个方向，取其平均值。

（8）金属捣棒工作部分直径和长度检测：用游标卡尺测量互相垂直的两个方向直径，取其平均值；用钢直尺测量长度。

5. 检验结果处理

全部检验项目均符合规范要求为合格。

6. 检验周期及校准检验记录

检验周期为一年。水泥胶砂流动度测定仪检验记录见表 11-34。

表 11-34 水泥胶砂流动度测定仪校准记录表

仪器编号：　　　　　　　　　　　　　　　　　　　　　　　　　　　　　　　　　　　检验编号：

检验项目		单位	技术要求	检验数据	结果
外观		目测	外观完好，固定在坚固的基座上，圆盘台面水平，跳动灵活，桌面平稳，不抖动		
圆盘桌面的水平度		—	水平		
跳动部分总质量		kg	4.35±0.15		
落距检测		mm	10.0±0.2		
跳动一个周期 25 次的时间		s	25±1		
桌面直径		mm	300±1		
截锥圆模几何尺寸	高度	mm	60±0.5		
	上口内径	mm	70±0.5		
	下口内径	mm	100±0.5		
	下口外径	mm	120±0.5		
金属捣棒	工作部分直径	mm	20±0.5		
	工作部分长度	mm	200±1		
检验结论					

检验人		复核人	
检验日期	年　月　日	有效日期	年　月　日

二十五、水泥抗压夹具校准方法

本校准方法适用于新购置、使用中和检修后的水泥抗压夹具的校准。

1. 概述

水泥抗压夹具是按现行《水泥胶砂强度检验方法（ISO 法）》GB 17671 进行检测水泥强度的专用夹具。

2. 技术要求

（1）应有牢固的铭牌，其内容包括：名称、规格型号、制造厂、出厂编号和日期。

（2）抗压夹具应保持清洁，不得有碰伤、划痕。

（3）上、下压板表面平整光洁，球座应能自由转动。

（4）传压柱进行导向运动时垂直滑动而不发生明显摩擦和晃动，外力撤消后，传压柱能自动返回原位。

（5）上、下压板应由硬质钢材制成，其长度为（40±0.1）mm、宽度大于 40mm、厚度大于 10mm。

（6）上、下压板与试样整个接触表面的平面度为 0.01mm，上、下压板自由距离＞45mm。

（7）定位销高度不高于下压板表面 5mm，间距为 41～55mm。

3. 检验项目及条件

（1）检验项目

① 目测检查外观；

② 上、下压板的长度、宽度、厚度；

③ 上、下压板的平面度；

④ 上、下压板自由距离；

⑤ 定位销高度、间距。

（2）检验用器具

① 游标卡尺：量程 300mm，分度值 0.02mm。

② 钢直尺：量程 300mm，分度值 1mm。

③ 刀口尺、塞尺。

4. 检查方法

（1）目测及手感检查外观。

（2）用钢直尺测量上、下压板自由距离。

（3）用游标卡尺测量上、下压板的长、宽、厚及定位销高度、间距。

（4）用刀口尺、塞尺检查压板表面的平面度。

5. 检验结果处理

全部检验项目均符合技术要求为合格。

6. 检验周期及校验记录

检验周期为一年。水泥抗压夹具校准记录见下表 11-35。

表 11-35　水泥抗压夹具校准记录表

仪器编号：　　　　　　　　　　　　　　　　　　　　　　　　　　　　　　　检验编号：

检验项目	单位	技术要求	检验数据	结果
外观状态	目测	1. 应有牢固的铭牌； 2. 抗压夹具应保持清洁，不得有碰伤、划痕； 3. 上、下压板表面平整光洁，球座应能自由转动； 4. 传压柱进行导向运动时垂直滑动而不发生明显摩擦和晃动，外力撤消后，传压柱能自动返回原位		

检验项目		单位	技术要求	检验数据	结果
上压板尺寸	长	mm	40±0.1		
	宽	mm	>40		
	厚	mm	>10		
下压板尺寸	长	mm	40±0.1		
	宽	mm	>40		
	厚	mm	>10		
压板表面的平面度		mm	±0.1		
自由距离		mm	>45		
定位销	高	mm	≤5		
	间距	mm	41~55		
检验结论					
检验人			复核人		
检验日期		年 月 日	有效日期		年 月 日

二十六、水泥恒温恒湿养护箱校准方法

本校准方法适用于新购置、使用中和检修后的水泥恒温恒湿养护箱的校准。

1. 概述

水泥恒温恒湿养护箱是按现行《水泥胶砂强度检验方法（ISO 法）》GB 17671 进行检验水泥胶砂强度，为水泥试样提供规范养护条件的专用设备。

2. 技术要求

（1）外观：箱内外保持清洁，密封良好；资料齐全，运转状况正常。

（2）温度（20±1）℃，湿度不低于90％。温度显示器示值与实测值相差小于0.5℃；湿度显示器示值与实测值误差在－3％RH～5％RH 范围内。

（3）箱内篦板呈水平放置。

（4）空载运行24h 后，养护空间内无滴水现象。

3. 检验项目及条件

（1）检验项目

① 外观；

② 温度、湿度。

（2）检验用器具

① 干湿温度计：测温准确度±0.2℃；测湿准确度小于3％RH。

② 水平仪。

4. 校验方法

（1）用手摸、目测等感官方法检查外观、密封性及运转状况；用试电笔检查有无漏电现象。

（2）养护箱内温度测定：将温度计放置于养护箱内上、中、下层等不同部位，待温度稳定后读出

温度计上的读数，共读测 4～6 点。

（3）养护水温度的测定：将温度计放置于养护水槽内，待温度稳定后读出温度计上的读数，共测 3 点。

（4）箱内湿度：用干湿球温度计测量 3 个不同点的湿度。

（5）用水平仪测试箱内箅板水平性。

（6）将养护箱空载运行 24h，目测有无滴水现象。

5. 检验结果处理

全部检验项目均符合技术要求为合格。

6. 检验周期及校准检验记录

检验周期为一年。水泥恒温恒湿养护箱校准记录见表 11-36。

表 11-36　水泥恒温恒湿养护箱校准记录表

仪器编号：　　　　　　　　　　　　　　　　　　　　　　　　　　检验编号：

检验项目		技术要求	检验数据		结果
外观及运转	外观检查	箱内外保持清洁，密封良好			
	运转状况	正常			
温度（℃）		养护箱内温度 20±1			
		养护箱水温度 20±1			
湿度（%）		养护箱内湿度>90			
箅板		水平			
空载性能		无滴水			
检验结论					
检验人			复核人		
检验日期		年　月　日	有效日期		年　月　日

二十七、工作温度计校准方法

本方法适用于工作温度计的校准。本方法依据《工作用玻璃液体温度计》JJG 130—2004 检定规程编制。

1. 技术要求

（1）数显温度计显示屏应清晰，电池电量充足，探头应无损伤、凹痕、氧化锈蚀及其他附着物。玻璃温度计的玻璃棒及毛细管应均匀笔直，感温泡和玻璃棒无裂痕，液柱无断节和气泡。

（2）示值误差：常用温度计示值误差应满足表 11-37 的要求。

表 11-37　常用温度计示值允许误差

感温材料	温度上限或下限所在温度范围（℃）	分度值（℃）					
		0.1	0.2	0.5	1	2	5
有机液体	−30～100	—	—	±1.0	±1.5	—	—
水银	−30～100	—	—	±1.0	±1.5	±3.0	—
	0～50	±1.0	—	—	—	—	—
	0～100	±1.0	±1.0	—	—	—	—
	100～200	—	—	±1.5	±2.0	±3.0	—
	200～300	—	—	—	±2.0	±3.0	±7.5
	300～400	—	—	—	—	6.0	12.0

2. 校准项目

(1) 外观检查。

(2) 示值误差。

3. 校准器具

(1) 标准温度计。

(2) 恒温装置。

4. 校准周期

校准周期一般不超过 12 个月。

5. 结果处理

填写校准记录表（表 11-38），提交审核确认。

表 11-38　工作温度计校准记录表

设备名称				设备编号			
规格型号				出厂编号			
生产厂家				校准日期			
校准器具名称及编号							
校准环境							
校准项目				实测值			
外观检测	测量范围（℃）						
	分度值（℃）						
	其他						
示值误差校准	1	温度范围示值（℃）					
		标准温度计的示值（℃）					
		修正值（℃）					
	2	温度范围示值（℃）					
		标准温度计的示值（℃）					
		修正值（℃）					
	3	温度范围示值（℃）					
		标准温度计的示值（℃）					
		修正值（℃）					
	4	温度范围示值（℃）					
		标准温度计的示值（℃）					
		修正值（℃）					
	5	温度范围示值（℃）					
		标准温度计的示值（℃）					
		修正值（℃）					
校准结论							
备注							
检验			校核			日期	

二十八、滴定管、容量瓶、移液管、量筒玻璃仪器校检方法

本方法适用于新购和使用中的玻璃容量仪器的校验。

1. 技术要求

(1) 欲校验的滴定管、容量瓶、移液管、量筒等必须完整，无破损。

(2) 欲校验的滴定管、容量瓶、移液管、量筒等必须充分洗涤干净、干燥并编号。滴定管必须分

别按酸、碱滴定管的要求备好。

（3）滴定管、容量瓶、移液管、量筒的容许误差见表11-39。

表 11-39　滴定管、容量瓶、移液管、量筒的容许误差

容积（mL）	容许误差（mL）							
	滴定管		移液管		容量瓶		量筒	
	1级	2级	1级	2级	1级	2级	1级	2级
2			±0.006	±0.015				
5	±0.01	±0.03	±0.01	±0.03			±0.01	±0.03
10	±0.02	±0.04	±0.02	±0.04			±0.02	±0.04
25	±0.03	±0.06	±0.04	±0.10			±0.03	±0.06
50	±0.05	±0.10	±0.05	±0.12	±0.05	±0.10	±0.05	±0.10
100			±0.08	±0.16	±0.10	±0.20	±0.10	±0.20
250					±0.10	±0.20	±0.10	±0.20
500					±0.15	±0.30	±0.15	±0.30
1000					±0.30	±0.60	±0.30	±0.60
2000							±0.60	±1.20

2. 校验项目及条件

（1）校验项目

测定玻璃仪器在一定温度下的容积。

（2）校验用器具

① 天平：量程200g，分度值0.01mg；量程1000g，分度值0.5mg；量程5000g，分度值2.5mg；

② 100mL 具塞三角瓶。

③ 温度计：刻度范围0~50℃，分度值0.5℃。

3. 校验方法

（1）绝对校正法：主要用于滴定管、容量瓶、移液管、量筒的校正。

① 滴定管的校正方法

a. 加入与室温相同的蒸馏水，并记录水的温度。

b. 按被校滴定管的容积分成五等份，每次放出一份至已称至恒量的具塞三角瓶中称量，重复放出蒸馏水、称量、直至完毕。

c. 根据水温查表，计算实际容积、校准值、总校准值。

② 容量瓶的校验方法

a. 按容量瓶的容量称量，其称量精度见表11-40。

表 11-40　容量瓶的容量称量精度

容量瓶容积（mL）	50	100	250	500	1000
称准至（g）	0.015	0.015	0.01	0.02	0.05

b. 以蒸馏水充满容量瓶，准确至标线，同时记录水温，切不可将水弄到容量瓶的外壁。

c. 将充满水的容量瓶放置约10min，检查容量瓶中的水是否准确至标线，若高于标线，应用干净的吸管将多余的水吸出。

d. 在同一天平上称量后，记录、计算容量瓶实际容积。

③ 移液管的校验方法：校验方法同滴定管，只是无须将移液管容积等分成五等份，一次称量即可。

④ 量筒的校验方法：其校验方法同容量瓶。

（2）相对校正法：在很多情况下，容量瓶与移液管是配合使用的，因此重要的不是要知道所用的容量瓶的绝对容积，而是容量瓶与移液管的容积比是否正确。

① 将校正过的移液管吸取蒸馏水注入容量瓶中，记录注入次数（注意注入次数须为 5 或 10）。

② 观察容量瓶中水的弯月面是否与标线相切。

③ 重复上述操作两次。

④ 如果仍不相切，可在容量瓶中做一新标线，以后配合该支移液管使用时，可以以新标线为准。

4．校验结果处理

（1）经校验符合技术要求者准予使用，不合格者报废。

（2）检验周期：半年一次。

（3）玻璃仪器校验记录见表 11-41。

表 11-41　玻璃仪器校验记录表

品种规格：　　　　　　　　　仪器编号：　　　　　　　　　校验编号：

仪器读数	读数的容积（mL）	瓶与水的质量（g）	水的质量（g）	实际容积（mL）	校正值（mL）	总校正值（mL）

水温：　　℃，1mL 的水质量　　　g

校验结论：

校验：　　　　　　　核验：　　　　　　　校验日期：　　年　月　日

第五节　试验与检测数据的处理

一、有效数字及运算规则

1．有效数字

混凝土试验与检测中的测量值都是用数字表示的，例如：石粉试样的质量为 20.00g，实验室温度为 20.0℃。这些数字不仅说明测量值数值的大小，同时也反映了测量的精确度。与测量的精确度相符的数字称为有效数字。上述有效数字分别为四位和三位。有效数字的最后一位为可疑数字，其余的数字都是可靠的。所以，根据用有效数字表示的试验记录，可推知试验时所用仪器的精度。用不同精度的仪器测得的试验记录其有效数字的位数是不同的。在具体的试验过程中，应根据试验中所用仪器的精度来确定有效数字的位数，而不能笼统地要求有效数字一定要多少位。

2．有效数字的注意事项

在书写有效数字时，应注意以下几点：

（1）数字"0"有时是有效数字，有时却只起定位作用。例如，10.20 为四位有效数字，末位数字"0"为有效数字；0.205 为三位有效数字，首位数字"0"不是有效数字。

（2）在数值的科学表示法中，10 的幂次不是有效数字。例如，6.1×10^5 为两位有效数字，10.1×10^5 则为三位有效数字。

（3）在做单位变换时，有效数字的位数不能变更。例如，$1.5t \rightarrow 1.5 \times 10^3 kg \rightarrow 1.5 \times 10^6 g$ 是正确的，$1.1t \rightarrow 1100kg \rightarrow 1100000g$ 是不正确的。

二、数值修约

1. 数值修约基本概念

（1）数值修约是指在进行具体的数字运算前，通过省略原数值的最后若干位数字，调整保留的末位数字，使最后所得到的值最接近原数值的过程。指导数字修约的具体规则被称为数值修约规则。

（2）修约间隔

修约间隔是确定修约保留位数的一种方式。修约间隔的数值一经确定，修约值即应为该数值的整数倍。

例1：如指定修约间隔为0.1，修约值即应在0.1的整数倍中选取，相当于将数值修约到一位小数。

例2：如指定修约间隔为100，修约值即应在100的整数倍中选取，相当于将数值修约到"百"数位。

2. 数值修约规则

按照以往惯常的"四舍五入"法对数值进行修约，往往造成在大量数据运算中正误差无法抵消的后果，使试验的结果偏离真值。根据国标《数据修约规则与极限数值的表示和判定》GB/T 8170—2008，试验与检测结果数字修约按下列规则进行，即"四舍六入，五单双"的修约方法。

数值修约规则口诀：逢4舍去6必进；遇5按照5后情，5后有数进上去；5后是零要看清：5前是奇进上去，5前是偶不要进。计算当中不修约，修约要在计算尽。

（1）在拟舍弃的数字中，保留数后（右）第一个数小于5（不包括5）时舍去，保留数的末位数字不变。例如，将100.532修约到保留一位小数，修约后为100.5。

（2）在拟舍弃的数字中，保留数后（右）第一个数大于5（不包括5）时进1，保留数的末位数字加1。例如，将100.562修约到保留一位小数，修约后为100.6。

（3）在拟舍弃的数字中，保留数后（右）第一个数等于5且5后边的数字全部为0时，保留数的末位数字为奇数则进1，保留数的末位数字为偶数（包括"0"）则不进。

例如，将下列数字修约到保留一位小数：

修约前4.450，修约后为4.4。

修约前4.350，修约后为4.4。

修约前4.050，修约后为4.0。

三、检测数据的表示方法

检测数据的表示方法通常有表格法、图形法和数学公式法三种。

1. 表格法

表格法是工程技术用得最多的数据表示方法之一。通常有两种表格，一种是试验与检测数据记录表。另一种是试验与检测结果表，表格表示法所反映的数据直观、明确，但也存在些缺点，如对试验数据不易进行数学解析，不易看出变量与对应函数间的关系及变量之间的变化规律等。

2. 图形法

工程领域中常把数据绘制成图形，如表示混凝土龄期与抗压强度的关系时，把坐标系中的横坐标设为混凝土龄期，纵坐标设为混凝土的抗压强度，根据不同龄期下的混凝土抗压强度试验数据，可以得到一条曲线，由此可以了解混凝土龄期与抗压强度的变化规律。

然而图形表示法也有其缺点，如不易对图形进行解析，根据图形得到某点所对应的函数值时，往往误差过大等。

3. 数学公式法

在处理数据时，时常遇到两个变量因素的试验值，可以利用试验数据找出二者之间的规律，同时建立两个相关变量因果关系的公式，作为数据处理的经验公式。根据系列数据建立经验公式是该方法中最基本的环节。

四、混凝土常用试验与检测结果的修约

详见表 11-42～表 11-49。

表 11-42 水泥试验与检测结果修约

试验项目	结果取样	要点说明
烧失量	试样称量精确至 0.0001g，结果暂按精确至 0.01％执行	同一实验室的允许差为 0.15％
比表面积	精确至 1m²/kg	比表面积应由两次试验结果的平均值确定，若二次结果相差 2％以上时，应重新试验
三氧化硫含量	试样称量精确至 0.0001g，结果暂按精确至 0.01％执行	同一实验室的允许差为 0.15％，不同试验值的允许差为 0.20％
氧化镁含量	试样称量精确至 0.0001g，结果暂按精确至 0.01％执行	同一实验室的允许差为 0.15％，不同试验值的允许差为 0.25％
碱含量	试样称量精确至 0.0001g，结果暂按精确至 0.01％执行	同一实验室的允许差为 0.15％，不同试验值的允许差为 0.15％
游离氧化钙含量	试样称量精确至 0.0001g，结果暂按精确至 0.01％执行	同一实验室的允许差为：含量<2％时，0.10％；含量>2％时，0.20％
氯离子含量	试样称量精确至 0.0002g，结果按精确至 0.001％执行	含量<0.01％时，同一实验室和不同实验室的允许差均为 0.002％，含量在 0.1％～1，0％之间时，同一实验室的允许差为 0.020％，不同实验室的允许差为 0.030％
细度	精确至 0.1％	取两次筛余平均值为筛析结果。若两次筛余结果绝对误差大于 0.5％（筛余值大于 5.0％时可放至 1.0％），应重做一次试验，取两次相近结果的算数平均值作为最终结果
凝结时间	精确至 1min	到达初凝或终凝时应立即重复测一次，当两次结论相同时才能到达初凝或终凝状态
安定性	精确至 0.5mm	当两个试样的（C-A）值相差不超过 5.0mm 时，即认为该水泥安定性合格；当两个试样的（C-A）值相差超过 4.0mm 时，应用同一样品立即重做一次，再如此，则认为水泥安定性不合格
抗折强度	精确至 0.1MPa	以一组 3 个棱柱体抗折结果的平均值作为试验结果。当 3 个强度值中有超出平均值±10％，应剔除后再取平均值作为试验结果
抗压强度	精确至 0.1MPa	以一组 3 个棱柱体上得到 6 个抗压强度结果的平均值作为试验结果。如 6 个测值中有一个超出 6 个平均值的±10％，就应剔除这个结果，而以剩下的 5 个值的平均值作为结果。如果 5 个测定值中再有超过它们平均值±10％的，则此组结果作废

表 11-43 粉煤灰试验结果修约

试验项目	结果取样	要点说明
细度	筛余物称量精确至 0.01g，结果精确至 0.1％	筛余百分数应以筛网校正系数，再作为结果
需水量比	精确至 0.1％	—

续表

试验项目	结果取样	要点说明
烧失量	试样称量精确至 0.0001g，结果暂按精确至 0.01％执行	同一实验室的允许差为 0.15％
含水量	精确至 0.1％	—
三氧化硫含量	试样称量精确至 0.0001g，结果暂按精确至 0.01％执行	同一实验室的允许差为 0.15％，不同实验室的允许差为 0.20％
氧化钙含量	试样称量精确至 0.0001g，结果暂按精确至 0.01％执行	同一实验室的允许差为 0.25％，不同实验室的允许差为 0.40％
活性指数	精确至 1％	—
碱含量	试样称量精确至 0.0001g，结果暂按精确至 0.01％执行	同一实验室的允许差为 0.10％，不同实验室的允许差为 0.15％
氯离子含量	试样称量精确至 0.0002g，结果精确至 0.001％	含量<0.10％时，允许差为 0.002％；含量在 0.1％～1.0％之间时，同一实验室的允许差为 0.020％，不同实验室的允许差为 0.030％

表 11-44　粒化高炉矿渣粉试验结果修约

试验项目	结果取样	要点说明
比表面积	精确至 1m²/kg	比表面积应由二次试验结果的平均值确定。如二次结果相差 2％以上，应重新试验
烧失量	试样称量精确至 0.0001g，结果暂按精确至 0.01％执行	同一实验室的允许差为 0.15％
氧化镁含量	试样称量精确至 0.0001g，结果暂按精确至 0.01％执行	同一实验室的允许差为 0.15％，不同实验室的允许差为 0.25％
三氧化硫含量	试样称量精确至 0.0001g，结果暂按精确至 0.01％执行	同一实验室的允许差为 0.15％，不同实验室的允许差为 0.20％
氯离子含量	试样称量精确至 0.0002g，结果暂按精确至 0.01％执行	含量<0.10％时，允许差为 0.002％；含量在 0.1％～1.0％之间时，同一实验室的允许差为 0.020％，不同实验室的允许差为 0.030％
含水率	精确至 0.1％	—
需水量比	精确至 1％	—
碱含量	试样称量精确至 0.0001g，结果暂按精确至 0.01％执行	同一实验室的允许差为 0.10％，不同实验室的允许差为 0.15％
活性指数	精确至 1％	—

表 11-45　混凝土外加剂试验结果修约

试验项目	结果取样	要点说明
水泥净浆流动度	无规定，按 1mm 执行	室内允许差为 5mm，室间允许差为 10mm
硫酸钠含量	试样称量精确至 0.0001g，无规定，按 0.01％执行	室内允许差为 0.50％，室间允许差为 0.80％
氯离子含量	试样称量精确至 0.0001g，无规定，按 0.01％执行	室内允许差为 0.50％，室间允许差为 0.80％
总碱量	试样称量精确至 0.0001g，无规定，按 0.01％执行	—

试验项目	结果取样	要点说明
减水率	精确至 0.1%	以 3 个试样结果的算术平均值计，当 3 个结果的最大值或最小值有一个与中间值差＞15%时，应以中间值作为检测结果；当最大值或最小值与中间值差均＞15%时，须重新进行试验
坍落度保留值	精确至 1mm	以 3 次试验结果的算数平均值作为结果
常压泌水率比	精确至 0.1%	以 3 个试样结果的算术平均值计，当 3 个结果的最大值或最小值有一个与中间值差＞15%时，应以中间值作为检测结果；当最大值或最小值与中间值差均＞15%时，须重新进行试验
含气量	无规定，按 0.1%执行	以 3 个试样结果的算术平均值计，当 3 个结果的最大值或最小值有一个与中间值差＞15%时，应以中间值作为检测结果；当最大值或最小值与中间值差均＞15%时，须重新进行试验
对钢筋的锈蚀作用	—	—
收缩率比	无规定，按 1%执行	以 3 个试样试验结果的算数平均值表示
压力泌水率比	精确至 1%	以 3 次试验结果的算数平均值作为结果
凝结时间差	无规定，按 1min 执行	以 3 批试样结果的算术平均值计，当 3 个结果的最大值或最小值有一个与中间值差＞30min 时，应以中间值作为检测结果；当最大值或最小值与中间值差均＞30min 时，须重新进行试验
抗压强度比	无规定，按 1%执行	以 3 批试样结果的算术平均值计，当 3 个结果的最大值或最小值有一个与中间值差＞15%时，应以中间值作为检测结果；当最大值或最小值与中间值差均＞15%时，须重新进行试验
相对耐久性指标	无规定，按 1%执行	以 3 批试验结果的算数平均值表示

表 11-46　细骨料试验结果修约

试验项目	结果取位	要点说明
筛分析	分计筛余精确至 0.1%，累计筛余精确至 1%，细度模数精确至 0.01，细度模数平均值精确至 0.1	取两次试验结果的算术平均值为测定值。当两次试验结果差超过 0.20 时，须重新取样试验
表观密度	精确至 10kg/m³	取两次试验结果的算术平均值为测定值。当两次试验结果差大于 20kg/m³ 时，重新取样试验
吸水率	精确至 0.1%	取两次试验结果的算术平均值为测定值。当两次试验结果之差大于 0.2%时，重新取样试验
紧密、堆积密度	密度精确至 10kg/m³；孔隙率精确至 1%	取两次试验结果的算术平均值为测定值
含水率	精确至 0.1%	取两次试验结果的算术平均值为测定值
含泥量	精确至 0.1%	取两次试验结果的算术平均值为测定值。当两次试验结果差超过 0.5%时，须重新取样试验
泥块含量	精确至 0.1%	取两次试验结果的算术平均值为测定值。当两次试验结果差超过 0.4%时，须重新取样试验。JGJ 52—2006 无此规定
云母含量	精确至 0.1%	—

续表

试验项目	结果取位	要点说明
有机物质含量	—	如溶液颜色深于标准色，须做抗压强度比，28d 抗压强度比值≥95％
轻物质含量	精确至 0.1％	取两次试验结果的算术平均值为测定值
坚固性	精确至 1％	—
硫化物及硫酸盐含量	精确至 0.01％	取两次试验结果的算术平均值为测定值。当两次试验结果差超过 0.15％时，重新取样试验
氯离子含量	精确至 0.01％	—
碱-骨料反应	精确至 0.01％	当平均膨胀率≤0.05％时单个测值均＜0.01％，以及当平均膨胀率＞0.05％，单个测值与均值之差均＜均值的 20％时，以 3 个试样的算术平均值计；否则去掉最小值，以其余两个算术平均值计。当 3 个试样长度膨胀率均大于 0.10％时，无精度要求

表 11-47　粗骨料试验结果修约

试验项目	结果取位	要点说明
筛分析	分计筛余精确至 0.1％，累计筛余精确至 1％	根据累计筛余百分率，评定试样的颗粒级配。当各筛筛余与筛底质量之和与原样质量差超过 1％时，须重新进行试验
表观密度	精确至 10kg/m³	取两次试验结果的算术平均值为测定值。当两次试验结果差大于 20kg/m³ 时，重新取样试验。对颗粒材质不均匀的试样，如两次试验结果之差超过规定时，可取 4 次试验结果的平均值作为检测结果
吸水率	精确至 0.01％	取两次试验结果的算术平均值为测定值
紧密、堆积密度	密度精确至 10kg/m³；孔隙率精确至 1％	密度取两次试验结果的算术平均值为测定值
含水率	精确至 0.1％	取两次试验结果的算术平均值为测定值
含泥量	精确至 0.1％	取两次试验结果的算术平均值为测定值。当两次试验结果之差大于 0.2％时，重新取样试验
泥块含量	精确至 0.1％	取两次试验结果的算术平均值为测定值。当两次试验结果之差大于 0.2％时，重新取样试验
有机物质含量	—	如溶液颜色深于标准色，须做抗压强度比，28d 抗压强度比值≥95％
针、片状颗粒含量	精确至 1％	—
坚固性	精确至 1％	—
压碎指标	精确至 1％	以 3 次试验结果的算术平均值作为检测值
氯化物含量	精确至 0.01％	取两次试验结果的算术平均值为测定值。当两次试验结果之差大于 0.01％时，重新取样试验
岩石抗压强度	精确至 1MPa	取 6 个试样算术平均值作为测定值。如其中两个与其他 4 个试样的抗压强度算数平均值相差 3 倍以上，则取 4 个试样强度的算术平均值
硫化物及硫酸盐含量	精确至 0.01％	取两次试验结果的算术平均值为测定值。当两次试验结果之差大于 0.15％时，重新取样试验
碱-骨料反应	精确至 0.01％	当平均膨胀率≤0.05％时单个测值均＜0.01％，以及当平均膨胀率＞0.05％，单个测值与均值之差均＜均值的 20％时，以 3 个试样的算术平均值计；否则去掉最小值，以其余两个算术平均值计。当 3 个试样长度膨胀率均大于 0.10％时，无精度要求

表 11-48　混凝土用水常规试验结果修约表

试验项目	结果取样	要点说明
pH	未做规定，按精确至 0.01pH 单位执行	—
可溶物含量	未做规定，按精确至 0.1mg/L 执行	—
氯化物含量	未做规定，按精确至 0.1mg/L 执行	—
不溶物	未做规定，按精确至 0.1mg/L 执行	—
硫酸盐含量	未做规定，按精确至 0.1mg/L 执行	以两次试验结果的算术平均值计
碱含量	暂按精确至 0.1mg/L 执行	—
凝结时间差	精确至 1min	—
抗压强度比	精确至 1%	—

表 11-49　混凝土试验数据修约

试验项目		执行标准	结果取位	要点说明
混凝土拌和物性能	坍落度	GB/T 50080—2016	坍落度值测量精确至 1mm，结果修约至 5mm	将坍落度筒提起后混凝土发生一边崩塌或剪坏现象时，应重新取样另行测定；第二次试验仍出现一边崩塌或剪坏现象，应予记录说明
	扩展度		扩展度值测量精确至 1mm，结果修约至 5mm	扩展度试验从开始装料到测得混凝土扩展度值的整个过程应连续进行，并应在 4min 内完成
	维勃稠度		维勃稠度值精确至 1s	
	凝结时间		贯入阻力精确至 0.1MPa；凝结时间结果应用 h：min 表示，精确至 5min	以 3 个试样的算术平均值作为凝结时间的试验结果。3 个测值的最大值或最小值中有一个与中间值之差超过中间值的 10%时，应以中间值作为试验结果；最大值和最小值与中间值之差均超过中间值的 10%时，应重新试验
	表观密度		精确至 10kg/m³	—
	含气量		精确至 0.1%	以两次测量结果的平均值作为试验结果。两次测量结果的含气量相差大于 0.5%时，应重新试验
混凝土物理力学性能	抗压强度	GB/T 50081—2019	精确至 0.01MPa	以 3 个试样试验的算术平均值作为该组试样的强度值，当 3 个结果的最大值或最小值有一个与中间值差＞15%时应以中间值作为检测结果；当最大值与最小值与中间值差均＞15%时，须重新进行试验
	轴心抗压强度		精确至 0.1MPa	以 3 个试样试验结果的算术平均值作为该组试样的强度值，当 3 个结果的最大值或最小值有一个与中间值差＞15%时应以中间值作为检测结果；当最大值与最小值与中间值差均＞15%时，须重新进行试验
	劈裂抗拉强度		精确至 0.01MPa	以 3 个试样试验结果的算术平均值作为该组试样的强度值，当 3 个结果的最大值或最小值有一个与中间值差＞15%时应以中间值作为检测结果；当最大值与最小值中间值差均＞15%时，须重新进行试验
	抗折强度		精确至 0.1MPa	3 个试样若有一个折断面位于两个集中荷载之外，则混凝土抗折强度值按另两个试样的试验结果计算。若这两个测值的差值不大于这两个测值较小值的 15%时，则该组试样的抗折强度值按这两个测值的平均值计算，否则该组试样的试验无效。若有两个试样的下边缘断裂位置位于两个集中荷载作用线之外，则该组试验无效
	静力受压单行模量		精确至 100%MPa	以 3 个试样试验的算术平均值作为该组试样的强度值，如果其中有一个试样的轴心抗压强度值与用以确定检验控制荷载的轴心抗压强度值相比超过后者的 20%时，则弹性模量值按另两个试样的算术平均值计算，如有两个试样超过上述规定，则此次试验无效

试验项目		执行标准	结果取位	要点说明
混凝土耐久性能	抗冻性能	GB/T 50082—2009	按相对动弹模量精确至 0.1%，质量损失率按精确至 0.01%执行	相对动弹模量和质量损失率均按 3 个试样的算术平均值计
	抗渗性能		试验水压精确至 0.1%MPa，抗渗标号保留整数	抗渗标号 S 按公式：$S=10H-1$ 计算。$H=6$ 个试样中 3 个出现渗水时的压力值（MPa）

五、试验与检测记录

1. 试验与检测记录的基本要求

（1）记录的完整性。检测记录信息完整，以保证检测行为能够再现；检测表格内数据齐全，相应附加的资料齐全；签字手续齐全。

（2）记录的严肃性。按规定要求记录、修正检测数据，保证记录具有合法性和有效性；数据的记录应清晰、规整，保证识别的唯一性；数据记录、处理应规范，以便校核。

（3）记录的原始性。检测记录必须当场完成，不得追记、补记；记录的修正必须当场完成，不得事后修改；记录表格必须用事先准备的统一规格的正式表格，不得采用临时设计的未经批准的非正式表格。

2. 原始记录的记录要求

（1）所有的原始记录应按规定要求填写，除特殊规定外，一般书写时应使用蓝色或黑色笔，字迹应端正、清晰，不得漏记、补记和追记。记录数据占记录格的 1/2 以下，以便修正记录错误。

（2）使用法定的计量单位，按标准规定的有效数字的位数记录，正确进行数字修约。

（3）如遇到数据错误需要更正时，应遵循"谁记录，谁修改"的原则，由原记录人采用"杠改"的方式更改，即发生"杠改"的记录，表示该数据已无效，在"杠改"记录格内的右上方填上正确的数据并加盖自己的专用名章，其他人不得代替记录人修改。在任何情况下不得采用涂改、刮除或其他方式销毁错误的记录。

（4）检测人员应按要求填写与试验有关的全部信息，需要说明处应详细说明。

（5）检测人员应按标准要求提交分析得出的结果、图标或曲线等。

（6）检测人员和校核人员应按要求在记录表格和图表、曲线的特定位置签署姓名，其他人不得代签。

附录　混凝土试验与检测常用现行相关标准规范一览

序号	标准号	标准（规范）名称
1	JC/T 681—2022	行星式水泥胶砂搅拌机
2	JC/T 682—2022	水泥胶砂试体成型振实台
3	JC/T 960—2022	水泥胶砂强度自动压力试验机
4	GB/T 14684—2022	建设用砂
5	GB/T 14685—2022	建设用卵石、碎石
6	JT/T 523—2022	公路工程水泥混凝土外加剂
7	JC/T 2723—2022	预应力混凝土实心方桩
8	JC/T 2727—2022	透水砂浆
9	GB/T 28900—2022	钢筋混凝土用钢材试验方法
10	GB/T 6003.1—2022	试验筛 技术要求和检验 第1部分：金属丝编织网试验筛
11	GB/T 2611—2022	试验机 通用技术要求
12	GB/T 26751—2022	用于水泥和混凝土中的粒化电炉磷渣粉
13	GB/T 41054—2021	高性能混凝土技术条件
14	GB/T 41060—2021	水泥胶砂抗冻性试验方法
15	GB/T 17671—2021	水泥胶砂强度检验方法（ISO法）
16	JC/T 949—2021	混凝土制品用脱模剂
17	GB/T 51446—2021	钢管混凝土混合结构技术标准
18	GB 55002—2021	建筑与市政工程抗震通用规范
19	GB 55008—2021	混凝土结构通用规范
20	JC/T 2647—2021	预拌混凝土生产企业废水回收利用规范
21	JC/T 1011—2021	混凝土抗侵蚀防腐剂
22	GB/T 9142—2021	建筑施工机械与设备 混凝土搅拌机
23	JGJ/T 15—2021	早期推定混凝土强度试验方法标准
24	JC/T 1088—2021	粒化电炉磷渣化学分析方法
25	T/CECS 800—2021	混凝土结构钢筋详图设计标准
26	T/CECS 203—2021	自密实混凝土应用技术规程
27	T/CECS 916—2021	贯入法检测蒸压加气混凝土抗压强度技术规程
28	DL/T 5148—2021	水工建筑物水泥灌浆施工技术规范
29	DL/T 5126—2021	聚合物改性水泥砂浆试验规程
30	JTG 2112—2021	城镇化地区公路工程技术标准
31	CECS 13：2009	纤维混凝土试验方法标准
32	CECS 207：2006	高性能混凝土应用技术规程
33	CECS 21：2000	超声法检测混凝土缺陷技术规程
34	CECS 220：2007	混凝土结构耐久性评定标准
35	CECS 38：2004	纤维混凝土结构技术规范

序号	标准号	标准（规范）名称
36	JTG 3420—2020	公路工程水泥及水泥混凝土试验规程（代替 JTG E30—2005）
37	SL/T 352—2020	水工混凝土试验规程
38	GB/T 39698—2020	通用硅酸盐水泥出厂确认方法
39	GB/T 39706—2020	石膏中 SO_4^{2-} 溶出速率、溶出量的测定方法
40	GB 50325—2020	民用建筑工程室内环境污染控制标准
41	JC/T 2558—2020	透水混凝土
42	JC/T 2557—2020	植生混凝土
43	T/CECS 683—2020	装配式混凝土结构套筒灌浆质量检测技术规程
44	GB/T 11969—2020	蒸压加气混凝土性能试验方法
45	JGJ/T 17—2020	蒸压加气混凝土制品应用技术标准
46	GB/T 45001—2020	职业健康安全管理体系 要求及使用指南（替代 GB/T 28001、GB/T 28002）
47	GB/T 19004—2020	质量管理 组织的质量 实现持续成功指南
48	JTG/T 3650—2020	公路桥涵施工技术规范（代替 F 50—2011）
49	GB/T 1.1—2020	标准化工作导则 第1部分：标准化文件的结构和起草规则
50	GB/T 26408—2020	混凝土搅拌运输车
51	GB/T 12960—2019	水泥组分的定量测定
52	GB/T 25181—2019	预拌砂浆
53	GB/T 27025—2019	检测和校准实验室能力的通用要求
54	GB/T 37799—2019	钢筋混凝土异形管
55	GB/T 37989—2019	轻质硫铝酸盐水泥混凝土
56	GB/T 50081—2019	混凝土物理力学性能试验方法标准
57	GB/T 50344—2019	建筑结构检测技术标准
58	GB/T 50378—2019	绿色建筑评价标准
59	GB/T 50476—2019	混凝土结构耐久性设计标准
60	JC/T 1024—2019	墙体饰面砂浆
61	JC/T 2504—2019	装配式建筑 预制混凝土夹心保温墙板
62	JC/T 2505—2019	装配式建筑　预制混凝土楼板
63	JC/T 2506—2019	后张法预应力混凝土带翼箱梁
64	JC/T 2533—2019	预拌混凝土企业安全生产规范
65	JC/T 2551—2019	混凝土高吸水性树脂内养护剂
66	JC/T 2553—2019	混凝土抗侵蚀抑制剂
67	JC/T 60002—2019	预拌混凝土搅拌站单方成本计算方法及评价指标
68	JG/T 398—2019	钢筋连接用灌浆套筒
69	JG/T 408—2019	钢筋连接用套筒灌浆料
70	JG/T 568—2019	高性能混凝土用骨料
71	JGJ 144—2019	外墙外保温工程技术标准
72	JGJ/T 12—2019	轻骨料混凝土应用技术标准（代替 JGJ 51—2002）
73	JGJ/T 140—2019	预应力混凝土结构抗震设计标准
74	JGJ/T 152—2019	混凝土中钢筋检测技术标准
75	JTG/T 5521—2019	公路沥青路面再生技术规范（代替 JTG F41—2008）

序号	标准号	标准（规范）名称
76	JTG/T 3310—2019	公路工程混凝土结构耐久性设计规范（代替 JTG/T B07-01—2006）
77	JTG/T 3610—2019	公路路基施工技术规范（代替 JTG F10—2006）
78	JTS/T 236—2019	水运工程混凝土试验检测技术规范（代替 JTJ 270—1998）
79	GB/T 38140—2019	水泥抗海水侵蚀试验方法
80	JGJ/T 485—2019	装配式住宅建筑检测技术标准
81	GB/T 37785—2019	烟气脱硫石膏
82	GB/T 37990—2019	水下不分散混凝土絮凝剂技术要求
83	GB 50352—2019	民用建筑设计统一标准
84	JC/T 2552—2019	混凝土外加剂用杀菌剂
85	GB/T 51355—2019	既有混凝土结构耐久性评定标准
86	JGJ/T 471—2019	钢管约束混凝土结构技术标准
87	JTG 3450—2019	公路路基路面现场测试规程（代替 JTG E60—2008）
88	JC/T 2548—2019	建筑固废再生砂粉
89	GB/T 21371—2019	用水水泥中的工业副产石膏
90	GB/T 50328—2014	建设工程文件归档规范（2019 年版）
91	JGJ/T 112—2019	民用建筑修缮工程施工标准
92	GB 50068—2018	建筑结构可靠性设计统一标准
93	GB 50202—2018	建筑地基基础工程施工质量验收标准
94	GB 50496—2018	大体积混凝土施工标准
95	JC/T 2458—2018	聚苯乙烯颗粒泡沫混凝土
96	JC/T 2469—2018	混凝土减胶剂
97	JC/T 2478—2018	矿山采空区充填用尾砂混凝土
98	JC/T 2502—2018	混凝土用河道清淤砂
99	JC/T 2503—2018	用于水泥和混凝土中的镍铁渣粉
100	JGJ/T 175—2018	自流平地面工程技术标准
101	GB/T 21120—2018	水泥混凝土和砂浆用合成纤维
102	GB/T 50224—2018	建筑防腐蚀工程施工质量验收标准
103	JC/T 907—2018	混凝土界面处理剂
104	JTG 3362—2018	公路钢筋混凝土及预应力混凝土桥涵设计规范（代替 JTG D62—2004）
105	TB 10424—2018	铁路混凝土工程施工质量验收标准
106	TB/T 3275—2018	铁路混凝土（代替 TB/T 2181、TB/T 2922.1、TB/T 2922.4、TB/T 2922.5、TB/T 3054）
107	GB 50422—2017	预应力混凝土路面工程技术规范
108	GB/T 13693—2017	道路硅酸盐水泥
109	GB/T 1596—2017	用于水泥和混凝土中的粉煤灰
110	GB/T 18046—2017	用于水泥、砂浆和混凝土中的粒化高炉矿渣粉
111	GB/T 18736—2017	高强高性能混凝土用矿物外加剂
112	GB/T 176—2017	水泥化学分析方法
113	GB/T 19685—2017	预应力钢筒混凝土管
114	GB/T 200—2017	中热硅酸盐水泥、低热硅酸盐水泥
115	GB/T 2015—2017	白色硅酸盐水泥

序号	标准号	标准（规范）名称
116	GB/T 20491—2017	用于水泥和混凝土中的钢渣粉
117	GB/T 34008—2017	防辐射混凝土
118	GB/T 34557—2017	砂浆、混凝土用乳胶和可再分散乳胶粉
119	GB/T 35159—2017	喷射混凝土用速凝剂
120	GB/T 35161—2017	超细硅酸盐水泥
121	GB/T 35162—2017	道路基层用缓凝硅酸盐水泥
122	GB/T 35164—2017	用于水泥、砂浆和混凝土中的石灰石粉
123	GB/T 23439—2017	混凝土膨胀剂
124	GB/T 3183—2017	砌筑水泥
125	JC/T 985—2017	地面用水泥基自流平砂浆
126	GB/T 8075—2017	混凝土外加剂术语
127	JG/T 223—2017	聚羧酸系高性能减水剂
128	JGJ/T 136—2017	贯入法检测砌筑砂浆抗压强度技术规程
129	JC/T 890—2017	蒸压加气混凝土墙体专用砂浆
130	JTG F80/1—2017	公路工程质量检验评定标准 第一册 土建工程
131	Q/CR 9207—2017	铁路混凝土工程施工技术规程
132	TB 10092—2017	铁路桥涵混凝土结构设计规范
133	GB 51186—2016	机制砂石骨料工厂设计规范
134	GB/T 24001—2016	环境管理体系 要求及使用指南
135	JGJ/T 372—2016	喷射混凝土应用技术规程
136	JGJ/T 378—2016	拉脱法检测混凝土抗压强度技术规程
137	GB/T 32984—2016	彩色沥青混凝土
138	GB/T 50375—2016	建筑工程施工质量评价标准
139	GB/T 51025—2016	超大面积混凝土地面无缝施工技术规范
140	GB/T 601—2016	化学试剂 标准滴定溶液的制备
141	JC/T 2361—2016	砂浆、混凝土减缩剂
142	JGJ/T 384—2016	钻芯法检测混凝土强度技术规程
143	JG/T 494—2016	建筑及市政工程用净化海砂
144	CJJ/T 253—2016	再生骨料透水混凝土应用技术规程
145	GB 50176—2016	民用建筑热工设计规范
146	GB/T 10171—2016	建筑施工机械与设备 混凝土搅拌站（楼）
147	GB/T 19000—2016	质量管理体系 基础和术语
148	GB/T 19001—2016	质量管理体系 要求
149	JGJ 55—2011	普通混凝土配合比设计规程
150	JGJ 63—2006	混凝土用水标准
151	JGJ 52—2006	普通混凝土用砂、石质量及检验方法标准
152	GB 8076—2008	混凝土外加剂
153	GB/T 50080—2016	普通混凝土拌合物性能试验方法标准
154	GB/T 50107—2010	混凝土强度检验评定标准
155	JGJ/T 318—2014	石灰石粉在混凝土中应用技术规程

序号	标准号	标准（规范）名称
156	GB/T27690—2011	砂浆和混凝土用硅灰
157	GB 175—2007	通用硅酸盐水泥
158	GB 50119—2013	混凝土外加剂应用技术规范
159	GB/T 14902	预拌混凝土
160	GB 50164—2011	混凝土质量控制标准
161	GB/T 50082—2009	普通混凝土长期性能和耐久性能试验方法标准
162	JGJ/T 193—2009	混凝土耐久性检验评定标准
163	JGJ/T 10—2011	混凝土泵送施工技术规程
164	JGJ/T 104—2011	建筑工程冬期施工规程
165	JGJ/T 283—2012	自密实混凝土应用技术规程
166	JC 475—2004	混凝土防冻剂
167	GB/T 51003—2014	矿物掺合料应用技术规范
168	JG/T 266—2011	泡沫混凝土
169	JGJ 169—2009	清水混凝土应用技术规程
170	GB/T 50146—2014	粉煤灰混凝土应用技术规范
171	JGJ/T 178—2009	补偿收缩混凝土应用技术规程
172	JGJ/T 23—2011	回弹法检测混凝土抗压强度技术规程
173	T/CECS 02—2020	超声回弹综合法检测混凝土抗压强度技术规程

参考文献

［1］ 王安岭．混凝土质量控制与绿色生产手册［M］．北京：化学工业出版社，2018.

［2］ 李彦昌，王海波，杨俊荣．预拌混凝土质量控制［M］．北京：化学工业出版社，2016.

［3］ 纪明香，初景峰．预拌混凝土生产及仿真操作［M］．天津：天津大学出版社，2018.

［4］ 侯伟．混凝土工艺学实验［M］．北京：化学工业出版社，2018

［5］ 薛炳勇，马军霞，张洪林．建筑材料试验指导教程［M］．天津：天津大学出版社，2017.

［6］ 孙铁，武斌．建筑材料与检测［M］．长春：吉林大学出版社，2017

［7］ 黄荣辉．预拌混凝土实用简明手册［M］．北京：机械工业出版社，2014.